CH. BALTET

CULTURE FRUITIERE

TRAITÉ

DE LA

Culture Fruitière

PRINCIPAUX OUVRAGES DE CHARLES BALTET

La Pépinière, *fruitière, forestière, arbustive, vigneronne et coloniale.*
— Organisation et exploitation ; semis, bouture, greffe ; multiplication et cul-
ture de 1 500 espèces et variétés d'arbres et d'arbustes d'utilité ou d'ornement.
Un volume in-16 de 850 pages, avec 285 figures.................. **8 francs**
Ouvrage récompensé de plusieurs médailles d'or.

Traité de la culture fruitière, commerciale et bourgeoise. — 4ᵉ édi-
tion. Un volume in-16 de 725 pages avec 502 figures............ **6 francs**
*Médaille d'or de la Société nationale d'Horticulture de France et du
Concours international de Bruxelles.*

L'Art de greffer : *Arbres et arbustes fruitiers, arbres forestiers ou d'ornement, Plantes coloniales, Reconstitution du vignoble,* 8ᵉ édition. Un
volume in-16 de 540 pages, avec 205 figures..................... **4 francs**
*Médaille d'or de la Société des Agriculteurs de France, de la Société
nationale d'Horticulture de France.*

De l'action du froid sur les végétaux pendant l'hiver 1879-1880, ses
effets dans les jardins, les pépinières, les parcs, les forêts et les vignes, avec
la nomenclature des arbres et arbustes qui ont succombé ou résisté à la
gelée. Un volume in-8 de 340 pages.......................... **5 francs**
Médaille d'or de la Société nationale d'Agriculture de France.

L'Horticulture dans les cinq parties du Monde. *Médaille d'or* par le
Congrès horticole de 1893, prix *Joubert de l'Hyberderie* (10 000 fr.) par la
Société nationale d'Horticulture de France, et *Médaille d'or* par la Société
d'Agriculture de France. Un volume grand in-8 (*Épuisé*).
Prix Montyon (Académie des sciences).

La Greffe et la Taille des Rosiers *remontants, non remontants et
grimpants.* Le Rosier au jardin et à la pépinière, soins de culture et d'hivernage ; conseils aux débutants, aux amateurs, aux planteurs. Choix des plus
jolies roses. Un volume petit in-8 de 115 pages, avec 46 figures... **1 fr. 50**
Médaille d'argent de la Société nationale d'Horticulture de France.

L'Horticulture française, progrès et conquêtes depuis 1789. Un volume
in-8 de 148 pages avec nombreuses figures (*Épuisé*).
Grande médaille d'or de la Société nationale d'Acclimatation.

Les arbres, arbrisseaux et arbustes à fleurs de plein air ; Mode de
floraison, taille d'hiver, taille d'été, absence de taille, 5ᵉ édition. Une brochure in-16.. **0 fr. 60**
Grande médaille d'argent au Congrès de 1880.

Les routes fruitières : but, origine, installation, produits, choix des espèces
à planter... **0 fr. 50**
Médaille d'argent de la Société nationale d'Agriculture de France.

Les fruits de commerce, d'exportation et de marché. Brochure de
52 pages et 11 figures............................... **0 fr. 75**

Chrysanthème et Dahlia. — Histoire et choix des plus jolies variétés. Brochure de 72 pages et 16 figures........................ **1 fr. 50**

Histoire d'un pépin de pomme, racontée par lui-même. — Brochure in-8
de 56 pages....................................... **1 franc**

L'Horticulture florissante et féconde par l'initiative libre et l'action de
l'État Brochure in-8 de 64 pages...................... **1 franc**

Une question d'Arboriculture, la Palmette Candélabre, 12 fig. **0 fr. 30**

TRAITÉ

DE LA

Culture Fruitière

Commerciale et Bourgeoise

PAR

CHARLES BALTET

HORTICULTEUR A TROYES

« Développer le goût des plantations
fruitières, organiser et multiplier les
jardins fruitiers et les vergers, c'est
contribuer à la prospérité, à la richesse,
à la paix du pays ; c'est faire acte
d'homme utile et de bon citoyen. »

QUATRIÈME ÉDITION

Entièrement revue

Avec 502 figures dans le texte

PARIS

MASSON ET Cie	LIBRAIRIE AGRICOLE
ÉDITEURS	DE LA MAISON RUSTIQUE
120, BOULEVARD SAINT-GERMAIN	26, RUE JACOB

1908

A LA MÉMOIRE

DE

LYÉ-SAVINIEN BALTET

1800-1879

FONDATEUR DES PÉPINIÈRES DE CRONCELS

PROPAGATEUR

DE LA CULTURE FRUITIÈRE

Hommage respectueux et filial de l'auteur.

LYÉ-SAVINIEN BALTET
(1800-1879)

PRÉFACE

DE LA QUATRIÈME ÉDITION

La Préface des éditions précédentes a mis en relief la
voie commerciale et industrielle dans laquelle est entrée
l'Arboriculture fruitière : voie d'avenir, voie de fortune.

Tout en poursuivant son œuvre dans nos jardins et nos
vergers, qui alimentent nos tables, sa fécondité a passé la
frontière jusqu'au delà des mers et porté aux pays moins
favorisés nos poires, nos pommes, nos pêches, nos raisins,
enfin toute la corbeille de la Pomone française.

Les moyens de transport ont secondé ce mouvement en
rapprochant la distance et en améliorant le matériel de
véhicules. Non seulement des trains spéciaux extra-rapides
sont organisés pour amener dans toute leur fraîcheur native
les fruits, les primeurs, les légumes et les fleurs, mais les
voitures, les wagons, les bateaux sont désormais pourvus
d'appareils qui apportent à nos produits délicats l'aération,
la chaleur ou le froid nécessaires à leur conservation pendant
de longs trajets. Et, au débarcadère, des chambres de repos
les reçoivent en attendant leur mise en vente ou la livraison
au destinataire.

Au lieu d'être reléguées dans un coin abandonné, comme marchandise encombrante, nos denrées sont désormais considérées au titre de produits vivants, ayant une certaine valeur, mais susceptibles de se détériorer, faute de soins.

Bien mieux, des Compagnies de chemin de fer, telles que l'Orléans, le P.-L.-M., ont délégué des Agents commerciaux, des Inspecteurs de cultures ayant pour mission principale les points suivants :

Entrer en rapport avec les cultivateurs ;

Indiquer les produits les plus avantageux sur les différents marchés intérieurs ou extérieurs ;

Recommander les espèces fruitières, florales ou potagères à exploiter, en donnant les moyens de les obtenir par semences, boutures ou plants ;

Insister sur les modes d'emballage protecteurs et économiques ;

Signaler les établissements et usines qui achètent de grandes quantités de fruits et de légumes pour l'industrie de l'alimentation... ;

Renseigner sur le cours des Halles et marchés, et même sur la valeur commerciale de la clientèle ;

Faciliter enfin et l'art de produire beaucoup et la sécurité des transactions commerciales.

La question des emballages — développée ici à chaque chapitre — joue un rôle important en matière d'exportation ; n'a-t-elle pas droit au palmarès des hautes récompenses obtenues par nos fruits français aux récentes solennités internationales ? Nos administrations, le Ministère lui-même, ont prouvé qu'ils s'y intéressaient ; l'enseignement agricole et horticole l'inscrit à son programme.

N'avons-nous pas vu différentes nations d'Europe et d'Amérique organiser des visites aux vergers, installer des

Écoles d'emballage, distribuer des plants fruitiers, céder à bas prix des étuves à séchage ou les prêter aux populations rurales, et créer en même temps à leur « Département ministériel » des Divisions, des Bureaux affectés à l'Arboriculture et à la Pomologie ?

Or, ces États civilisés voient augmenter chaque année leurs ressources budgétaires, grâce au mouvement d'affaires occasionné par la culture et le commerce des fruits.

Partout on proclame les bienfaits du " Retour à la Terre " et de son exploitation commerciale.

Cependant, à côté des encouragements officiels, nos cultivateurs veulent se soutenir en syndiquant librement leurs opérations culturales et financières. Cette fois, la noble devise de nos voisins : *L'Union fait la Force*, prouve sa valeur auprès des entreprises basées sur le Travail et la Mutualité.

Nous avons signalé cette situation intéressante par des exemples probants. « Rien n'est beau que le vrai.... »

De même, nos dessins nouveaux de fruits ont été pris sur nature ou inspirés par l'important ouvrage: *Les meilleurs fruits au début du XX⁰ siècle*, que la Société nationale d'Horticulture de France offre à ses membres. Nous sommes fier d'y avoir collaboré au titre de Président d'honneur de la Section pomologique, à côté de Ferdinand Jamin, de Léon Simon et autres notabilités.

Terminons par une parole de reconnaissance à l'égard de nos collègues et amis, bons conseillers. Nous avons également gardé pour la bonne bouche le cordial remerciement aux artistes dessinateurs dont le crayon habile a donné à notre œuvre un charme de plus, et au sympathique éditeur qui nous continue la bienveillance de trois générations.

CHARLES BALTET.

PRÉFACE

DE LA PREMIÈRE EDITION

L'arboriculture fruitière est entrée dans une voie nouvelle de grande culture et de grande production. De simple délassement d'amateur, elle est devenue une branche importante de la richesse nationale en approvisionnant nos marchés de fruits frais ou transformés par l'industrie, et en ajoutant une source de revenus à l'exploitation agricole.

Encouragée par ces résultats, l'horticulture rurale s'est empressée de mettre en état et de planter des surfaces improductives. Un grand nombre de friches, des fermes abandonnées, des terrains vagues sont devenus des plantations fertiles. Des accottements de routes et de voies ferrées, des talus de canaux et de rivières représentent désormais un capital placé à gros intérêts.

Pour aider et pour soutenir un pareil mouvement en avant, nous avons écrit ce livre ; la reconnaissance filiale le place sous les auspices de notre vénéré maître, qui fut lui-même un vulgarisateur de la culture des arbres fruitiers.

Depuis trente années, nous étudions cette question économique de l'alimentation par l'arboriculture. Nous en avons posé les jalons aux Congrès internationaux de Bruxelles, d'Amsterdam, de Saint-Pétersbourg, de Paris, etc. Notre modeste opuscule, *Culture des arbres fruitiers au point de vue de la grande production*, obtint une telle faveur dans la presse agricole et auprès de la Société centrale d'Horticulture de France que, pour répondre à l'invitation qui nous en était faite, nous résolûmes de le compléter.

Notre but est de guider le planteur dans son œuvre en lui indiquant les travaux à faire, les meilleures espèces à cultiver pour chaque saison de l'année, et comment il devra les exploiter de manière à en obtenir un bénéfice prompt, certain et durable. Nous avons voulu surtout appuyer nos conseils par des faits acquis, des résultats indiscutables.

Les jardins fruitiers et les vergers de France ne sont pas les seuls que nous ayons à citer. La Belgique, la Hollande, l'Angleterre, la Russie, l'Allemagne, la Suisse et les pays baignés par la Méditerranée seront plusieurs fois, dans ce volume, les champs féconds où nous aurons puisé des exemples à suivre.

Partout l'arboriculture est en progrès, et si nous traversons l'Atlantique, nous verrons cette prospérité se développer d'une façon extraordinaire. Les États-Unis, qui consacrent aux vergers une surface de deux millions d'hectares rapportant trois cent millions de dollars chaque année, n'ont-ils pas organisé, en 1883, à la suite de tant d'autres congrès, un meeting pour discuter exclusivement les systèmes d'emballage et de transport des fruits?

Préparons-nous donc à la lutte. Le nouveau monde veut inonder nos marchés de ses fruits comestibles, comme il a déjà tenté de le faire avec les blés et les viandes!

Si, tout d'abord, nous avons parlé de la préparation du sol, de la plantation des arbres et de leur bon entretien, nous avons énergiquement insisté sur le choix des variétés à cultiver, sur leur adaptation au sol et au climat, en plein vent ou à l'espalier.

L'ordre de maturité, l'ordre de mérite et le rôle de chaque sorte dans les plantations commerciales, que nous avons établis, sont autant de tableaux à consulter utilement, quelle que soit l'importance de la plantation.

Nous avons également abordé le côté trop peu connu de l'emploi des fruits, et nous espérons que la maîtresse de maison ne lira pas sans intérêt les notes sur l'aptitude des principales variétés de fraises, de groseilles, de framboises, d'abricots, de prunes, de pêches, etc., à la fabrication des sirops, des confitures, des pâtisseries et des conserves qu'elle sait préparer avec tant d'art et de succès.

Dans cet ordre d'idées, et tout en produisant les desserts populaires de fruits à pépin ou à noyau, de raisins, de noix, de châtaignes, d'amandes, de noisettes, nous accordons une large place aux poires et aux pommes à cidre, aux prunes à pruneaux, aux cerises à kirsch, en nous basant sur l'analyse du laboratoire et le rendement au pressurage, au séchage ou à la distillation. — La période désastreuse que subit en ce moment la viticulture fournira à notre riche Pomone l'occasion de lui prêter ses trésors, en attendant le retour de son ancienne prospérité.

Enfin, le planteur prudent saura utiliser nos observations relatives à la rusticité de certaines espèces, qui ont résisté plus ou moins vigoureusement à l'action destructive de l'hiver 1879-1880.

La culture extensive et de spéculation ne nous a pas fait oublier la culture d'amateur ou bourgeoise. Le propriétaire et le jardinier, qui concentrent leur amour-propre aux soins du jardin, à la taille des arbres et à la production de beaux et bons fruits, trouveront ici l'application des principes que déjà ils ont puisés auprès des maîtres ou dans leur propre expérience.

Faut-il ajouter que trois cent soixante dessins et compositions, dus au crayon d'artistes amis des jardins, parleront aux yeux en complétant notre texte ?

Merci à tous ceux qui nous ont secondé dans cette tâche laborieuse !

CHARLES BALTET.

TRAITÉ

DE LA

CULTURE FRUITIÈRE

COMMERCIALE ET BOURGEOISE

ABRICOTIER

(*Prunus Armeniaca*)

I. — TERRAINS QUI CONVIENNENT A L'ABRICOTIER.

L'Abricotier aime les terrains légers, chauds, sablonneux et généralement les bonnes terres de jardin. Il redoute les terres schisteuses ou froides, compactes, submergées ou sillonnées de cours d'eaux souterrains peu éloignés de la surface du sol; quand les racines atteignent des couches de cette nature, les jeunes rameaux dépérissent et des *gourmands* se développent à la base des grosses branches. Les plâtras, les décombres, les terres de route sont les amendements qui lui conviennent, et la plantation sur butte a son influence sur la rusticité de son bois.

L'Abricotier étant greffé sur le Prunier, ses racines

pourront se développer dans toutes les terres à Prunier, c'est-à-dire dans les terres de qualité ordinaire. Le surplus est une question de température.

Greffé sur l'Amandier ou sur l'Abricotier franc, il résistera sous un climat chaud, dans les sols arides ; c'est ainsi qu'on le rencontre sur les rives du Rhône, au centre Sud et dans tout le midi de la France.

II. — SITUATIONS QUI CONVIENNENT A L'ABRICOTIER.

La floraison précoce de l'Abricotier et la fragilité de ses jeunes fruits lui font craindre, au printemps, l'abaissement de la température et le passage subit du froid au chaud.

Le voisinage de constructions, de coteaux et de tout autre obstacle aux vents malsains et aux variations atmosphériques, est favorable à sa fructification. En revanche, celle-ci peut souffrir du voisinage trop rapproché d'un grand nombre d'arbres ; mal constitué, le bouton à fleur *coule* au lieu de *nouer*.

L'Abricotier est admis dans le voisinage d'une habitation, d'une cour, libre ou adossé à un pignon ; sa floraison y est un peu préservée des accidents de température et son feuillage est un bel ornement.

On rencontre l'Abricotier dans les situations abritées, dans les vallées épargnées par le brouillard, sur le versant de certaines collines rocheuses ; le sol granitique aide à sa vigueur, la concentration de la chaleur et l'abri assurent sa fructification.

Dans certaines localités méridionales, le vent du matin qui, des montagnes, arrive dans la plaine, sauve la floraison compromise par le brouillard.

Les climats de la Bourgogne, du Lyonnais, de la Provence, du Bordelais, de l'Anjou, de l'Auvergne sont très favorables à l'Abricotier.

Dans le midi de l'Europe, et même en France, l'Abricotier vient en basse tige aussi bien qu'à tige élevée. Il a moins de succès dans les pays froids.

On le rencontre encore en Angleterre, jusqu'au pied des montagnes du Yorkshire.

Il se plaît en Algérie, en Égypte, en Tunisie.

L'Abricotier est commun dans l'Asie centrale, de la Perse au Japon, et dans l'Amérique tempérée.

En Syrie, il végète à l'état spontané ; ses branches traînent sur le rocher. Sur les flancs de l'Himalaya, c'est un arbre sauvage ; les indigènes ramassent le fruit au balai, pour en faire de l'huile de noyau.

III. — VARIÉTÉS D'ABRICOTS.

Dans plusieurs pays, la culture de l'Abricotier par semis a procréé de bonnes variétés ou sous-variétés qui ne s'éloignent pas assez de leur type originaire pour qu'il en soit parlé. D'un autre côté, la production de l'Abricotier est tellement incertaine, que nous avons cru devoir restreindre notre choix au strict nécessaire pour chaque période de la maturation du fruit.

Ordre de maturité des meilleurs abricots.

Hâtif du Clos. — Arbre robuste et productif.

Fruit plus que moyen, arrondi sur les flancs ; jaune orange frotté de rouge vif. Chair tendre, fortement teintée ambre, juteuse, bien sucrée et parfumée.

Maturité, fin juin et commencement de juillet.

Arbre se formant bien en plein vent.

Précoce de Monplaisir. — Arbre assez vigoureux, fertile.

Fruit plus que moyen, ovoïde renflé, peau fine, duveteuse, jaune orange nuagé de cramoisi ; chair pleine, teintée, fondante, juteuse, sucrée, parfumée. Bon et très bon.

Maturité, juin-juillet.

Arbre greffé sur prunier, en sol chaud.

Gros Saint-Jean. — Arbre élancé, fertile.

Fruit gros, oblong ; jaune cire, frappé partiellement de vermillon, tacheté pourpre. Chair mielleuse, manquant de jus, souvent relevée d'une saveur parfumée.

Maturité, première quinzaine de juillet.

La belle végétation de l'arbre, la beauté et la précocité du fruit le feront rechercher du planteur.

Bon fruit pour la confiserie et les conserves.

Précoce de Boulbon (*fig.* 2). — Arbre robuste, fertile.

Fruit de première grosseur, ovalaire renflé ; épiderme non rugueux, légèrement chagriné ; ambre rosé passant du saumon au ponceau cramoisi. Chair jaune orangé, fine, mielleuse, sucrée, bien juteuse, vineuse ; excellente.

Maturité, première quinzaine de juillet.

Bon fruit à manger, à compotes, à confiserie.

Liabaud. — Arbre de bonne vigueur, port semi-étalé, assez fertile.

Fruit gros, presque sphérique, jaune mat nuancé de rouge clair. Chair jaune pâle, diaphane, fondante, sucrée, relevée. Très bon ou bon.

Maturité. courant de juillet.

Floraison hâtive réclamant une situation abritée.

En même saison : *Docteur Mascle, du Chancelier, Gros Muscat, Gros Pélissier.*

A cette même époque de juillet. mûrit l'Abricot *Précoce d'Esperen* pour la culture libre. à tout vent.

Commun (*fig.* 1).
— Arbre robuste.
devenant grand et
productif, plus con-
venable en haute
tige.

Fruit assez gros.
presque rond ; jaune
fin, vernissé de
carmin au soleil,
parfois bourgeonné
grisaille. Chair ci-
tronnée, assez ju-
teuse, quelquefois
parfumée.

Fig. 1. — Abricot Commun
(Première grosseur).

Maturité, juillet.

L'abricot *Commun* est spécialement affecté à la confection des pâtes d'abricots et des fruits à l'eau-de-vie,
ainsi que la sous-variété *Blanc d'Auvergne.*

Défarge. — Arbre robuste et productif.

Fruit gros, sphéroïdal ; jaune-citron intense éclairé
de rouge framboise au soleil. Chair teintée orange, fine,
tendre, bien sucrée, saveur parfumée.

Maturité, courant de juillet.

Son fruit, de commerce et de ménage, redoute les
situations froides ou trop humides.

Luizet (*fig.* 3). — Arbre robuste, d'une production bien soutenue; populaire dans la région lyonnaise.

Fruit gros, ovoïde tronqué ; crème léché groseille, nuagé cramoisi. Chair ferme, saumonée, assez juteuse, sucrée, de saveur agréable. Son amande est douce.

Maturité, deuxième quinzaine de juillet.

Variété avantageuse pour les conserves de fruits, la confiserie, et pour l'exportation des fruits frais.

De Jouy. — Arbre robuste et généreux.

Fruit gros ou assez gros, ovoïde oblong, jaune citron marbré de carmin. Chair jaune fin, fondante, juteuse, sucrée, parfumée. Très bon.

Maturité, deuxième quinzaine de juillet.

Bon type de notre région Est.

Royal (*fig.* 4). — Arbre d'une bonne vigueur et d'une bonne production.

Fruit gros, presque rond, comprimé sur les flancs ; jaune soufre pointillé, jaspé de chrome et d'ocre. Chair safranée, fine, fondante, juteuse, relevée.

Maturité, fin juillet et commencement d'août.

Bonne variété pour les desserts et les gelées.

Le beau fruit est exporté en Angleterre.

Paviot (*fig.* 5). — Arbre bien vigoureux, assez fertile. Fruit gros, joues renflées, rouge orange marbré de carmin pourpre. Chair teintée, fine, fondante, juteuse, sucrée, relevée. Très bon.

Maturité, première quinzaine d'août.

Arbre de plein vent, en situation chaude.

Sucré de Holub (*fig.* 6). — Arbre rustique, vigoureux, fertile.

Fruit gros, arrondi, peu comprimé sur les faces, parfois mamelonné ; jaune ambre, piqueté, marbré de

Fig. 2. — Précoce de Boulbon.

Fig. 3. — Abricot Luizet.

Fig. 6. — Abricot Sucré de Holub.

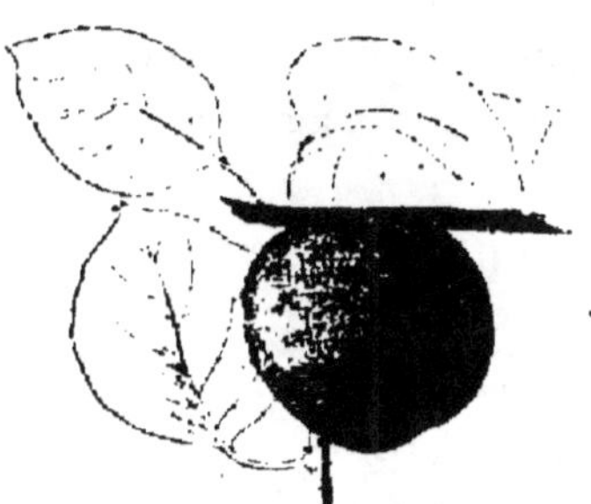

Fig. 4. — Abricot Royal.

Fig. 5. — Abricot Paviot.

rouge purpurin. Chair ferme, fine, pâle, juteuse, sucrée, parfum acidulé.

Maturité, courant d'août.

Son origine hollandaise lui donne accès au verger et à l'espalier.

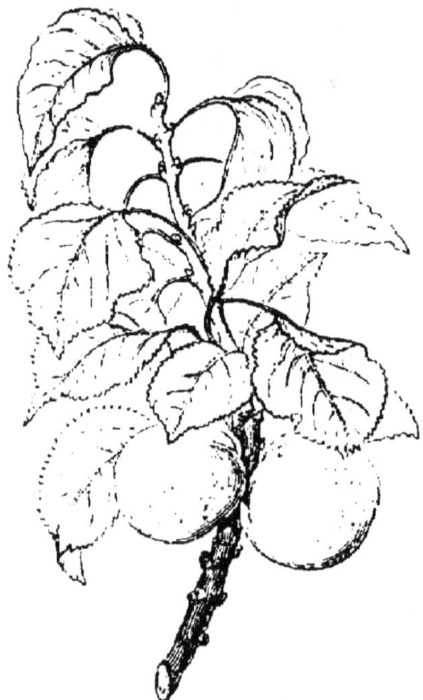

Fig. 7. — Abricot-Pêche.

Pêche; syn. *Abricot de Nancy* (*fig*. 7). — Arbre robuste, trapu, bien ramifié; très fertile.

Fruit gros, sphéroïdal; vert grisaille, puis jaune fauve, coloré de carmin foncé. Chair saumonée, bien fondante, rarement pâteuse, enrichie d'une eau délicate, sucrée, vineuse, parfumée.

Maturité, août et septembre.

L'Abricot *Pêche* est le plus méritant de tous, autant par la docilité de l'arbre au plein vent et à l'espalier, que par la qualité du fruit et ses aptitudes aux diverses préparations économiques ou ménagères.

Cette variété a été importée du Wurtemberg en Lorraine, à la suite de l'hiver désastreux de 1709.

Par le semis de ses noyaux, l'Abricot *Pêche* a produit quelques sous-variétés assez méritantes, les Abricotiers *Beaugé, Delporte, Duval, Pêche d'Oullins, Pourret, Viard*..., à maturité tardive.

Ordre de mérite des meilleurs abricots.

Pêche.	**Paviot.**
Luizet.	**De Jouy.**
Gros Saint-Jean.	**Liabaud.**
Commun.	**Précoce de Monplaisir.**
Précoce de Boulbon.	**Sucré de Holub.**
Royal.	**Hâtif du Clos.**
Défarge.	**Précoce d'Esperen.**

IV. — PLANTATIONS COMMERCIALES D'ABRICOTIERS.

L'Abricotier aura son entrée dans les plantations commerciales lorsqu'il sera placé en bonnes conditions. Son fruit, assez capricieux à se montrer lorsque la situation est mauvaise, devient commun dans le cas contraire. Il est alors d'autant plus recherché que, manquant ailleurs, son écoulement est assuré dans la consommation directe et les industries alimentaires.

Le spéculateur ne doit planter que des variétés robustes et d'une production assez certaine, tels que les Abricotiers *Précoce, Commun, Pêche,* qui représentent trois saisons différentes. Nous connaissons des arbres de ces variétés, plantés dans une cour ou un petit jardin, qui rapportent à chaque récolte 50 francs, quoique notre climat soit assez variable.

Quand l'année est féconde, le prix du fruit ne varie pas sensiblement ; les industriels et les ménagères profitent de la circonstance pour faire d'amples provisions et les façonner à divers genres de conserves qui suppléeront aux mauvaises récoltes. Nous avons des exemples où les confiseurs accaparent les arrivages d'abricots, à raison de 100 francs les 100 kilogrammes ; des maisons qui en achètent pour 25 000 francs par an ne peuvent reculer devant la hausse et négliger leur clientèle.

Dans leur langage commercial, les négociants reconnaissent, en général, trois grands centres de production de l'abricot :

1° L'Abricot « de Lyon », sur les bords du Rhône, au sud du département de ce nom et dans l'Isère, vers le point où se trouve Vienne.

2° L'Abricot « de Clermont », de la Limagne d'Auvergne ; la pâte d'abricots s'y confectionne sur place.

3° L'Abricot « d'Avignon », dont le centre fictif est placé dans les départements du Gard, des Bouches-du-Rhône, de Vaucluse.

On pourrait y ajouter :

L'Abricot « de Paris » ;

L'Abricot « de Bordeaux » ;

L'Abricot « de Bourgogne ».

Nous avons visité ces divers centres de production ; ils sont intéressants et bien considérés sur le marché.

Les arrivages aux Halles commencent dès le mois de juin, avec les abricots d'Espagne et d'Algérie ; ils sont suivis de près par les abricots de la Provence, de Vaucluse, du Gard et des Pyrénées-Orientales. Le Bordelais, l'Agenais, l'Anjou, le Lyonnais, la Bourgogne, l'Auvergne et la Touraine, continuent les approvisionnements.

Abricot « de Paris ». — On désigne, sous ce nom, les abricots amenés à la Halle et provenant en partie des départements de la Seine et de Seine-et-Oise.

Les confiseurs de Paris tirent une forte partie de

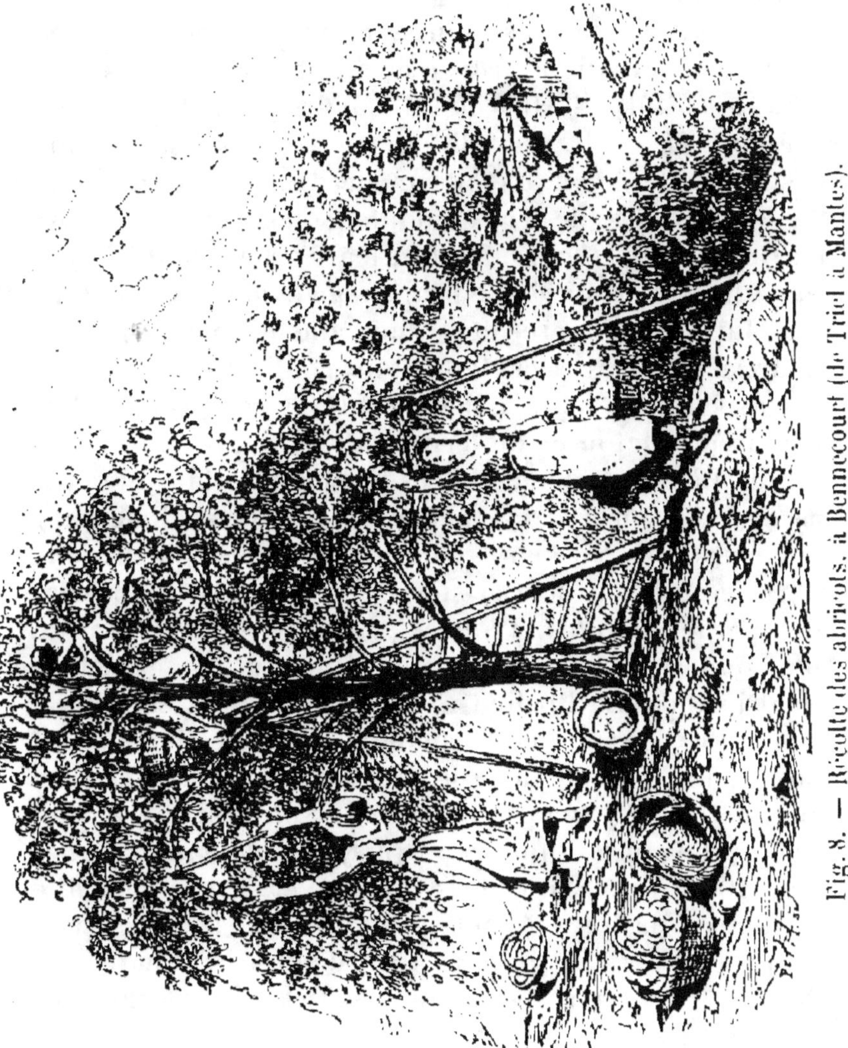

Fig. 8. — Récolte des abricots, à Bennecourt (de Triel à Mantes).

leurs approvisionnements de Triel (Seine-et-Oise), où

les cultivateurs élèvent les Abricotiers *Pêche, Alberge, Blanc, Royal.*

Le *Commun* leur est souvent livré en vert, pour les conserves, lorsque le fruit « éclaircit » son coloris.

Cette culture d'Abricotiers sur les rives de la Seine présente çà et là une différence assez sensible dans l'espèce cultivée ou dans le mode d'exploitation. Ainsi les cultvateurs de Triel adoptent les abricots *Blanc* ou *Commun, Alberge, Pêche* ; leurs arbres sont à haute tige, dressés et taillés, le branchage évidé. L'exploitant fait lui-même sa récolte, l'emballe et part, le soir, pour la conduire à la Halle et au confiturier.

Un peu plus loin, à Bennecourt, y compris les hameaux de Gloton et de Tripleval, la vente a lieu sur place. Là, des coteaux élevés, à pente rapide, étaient, récemment encore, des *mergers* de pierres alimentant le macadam parisien. Aujourd'hui, les plantations d'Abricotiers et de Cerisiers, les champs de Cassis, d'Asperges, de Pois et autres primeurs, les couvrent de leur ombrage et de leurs productions utiles, et s'étendent jusqu'à La Roche-Guyon, en face de la station de Bonnières, ligne de Normandie. L'Abricotier *Royal* trône sur ces coteaux ; il y est plus robuste et plus productif que les autres variétés ; son fruit fin et précoce est l'objet d'une vente majorée de vingt francs par 100 kilos. Son coloris *vieil or* et sa grosseur dite « quatre à la livre » sont une ressource pour les caissettes extra. C'est un vrai fruit de dessert, tandis que l'abricot de Triel, moins fin d'aspect, est préféré pour la confiture et la pâtisserie.

On compte de huit à dix mille sujets sur le finage de Bennecourt, la majeure partie étant greffée sur Amandier, par suite de la nature du sol. L'arbre est tenu en buisson ou en demi-tige, sans tournure régulière ; il s'y épuise en production fruitière plutôt qu'en végétation arborescente. « J'ai cueilli jusqu'à cinq grands paniers d'abricots sur une branche », nous disait un propriétaire du pays.

Fig. 9. — Vente et emballage des abricots, à Bennecourt.

La récolte des abricots est en plein vers la mi-juillet ; elle est assez importante pour figurer à l'almanach des foires et marchés. Une vingtaine de marchands, au moins, viennent s'y installer et font annoncer à son de caisse leurs prix d'achat. Ils reçoivent la marchandise, la pèsent, l'emballent et l'expédient à Paris ou aux ports d'embarquement pour le nord de l'Europe. Dans une année, la vente, ayant atteint 140 francs les 100 kilogrammes, a laissé, à Bennecourt et ses hameaux, près de 140 000 francs, mais l'année suivante, l'abricot de Saumur a fait baisser le prix à 110 francs. Une différence de maturité de vingt-quatre heures peut amener une différence de 20 francs par 100 kilogrammes. On nous a cité des propriétaires de 200 arbres qui ont touché, d'une saison, jusqu'à 5 000 francs.

Désormais, cette culture amenée par le hasard est un des principaux revenus fonciers du pays. Nos dessins (*fig.* 8 et 9) représentent la récolte, la vente et l'emballage sur place des abricots à Bennecourt.

Abricot « de Lyon ». — Les coteaux, le flanc des collines et les plaines du Lyonnais ont d'assez nombreuses plantations d'Abricotiers.

Les environs de Lyon ont vu surgir les abricots du *Chancelier, Défarge, d'Oullins, Mille, Précoce de Monplaisir,* bons pour l'exportation. L'abricot *Luizet,* le plus répandu, fournit jusqu'à 700 000 kilogrammes dans l'arrondissement de Valence.

L'abricot *Commun* des vignes de Bessenay est connu des confiseurs. Le marché de Lyon reçoit encore des chargements d'abricots de Saône-et-Loire et de l'Isère.

Abricot « de Saumur ». — Le Saumurois produit assez d'abricots pour provoquer la baisse sur le marché de Paris. L'industrie des confitures en profite.

L'Abricot de *Saumur* est dans la vallée de la Loire, de Tours à Angers. Cette contrée est riche en vergers, car le département de Maine-et-Loire, à lui seul, exporte annuellement 250 000 kilogrammes d'abricots.

L'Abricot *Magyar legjobb,* si précieux sous un climat variable, ne tardera pas à s'imposer à travers les plateaux, les ravins et les monts helvétiques et dans tout autre climat inconstant.

Abricot « de Clermont ». — Depuis longtemps, les plantations d'Abricotiers du Puy-de-Dôme sont en réputation, par suite de la vogue qui s'est attachée aux pâtes d'abricots de Clermont.

L'Abricotier *Commun « Gros Blanc »* constitue le fond des plantations aux environs de Clermont, de Riom, Châtel-Guyon, Saint-Hippolyte, Marsac.

La plantureuse vallée de la Veyre s'est enrichie avec l'Abricotier et le Pommier. On attribue la qualité particulière de l'abricot à la nature volcanique du sol de ces belles contrées.

La vente du produit (25 000 kilogrammes par jour) est assurée par la confiserie locale qui le transforme en « pâtes de Clermont » d'une réputation universelle.

Dès 1875, six usines transformaient l'abricot en pâtes exportées jusqu'en Angleterre, en Russie, en Turquie, aux États-Unis, pour une valeur annuelle de trois millions de francs.

Abricot « d'Avignon ». — Fruit certain, fruit précoce sont ses premiers titres commerciaux.

En 1881, au lendemain des désastres causés par le grand hiver, les abricots du Midi se sont trouvés en hausse. Les premiers arrivages de Tarascon étaient au prix exceptionnel de 200 francs les 100 kilogrammes ; ils n'ont pas tardé à descendre à 100 francs, 80, 60, 40 et même 30 francs. La moyenne a été de 45 francs.

M. Émile Mourret, un des intelligents propriétaires exploitants de la contrée, a vendu la récolte d'un hectare d'Abricotiers 1 950 francs, cueillette à la charge de l'acheteur. Dans le détail, l'abricot *Rouge hâtif*, arrivant premier, a été vendu 100 francs les 100 kilogrammes. L'abricot *à amande douce* a été pris par les confiseurs. Quant à l'abricot *Pêche*, que nous plaçons au premier rang, sa maturité tardive lui diminue sa valeur commerciale. Dans le Vaucluse, cette variété, en sol argilo ou silico-calcaire, est cultivée pour la pulpe, le *Blanc rosé* occupe le premier rang pour la confiserie et la vente de primeur, tandis que le *Luizet*, plus régulier dans sa production, est exporté partout et à tous usages.

À l'occasion d'une tournée faite chez les exploitants par la Société d'horticulture de Vaucluse, il a été constaté que les variétés demandées par la confiserie sont les abricots *Luizet, Rose hâtif, Musqué de Provence, Pêche, Fin rosé, Pointu de Roquevaire* et le *Blanc rosé*, apprécié sur le marché allemand.

À Carpentras, une plantation de 100 Abricotiers, après deux ans de greffe, et deux années de pincement (en août), a produit 500 kilogrammes de fruits vendus à raison de 110 francs les 100 kilogrammes.

Une plantation faite à grande distance (7 mètres entre les arbres) au domaine de la Bouchony rapporte, à vingt ans, 80 francs par arbre. Les sujets commencent leur couronne à $0^m,80$ du sol ; le branchage est évidé par un pincement annuel, et les nuages artificiels, obtenus avec des broussailles enflammées, y combattent l'action des gelées printanières.

L'avantage de grouper les plantations et d'en augmenter l'importance de façon à créer une station fruitière résulte du fait suivant. Un cultivateur de ces

parages vendait en 1860 ses abricots 5 francs les
100 kilogrammes. Depuis, il décupla ses vergers, ses
voisins l'imitèrent, et Châteaurenard devint un centre
de transactions, à tel point que les abricots y furent
vendus, quatorze ans après, depuis 20 francs jusqu'à
80 francs les 100 kilogrammes. Pour cette plantation de
dix années, en prenant une moyenne de 35 francs, on
arrive au produit brut de 1 000 francs par hectare, sans
compter les cultures intercalaires de céréales, de
légumes ou de plantes industrielles, le sol étant riche
et de culture facile. Les frais de cueillette de l'abricot,
de l'emballage et du transport au marché ou à la gare,
y sont évalués 3 fr. 50 les 100 kilogrammes, récipient
non compris ; mais la station fruitière est créée, elle a
sa réputation, sa marque au marché, les transactions
s'y multiplient, et les familles trouvent une fortune
honorable.

Dans cette région provençale qui s'enrichit avec les
primeurs, à Sénas, un verger composé de trente Abricotiers a rapporté plus de 2 000 francs dans une seule
récolte. Près de là, à Boulbon, la production d'abricots
a atteint 100 000 francs ; à Barbentane, des Abricotiers
en buissons évasés portent jusqu'à 300 kilogrammes de
fruits. Les communes de Barbentane, de Boulbon, de
Châteaurenard chargent par jour, pendant six semaines,
50 wagons d'abricots, de cerises, de pommes de terre
et de pois. Les cultures potagères y sont à l'abri des
grands vents par des claies en roseau, ou par des haies
de Poiriers ; et les vergers, par des avenues de Platanes,
mais le plus souvent par des rideaux monotones de
Cyprès.

Toute la région méridionale est favorable à l'Abricotier ; son fruit est nommé « abricot du Midi ».

Le Var a des vergers d'Abricotiers plantés à 8 mètres d'intervalle. La vente commence le 15 juin, avec le *Royal hâtif*, bon à manger frais, ayant sa saveur fine à la cueillette ; puis le *Blanc commun*, son épiderme ferme et blanc verdâtre le rend propre à la conserve ; ensuite le *Pêche précoce*, le *Boucaraude* et le *Pêche*, ou *de Nancy*, qui mûrit là-bas du 10 au 20 juillet.

Les Pyrénées-Orientales ont l'abricot *Rouge hâtif*.

La Corse donne ses préférences au *Gros abricot* et au *Muscatello*, l'un et l'autre vigoureux et fertiles.

L'Algérie commence à fournir un contingent notable de ce fruit. Le colon doit y songer sérieusement. Un nouveau type, *Santa-Fé*, recommandé pour les pays chauds, ne tardera pas à s'y installer.

Abricot « de Bordeaux ». — Quoique devancé par l'Espagne, le Sud-Ouest produit une quantité d'abricots qui se centralisent au marché de Bordeaux.

Le marché de Bordeaux se pourvoit à Aiguillon, à Tonneins, à Port-Sainte-Marie, à Nicole. Ce dernier village du Lot-et-Garonne a ses vergers d'Abricotiers au milieu d'autres cultures, sur des coteaux escarpés, exposés au midi ; il vend pour 100 000 francs d'abricots par an. L'abricot *Commun* y domine, particulièrement le type rustique à amande amère. Nous y avons cependant remarqué des variétés plus hâtives, et l'abricot-*Pêche*, plus tardif. Le fruit est expédié à Bordeaux, dans de grandes corbeilles, en paniers ronds ou ovales, et même en caissettes lorsqu'il s'agit d'une expédition lointaine.

L'Abricotier est encore cultivé avec profit sur les

coteaux de Tarn-et-Garonne, principalement de Valence-d'Agen à Moissac, mais le fruit est plus petit et moins prisé que le précédent.

De Carcassonne à Limoux, des agglomérations d'Abricotiers sur les coteaux sont d'un produit assuré. Nous y retrouvons l'abricot *Blanc précoce*.

Abricot « de Bourgogne ». — Cette production est à peu près spéciale au département de la Côte-d'Or.

Les abricots *Précoce, de Morey, Royal* se propagent en Bourgogne pour les marchés et l'exportation, et pour l'industrie des marmelades. Les coteaux de Morey, Gevrey, Chambolle, Beaune, Couchey, Brochon, Fixin, Chenove, sont de véritables mines d'abricots, de pêches, de cerises précoces. On y vend l'abricot de 80 à 100 francs les 100 kilogrammes.

Déjà le Valais suisse suit cet exemple, fournissant 500 000 kilogrammes d'abricots au marché et à ses industries de conserves et de confitures.

Abricot « d'Amérique ». — Aux États-Unis, les variétés d'Abricotiers les plus répandues sont nommées *Breda, Large Early, Moorpark, Peach, Orange*.

La Californie du Sud retire 5 000 000 de dollars par l'exploitation de l'abricot frais ou en conserve. Au moment de la récolte, une seule maison fabrique plus de trente mille boîtes d'abricots par jour.

V. — CULTURE DE L'ABRICOTIER.

Multiplication de l'Abricotier. — L'Abricotier se propage par le semis et par la greffe.

Le semis a donné quelques résultats avec les Abricotiers *Pêche, Angoumois, Alberge*, qui se reproduisent en majeure partie par le semis de leurs noyaux. Mais dans nos climats, l'arbre greffé est plus robuste.

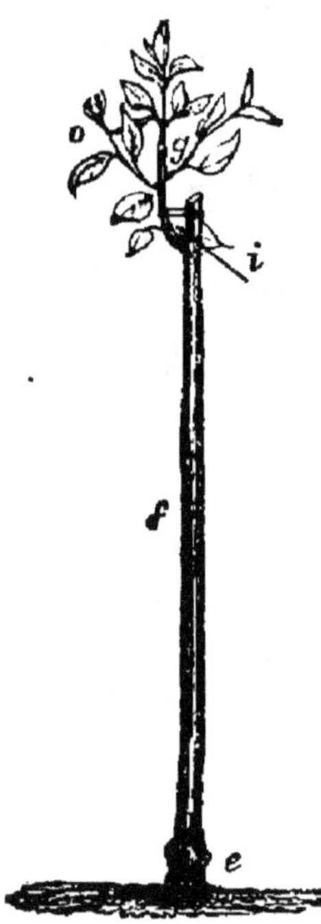

Fig. 10. — Surgreffage de l'Abricotier.

Le greffage le plus répandu se fait sur Prunier (*Prunus domestica*) *Saint-Julien* ou sur P. *Mirobolan*, celui-ci élevé par semis ou bouture, celui-là par semis, cépée ou rejet. On élève de même le Prunier *Quetsche*, qui se prête au greffage de l'Abricotier.

Quand le sujet Prunier est de nature chétive ou antipathique à l'Abricotier (*fig.* 10), on le greffe d'abord en variété de Prunier vigoureuse et sympathique à l'Abricotier, la *Reine Claude-de-Bavay*, la *Belle de Louvain*; plus tard, la tige nouvelle (*f*), déjà greffée (*e*), sera surgreffée (*i*) en Abricotier.

Nous avons indiqué, dans l'Art de greffer (1), les différents sujets employés par les pépinières du centre et du midi de la France.

L'Abricotier se greffe sur le Pêcher (*Amygdalus Persica*) dans l'Ain, sur les bords de la Saône et dans le Lyonnais, cantons de l'Arbresle et de Tarare.

(1) *L'Art de greffer* les arbres, arbrisseaux et arbustes fruitiers, forestiers ou d'ornement, par Charles Baltet; 8e édition, 540 pages, 202 figures. — Chez G. Masson, éditeur, 120, boulevard Saint-Germain, Paris. — Prix, 4 francs.

L'Amandier (*Amygdalus communis*) est le sujet admis dans le Dauphiné, aux environs de Valence ; mais déjà le sujet Abricotier *franc* (*Prunus Armeniaca*) y reçoit la greffe des Abricotiers d'*Ampuis* et *Luizet*. Ce dernier sujet, le *franc*, est adopté en Provence lorsque le sol, humide, s'égoutte difficilement ; en toute autre circonstance, on préfère le Prunier *Mirobolan* ou l'Amandier, celui-ci pour les terrains secs, celui-là pour les terrains frais à sous-sol perméable.

Dans les sols arides de la Provence, sous l'action du mistral qui décolle les greffes d'Abricotier sur Amandier, on greffe rez terre celui-ci en Pêcher ; plus tard, la jeune tige de Pêcher sera surgreffée en Abricotier, et la tête résistera mieux au vent.

Abricotier en haute tige. — En général, l'Abricotier en haute tige ne doit pas être élevé de tête ; une tige nue de 1ᵐ,50 à 2 mètres suffit ; les accidents auxquels il est exposé obligent à la réduire autant que possible. Les arbres des grands vergers du Midi ont des tiges de 0ᵐ,50 à 0ᵐ,80 ; elles échappent aux coups de brûle, aux chancres, tandis que le branchage est abrité des courants violents qui viendraient le fatiguer et anéantir sa fructification.

On plante assez souvent l'Abricotier, en haute tige, dans la cour des habitations ou adossé contre un bâtiment ; il y est plus fertile qu'en basse tige.

L'Abricotier en plein vent est placé au jardin fruitier comme arbre isolé ou disséminé dans les carrés de Groseilliers et de Fraisiers.

Au verger, il peut constituer des lignes entières, des carrés spéciaux ; un intervalle de 6 mètres suffit aux arbres. Toutefois, dans une situation favorable, avec un sol généreux, cette distance minimum pourrait être portée à 7 ou à 8 mètres. Au delà, ce serait l'occasion d'une culture dérobée de fraisiers ou autres végétations analogues.

Abricotier en basse tige. — L'Abricotier en basse tige, c'est-à-dire dont le branchage commence au niveau du sol ou à peu près, n'est guère recommandé en plein air, les branches sont trop rapprochées de la terre ; une petite tige de 0^m,50 est préférable.

On peut l'admettre en espalier, quoique un sujet en haute tige y ait encore plus d'avenir.

En espalier, le développement des rameaux exige un espace de 4 à 5 mètres entre les arbres.

Le buisson d'Abricotier, touffu ou évidé, convient aux climatures chaudes et autant que possible régulières au printemps, de manière qu'il n'y ait pas à redouter la fraîcheur du sol. Un espacement de 4 mètres suffit à une plantation de ce genre.

Taille de l'Abricotier. — En principe, l'Abricotier accepte la taille lors de la plantation de l'arbre.

Le traitement auquel il est soumis, en ce qui concerne les opérations de taille, varie suivant l'état de l'arbre, en plein vent ou en espalier.

Abricotier en plein vent. — L'Abricotier à tige, en plein vent, ne subit de taille que dans sa période de formation.

La greffe, c'est-à-dire la jeune tige d'Abricotier, est d'abord coupée à la hauteur fixée pour le branchage. Les bourgeons de tête formeront la couronne ; on conservera les quatre ou cinq plus beaux jets, et régulièrement disposés, tandis que le pincement aura empêché le développement inutile des autres.

À la seconde année, ces jeunes rameaux sont taillés à 0ᵐ,25 environ. Les quatre ou cinq premières branches commenceront à se diviser en huit ou dix rameaux ; ils suffiront à l'ossature générale du branchage. En plein été, les jets secondaires seront ébourgeonnés s'ils sont trop rapprochés, ou pincés à 0ᵐ,10.

Pendant quelques années encore, les branches principales constituant la charpente seront taillées à la moitié environ de leur longueur, en supposant qu'elles soient équilibrées, ou aux deux tiers si elles se trouvent suffisamment ramifiées. Les rameaux secondaires destinés à la fructification subiront une taille plus rigoureuse, soit à 0ᵐ,10 de leur talon.

Dans l'été, en juillet-août, on élaguera les gourmands de l'intérieur du branchage, on pincera ceux qui s'allongent et qui doivent fructifier (*fig.* 11). Quant aux rameaux dits de charpente, si quelques-uns avaient une tendance à s'étendre outre mesure, un écimage y mettrait bon ordre.

Dès que la tête se développe et porte fruit, ces opérations se continuent, mais d'une façon modérée : on peut les pratiquer quelques semaines après la récolte, la production de l'année suivante sera plus régulière.

Abricotier en espalier. — L'Abricotier planté contre un mur, en espalier, et soumis à une forme quelconque taillée régulièrement, subira d'abord la section de la jeune tige pour exciter le développement des ramifications de la base ; puis, les années suivantes, ces premières branches seront taillées de telle façon que leurs bourgeons de tête constitueront la membrure de l'arbre, tandis que ceux qui les accompagnent deviendront les premiers rameaux fructifères (*fig.* 11).

Fig. 11. — Rameau fructifère de l'Abricotier.

On ne saurait exiger de l'Abricotier un branchage symétrique, attendu que la brûle, la gomme, la pléthore, les coups de soleil, etc., y font de fréquents ravages ; fort heureusement, avec cet arbre, les bourgeons latents percent facilement sur vieux bois et peuvent remplacer les parties détruites.

Il faut donc hâter la construction de la charpente et tailler les branches qui la composent, d'autant plus long qu'elles sont dressées moins verticalement.

La forme éventail, queue-de-paon, ou quelque disposition analogue, répond au tempérament de l'Abricotier en espalier, à basse tige ou à haute tige.

Quant aux branches fruitières qui garnissent les membres de charpente, on les taille à mi-longueur, soit à une moyenne de 0^m,15 à 0^m,30, et, plus long, les brins fluets dépourvus d'yeux à la base

L'écimage *en vert*, ou pincement, a lieu pendant la végétation. La taille *en sec* se pratique au réveil de la sève ou à son déclin, avant la chute des feuilles.

Ces deux opérations ont pour but d'entretenir la branche à fruit par un renouvellement périodique, et d'en rapprocher les boutons à fleur.

VI. — RÉCOLTE DES ABRICOTS.

L'Abricotier trop chargé de fruits est exposé à périr en plein été ou à donner des fruits mal constitués ; il est alors prudent d'en enlever sur les branches trop garnies. On opère lorsque les gelées printanières ne sont plus à craindre, l'abricot ayant alors la grosseur d'une noisette.

Dans son état parfait, l'abricot doit être cueilli dès

Fig. 12. — Panier servant à la récolte et au transport des abricots.

que l'épiderme, sans être flétri, prend une nuance plus mate ; le fond vert devient jaune, les marbrures se caractérisent, le sillon s'éclaircit.

L'abricot destiné à voyager sera cueilli dès le matin, ou par un temps couvert, avant que la chair ait perdu sa fermeté. Même recommandation pour toute récolte d'abricots.

L'abricot pour la confection des gelées, des pâtes et des marmelades doit être choisi plus mûr, et pour la conserve Appert, plus ferme.

Au cas de production importante, il faut éviter de s'encombrer d'abricots trop verts ou trop mûrs. Si la récolte d'un arbre est faite en une seule fois, il sera facile de trier les fruits mûrs pour la consommation, et les moins avancés pour le commerce ou pour les conserves. Étant déposés dans une pièce saine et sèche, leur maturation s'accomplira moins subitement que sur l'arbre.

On récolte le fruit à la main ou à l'aide d'un cueille-fruits. En secouant l'arbre, le fruit se meurtrit, perd sa bonne mine et ne se garde pas. On le place dans un panier tapissé de feuillages, et s'il n'est pas destiné à la vente immédiate, on le dépose sur les tablettes d'une chambre aérée, saine et tempérée. Mais il est préférable de le cueillir au moment de l'employer ou de l'envoyer au marché, sa nature fragile ne le disposant guère aux manipulations répétées (*fig.* 12).

Les abricots seront cueillis dès le matin et emballés par un temps calme. Trop chaud, il en résulte une fermentation ; trop humide, c'est la pourriture.

VII. — EMBALLAGE DES ABRICOTS.

Les abricots sont emballés en panier ou en caisse.

Emballage en panier. — L'abricot destiné aux grosses provisions du marché, ou aux confitureries, est expédié en pleins paniers, billots, bannettes, paniers carrés, paniers bombés en dos de tortue (*fig.* 13), etc. ; un lit de paille de seigle en garnit le fond et les côtés.

L'abricot « d'Avignon » est emballé dans des paniers rectangulaires en osier blanc, d'une contenance de 10 kilogrammes environ.

Pour les envois destinés à la consommation, le panier étant moins grand, on isole la paille de l'abricot par un tapis de rognures de papier, de liège granulé ou par une feuille de gros papier commun.

Il est inutile de séparer les lits, l'abricot se tient bien ; mais on doit éviter de superposer les fruits trop mûrs ou détériorés, sans quoi il faudrait y intercaler du papier ou des rognures.

On suit le bombement du couvercle en garnissant

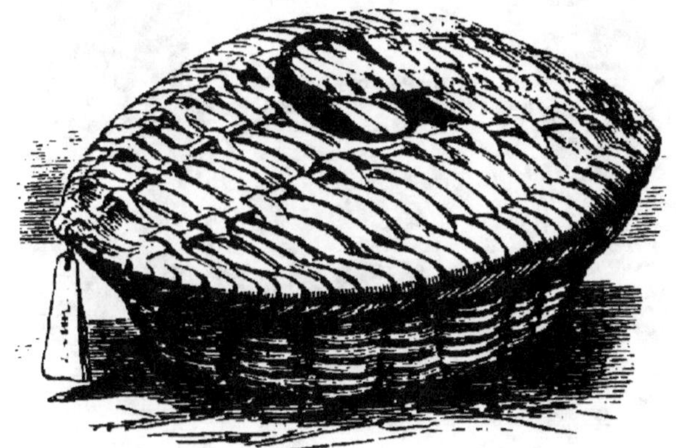

Fig. 13. — Panier à emballer les abricots.

de paille brisée l'intervalle qui le sépare de la feuille de papier supérieure ou du lit de grande paille.

Pour un trajet court, on peut employer comme litière des feuilles vertes, mais non mouillées, de Vigne ou d'Abricotier. Les figures 8 et 9 montrent des modèles de paniers pour la récolte et le transport du fruit.

Quant au panier carré destiné aux fruits de choix, la figure 14 indique suffisamment sa forme et son emploi. Le fruit presque mûr s'y trouve rangé par deux ou trois lits séparés par un papier de soie en feuille ou « sulfurisé »; un manchon ou boudin bourré de rognures fines, souples ou de poussières de

Fig. 14. — Emballage de l'abricot de choix.

liège, empêchera les heurts de l'osier du panier contre les abricots.

Emballage en caisse. — Voir ce mode exposé au chapitre Prunier.

VIII. — EMPLOI DES ABRICOTS.

L'abricot est un bon fruit pour la consommation et pour l'office. Tous les abricots sont comestibles; les échantillons d'apparence saine font assez bonne figure sur une table.

Les abricots récoltés en plein vent se prêtent mieux

à toutes les préparations gastronomiques, telles que confitures, gelées, marmelades, compotes d'abricots verts ou mûrs, pâtes d'abricots, conserves en bouteilles, séchage au four, fruits à l'eau-de-vie, abricots glacés ou confits, abricots pulpés, brochettes d'abricots, soupe aux abricots, vin d'abricots, dessert au sucre....

Les abricots d'espalier forment de belles jattes de dessert ; ils conviennent pour les conserves Appert et les conserves de fruits entiers.

La pâtisserie d'abricots demande une compote sucrée faite à l'avance, l'abricot frais sur la pâte est insipide et amer.

Un gastronome du commencement du siècle, Alexis Antoine Cadet-de-Vaux, dans une étude ménagère galamment dédiée à sa femme, conseille d'édulcorer l'acide de l'abricot avec une addition de sirop de raisins ou de pommes.

L'abricot de grosseur moyenne est choisi pour la confection des tartes, le fruit étant coupé en deux.

On utilise au vinaigre, comme condiment, le petit abricot vert cueilli sur l'arbre trop chargé de fruits.

Les noyaux d'abricots servent à faire un ratafia.

L'amande douce, également propre au ratafia, est utilisée dans la préparation ménagère des confitures d'abricots. Elle est alors blanchie, fendue et jetée dans la préparation.

Les confiseurs de la capitale préfèrent les fruits des environs de Paris, pour les conserves Appert. Tout fruit fatigué est envoyé à la bassine.

L'abricot d'Auvergne se façonne à Clermont-Ferrand et à Riom. Les pâtes d'abricots fabriquées à Clermont sont dues à l'abricot *Commun*.

A Marseille, les confiseurs recherchent l'abricot *Pouman* ou *Blanc rosé*. Apt préfère l'abricot *Rouge pointu de Roquevaire*, tous deux fruits locaux.

A Lescours, Apt, Orange, Roquevaire, les syndicats procèdent à quatre opérations pour l'industrie des conserves : dénoyautage, blanchiment des pulpes, mise en boîtes et soudure, enfin stérilisation au bain-marie. Coût, 20 francs par 500 kilogrammes de fruits. Prix de vente, 35 francs les 100 kilogrammes de fruits.

L'industrie bordelaise apprête les fruits au sirop et au jus et en exporte des millions de boîtes pour la marine et les pays étrangers.

Aux États-Unis, on utilise l'abricot de la même façon ; en outre, des usines le soumettent à la dessiccation, à l'évaporation, à la compression. La pulpe ainsi séchée et glacée, comme une datte ou un raisin séché au soleil, est expédiée en boîtes ; on plongera le séchon dans l'eau au moment de l'employer en dessert, en compote, en confiserie, etc.

L'Orient expédie à Marseille des navires chargés de noyaux d'abricots pour la fabrication de l'huile de table.

A Paris, les restaurants de mauvais aloi servent, sous le nom de compote d'abricots, de la compote de citrouille habilement préparée ! Et cependant, il arrive chaque année, aux Halles, des millions de kilogrammes d'abricots frais ou séchés.

AMANDIER

(Amygdalus communis)

I. — TERRAINS ET SITUATIONS QUI CONVIENNENT A L'AMANDIER.

L'Amandier préfère un terrain sec et profond.

Les sols calcaires sont favorables à la lignification de son bois. Les sols argileux, au contraire, lui donnent des brindilles tardives promptement saisies par les froids ; il y fructifie peu.

Dans les sables gras, avec sous-sol imperméable, il pousse vite à ses débuts et s'arrête promptement. Dans les sables arides et profonds, l'arbre est plus lent à se développer, mais il résiste plus longtemps. En tout cas, l'Amandier est moins difficile au sol qu'à l'exposition ou à l'aération de son emplacement.

Il faut à l'Amandier une situation chaude qui ne soit pas exposée aux gelées précoces. Sa floraison précède son bourgeonnement ; le moindre froid pendant un hiver doux peut la compromettre.

L'Amandier réussit dans la zone qui s'étend de la Drôme à l'Aude, en Corse, en Algérie, en Tunisie, préférant les parties montagneuses abritées des vents du nord. Il prospère également sous le climat chaud et tempéré de l'ouest de la France.

La région qui comprend les départements de Vaucluse, du Gard, des Bouches-du-Rhône et des Basses-Alpes paraît être le centre de son aire géographique ;

Fig. 15. — Amandier en fleurs.

c'est la « région de l'Amandier ». Il n'y est pas moins exposé aux rosées fraîches d'avril et de mai qui pourraient compromettre la *nouée* de son fruit.

D'après Alph. de Candolle, la floraison de l'Amandier,

assez capricieuse, a lieu à Smyrne au commencement de février ; en Angleterre, en mars ; dans l'Allemagne centrale, vers la fin d'avril ; à Christiania, au commencement de juin, aussi le fruit n'y mûrit-il qu'à moitié dans les étés les plus chauds. Au cap de Bonne-Espérance, l'Amandier fleurit au mois d'août, époque qui, dans cette partie de l'hémisphère austral, correspond au commencement de notre printemps.

Sous le climat de Paris, l'Amandier fleurit en mars-avril. S'il devance l'époque en janvier, excité par quelques rayons de soleil trompeurs, le fruit est compromis par les gelées printanières.

En Algérie, région du Tell, sa floraison commence quand la température moyenne est de $+ 6°$, en janvier ou en février. Dans cette zone, comprenant encore l'Espagne, le Portugal et l'Italie, l'exposition nord lui est favorable.

II. — CHOIX DES MEILLEURES VARIÉTÉS D'AMANDES.

Les amandes sont *douces* ou *amères* ; celles-ci n'ont qu'un intérêt industriel, elles n'entrent point dans la consommation ménagère.

L'amande douce comprend :

Les espèces *à Coque dure* ;

Les espèces *à Coque tendre.*

L'Amandier *à Coque demi-dure* est assez cultivé en Italie ; on en trouve cependant en France parmi les semis des autres types.

Les meilleures variétés d'amandes adoptées dans les cultures méridionales sont :

à Coque dure. *Grosse ordinaire* ; fruit assez gros, saveur agréable. Saison moyenne.

— *Grosse verte* ; beau fruit, bonne qualité. Floraison tardive.

— *à Flots* ou *à Trochets* ; fruit moyen, coque demi-dure ; amande du meilleur goût, sans amer, recherchée de préférence pour les dragées. Arbre fertile.

— *Matheronne* ; fruit moyen, pointu, coque demi-dure ; belle amande, sans amer, bonne pour la table. Arbre ramifié.

— *Molière* ; fruit assez gros, allongé, coque demi-dure, facile à décortiquer ; bonne amande, sans amer. Arbre vigoureux.

à Coque tendre, *à la Dame* ; fruit petit, coque demi-tendre ; goût agréable. Hâtif.

— *Princesse, à la Reine, Sultane* ; fruit assez gros ; amande blanche, douce. Maturité précoce.

— *Ronde fine* ; fruit moyen, arrondi. Les confiseurs préfèrent cette amande à la noisette.

— *Grosse tendre* ; fruit assez gros, ovoïde, bossué ; coque mince et tendre. Tardive.

III. — PLANTATIONS COMMERCIALES D'AMANDIERS.

Le négociant classe le fruit *doux* de l'Amandier en trois catégories :

1° Les Amandes dures, qui se cassent au marteau ;

2° Les Amandes demi-dures ou *à la Dame*, qui se cassent à la dent ;

3° Les Amandes fines ou *Princesse*, qui se cassent à la main.

Sous ces différentes dénominations, la France expédie dans le Nord, en Belgique, en Hollande, en Suisse, en Allemagne, en Russie, aux États-Unis, pour vingt millions de francs d'amandes, récoltées en Provence, en Corse, en Algérie, en Sardaigne, en Sicile, dans la Pouille, aux îles Majorque, en Espagne, etc. C'est un mouvement commercial d'importation et d'exportation dont la région méditerranéenne fait les frais.

Avec des conditions toutes spéciales de sol et de climat, l'Amandier peut donc concourir aux plantations commerciales, même sur friche, sur le bord des routes ou en plein champ.

On en rencontre d'abord sur les terres calcaires du Saumurois et de la Vendée. Le fruit y est vendu comme « amande verte » ; mais il faut descendre plus au sud pour être en présence de cultures importantes.

Le Dauphiné, vallée du Buech et vallée du Rhône, en possède déjà quelques agglomérations.

Le Languedoc produit une amande *à la Dame* d'une forme allongée, estimée dans le commerce.

Dans l'Hérault, plus exposé à la gelée, on estime qu'un hectare d'Amandiers produira 1 000 kilogrammes d'amandes s'il s'agit d'espèces à coque dure, et 400 kilogrammes seulement, s'il s'agit d'espèces à coque tendre.

Nous retrouvons l'Amandier dans l'Ariège, répandu dans les vignes de la plaine de Pamiers.

Vers le Sud-Est, en Provence, les Amandiers deviennent plus communs, jusqu'aux vallées du Buech et de Veynes, des Hautes-Alpes.

Là, comme dans les Basses-Alpes, les amanderaies ont une production d'autant plus régulière qu'elles sont à l'abri du mistral ; aussi les variétés à floraison tardive y sont-elles en majorité.

Aux portes d'Hyères, un propriétaire a garni d'Amandiers *Princesse* ses champs lucratifs de Rosiers *Safrano* et *Cramoisi supérieur*. Il se propose de leur substituer l'Amandier *à Coque dure*, plus « profitable », nous disait-il, par sa production plus certaine ; la floraison de la *Coque tendre* est plus sujette à couler.

Dans la Crau, en Provence, on a réussi l'Amandier en couvrant le tronc radiculaire du sujet, lors de la plantation, d'un lit assez épais de cailloux. Pendant l'hiver, un arrosage de jus de fumier étendu d'eau en a facilité la végétation.

Les grandes plantations que nous avons visitées occupent d'assez vastes surfaces, à cause de la distance des arbres et des cultures intermédiaires de céréales ou autres. Elles se ressemblent plus ou moins, contenance à part.

On a cité l'amanderaie de Pailherols (Basses-Alpes) : cinquante hectares d'Amandiers en lignes mesurant un kilomètre de longueur, d'un produit annuel de 20 000 francs d'amandes, non compris le rendement des céréales. Un propriétaire à Château-Arnoux, de ce département, récolte l'amande *Princesse* sur le pied de 300 kilogrammes à l'hectare et la vend 2 fr. 10 le kilogramme, tandis que l'amande à coque dure produit 1 000 kilogrammes à l'hectare, et se vend 0 fr. 45 le kilogramme. Le sol de la plantation est silico-argileux ; la terre est bien entretenue et la taille des arbres soignée.

Un verger plus considérable, dans les Bouches-du-Rhône, est traversé par le chemin de fer de Cavaillon à Miramas, sur un parcours de six kilomètres. Exposé aux inclémences de la température, il a produit jusqu'à 100 000 francs d'amandes ; ce maximum est atteint tous les cinq ou six ans. Une très mauvaise année a donné 1 200 francs ; les années ordinaires sont de 20 000 francs, soit 400 francs par hectare. La majorité des sujets est de l'espèce *à Coque dure*.

Le département des Bouches-du-Rhône compte six mille hectares d'Amandiers dans l'arrondissement d'Aix, six cents hectares dans l'arrondissement d'Arles, et seulement cent dans celui de Marseille.

La ville d'Aix centralise, dans vingt maisons environ, le commerce des amandes produites dans les départements voisins ; ce commerce y représente une valeur annuelle de 3 millions de francs.

Marignane, Saint-Chamas, Toulon, sont également connus à la Bourse, comptoir des amandes.

Un Amandier, fruit à coque dure, peut donner vingt litres d'amandes. L'arbre est en plein rapport à quinze ou vingt ans.

Un hectolitre d'amandes en coque pèse, en moyenne, 55 kilogrammes.

Les amandes douces en coque se vendent de 25 à 35 francs les 100 kilogrammes.

En Provence, on rencontre çà et là les amandes *Béraude, Caillasse, Marie Dupuys, Tournefort*, à coque dure ; *Abéranne, Ay, Blanquette*, à coque demi-fine ;

mais les variétés décrites ici sont les préférées.

L'Amandier est répandu en Corse, dans la Balagne, sol rocailleux, perméable. Le cultivateur greffe son arbre, soit en fente au mois de janvier, soit en flûte au mois de juillet. L'île de Corse exporte 30 000 kilogrammes d'amandes par saison. Le prix moyen, après la récolte, est 20 francs l'hectolitre, en coque dure, 30 francs en coque tendre, 50 francs la *Princesse*. La récolte d'un arbre est évaluée à 4 francs.

Les plantations d'Amandiers *à fruit amer* sont vigoureuses et productives; toutefois, le fruit est moins recherché par le négociant. La plantation de cette espèce convient sur les routes, autour des amanderaies et dans tout endroit exposé au maraudage.

La France expédie en Angleterre, pour 1 million de francs d'amandes vertes ou sèches.

L'Algérie les envoie sous coque verte, à Marseille : elles arrivent encore fraîches.

De Majorque, en 1904, le port de Palma frète près de 4 millions de kilogrammes d'amandes.

Une statistique de la Californie évalue à soixante mille le nombre d'Amandiers en exploitation dans cet État de l'Union.

IV. — CULTURE DE L'AMANDIER.

Multiplication de l'Amandier. — L'Amandier type (*Amygdalus communis*) se multiplie par semis. On fait stratifier les amandes en hiver; au printemps, on les plantera en pépinière à une distance convenable; au bout de trois ans, on aura des sujets « bons à mettre en place ».

Les variétés à propager, *à Coque dure* ou *à Coque tendre*, seront greffées en pied ou en tête sur les sujets d'Amandiers élevés ainsi par semis.

Assez souvent, le paysan procède lui-même à cette opération et greffe en flûte, à œil poussant, sur sujet *étêté* au moment du greffage.

Les variétés d'Amandier réussissent encore par leur greffage sur les Pruniers *Damas* et *Saint-Julien*. On a recours à ce procédé dans les sols froids et humides de l'est et du nord de la France, où la racine de l'Amandier ne saurait se plaire.

L'Amandier se plante, en haute tige, à une distance de 6 mètres sur la ligne, ou de 8 à 10 mètres, au cas de cultures dérobées peu envahissantes.

Taille de l'Amandier. — On taille l'Amandier en le plantant ; puis on l'abandonne à lui-même ; il suffira, plus tard, d'écimer les brindilles latérales quand elles deviendront trop longues ; elles se mettront à fruit et seront alors moins disposées à se dégarnir (*fig.* 16).

Fig. 16. — Branche fruitière de l'Amandier.

Les branches principales seront étêtées lorsqu'elles s'allongeront trop et se dénuderont, et l'on aura soin d'émonder les *gourmands* et d'enlever le bois mort.

Ces opérations pourront être pratiquées au mois de septembre, à l'époque de l'échenillage, travail trop souvent négligé; la coupe aura le temps de se cicatriser avant l'hiver.

Dans le Midi, on a l'habitude de receper l'Amandier lorsque les têtes sont vieilles, dénudées, fatiguées. Il vaudrait mieux entretenir le branchage par une taille sommaire tous les deux, trois ou quatre ans, sauf à le renouveler par un recepage à de longs intervalles.

V. — RÉCOLTE, EMBALLAGE, EMPLOI DES AMANDES.

Récolte des Amandes. — Les amandes sont récoltées fin été et commencement d'automne, lorsque le péricarpe s'ouvre et que l'amande tombe.

La chute du fruit est naturelle ou aidée à coups de gaule donnés avec intention. En Provence (*fig.* 17), on emploie la canne de l'*Arundo* qui pullule dans les terrains vagues et sur le bord des cours d'eau.

La récolte a lieu, habituellement, du 10 au 15 août; à cette époque, les emblaves sont rentrées, la nudité du sol facilite l'écorçage de l'amande.

En ramassant le fruit, on enlève la pulpe, « la peau » coriace ou charnue qui recouvre l'amande; puis on l'étend sur des claies exposées au soleil, la coque séchera vite et restera blanche.

On cueillera juste à point l'amande *Princesse*, avant les pluies, pour que la couleur lui soit conservée.

Son écorçage est plus difficile et se fait à la main. On transportera ensuite l'amande au grenier ou dans

Fig. 17. — Récolte des amandes, en Provence.

tout autre endroit sec ; elle sera immédiatement triée par grosseur et par qualité, puis mise en tas et plus tard en paniers ou en caisses.

L'emballage des amandes se fait généralement en sacs, en grands paniers ou en tonneaux bien secs.

Emploi des Amandes. — L'emploi des amandes est assez varié. D'abord, l'amande verte, cueillie avant sa maturité, est consommée immédiatement, tandis que l'amande sèche peut se conserver longtemps.

L'amande entre dans la préparation du sirop d'orgeat, du lait d'amandes, d'une huile de toilette.

La pâtisserie la recherche pour ses pâtes sèches, croquets, macarons et massepains, pour les nougats pralinés ou de Montélimar et les pithiviers.

La confiserie l'utilise dans les dragées, les petits fours amandés et les pralines.

L'amande jeune et fraîche, confite et glacée, s'allie à tous les fruits glacés.

L'amande grillée est la base du chocolat praliné.

L'amande amère, associée dans une faible proportion à l'amande douce, tonifie le sirop d'orgeat. Son principe d'acide cyanhydrique est recherché par les fabricants ou falsificateurs de Kirschenwasser.

Les premières amandes fraîches, à bon marché, arrivent d'Espagne dès la fin d'octobre ; elles sont aussitôt triées pour la confiserie. La *Majorque*, souvent jumelle, laisse du déchet à l'émondage par sa peau épaisse et le duvet qui la recouvre. Les *Alicante* et *Sicile*, assez plates, d'un goût fade, rancissent vite et ne peuvent être employées en été ; elles sont utilisées au broyage par la confiserie et la pâtisserie.

Le commerce appelle : 1° amande « de plaine » l'amande douce, courte, sans amer, employée par les pâtissiers pour le broyage, et par les liquoristes pour le sirop d'orgeat ; 2° amande « de montagne » le mélange de l'amande amère, dans la proportion de 25 p. 100, à l'amande douce.

L'amande *Princesse*, dite du « terroir d'Aix », d'une belle forme longue, est très friable, d'un goût excellent, sans amer et ne rancit que très vieille ; elle est employée pour la dragée surfine et la pâtisserie fine.

Il y a en outre l'amande *en coque* et l'amande *cassée*, celle-ci privée de sa coquille par le fait d'une opération mécanique. Seize décalitres de l'amande *à Flots* rendent 26 kilogrammes d'amandes cassées. La *Grosse verte* vient ensuite comme rendement.

L'amande cassée s'expédie directement aux pâtissiers, aux confiseurs, aux chocolatiers. Le déchet des amandes cassées est vendu, à bas prix, pour certaines préparations, loochs blancs et émulsions, et pour la fabrication d'une huile à graisser, — qui rancit moins à l'obscurité, dans un flacon de verre bleu. — Le marc est employé dans les chocolats communs.

La distillation du tourteau d'amandes amères produit l'essence d'amande amère, tonique et fébrifuge.

Il paraît que la coque d'amandes, macérée, transforme le trois-six en cognac et le vin blanc en madère. Il s'agit de la coque dure, car la coque tendre du commerce n'est souvent que le résultat de décortications, et en même temps la conséquence des étuves, du grattage et du soufrage. Le soufrage donne un mauvais goût à l'amande et nuit à sa conservation.

CERISIER

(*Cerasus*)

I. — TERRAINS QUI CONVIENNENT AU CERISIER.

Par le fait de son greffage sur des arbres d'espèces différentes, on peut dire que le Cerisier vient facilement partout. Greffé sur Merisier (*Cerasus avium*), il prospère dans les terres substantielles, fraîches, sableuses et siliceuses ; sur Mahaleb ou Sainte-Lucie (*Cerasus Mahaleb*), il réussit dans les sols arides, rocailleux, calcaires ; greffé sur Cerisier franc (*Cerasus communis*), il se plaît dans les terrains siliceux, sablonneux, les alluvions, les terres à vigne.

Nous ne voyons que les sols marécageux, froids ou argileux, qui soient contraires au Cerisier.

Les racines de cet arbre n'ont guère de dispositions à s'enfoncer profondément ; par conséquent, l'épaisseur de la couche végétale lui est à peu près indifférente. Une bonne terre franche lui est plus salutaire que du fumier. Des terres herbues forment un bon amendement pour le Merisier ; des terres sèches, légères, même caillouteuses, favorisent la végétation du Mahaleb. Celui-ci a besoin d'être planté jeune et peu profondément.

Les friches en sol crétacé ou jurassique peuvent être converties en cerisaies jusqu'à 1 000 mètres d'altitude.

II. — SITUATIONS QUI CONVIENNENT AU CERISIER.

Les situations bien appropriées au Cerisier sont les hauteurs, les pentes et les plaines où l'air et la lumière circulent librement. A proximité d'une forêt, ou trop resserré dans un bois, le Cerisier s'élance et produit peu ; son fruit est en outre exposé aux attaques des oiseaux qui en sont friands.

Les endroits froids ou assujettis aux brouillards sont contraires à sa floraison : les expositions trop brûlantes le fatiguent.

En espalier, on le plante au nord pour retarder d'un mois la maturité du fruit, et aux expositions chaudes pour la hâter de quinze jours.

Le climat de la France est le climat du Cerisier, car il est répandu en Picardie et dans le Languedoc, en Provence et en Lorraine, aussi bien que dans le Centre. Le rivage de la mer semble moins favorable à sa végétation normale et à sa fructification.

Son habitat commence à la région de l'Oranger et s'arrête à la limite géographique du Chêne.

III. — CHOIX DES MEILLEURES VARIÉTÉS.

La disposition du branchage du Cerisier et la nature de son fruit en ont fait classer les variétés en quatre groupes :

1° La Cerise ;

2° La Griotte ;

3° Le Bigarreau ;

4° La Guigne.

Ces deux derniers (*fig.* 18) sont à chair plus ferme et plus exposée aux vers ; leur arbre, plus élancé, se prête moins aux formes taillées que les Cerisiers pro-

Fig. 18. — Aspect du Bigarreau et de la Guigne.

Fig. 19. — Aspect de la Cerise
et de la Griotte.

duisant des cerises ou des griottes. (*fig.* 19). A ceux-ci la plaine, à ceux-là la montagne.

Nous examinerons séparément chaque groupe, sans établir de point de comparaison entre eux.

A. — CERISES.

Le Cerisier est un arbre à branchage court, d'un port sphérique, ovalaire, conique ou étalé.

Le fruit est à chair douce ou légèrement acidulée, à jus incolore.

Plusieurs variétés d'un goût acidulé, comme les Cerises *Franche, de Montmorency*, en sont distraites par quelques auteurs, pour constituer le groupe ou la section des « Amarelles ».

Ordre de maturité des meilleures cerises.

Anglaise hâtive (*fig*. 20). — Arbre trapu, très fertile. Fruit gros, arrondi, coloris rouge foncé ; doux acidulé, très bon.

Maturité successive, dès le commencement de juin.

L'*Anglaise hâtive*, appelée encore *Royale d'Angleterre hâtive*, est la plus précieuse de toutes, la plus répandue dans les vergers et dans les jardins, et la plus

Fig. 20. — Cerise Anglaise hâtive.

demandée sur les marchés, pour l'exportation, pour les desserts et les préparations culinaires. Il en existe plusieurs formes ou sous-variétés.

Impératrice (*fig*. 21). — Variété offrant quelque analogie avec la précédente, mais ayant un bois plus court, un fruit souvent plus gros, une maturation plus rapide. Maturité, commencement de juin.

Très bonne variété pour les formes naines, pyramide, candélabre, et pour les demi-tiges.

Belle de Choisy (*fig*. 22). — Arbre élancé assez productif.

Fruit moyen, rond, coloris ambre nuancé rose incarnat ; doux, très bon, même au séchage.

Maturité, courant de juin.

Préférer les sujets greffés sur Sainte-Lucie, dans l'intérêt de la fertilité.

Bon fruit pour le séchage et la gelée.

Reine Hortense (*fig.* 23). — Arbre vigoureux et ramifié, d'une fertilité lente ; à greffer particulièrement sur Sainte-Lucie et à cultiver sous une grande forme.

Fruit gros, ovalaire, rose carminé ; doux très bon.

Maturité, juin et juillet.

Fig. 23. — Cerise Reine Hortense.

La fleur coule dans une situation froide, ombragée, ou isolée d'une bonne sorte prolifique.

Éviter de cueillir le fruit trop à l'avance et de le manier inutilement.

Bonne cerise pour les conserves de fruits entiers.

Carnation (*fig.* 24). — Arbre à rameaux rejetés, fertile.

Fruit assez gros, rouge pâle ; doux, bon.

Les sujets en haute tige seront préférables sur Merisier ; la vigueur y est modérée, la fertilité grande.

Montmorency. — Arbre robuste, ramifié, fertile.

Fruit moyen, rouge franc ; acidulé doux, très bon.

Maturité, juillet.

Les variétés de Montmorency *à longue queue, à*

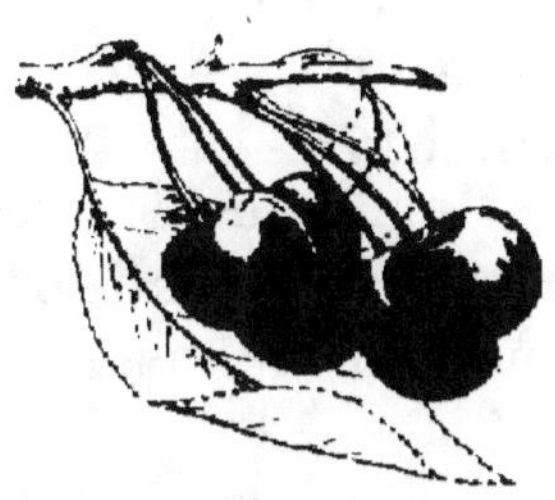

Fig. 21. — Impératrice.

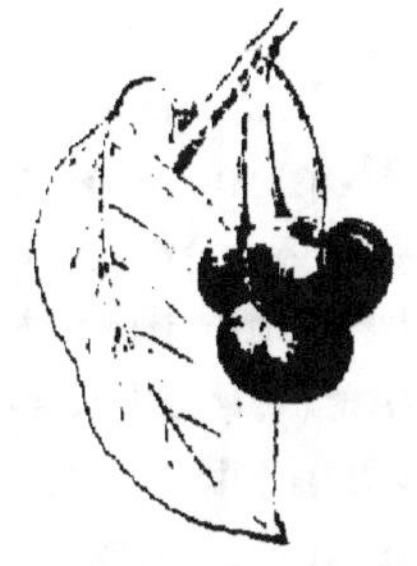

Fig. 22. — Belle de Choisy.

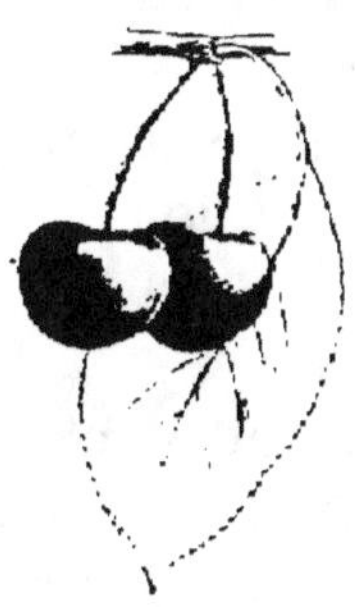

Fig. 24. — Carnation.

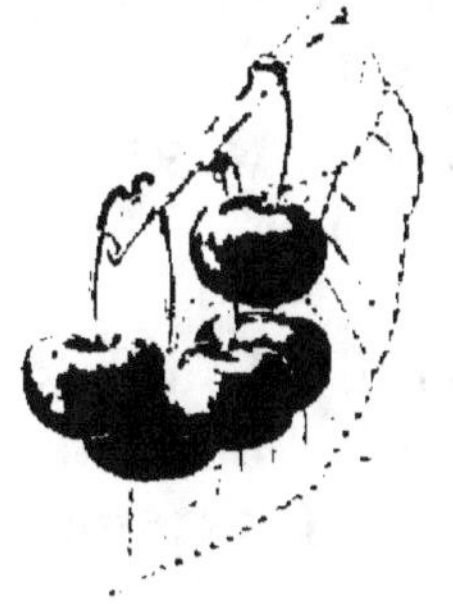

Fig. 25. — Montmorency
de Sauvigny.

Fig. 26. — Montmorency
à courte queue (Gobet.)

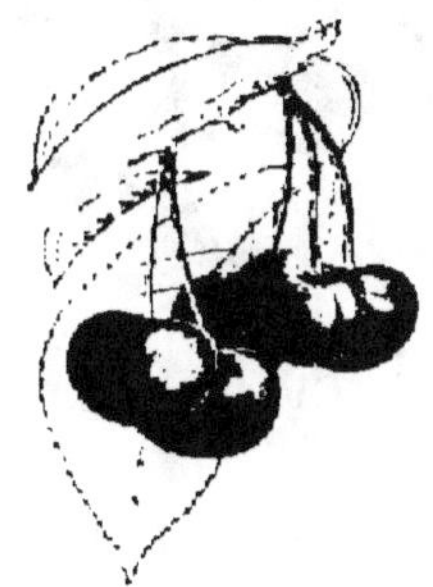

Fig. 27. — Royale.
(Nouvelle Royale.)

courte queue, semi-résistantes aux gelées d'hiver, sont dignes d'être propagées dans la grande culture.

La Montmorency **de Sauvigny** (*fig.* 25), à pédoncule demi-long, répandue dans la Marne, est recherchée pour la consommation, les conserves, la confiserie.

Gobet (*fig.* 26). — Arbre trapu, ramifié, assez fertile ; pour haute tige et basse tige.

Fruit assez gros, marqué d'un sillon rouge vif ; acidulé doux ; genre de Montmorency à queue courte.

Maturité, juillet.

Espèce pour les conserves en bouteille, au sucre et à l'eau-de-vie.

Nouvelle Royale (*fig.* 27). — Arbre trapu, très fertile. Fruit gros, rond, pourpre foncé ; doux acidulé, bon.

Maturité, mi-juillet.

Joli fruit d'amateur ; pour basse tige et demi-tige.

Belle de Chatenay (*fig.* 28). — Arbre vigoureux, ramifié, productif ; pour haute tige et basse tige, même à haute altitude.

Fig. 28. — Cerise Belle de Chatenay.

Fruit assez gros, large du haut, carmin pourpré ; acidulé, doux, bon.

Maturité, deuxième quinzaine de juillet.

Au nord d'un mur, le fruit est magnifique et prolonge sa maturité en août, même au delà.

Les pluies froides peuvent maculer son épiderme, tandis que les vents froids de la montagne semblent lui plaire.

Belle de Franconville. — Arbre de vigueur moyenne, fertile.

Fruit moyen, pourpre brillant; acidulé, doux, bon. Maturité, août.

Cerise Franche ou **Commune.** — Arbre robuste, ayant résisté à l'hiver 1879-1880 ; très fertile.

Fruit moyen, rond, rouge cerise; acidulé, bon.

Maturité, fin juin et commencement de juillet pour l'espèce *hâtive* ; fin juillet et août pour la *tardive*.

Le Cerisier *Franc* est commun dans les vignes des environs de Troyes. Il s'y propage par drageon ; greffé, la production en est inférieure, parce que l'arbre est privé de ses propres racines traçantes (Voy. *fig.* 36).

Ordre de mérite des meilleures cerises.

En haute tige.	En basse tige.
Cerise Anglaise hâtive.	Cerise Anglaise hâtive.
— Montmorency.	— Impératrice.
— Montmorency de Sauvigny.	— Nouvelle Royale.
— Belle de Chatenay.	— Belle de Chatenay.
— Reine Hortense.	— Carnation.
— Nouvelle Royale.	— Reine Hortense.
— Impératrice.	— Gobet.
— Belle de Choisy.	— Montmorency.
— Gobet.	— Montmorency de Sauvigny.
— Carnation.	— Belle de Choisy.
— Belle de Franconville.	— Belle de Franconville.

B. — GRIOTTES.

Le Griottier est un Cerisier à branchage plus ou moins touffu, assez productif, ayant résisté aux froids du grand hiver. L'arbre est assez répandu dans les vergers de l'Europe septentrionale.

Le fruit, pourpre noir, à chair tendre, a le jus coloré et la saveur acidulée qui paraît aigre, d'où le nom de *Griotte*.

La Griotte est plutôt un fruit destiné aux usages domestiques.

Ordre de maturité des meilleures griottes.

Griotte de Portugal ; fruit gros, pourpre foncé ; assez bon ; première quinzaine de juillet.

Griotte noire ; fruit assez gros, pourpre noirâtre ; assez bon ; deuxième quinzaine de juillet.

Griotte du Nord (*fig*. 29) ; fruit gros, à longue queue, pourpre noir ; assez bon ; août.

Nous donnons la note *assez bon* à la qualité. Mais les Griottes sont de première qualité pour les ratafias, les marasquins, les séchages.

L'ordre de mérite des Griottes est :

Griotte du Nord, Griotte noire, Griotte de Portugal.

Au paragraphe des plantations commerciales, nous citerons quelques variétés locales de griottes.

C. — BIGARREAUX.

Le Bigarreautier est un arbre vigoureux, élancé, productif, à cultiver sur tige, non taillé. Il réussit dans

Fig. 29. — Griotte du Nord.

Fig. 32. — Guigne noire hâtive.

Fig. 33. — Guigne Early
Rivers.

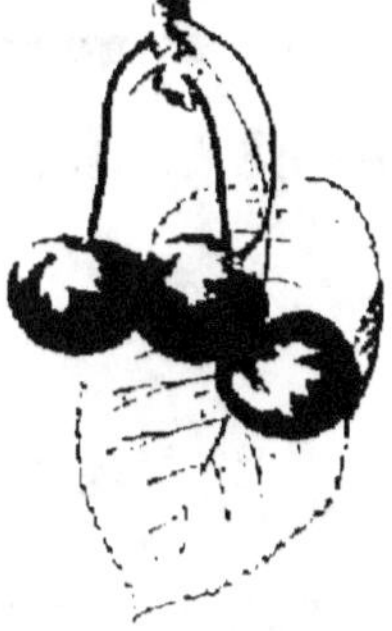

Fig. 34. — Guigne Ohio's
Beauty.

Fig. 30. — Bigarreau jaune
de Buttner.

Fig. 31. — Bigarreau Jaboulay.

les sols arides, par suite de sa vigueur qui se maintient au greffage sur le Mahaleb.

Le fruit a la chair ferme et croquante ; il est exposé aux vers de la mouche dite *Ortalide des cerises.*

Nous classons les variétés d'après leur coloris, bien que la ligne de démarcation, lors de la maturité, soit moins accentuée entre les coloris rose et rouge, et entre les coloris rouge et noir.

Ordre de maturité des meilleurs bigarreaux.

1° **Bigarreaux à fruit blanc.**

Gros blanc ; assez gros, bon ; deuxième quinzaine de juin.

Jaune de Buttner (*fig.* 30); moyen, bon ; juin-juillet.

2° **Bigarreaux à fruit rose.**

Elton ; gros, bon ou très bon ; courant de juin.
Cleveland rose ; gros, très bon ; juin.
Napoléon ; gros, très bon ; juin-juillet.

3° **Bigarreaux à fruit rouge.**

Gros rouge ; gros, bon ou très bon ; juin.
Pélissier ; rouge ; gros, très bon ; fin-juin.
De Mézel ; gros, bon ou très bon ; juin-juillet.

4° **Bigarreaux à fruit noir.**

Jaboulay (*fig.* 31); assez gros, bon ; commencement de juin.

Black Hawk ; noir ; assez gros, bon ; juin.
Cœur noir ; gros, bon ; juin-juillet.

L'ordre de mérite admet au premier rang :
1° blanc : **Gros blanc** ; 2° rose : **Napoléon** ; 3° rouge :
Gros rouge ; 4° noir : **Jaboulay**.

D. — GUIGNES.

Le Guignier est un arbre assez élancé et productif.
Cultivé sur tige, non taillé, il est l'intermédiaire du
Cerisier avec le Bigarreautier.

Le fruit est à chair tendre, à jus rarement coloré.

Guigne Précoce (*fig.* 32). — Arbre élancé, très fertile,
répandu sous le nom de *Guigne noire hâtive*.

Fruit moyen, rouge foncé devenant pourpre noir,
doux acidulé ; assez bon.

Maturité, fin de mai.

Variété précieuse par sa précocité qui arrive première sur nos marchés, avec les Guignes *de Lamaurie*,
d'Annonay, puis la Guigne *de Rivers*.

Guigne de Rivers (*fig.* 33). — Arbre vigoureux, à
rameaux étalés, pour plein air et forcerie ; très fertile.

Fruit gros, cordiforme ; incarnat diaphane, passant
au rouge foncé, sucré, savoureux ; très bon.

Maturité, mai-juin.

La plus belle des premières cerises douces.

Guigne Beauté de l'Ohio (*fig.* 34). — Arbre de bonne
vigueur ; grande fertilité.

Fruit assez gros ou moyen, rubis clair sur fond blanc
nacré, doux ; très bon.

Maturité, première quinzaine de juin.

Variété remarquable pour la grandeur de sa fleur, pour l'abondance et la qualité du fruit.

Bon également en conserves et en gelées.

L'ordre de mérite des Guignes est basé sur leur époque de maturité ou sur la couleur et l'emploi du fruit. Au milieu de nombreuses variétés, nous en avons déjà choisi trois qui nous ont semblé plus dignes de la culture ; cependant, dans l'ordre, nous les classerions ainsi : de **Rivers, Noire hâtive, Beauté de l'Ohio.**

Les amateurs de Guignes pourront adopter encore la Guigne *Garcine*, de l'Isère, la *Guigne marbrée*, de la Gironde, la Guigne *Choque* de la Moselle, recommandées dans ces diverses localités pour le jardin de l'amateur et pour la grande culture.

IV. — PLANTATIONS COMMERCIALES [DE CERISIERS.

Le Cerisier convient aux plantations commerciales, soit en haute tige ou demi-tige, soit en basse tige. Il se prête aux cultures homogènes aussi bien qu'aux cultures combinées.

Son greffage sur le Mahaleb lui donne accès dans les friches arides ; puis, la maturité relativement précoce de son fruit lui permet d'y produire à profit, alors même que la sécheresse viendrait arrêter prématurément sa végétation et devancer le temps de la chute des feuilles.

La cerise est d'une vente assurée au marché ; le consommateur, l'industriel, la ménagère en font une ample provision. Le planteur spéculateur devra, avant tout, s'arrêter aux variétés vigoureuses et fécondes. Telles sont :

1° En haute ligne :

Les **Cerises** *Anglaise hâtive*, *Montmorency*, *Franche*, *Belle de Chatenay*, *Reine Hortense* ;

Les **Griottes** *du Nord* et *Griotte noire* ;

Les **Bigarreaux** *noir, rouge, rose* ;

Les **Guignes** *de Rivers, Précoce, de l'Ohio.*

2° En basse tige :

Les **Cerises** *Anglaise hâtive, Impératrice, Carnation, Belle de Chatenay. Nouvelle Royale.*

La **Griotte** *du Nord* ;

Les **Guignes** *Beauté de l'Ohio, de Rivers* ;

Les **Bigarreaux** *Napoléon, Jaboulay.*

La majeure partie de ces variétés entre dans la composition des cerisaies que nous allons examiner. Nous verrons ensuite les plantations destinées à la fabrication de la liqueur connue sous le nom de Kirschenwasser.

A. — Cerisaies pour le marché.

Nous visiterons quelques centres principaux de production commerciale de la cerise pour le marché, la consommation directe et les industries alimentaires.

Cerisaies de Bourgogne. — La Basse-Bourgogne a promptement compris l'avenir réservé à l'importation du Cerisier sur ses coteaux, d'autant plus qu'elle s'est attachée à la plus profitable des variétés, la *Royale hâtive* des Parisiens, la *May-Duke* des Anglais, l'*Anglaise hâtive* (*fig.* 20), son nom définitif.

Par la nature de son arbre et de son fruit, la cerise *Anglaise hâtive* prime l'ensemble des plantations spéculatives. Les cerisaies de Saint-Bris (Yonne), qui rapportent de 100 à 120 000 francs par an, sont de l'*Anglaise*. Son nom de « Comte d'Espars » est en souvenir, peut-être, d'un de ses propagateurs.

Un aussi beau résultat n'a pas manqué de susciter des imitateurs. Aujourd'hui, les cerisaies s'échelonnent sur l'ancienne route d'Auxerre à Avallon, couronnant les crêtes dénudées de la montagne caillouteuse et calcaire, ou garnissant les flancs abrupts où la Vigne ne pouvait guère prospérer; et les acheteurs trouvent à Augy, Champs, Quenne, etc., le complément de leurs approvisionnements centralisés, jadis, à Saint-Bris.

Les sujets sont en quinconce, à trois ou quatre mètres, greffés en pied sur *Sainte-Lucie* et tenus en buisson. Par suite des dispositions naturelles de l'*Anglaise*, le branchage reste touffu, la végétation est modérée et la fertilité ne laisse rien à désirer. L'arbuste ne dépasse guère deux mètres d'élévation, la cueillette du fruit a donc lieu sans le concours d'une échelle; une simple baguette à crochet suffit.

La vente de la récolte se fait sur pied, aux 100 kilogrammes, à des courtiers qui viennent s'installer dans les villages, acheter, faire cueillir, recevoir, peser, emballer en petits paniers rectangulaires de $0^m,60$ de face, et expédier, grande vitesse, *via* Paris. Là, le transbordement se fait immédiatement sur Londres, Saint-Pétersbourg et autres grands centres de consommation.

Nous avons déjà dit que la spéculation de l'arboriculteur gagnait en raison de l'importance de la station fruitière. La lettre suivante de M. J. Guénier, secrétaire de la Société centrale d'agriculture de l'Yonne, propriétaire de cerisaies à Saint-Bris, nous le prouve une fois de plus.

M. Guénier nous écrivait au mois de novembre 1882 :

Dans le département de l'Yonne, c'est la commune de Saint-Bris, du canton Est d'Auxerre, qui peut être considérée comme le berceau de la culture en grand du Cerisier.

Bien avant que les grandes voies de communication puissent faciliter les expéditions de ces fruits à grande distance, les vignerons de Saint-Bris utilisaient déjà les parties les plus déclives de leurs coteaux calcaires en plantations de *vergers* dont la cerise douce, ou *Anglaise hâtive*, était la récolte principale. Ces cerises étaient, en ce temps-là, portées à dos d'âne dans les villages voisins et échangées contre les produits de la basse-cour ou de la laiterie. On troquait alors (il y a quarante ans de cela) une livre de cerises contre une douzaine d'œufs ou une demi-livre de beurre ; avec 2 kilogrammes de fruits, on avait un poulet ; et tel qui était parti avec son bourriquet chargé de 100 livres de cerises revenait chez lui avec 20 livres de beurre, un cent d'œufs et une demi-douzaine de volailles.

C'était, en quelque sorte, le commerce natif et tel qu'il est encore pratiqué aux îles Fidji ou sur les rives du Congo.

Les chemins de fer ont bien changé tout cela, et aujourd'hui le commerce de cerises donne lieu, dans les communes situées à l'est d'Auxerre, et dont Saint-Bris forme encore le centre important, à un mouvement de bras et d'affaires considérable quand la récolte est abondante.

Pendant tout le mois de juin, c'est un spectacle fort curieux de voir, dès trois heures du matin, tous les habitants de ces villages partir en longues bandes, comme pour les vendanges, leur *boutillon* au bras, à la cueillette des fruits. Ce n'est, à partir de ce moment, qu'un roulement indiscontinu de voitures emportant, les unes les trousses de paniers vides au verger, les autres rapportant les paniers pleins.

A chaque carrefour, à chaque coin de rue, se trouvent des marchands dont tout le fonds de commerce consiste en une bascule et quelques centaines de francs en menue monnaie, ce genre de commerce ne souffrant pas de crédit. Tout le monde court, s'agite, a l'air très affairé. Quel sera le prix du jour, que disent les dépêches, comment a été la vente d'hier ? Toutes questions que chacun se pose sans ralentir le pas pour cela.

A midi, la cueillette est finie et, vers deux ou trois heures de l'après-midi, les mêmes voitures conduisent à la gare voisine des milliers de paniers à destination de Paris ou de Londres.

La petite gare de Champs-Saint-Bris a transporté dans certains jours jusqu'à seize wagons de cerises.

Dans certaines années, les gares d'Auxerre et de Saint-Bris ont expédié, à elles deux, plus d'un million de kilogrammes de ces fruits. Aussi, depuis les chemins de fer, c'est-à-dire depuis les hauts prix des cerises, l'extension de cette culture a-t-elle pris une marche de plus en plus considérable.

Ce ne sont plus seulement les pentes très raides et inaccessibles à la charrue qui sont actuellement complantées en Cerisiers ; on a également affecté à cette culture des terrains propres à la Vigne et aux Céréales. Les soins culturaux et d'entretien ont également augmenté dans une notable mesure.

Voici, en quelques mots, en quoi consistent les frais principaux de ce genre d'exploitation :

On plante en terrain d'une valeur moyenne de 1 000 francs l'hectare, et en lignes, 800 pieds de *Sainte-Lucie* que l'on greffe à un ou deux ans avec l'*Anglaise hâtive*.

On donne par an deux façons à la pioche, et c'est tout.

Total approximatif des frais pour un verger d'un hectare :

Loyer du sol......................	50 fr.
Deux façons à la pioche, à 30 fr. l'une.........	60
Entretien des arbres, élagage, rognage, échenillage	25
Cueillette du fruit..............................	200
TOTAL......	335 fr.

Rendement : 4 kilos par pied à 0^{fr} 25 le kilo
soit 4 × 0,25 × 800 = 800 fr.
A déduire les frais............ 335 fr.

Bénéfice net par hectare...... 465 francs.

Quelques propriétaires obtiennent beaucoup plus ; mais il faut observer que la cueillette étant faite par les femmes et les enfants, les frais sont de ce chef très réduits pour les propriétaires qui ne comptent, en réalité, comme véritable dépense que les frais de culture. Dans les années favorables, la seule commune de Saint-Bris vend pour 100,000 francs de cerises. Elle peut avoir 400 hectares de Cerisiers de tout âge, dont la moitié est en plein rapport.

On cultive çà et là, avec l'*Anglaise hâtive*, la grosse cerise noire ou *Griotte*, vendue aux distillateurs de Paris.

Nous donnons une vue des cerisaies de l'Yonne au

Fig. 35. — Récolte des Cerises, sur les coteaux de Saint-Bris (ligne d'Auxerre à Avallon).

moment de la récolte, de la vente et de l'expédition du fruit (*fig.* 35).

Cette précieuse cerise *Anglaise*, nous la retrouvons dans la Côte-d'Or, associée aux vignobles en colline, à Morey, à Marsannay-la-Côte, à Couchey, ailleurs encore. Parmi les communes que nous citons, il en est qui vendent pour 40 ou 50 000 francs de cerises par an ; aussi, la culture s'étend-elle sur plusieurs contrées de la Bourgogne.

Cerisaies de Champagne. — Les mergers ou friches pierreuses de la Marne, de l'Aube et de la Haute-Marne commencent à se peupler de Cerisiers *Anglaise*, en buisson, greffés sur Mahaleb. Nos arrondissements d'Arcis, de Bar-sur-Aube et de Bar-sur-Seine en fournissent de nombreux exemples.

L'arrondissement de Vitry-le-François cultive sous le nom de « Gounne » une sorte de Bigarreau à chair ferme et à jus coloré, propre aux conserves sèches, aux confitures et même aux cerises à l'eau-de-vie.

La cerise *Franche, hâtive* ou *tardive*, d'une saveur aigre-douce, est commune en Champagne comme elle l'était jadis dans la vallée de Montmorency. Les vignes de l'Aube en sont peuplées. Les environs de Troyes en font une consommation sur place, ou la confisent à l'eau-de-vie, ou la transforment en confitures. L'arbre a bien résisté au grand hiver (*fig.* 36).

Une belle sous-variété de la *Montmorency* à queue courte est propagée à Marcuil (Marne), sous le nom de *Belle de Sauvigny*, en assez grande quantité pour qu'il en soit expédié de la gare de Port-à-Binson, à chaque jour de la récolte, cinq ou six wagons dirigés sur Paris.

Un type analogue est reproduit dans les Ardennes,
entre Tourteron et le Chesne ; plusieurs villages en

Fig. 36. — Cerisier franc de Montmorency.

vendent chacun pour 100 000 francs, au moins. Au fur
et à mesure de la cueillette, le fruit est emballé dans de

petits paniers, puis chargé à la gare de Vouziers, en destination de Londres.

Le Chesnois, bourgade de cette région, récolte pour 120 000 francs de cerises et de prunes qui sont conduites, de juin en août, à la station de Saulces-Monclin.

Rouilly-Sauvigny envoie aux Halles, aux confiseries, aux distilleries et à domicile des paniers de 10 à 12 kilogrammes de cette cerise respectée par le ver, d'un jus non colorant. Environ 100 000 francs par an.

Cerisaies de Picardie. — Le village de Gland (Aisne) a donné naissance au Guignier dit *de Gland*, se multipliant par drageons, et cultivé en ce moment dans 25 communes de la vallée de la Marne, particulièrement de Chézy à Dormans, aux environs de Château-Thierry. Son fruit hâtif, rose et sucré, arrive un des premiers à Paris. Le cultivateur fait du kirsch avec le fruit non vendu; douze litres de fruits font un litre de kirsch. Chaque arbre *occupe* environ 50 centiares; nous devrions dire *occupait*, car le rude hiver de 1879-1880 a détruit les arbres de la vallée, près de 100 000 sujets, âgés de vingt à cinquante ans.

Les belles vallées de Fourdrain, Saint-Erme, Outre et Ramecourt, de ce département, sont connues sur le marché de Londres pour leur production de cerises. Elles, aussi, ont été ravagées par 32 degrés de froid; mais la cerise *de Montmorency* s'y est montrée robuste. Même observation pour les Guigniers et les Bigarreautiers si féconds de Royaucourt, de Mons-en-Laonnois, alors que les Griottiers s'y montraient réfractaires.

Les environs de Noyon (Oise) se livrent à l'exploitation du Cerisier. Le fruit, vendu sur pied, est expédié en Angleterre. Pratiqué par les administrations municipales, ce système a permis à bon nombre de communes de l'Aisne, de l'Oise et de la Somme d'entretenir leurs bâtiments et leurs chemins.

Cerisaies du Midi. — Favorisé par un hiver relativement doux et des chaleurs précoces, le Midi de la France approvisionne le Nord de ses primeurs.

Bordeaux fait un commerce considérable de cerises.

Le Roussillon a la cerise de *Saint-Georges*, mûrissant en avril, surtout dans l'arrondissement de Céret.

Le Languedoc a des bigarreaux, des cerises, moins à profusion toutefois que la Provence fertilisée par le soleil et l'eau. Ici, nous avons visité des vergers considérables d'arbres à tige basse, échappant ainsi au mistral. Moissac, Roufliac et tout le Gard en fournissent de beaux exemples.

Un hectare peut recevoir 200 sujets, et rendre de 5 000 à 6 000 francs au bout de dix ans de production.

Autour de Tarascon, d'Avignon, de Saint-Remy, à Solliès-Pont, à La Ferlède, La Crau, Le Luc, Vidauban, la variété préférée pour l'exportation est la Guigne *hâtive de Bâle*, dite *du Luc*, qui mûrit là-bas du 20 avril au 5 mai. Viennent ensuite, par ordre de maturité, le Bigarreau *de Mai*, fruit local, les B. *de Hollande* et *à courte queue*, la Cerise *de Montmorency*. Actuellement, on plante beaucoup de Bigarreautiers *hâtif d'Oullins* et *Jaboulay*, variétés précoces, cette dernière y mûrissant du 1er au 10 mai. Les Guignes, plus tendres que les Bigarreaux, résistent moins bien aux chaleurs accentuées de la Provence. Aussi, les

Bigarreaux locaux *Barraque, du Roussillon, noir d'Ille* sont-ils admis au marché, en majorité.

Nous y avons vu des vergers rapporter 1 000 kilogrammes de cerises vendus 700 francs, récolte de 350 arbres *Précoce de Bâle*, plantés à 2^m,50. Un autre verger du Vaucluse, comprenant en outre le *Jaboulay*, est fumé, tous les deux ans, avec des chrysalides de vers à soie ! Les arbres sont à 7 mètres d'intervalle.

En 1906, de la gare de Solliès-Pont (Var) sortaient chaque jour, pendant un mois, 36 000 kilogrammes de cerises dirigés vers Lyon, Paris, Bruxelles et Londres. Cette dernière ville revendique pour conserves la *Reine Hortense* et le *Bigarreau Napoléon*, à la chair douce, incolore, et les *Bigarreaux blanc* et *rose* pour la confiserie.

Graves (Gard) reste fidèle à la Guigne de *Bâle*.

Emballage par paniers « slives » aussi hauts que larges, contenant 6 kilogrammes ou 12 kilogrammes de fruits, ou par caissettes en bois léger garnies de papier dentelle.

Cerisaies diverses. — Autour de Paris, dans un rayon assez étendu, l'exploitation du Cerisier n'est point négligée par le cultivateur. De modestes villages y trouvent une honnête aisance. Ainsi, Villiers-Saint-Frédéric (Seine-et-Oise), qui compte 300 habitants, expédie tous les ans une saison de 30 000 francs de cerises à Paris.

Montmorency, Dammartin, la Celle, Perthes, Esbly, Quincy-Ségy, jusqu'à Vernon et Gaillon, dirigent sur la capitale cerises et bigarreaux.

Lyon, Mâcon, Clermont-Ferrand ont d'importantes plantations de Bigarreautiers et de Guigniers pour la consommation locale. Trévoux expédie le *Bigarreau rouge* et la *Guigne noire luisante.* Couzon-du-Mont-d'Or, Vienne, Bordeaux font des envois considérables.

Le littoral n'est pas toujours nuisible au Cerisier, car cet arbre occupe de vastes surfaces à Carhaix (Finistère), à Balzac (Charente).

Le riche département de Maine-et-Loire exporte annuellement 150 000 kilogrammes de cerises.

Dans le Centre, nous avons vu les cerisaies d'Olivet, banlieue d'Orléans, avec de grands arbres, *Guigne blanche,* souvent regreffés en *Anglaise,* et la *Cerise d'Olivet,* sorte de Cerise *Franche* ou *de Montmorency.*

Cerisaies hors frontière. — Si nous franchissons la frontière, nous rencontrons :

La Guigne *Cheranne,* aux portes de Lausanne;

La Guigne *Choque,* répandue de Metz à Thionville, surtout à Fameck, où elle est accaparée pour la préparation des gelées et des confitures ;

La *May Duke,* forme de la Cerise *Anglaise,* cultivée en Angleterre pour la consommation directe et les préparations économiques ;

Les cerises *May Duke* et *Meikers,* en Hollande, s'exportant de la Gueldre, contrée dite « Betuwe »;

En Belgique, à l'Ouest, la *Courte-queue de Bruges* ; à l'Est, la Cerise *de Spa,* le Bigarreau *noir de Legraye,* la Griotte *rouge de Stavelot* ; au Centre, le Bigarreau *des Capucines*; province de Brabant, la Griotte *du Schaerbreek,* et partout, l'indispensable *Anglaise hâtive,* nommée « Tôt-et-tard » dans la province de Liége, par le fait de sa maturation lente et successive.

La Russie a de fructueuses cerisaies en Crimée ; un fait curieux est l'abondance de la cerise de *Vladimir* dans la Pologne septentrionale. Il s'agit d'une griotte noire et sucrée dont l'arbre résiste aux rudes climats, et qui arrive sur les marchés du Nord par chars entiers et trains complets. Des vergers de 10000 Cerisiers. tenus en buisson, nous ont été signalés, sous un climat normal de 30 degrés de froid.

Pendant la saison, les marchés regorgent de la *Griotte de Vladimir* ; le comptoir de « Restauration » en est garni, et de jeunes femmes en offrent aux voyageurs en wagons.

Signalons, dans les steppes d'Oufa, une cerisaie couvrant mille hectares, ayant rapporté en **1899**, pour 65000 francs de la Griotte dite « Tefskeler » du nom de son propriétaire.

Il n'est pas jusqu'au Danemark qui ne trouve une source de revenus, pour sa population rurale, avec la production de griottes et de cerises à confire et à conserves, sur les bruyères sablonneuses de Lovskal, bailliage de Viborg, et sur les terrains calcaires de Stevns Klint, approvisionnant Copenhague ; tandis que les sols légers du bailliage de Frédériksbourg sont consacrés aux guignes et aux bigarreaux noirs.

L'Allemagne, riche en fruits d'économie, a dans ses vergers :

Le Bigarreau *blanc de Winkler*, dont le fruit séché et privé de son noyau fait concurrence au raisin de Corinthe ;

Le Bigarreau *de Fromin*, fruit noir pour cuisson et séchage ;

Le Bigarreau *de Krüger*, fruit noir, pour confitures et « prunelles » ;

La Cerise *Lucien*, beau et bon fruit rouge clair, pour tous usages ;

L'Amarelle *Royale*, fruit rouge intense, pour confire et sécher ;

La Griotte *d'Ostheim*, fruit noir, à confire et à sécher ;

La Griotte *de Frauendorf*, pour tous usages ;

La Griotte *de Kleparow*, arbre élancé, beau fruit ;

La Griotte *Welser*, à confire et à sécher ;

La *Lothkirsche*, la meilleure à confire, etc.

La Griotte dite *d'Espagne* prospère en Hongrie, au bord du lac Balaton et dans les comitats de Szepes et de Veröcze.

Nous citerons, dans la vallée du Rhin, territoire de la Bavière Rhénane, une bourgade de 1 700 âmes, qui expédiait jadis 25 000 corbeilles de 20 à 35 kilogrammes de cerises chacune, soit 750 000 kilogrammes de cerises qui, au prix moyen de 0ᶠ.30 par kilogramme, ont produit une somme de 225 000 francs. Des commissionnaires achètent sur place et expédient dans les grandes villes de l'Angleterre, de l'Allemagne et de la Russie. La valeur des Cerisiers est acceptée à ce point que, dans un village de cette contrée où le sol est estimé 12 000 francs l'hectare, la construction d'un chemin de fer a suscité des indemnités de 800 à 900 francs par Cerisier détruit. On cite même un arbre payé 2 000 francs ; il avait rapporté, d'une seule récolte, pour 150 francs de cerises.

Le prix varie, d'ailleurs, suivant l'abondance ou la rareté de la marchandise. Il suffirait de consulter les registres de ventes à l'encan tenus par les commissaires-priseurs anglais, qui, depuis longtemps, adjugent au plus offrant et dernier enchérisseur la récolte par lots des Cerisiers du fertile comté de Kent.

Planté sur le bord des routes, le Cerisier paie, dès sa première récolte, les frais d'achat, de plantation et d'entretien qu'ils a occasionnés jusque-là. Nous en avons vu l'exemple aux portes de Mulhouse. Il s'agissait de fruits destinés à la consommation ; la vente à l'enchère se fait à la floraison de l'arbre ou « au fruit noué ». Mais les plantations routières de l'Est se composent fréquemment de variétés destinées à la fabrication du Kirschenwasser ou eau de cerises.

B. — Cerisaies pour le Kirschenwasser.

Le Cerisier dit « à kirsch » a sa place naturelle dans les plantations routières et les friches, ainsi qu'on le remarque dans la Haute-Savoie, la Meuse, les Vosges, le Jura, le Doubs, la Haute-Saône, où il a acquis une valeur industrielle qui grandit chaque jour.

Le Kirsch apporte une redevance considérable à l'État. On peut s'en convaincre lorsqu'on voit, au Conseil général des Vosges, estimer 80 000 francs le déficit annuel causé dans les caisses du Trésor public par la réduction de la distillation du *Kirschenwasser*, consé-quence de la gelée (1879-1880) qui a détruit les deux tiers des Cerisiers dans les cantons de Plombières, de Xertigny, de Bains, de Brouvelieures.

Les variétés préférées pour la distillation sont de demi-saison, ni hâtives, ni tardives. Leurs noms locaux sont : *Rouge amère*, *Rouge grand'queue*, *Journée*, *Frontelle*, *Tinette*, à fruit rouge ; *Noire basset*, *Bais-*

sard, *Haut château*, *Noisette*, à fruit noir, et quelques autres ; leur emploi est spécial à la fabrication du kirsch.

Les Guigniers *Tinette* « Rouge des Vosges » et *Baissard* ou *Baisseuse* « Noire des Vosges » pullulent dans la chaîne des Vosges. Cette dernière variété rendrait davantage et l'autre donnerait un jus plus fin. La combinaison des deux fruits produirait donc, au serpentin de l'alambic, une eau de cerises de premier choix.

On calcule qu'un Merisier, âgé de vingt à trente ans, peut produire de 30 à 60 kilogrammes de fruits, estimés de 25 à 40 francs les 100 kilogrammes ; ce prix descend à 15 francs dans les années d'abondance.

La cueillette du fruit revient de 2 fr. 25 à 3 fr. 25 les 100 kilogrammes, suivant la richesse de l'arbre. La récolte, quoique répétée à plusieurs fois, ne dure pas au delà de dix à douze jours.

Un propriétaire du Jura a fait voir au Jury du Concours régional de 1876 un champ de deux hectares et demi planté de 1 200 Merisiers non greffés. La récolte du fruit exigeait quatre cents journées de femmes. Le produit annuel était alors de 800 litres de kirsch, vendus 2 fr. 80 ou 3 francs le litre. Un hectolitre de merises a donné 10 litres de kirschenwasser.

A elle seule, la Franche-Comté produit annuellement 12 000 hectolitres de kirsch.

Ici, les variétés de Cerisier ne sont plus les mêmes ou ne portent pas le même nom. La *Catelle*, la *Pavillarde*, la *Noire dure*, la *Rouge douce* sont en faveur pour la distillation ; mais celle qui tient le premier rang, c'est la *Marsotte*, à Mouthier, à Vuillafans, à Lods ; elle est dite « Marchotte » à Ornans. L'arbre, assez dur à la gelée, est fertile ; le fruit, de grosseur moyenne, de couleur noire, a la queue fine, demi-longue, teintée de violet à son extrémité. La pulpe, épaisse, est juteuse, extrêmement sucrée, avec un arome fin et parfumé. On ne se lasserait pas d'en manger ; c'est à ce point même que si l'on en abuse, on éprouve comme une sorte d'ébriété bien caractérisée ; aussi les ouvriers employés à la cueillette s'en méfient, nous avons pu le constater dans nos pépinières.

Les plantations se font en massifs ou en lignes, dans les vallées ou sur le flanc des collines ; les plateaux y seraient trop froids. Les arbres sont à haute tige, souvent de pied franc, mais, en général, greffés.

On ne fume guère le sol, mais il est de nature calcaire, c'est-à-dire favorable à la qualité du kirsch ; d'ailleurs on se contente d'extraire, des couches du sol, de la marne et du schiste qui viennent améliorer la couche arable.

L'altitude des plantations varie de 400 à 700 mètres. Il semblerait que la qualité de la cerise gagne avec son élévation au-dessus du niveau de la mer.

L'outillage de la récolte comprend des échelles, des crochets, des paniers ou corbeilles, des cuveaux et des futailles.

La forme de l'échelle varie avec le pays ; c'est tantôt un mât de sapin traversé régulièrement par des échelons parallèles tous les 0^m,25, la base étant arc-boutée sur un plateau qui l'empêche de vaciller ; c'est tantôt une grande échelle à deux montants, ceux-ci obtenus par le sciage d'un sapin de 6 à 12 mètres ; les échelons, en bois dur, sont à 0^m,25 d'intervalle. Les deux montants, espacés de 0^m,25, se relient de distance en dis-

Fig. 37. — Récolte de la Cerise à Kirschenwasser dans les Vosges.

tance par un boulon en fer avec écrou ; leur base, épointée, sera enfoncée dans le sol.

Les paniers sont quelquefois des paniers à vendanges ; mais, dans le Doubs, leur forme cylindrique est celle d'un boisseau ; la capacité en est de vingt à trente livres de cerises. On les nomme *ruches* et les plus petits *ruchettes.* Ils sont fabriqués avec du liber de tilleul, parfois recouverts d'écorce de sapin ou de merisier ; une anse en osier cordelé aide à les porter et s'agrafe aux branches avec un petit crochet mobile.

L'ouvrier chargé de la cueillette des cerises commence par assujettir son échelle en liant son sommet à une branche d'arbre avec une cordelette ou un mouchoir. Sa *ruche* est accrochée devant lui, il l'emplit avec les fruits qui sont à la portée de sa main, dût-il s'accrocher et s'arc-bouter lui-même au sommet de l'échelle ; et, par une manœuvre qui exige une grande hardiesse, du sang-froid, de l'agilité et surtout de la souplesse, l'homme atteint les fruits assez éloignés. Quant aux branches extrêmes, il les amène à lui au moyen d'une baguette crochue à sa base et munie d'un crochet en fer à l'autre bout ; ce crochet étant retenu à l'échelle, l'ouvrier, libre de ses mains, continue sa récolte ; il l'achève en changeant son échelle de place. Les endroits plus facilement abordables sont réservés aux femmes, mais les échelles y sont placées par les hommes.

La ruche pleine est versée dans un cuveau pouvant contenir de 600 à 700 litres de fruits. Une voiture emmène les cuveaux pleins à la maison ; le fruit est pesé et transporté à la cave pour être disposé dans des vaisseaux fermés et non dans des cuves.

Les tonneaux qui servent à la fermentation du vin sont également employés pour les cerises.

On ne foule pas les cerises pendant la fermentation, soit vingt-cinq jours environ. Après fermentation, on soutire ; le clair et l'épais sont recueillis dans des récipients différents, et la distillation commence avec un alambic à feu nu. Il faut arriver à 53° centésimaux qui, après le refroidissement, descendent à 51° ou 50°,5, pesanteur reconnue par la régie et par le commerce.

On « vieillit » ensuite la liqueur par sa mise en bonbonne coiffée avec un papier percé d'un trou d'épingle et placée dans un lieu sec et sain, par exemple au grenier.

Les bons crus, d'origine authentique, comme ceux du Val d'Ajol, d'Ornans, de Clairegoutte, d'Andornay, de Mouthier, des vallées de la Loue, de Luxeuil, de Fougerolles, bien travaillés et provenant d'un bon sol, ont toujours une cote quelque peu majorée chez les accapareurs.

« Il faut dix-sept livres et demie de cerises pour faire un litre de kirsch », formule acceptée.

Le territoire renommé de Moutier-Hautepierre (Doubs) dans la haute vallée de la Loue, comporte 170 hectares de cerisaies. La production du kirsch y atteint une valeur de 50 à 60 000 francs dans les bonnes années. Certains propriétaires obtiennent de 200 à 300 litres d'eau de cerises (*Kirschenwasser*), vendue pure ou « vierge » 5 et 6 francs le litre. Et ils n'en produisent jamais assez ! Malheureusement, la falsification est là.

Si la distillation n'est pas à la portée de tous les cultivateurs, ils ont la ressource de vendre leurs fruits sur place : cerises *égrenées* ou cerises *à la queue*, pour l'exportation. Dernier prix par 50 kilogrammes :

25 francs celles-ci et 10 francs les égrénées. Le voisi-

Fig. 38. — Distillation en plein air.

nage et la prospérité des distilleries d'Ornans et de
Pontarlier contribuent à ces résultats financiers.

En Champagne, la Cerise *Commune* produit à la distillation répétée trois fois, la troisième avec addition de sucre sur le marc, 10 litres de kirsch par 100 kilogrammes de fruits.

Nous reproduisons une Cerisaie à *kirschenwasser* au moment de la récolte (*fig.* 37) et un exemple de distillation particulière, à l'air libre (*fig.* 38).

V. — CULTURE DU CERISIER.

Multiplication du Cerisier. — A part le Cerisier *Franc* qui se reproduit par le semis ou par le drageonnage, les variétés du Cerisier se multiplient par le greffage sur le C. *Merisier* ou sur le C. *Mahaleb*, vulgairement « Sainte-Lucie ». Le Merisier est exclusivement consacré aux arbres en haute tige ; le Mahaleb est réservé aux basses tiges ; cependant, on emploie ce dernier sujet pour élever des Cerisiers en haute tige dans les sols arides, ou lorsqu'il s'agit de variétés plus vigoureuses ou moins productives.

Le Merisier sera greffé à haute tige, à **2** mètres du sol, en écusson ou en fente. Le greffage en fente réussit mieux à l'automne, avant la chute des feuilles, lorsque la sève s'arrête.

Le *Mahaleb* sera greffé par écusson à 0^m,10 du sol, quand même le Cerisier devrait s'élever à tige, attendu que le sujet est ici moins vigoureux que la greffe. Le moment propice à l'écussonnage est plutôt à l'arrière-saison de cette opération, soit en août-septembre, et non juin-juillet. Les variétés faibles, qui s'élèvent difficilement à haute tige par elles-mêmes, seront surgreffées à la hauteur projetée de la couronne de branches, sur un

Bigarreautier, celui-ci étant greffé en pied sur le Cerisier de Sainte-Lucie.

Le Cerisier greffé sur Mahaleb ne doit jamais être planté ni profondément, ni dans un sol pourrissant ; il ne tarderait pas à y périr.

Cerisier en haute tige. — Le Cerisier en haute tige prendra la forme que la nature lui donne, élancée, pyramidale ou en tête d'oranger. Le Bigarreautier s'élève davantage et acquiert de plus grandes proportions.

Nous avons dit que le Cerisier en haute tige était greffé sur le Merisier (greffage en tête) pour les bons terrains profonds, substantiels, et greffé sur le Mahaleb, dit Saint-Lucie (greffage en pied), pour les sols légers, secs, caillouteux, peu profonds.

Dans une terre généreuse, non exposée à l'humidité prolongée, on plante les Bigarreautiers greffés sur le Sainte-Lucie, afin d'augmenter leur fécondité.

Le Cerisier tige, à végétation trapue, pourra sans inconvénient entrer dans le jardin fruitier ; il sera greffé sur le Merisier ou sur le Mahaleb.

La distance minimum du Cerisier en haute tige est 4 mètres pour les espèces à bois court, *Impératrice, Guigne Pourpre hâtive :* 6 mètres pour les végétations intermédiaires, *Anglaise hâtive, Belle de Chatenay, Montmorency. Reine Hortense, Griotte du Nord, Guigne Beauté de l'Ohio :* 8 mètres pour les grands développements, tels sont les Bigarreautiers.

Les plantations de route avec le Merisier à kirsch conserveront 10 mètres d'intervalle entre les sujets, en raison des exigences de l'aération de la chaussée.

Cerisier en basse tige. — Le Cerisier en basse tige

des cultures spéculatives est à l'état de **buisson**, ou de **vase** plus ou moins irrégulier, laissé à toute sa volonté.

Les sujets sont écussonnés sur place ou plantés tout greffés, à 4 mètres l'un de l'autre ; la distance sera plus grande lorsqu'on voudra soumettre l'espace intermédiaire à des cultures de Fraisiers, de Groseilliers, de Framboisiers, de Vignes, etc.

Dans le jardin fruitier, le Cerisier à basse tige est dressé en pyramide, en palmette, en candélabre.

La **pyramide** est applicable aux Cerisiers et aux Griottiers, qui poussent droit et se ramifient d'eux-mêmes : *Anglaise, Impératrice, Gobet, Choisy, Royale, Griotte du Nord*. Sa place est dans les plates-bandes des jardins en terrain aride, qui convient moins au Poirier. Le Cerisier, sous la forme pyramidale, peut encore décorer le parc paysager par ses formes sveltes ou par l'ornementation de ses fleurs et de ses fruits. Une distance minimum de 3 mètres lui suffit.

La **palmette** convient aux variétés vigoureuses, à rameaux flexueux, telles que les *Guignes*, la *Reine Hortense*, la *Belle de Chatenay*, la *Carnation*, toutes les *Montmorency*; les étages de branches sont à $0^m,25$ d'écartement. On taille long les membres de charpente, on pince court les brindilles fruitières. La distance d'une palmette à une autre peut aller de 4 à 6 mètres.

Le **candélabre**, propre aux végétations plus contenues, *Anglaise, Impératrice, Belle de Choisy, Belle de Franconville*, sera d'autant plus rapproché de son voisin qu'il aura moins de séries de branches, soit un mètre pour les candélabres à quatre bras (*fig.* 39).

Les palmettes et les candélabres se plantent en contre-espalier ou au mur. Les expositions sud seront attribuées aux variétés de primeur ; au nord, les variétés tardives mûriront tard, sans perdre sensiblement leurs qualités.

Taille du Cerisier. — La taille du Cerisier *en haute tige*, plein vent, est complètement inutile ; c'est à peine si quelques coups de sécateur sont nécessaires, dans la jeunesse de l'arbre, pour régulariser l'ensemble de la végétation. Il n'y a jamais d'inconvénient à éclaircir par quelques élagages les branchages diffus, mal aérés.

Fig. 39. — Cerisier en candélabre à 4 bras.

Plusieurs espèces, comme les *Montmorency* et les *Guigniers*, se prêtent au tronçonnement des branches lorsqu'il s'agit de rajeunir un arbre épuisé, mais ayant encore la tige saine et le feuillage vert. On opère au printemps ; des rameaux vigoureux ne tardent pas à reconstituer la tête et à produire de beaux fruits.

Ce que nous venons de dire du Cerisier en haute tige s'applique également aux nains et aux buissons, particulièrement dans les cultures extensives, économiques et à grand produit.

Le Cerisier *en basse tige* n'est soumis à la taille que dans les formes symétriques, pyramide, palmette, candélabre. La flèche est coupée à la hauteur des yeux qui doivent produire, soit à 0ᵐ,30 les couronnes de la pyramide, à 0ᵐ,25 les étages de la palmette. Les membres de la charpente seront taillés assez long, attendu que les variétés de Cerisier que l'on cultive en basse tige doivent être d'une nature ramifiante et féconde.

Les brindilles fruitières qui garnissent le rameau de charpente seront, au contraire, taillées assez court et pincées rigoureusement dans l'été. La cerise, restant peu de temps sur l'arbre, ne saurait le fatiguer ; il n'y a donc aucun inconvénient à accumuler les fruits sur les coursonnes en multipliant les dards qui tourneront à fruit, tôt ou tard. Toutefois, il est prudent de ménager, çà et là, des brins que l'on pince à 0^m,20 : leur rôle est d'entretenir la végétation pendant que les autres fructifient. A la taille suivante, ils seront raccourcis pour fructifier à leur tour, tandis que les coursonnes et les dards de l'année précédente fourniront de nouveaux appelle-sèves.

Il est préférable de tailler le Cerisier dès la première année de sa plantation. Les coupes opérées sur le vieux bois ne lui sont généralement pas favorables.

VI. — RÉCOLTE DES CERISES.

La Cerise sera récoltée dans son plein état de maturité, avant que sa couleur vive se ternisse ; les Griottes pourront être cueillies tardivement, à l'exception de celles qui sont destinées au ratafia ; les Bigarreaux et les Guignes entreraient en décomposition si l'on attendait, pour les cueillir, que leur épiderme fût trop coloré ou trop « transparent ».

Les cerises destinées au séchage seront cueillies avec précaution, de manière que l'on puisse ensuite enlever la pulpe sans détacher la queue du noyau.

Cueillie par un beau temps, la cerise peut rester quelques jours dans un panier sans se gâter, à la condition que le fruit ne soit pas tassé, ni déposé dans un endroit froid ou humide.

La récolte de la cerise a lieu forcément à la main, avec le concours d'échelles. Nous ne saurions trop recommander l'emploi d'échelles doubles et de crochets

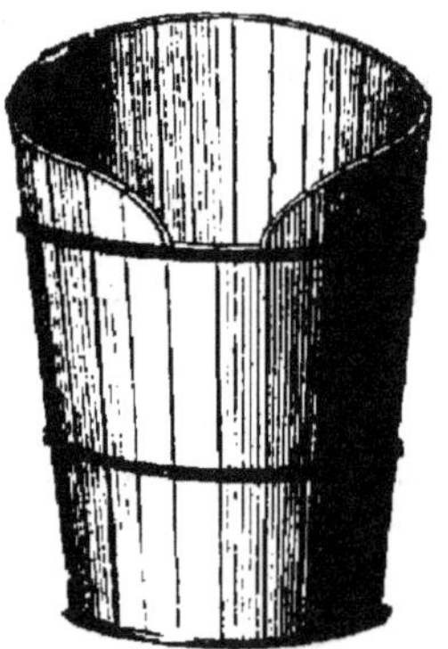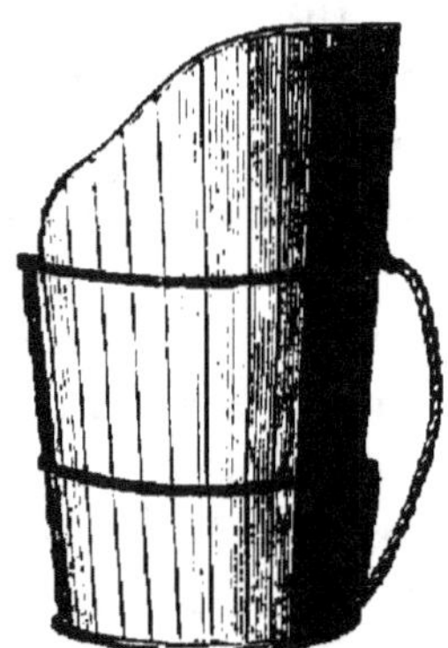

Fig. 40. — Hotte pour récolter les cerises et les raisins, dans la montagne.

pour saisir les fruits placés aux extrémités. Les exemples ne sont que, malheureusement, trop fréquents de personnes imprudentes qui se risquent à monter sur des branches faibles, ou mal soudées au tronc, et qui se tuent ou se blessent par la rupture de ces branches.

Les plantations spéculatives sur friche évitent cet inconvénient par l'adoption de Cerisiers en buisson; une baguette à crochet suffit pour aider à la cueillette des cerises au sommet de l'arbre.

Les figures 35 et 37 montrent la récolte des cerises sur buisson, dans l'Yonne, et la récolte des cerises sur haute tige, dans les Vosges. Ici, le transport de la cerise, en montagne, peut se faire avec la hotte en bois des vignerons du Jura (*fig.* 40).

VII. — EMBALLAGE DES CERISES.

L'expédition des cerises se fait en panier pour les envois ordinaires, en caisse pour les fruits de choix.

Emballage en panier. — Les paniers sont petits,

Fig. 41. — Panier de cerises.

rectangulaires, avec couvercle ; on les garnit de papier, sinon de fougère ou autre feuillage sain, ni humide ni fermentescible. Le panier doit être rempli complètement, puis tassé en frappant légèrement par terre le panier plein ; alors on achève en *parant*, par un dernier rang de cerises, la queue *piquée* en dessous. Recouvrir d'un lit de feuilles et fermer le panier.

Si le panier doit rester fermé pendant plusieurs jours, il est préférable de remplacer les feuillages par du papier blanc (*fig.* 41).

Le dessous et le dessus, touchent au fond et au couvercle, seront garnis de rognures de papier ou d'un lit de paille de seigle coupée de longueur suffisante; une feuille de papier doit les séparer des cerises.

On ferme le panier en pressant assez pour éviter les ballottements.

La Provence, qui envoie à Paris ses premières cerises en petites caisses, expédie sa seconde saison en paniers carrés de 3 à 5 kilogrammes. Le fond est en cerises ordinaires tassées convenablement, celles de dessus sont rangées à la main, l'une après l'autre, de manière que la vue soit flattée à l'ouverture du panier.

La « dernière saison » est emballée dans des paniers plus grands, contenant de 10 à 15 kilogrammes de fruits triés et classés en deux ou trois catégories.

Quant au cerises à porter sur les marchés des villes voisines, au moment de l'abondance, on les place dans un « tarrairou », sorte de corbeille profonde et solide, en fort osier, contenant jusqu'à 40 kilogrammes de fruits. Le lit supérieur de cerises est couvert de feuilles de Cerisier et terminé par une toile retenue avec une ficelle en lacet.

Aux portes de Paris, les Montreuillois préparent leurs cerises dressées en pyramides sur une mannette et entourées d'un papier ou d'un journal. Elles sont généralement placées à l'étage supérieur du grand cageot de transport plus spécial aux pêches (Voir au chapitre Pêcher, *fig.* 166).

Emballage en caisse (*fig.* 42). — On emploie de petites caisses, plus favorables au fruit que les grandes. Il est urgent d'emballer par le fond, de telle sorte que, le travail fini, le dessous deviendra le dessus à l'ouverture de la caisse chez l'acheteur.

Il suffit d'examiner attentivement les petites caisses de cerises, que l'on voit à la vitrine des marchands et des restaurateurs, pour comprendre l'emploi des bandes de papier ordinaire ou de papier dentelle collées au bord de la caissette.

Les fruits sont rangés sans être tassés. On place

Fig. 42. — Caissette de cerises.

les cerises sur le côté, par rangs, bien alignées et serrées l'une contre l'autre, en ayant le soin de tirer le pédoncule en dedans, afin qu'on ne le voie pas en ouvrant la caisse (le fond devenant le dessus). On emplit ainsi complètement, puis les bandes de papier seront ramenées les unes sur les autres, formant alors le fond de la caissette. Le couvercle fera une légère pression ; on le clouera en commençant par les bouts.

Marquer préalablement le couvercle du dessus pour que le destinataire ouvre celui-ci, et non l'autre, lors de la mise en vente ou de la consommation. Indiquer en même temps si ce sont des Cerises ou des Bigarreaux, et le choix pour en faciliter la vente.

La Provence envoie ses Cerises de primeur en caissettes carrées, bois de peuplier, longues de 0^{m},25, larges de 0^{m},15, hautes de 0^{m},07, et pouvant contenir de 300 à 400 grammes de cerises. Les envois ultérieurs se font en paniers.

Les provisions pour le marché, par transports de

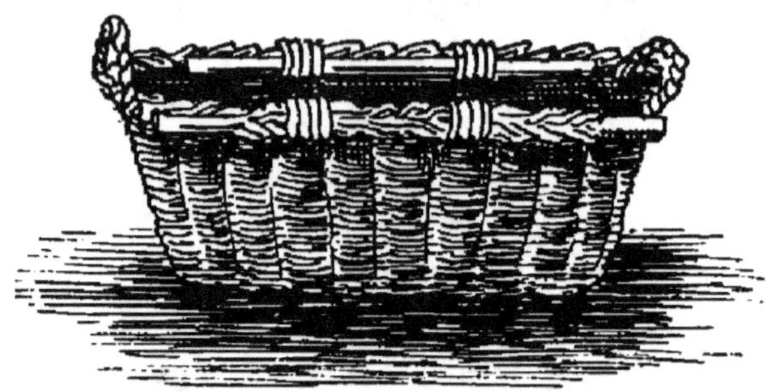

Fig. 43 — Banaste pour emballage de cerises.

courte durée, se font en corbeilles, mannettes, banastes (*fig.* 43) tapissées de feuillages sains et propres (Cerisier, Abricotier, Vigne, Érable, Renouée), recouvertes de même, enfin d'un gros papier.

VIII. — EMPLOI DES CERISES.

La Cerise est le fruit le plus rafraîchissant ; on aime à la manger sur l'arbre ou sur la table ; on la retrouve ensuite transformée par l'art du cuisinier, du pâtissier, du confiseur, du distillateur ou tout simplement de la ménagère.

L'industrie du kirschenwasser a pris des proportions considérables en France, en Suisse, en Allemagne, en Amérique ; c'est un revenu assuré au propriétaire, au liquoriste et à l'État. Dans la région de l'Est, au pied de la chaîne des Vosges et du Jura, on cultive à cet effet une série de grosses merises ou petites guignes.

Avec la Merise, on obtient encore la tarte aux

merises, dans les Vosges, et le ratafia de Grenoble. La grosse merise noire des Vosges, fruit du *Baissard* ou *Baisseuse*, crue ou séchée, fait des compotes bien connues à Plombières-les-Bains.

Le Bigarreau constitue un dessert appétissant, quoique la majorité des consommateurs lui préfère la cerise. Les bigarreaux à peau rosée font bien en carafe Appert et en confiture ; les bigarreaux rouges ou noirs se soumettent à la cuisson et *les chairs fermes* au séchage pour cerises sèches dites prunelles et cerisettes.

Les Guignes précoces sont accaparées pour la confection de bouquets printaniers de cerises ; les autres sont employées au séchage, aux confitures, aux conserves. La guigne sucrée se prépare à Montauban. Auprès d'Angers, la noire fait le « guignolet ».

La guigne noire est la base de la soupe aux cerises, la guigne blanche, privée de son noyau, donne la cerise-Corinthe qui peut remplacer les raisins de caisse ; la guigne rose s'apprête en confitures.

Les Cerises douces sont recherchées pour les desserts, les gelées, les conserves au sucre, les compotes, le gâteau de cerises. En marmelade, la cuisson les décolore, il convient de les mélanger aux groseilles rouges. — On sait que les fruits rouges, en conserves, sont plus agréables en carafes ou bocaux de verre ; ils seraient moins bons dans une boîte de métal.

Les Cerises acidulées sont préférables pour les tartes aux cerises, la cerise à l'eau-de-vie, les confitures, les sirops de cerises, les brochettes de cerises, les cerises perlées, caramélées, les cerises sèches, les compotes de fruits entiers, la pulpe de cerises.

La « Cerise de Sauvigny », sorte de *Montmorency*,

assez populaire en Champagne, est demandée pour la compote et considérée comme la meilleure en confiserie ; préparée au sucre, en cerise glacée, etc., elle n'a pas, comme l'*Anglaise*, le défaut de durcir et de noircir, dans cette préparation.

Les variétés de demi-saison, ni précoces, ni tardives, sont préférées pour les conserves Appert.

La cerise sèche, cuite au vin et sucrée ou alcoolisée, fait une compote de cerises toute particulière.

Les Griottes unies aux cerises acidulées servent à la coloration du sirop de cerises ; elles sont spéciales au ratafia, à la confiserie, aux conserves à l'eau-de-vie.

La *Griotte du Nord* additionnée de la *Cerise Franche*, agrémentée de pétales d'œillets, mise à l'eau-de-vie avec du sucre, produit le ratafia de Neuilly.

La baie du Cerisier Mahaleb, dit *Sainte-Lucie*, est une base du marasquin.

Un mélange de variétés de cerises douces, de cerises acidulées et à jus coloré, produit un vin de cerises joli à la vue et agréable au goût.

On fait une liqueur avec les noyaux de cerises. Les queues de cerises ont leurs propriétés médicinales.

Cerasus semperflorens.

CHATAIGNIER

(*Castanea vesca*)

I. — TERRAINS ET SITUATIONS QUI CONVIENNENT AU CHATAIGNIER.

Le Châtaignier aime les terres sablonneuses, un peu fraîches, les sols granitiques, les terrains sablo-ferrugineux ou silico-argileux, perméables et profonds.

Les sols crétacés de nos plaines champenoises ne se prêtent pas à sa culture.

On le voit, au contraire, prospérer dans les montagnes de l'Auvergne, du Limousin, du Dauphiné, du Forez, du Vivarais, du Querey, du Roussillon, de la Savoie, de la Corse, sur les montagnes des Maures de la Basse-Provence, et sur les collines du bas Bugey, du Languedoc, de la Guyenne, du Périgord, du Berry, du Poitou, de la Bretagne et de la Vendée.

Le Châtaignier réussit dans les boisements des crêtes et des flancs des Pyrénées-Orientales, dans la Creuse, dans le Var et les Alpes-Maritimes.

Il en existe de beaux exemplaires et de vastes futaies industrielles aux environs de Paris, entre Sceaux et Versailles, à Bièvres, à Saint-Cloud, à Montmorency, dans les forêts de Fontainebleau et du Morvan, etc.

On connaît les guinguettes à trois étages sur les Châtaigniers de Robinson, à Sceaux, et le Châtaignier

Brûlé, de Montmorency, plusieurs fois séculaire.

Ne serait-ce pas l'occasion de rappeler un mot de l'agronome Gustave Heuzé, à propos des châtaigneraies des Cévennes : « Partout on aime à folâtrer à l'ombre de ces beaux arbres. »

L'altitude extrême du Châtaignier est 600 mètres sur les montagnes exposées au Nord, et 800 mètres si le soleil ou l'air chaud y pénètrent. Son habitat, plus froid que celui de la Vigne, réclame les points culminants dans les pays chauds. Les châtaigneraies qui couvrent les Alpes et les Apennins et la zone comprise entre l'Adriatique et la Méditerranée en fournissent la preuve.

En général, le Châtaignier préfère les situations orientées à l'Est. La floraison redoute le soleil brûlant et les grands vents pluvieux et persistants.

Dans les contrées froides, son bois est moins ligneux et son fruit plus rare. Ici, avons-nous dit, les gorges de montagnes exposées au soleil lui conviendront.

II. — CHOIX DES MEILLEURES VARIÉTÉS DE CHATAIGNES.

Le semis des châtaignes fournit une grande quantité de types plus ou moins localisés ; les plus intéressants sont propagés par la greffe. C'est ainsi que se sont répandues quelques variétés principales :

Châtaigne ordinaire. — Arbre robuste, productif ; bon petit fruit. Variété très répandue.

Grosse rouge. — Arbre robuste ; fruit de bonne qualité et de bonne garde.

Printanière. — Fruit rond, précoce ; bon.

Nouzillarde. — Beau et bon fruit du Poitou.

Verte du Limousin. — Arbre fertile ; fruit assez gros, bon, de longue garde.

Marron de Lyon, du Luc, d'Aubray, d'Agen, de Saint-Tropez, de Lusignan. — Noms donnés aux variétés à gros fruit, « deux à la coque », de bonne qualité.

Nous verrons, plus loin, que chaque contrée accorde ses préférences à des variétés qui lui sont propres et dont la nomenclature serait difficile à fixer.

III. — PLANTATIONS COMMERCIALES DE CHATAIGNIERS.

Il sera toujours préférable d'admettre le Châtaignier comme arbre de spéculation dans les départements où, depuis longtemps, il existe à l'état de massifs forestiers ou de production (*fig.* 44).

Les localités que nous avons indiquées ont de vastes châtaigneraies. Le paysan y trouve une partie de sa nourriture et de son revenu. L'abondance est à ce point que le bétail en profite. La culture pastorale de ces contrées ne lui offre guère de fourrages variés. La feuille de Châtaignier mélangée aux genêts et aux herbages constitue un engrais naturel qui n'est pas à dédaigner.

Un Châtaignier peut fructifier après huit ou dix ans de greffage sur tige et sur place.

La production moyenne d'un Châtaignier est évaluée à 60 kilogrammes de fruits ; ce chiffre est atteint à cinquante ans de greffe ou de plantation.

Le commerce des fruits se fait par des négociants et

des courtiers. Sur plus d'un point, les chariots traînés

Fig. 44. — Châtaignier en montagne.

par des bœufs les amènent à la ville et, de là, on en fait l'expédition par terre et par eau.

La consommation française est à ce point, que des nations voisines y contribuent.

Il paraît que l'Italie a 500 000 hectares de Châtaigniers produisant 5 800 000 quintaux de châtaignes. Son exportation pour la France s'est élevée à 13 millions de tonnes de châtaignes et de marrons évalués 1 700 000 francs.

La Turquie nous envoie également le produit de ses châtaigneraies, fruits et farines.

En 1906, la production de la châtaigne en France s'est élevée à 4 millions de quintaux, évalués 38 millions de francs, et l'exportation pour l'Angleterre a approché 2 millions de francs.

La statistique donne le premier rang des producteurs à la Dordogne pour la qualité, à la Corrèze pour la quantité. Viennent ensuite l'Ardèche, la Haute-Vienne, puis l'île de Corse où le Châtaignier occupe un tiers de la surface boisée; l'arbre s'élève à 1 900 mètres d'altitude, y atteint des proportions gigantesques et son fruit fournit 150 000 kilogrammes à l'exportation.

L'Aveyron, le Lot, la Drôme, le Cantal, la Lozère, la Haute-Savoie, possèdent d'immenses plantations où le raisin et le blé mûrissent difficilement, et tirent nourriture et profit de la châtaigne.

Quant à la nomenclature des variétés, c'est une véritable cacophonie, d'autant plus difficile à étudier que le langage patois s'en mêle. Il y a cependant la fleur du sac... les types de mérite et de profit; le cultivateur les propage par la greffe.

Citons, d'après leur ordre de mérite, les châtaignes qui sont les plus estimées du Périgord :

Exalado, précoce, aplatie, luisante; arbre court.

Bourrue, grosse, allongée, à pointe duveteuse; tardive. Bel arbre productif.

Corive, petite, allongée, rugueuse; de longue garde.

Piongaudo, moyenne, duveteuse; enveloppe hérissée.

Eiviroulière, plate, brune, pour le séchage.

Bouliaque, grosse, noirâtre, aqueuse; bel arbre.

Telles sont les variétés recherchées et d'ailleurs celles qui dominent dans les 570 000 quintaux de châtaignes exportés de la Dordogne.

Plus spéciales à la Corrèze sont :

Marron *des Angles*, arrondissement de Tulle ; *Ejalado*, arrondissement de Brive ; *Hâtive de mai*, populaire ; *Juillac*, tardive ; *Matrone*, grosse ; *Pellatier*, fertile ; *Groussaudo*, pour le marron glacé ; *Grillacoise*, très bonne ; *Grosse noire*, pour séchage, arbre élevé ; *Verte*, tardive, à sécher.

Non loin de là, dans le canton de Maurs, du Cantal, où des propriétaires récoltent à la fois 500 sacs ou 600 hectolitres de châtaignes, les acheteurs paient plus cher les variétés suivantes, d'après leur ordre de vente :

Verdalo, grosse et tardive, tient bien à l'arbre ; son prix dépasse sensiblement celui des autres.

Soboiyo, grosse, rouge, la meilleure grillée.

San Guirale, grosse, belle et bonne.

Obouribe, la première en maturité.

Tsanfaouno, fruit moyen ; arbre fécond.

Limousine, châtaigne velue, foncée en couleur.

Dans les Cévennes, « l'arbre à pain » porte les noms de :

Coulinelle, grosse ; arbre de coteaux.

Malespine, grosse, excellente; de haute altitude.

Olivonne, moyenne, assez précoce et abondante.

Paradone, petite, assez grosse, tardive et bonne.

Pelgrino, demi-hâtive, une des meilleures.

Pialone, grosse, fertile, se dépouillant aisément.

Rabeyrisque, arbre généreux dans les vallées.

Ces noms se retrouvent au milieu des bruyères et des fougères du Gard et sur les schistes du Quercy, avec *Confaouno*, *Isserto*, *Moundicouno*, *Rouxo*...

Le Rhône a des noms plus euphoniques, la petite et fertile *Pelousette*, la moyenne et bonne *Boucharde*, et la grosse *Clafarde*, vendue comme marron.

Les marrons de Lyon viennent du Vivarais, du Forez, du Bugey, du Dauphiné et du canton de Condrieu.

L'Ardèche en fournit de gros chargements, concentrés d'abord sur les marchés locaux, par exemple, à Tournon, à Lamastre, à Aubenas ou à Saint-Pierreville, où l'on vend pour 100 000 francs de châtaignes. Les marrons de Saint-Fortunat y sont en hausse, et ceux de Vesseaux sont renommés pour la confiserie.

En général, un hectare de Châtaigniers comprend de 100 à 140 arbres. La production commence à la dixième année de greffe. Un arbre en plein rapport produit de 50 à 60 kilogrammes de châtaignes, et l'hectolitre de ce fruit pèse de 78 à 80 kilogrammes. La vente se fait sur le pied de 8 à 14 francs les 100 kilogrammes, qualité ordinaire, de 16 à 20 francs, le choix, suivant l'abondance du fruit ou les frais de transport.

Une grande industrie qui a débuté dans les châtaigneraies du Lyonnais et de la Savoie, réduira la production fruitière. Au moyen de procédés chimiques, on extrait du bois de Châtaignier une matière acide employée pour charger les soies et fabriquer les cuirs. Avec

100 kilogrammes de bois, on obtient 25 kilogrammes d'extrait, dont le prix approximatif est de 18 francs les

Fig. 45. — Domaine des Planes (Pyrénées-Orientales), consacré à l'exploitation du Châtaignier.

100 kilogrammes ; — d'après un document émanant de la Direction générale des Forêts.

En 1905, la Corse a exporté 18 millions de kilogrammes de cet extrait ; à elle seule, une usine travaille par jour 250 mètres cubes de bois de Châtaignier, soit 250 arbres disparus !...

Il est à désirer que l'on arrête une destruction d'arbres utiles dans les contrées où cette essence fruitière et forestière constitue une richesse rurale.

La disparition d'une châtaigneraie est une calamité publique. Combien d'années, combien de générations seront privées d'une production économique aussi nécessaire à l'alimentation et au commerce ?

Le désastre est d'autant plus grave que, depuis une trentaine d'années, un mal inconnu mine nos Châtaigniers, les affaiblit et les tue.

On essaie, comme à la Vigne, la réhabilitation du plant par le greffage de nos bonnes variétés sur des similaires exotiques ou sur d'autres espèces de la même Famille botanique.

L'épreuve sera lente à conclure. Souhaitons bonne chance à toutes les tentatives.

On connaît l'exploitation forestière du Châtaignier en taillis, en « cerclières » pour les industries du treillageur, du tonnelier. Voici un exemple non moins lucratif de l'arbre en « grume ». Nous l'empruntons au Roussillon.

A Saint-Laurent-de-Cerdans, le domaine des Planes (*fig.* 45) s'est reconstitué en partie par les boisements de Châtaigniers, à la limite même de la zone où cette essence peut croître à profit. Le bois est exploité pour la fabrication des futailles et constitue le fond du revenu, environ 20 000 francs, du domaine des Planes. La Prime d'honneur a été décernée, en 1870, à cette exploitation rurale.

IV. — CULTURE DU CHATAIGNIER.

Multiplication du Châtaignier. — Le plant de Châtaignier s'obtient par le semis de la graine, la châtaigne, que l'on a fait germer au moyen d'une stratification préalable à la cave ou par semis direct, à l'automne.

Le plant est repiqué et élevé en pépinière jusqu'à ce qu'il soit monté à tige ; alors on l'arrache avec soin pour le planter à demeure.

Les variétés à propager devront être reproduites par le greffage sur jeune tige de Châtaignier franc (*Castanea vulgaris*). Les greffes en flûte, en fente, en couronne, à l'anglaise et en écusson, sont adoptées dans les pépinières et les châtaigneraies bien installées.

La distance des arbres peut être portée à 10 mètres en lignes ou en avenues, et à 12 mètres en massifs.

Taille du Châtaignier. — La taille est inutile ou

Fig. 46. — Rameau fructifère du Châtaignier.

nuisible au Châtaignier. En pépinière, on élague, on coursonne les branches sans toucher à la cime.

Planter à l'automne, même sous la pluie.

Une fois l'arbre planté, on surveille les branches qui s'écartent et on les rapproche par une taille modérée. La branche fruitière (*fig.* 46) se forme naturellement et vit longtemps.

Plus tard, par des recepages partiels du branchage, on pourra restaurer les têtes fatiguées.

V. — RÉCOLTE, EMBALLAGE, EMPLOI DES CHATAIGNES.

Récolte. — La maturité de la châtaigne s'annonce par l'ouverture des capsules et la chute du fruit.

On procède au battage des branches et, avec une petite masse de bois, on débarrasse le fruit de son enveloppe hérissée. Les châtaignes, placées dans une corbeille (*fig.* 47), sont apportées et placées sous un hangar, elles y jettent leur eau de végétation ; on les retourne pour les sécher, enfin on les place au grenier, en sacs ou en tonneaux, après en avoir fait le triage par grosseur.

Fig. 47. — Corbeille pour le ramassage des fruits.

En Corse, on se préoccupe dès le mois d'août de la récolte des châtaignes. A cette époque, on coupe les fougères et les ronces qui végètent sur le sol des châtaigneraies, afin de pouvoir ramasser le fruit aisément. Ce ramassage dure environ vingt-cinq jours. Les femmes qui opèrent cette récolte sont nourries et reçoivent un hectolitre de châtaignes blanchies pour toute la durée du ramassage.

Le séchage ou *boucanage* des châtaignes est pratiqué sur une claire-voie mobile placée à 2 mètres au-dessus d'un foyer établi au milieu d'une chambre. Le foyer est un massif de maçonnerie de 0^m,30 de hauteur, le feu en est modéré ; les châtaignes y forment une couche épaisse de 0^m,16 ; l'opération dure vingt jours.

Ce procédé primitif est déjà modifié, par exemple, dans le Limousin, au moyen d'un poêle extérieur distribuant l'air chaud sous la claie aux châtaignes et rejetant la fumée au dehors.

Un hectolitre de châtaignes fraîches pèse 60 kilogrammes ; le séchage le réduit à 20 litres et le poids à 37 kilogrammes environ.

Le blanchiment des châtaignes s'obtient lorsque, encore chaudes, elles sont placées dans un sac et frappées sur un billot coiffé de peaux. Autre procédé : le foulement par des chevaux marchant sur l'aire couverte de châtaignes ou par des hommes chaussés de patins ferrés d'une façon toute particulière.

La châtaigne pelée, séchée, se conserve très bien ; 3 hectolitres de châtaignes fraîches produisent 1 hectolitre de châtaignes blanches ou écorcées, du poids moyen de 66 kilogrammes.

Emballage. — L'emballage est tout simple, en sac ou en tonneau léger, c'est l'emballage perdu ; expédiée fraîche, la châtaigne a plus de prix.

Emploi. — La châtaigne est un aliment que l'on consomme sous plusieurs formes, grillée ou cuite à l'eau, avec addition de sel de cuisine. On en fait d'excellentes pâtes et purées, des gâteaux, des croquettes.

La compote de marrons est un dessert de famille, et le marron glacé un dessert de cérémonie ou de luxe. Les confiseries de l'Auvergne recherchent, pour cet usage, plus spécialement les marrons *Groussaudo* et *de Vesseaux*. L'industrie du marron glacé, à Vals, préfère cette dernière variété, répandue dans l'Ardèche.

Le marron « de Turin » est bon à confire ; celui « de Naples », plus pointu, est bon en purée.

Sur plus d'un point du territoire, la châtaigne constitue la base de l'alimentation du paysan ; avec la farine de châtaignes, il fait pain et gâteau, comme l'Italien la « polenta » et les « brilollis ».

Il y a encore la pâtée de châtaignes pour la volaille.

Parler du hachis de marrons dans le boudin, c'est éveiller un souvenir du pays natal chez les braves Périgourdins.

Le marron est un excellent accompagnement de la volaille rôtie. C'est, d'après un philanthrope de nos amis, *la truffe du petit rentier...*

La châtaigne cuite ou grillée est, pendant l'hiver, l'objet d'un commerce de détail qui devient lucratif et important par ses résultats, dans nos villes et bourgades. Chaque année, après le départ des hirondelles, les mêmes marchands, ou leur famille, viennent s'installer à cet effet dans une échoppe de circonstance et y débitent le fruit « du pays ».

COGNASSIER

(*Cydonia*)

I. — TERRAINS ET SITUATIONS QUI CONVIENNENT AU COGNASSIER.

Terrains. — Le Cognassier préfère les sols frais, meubles, légers ou substantiels, de consistance moyenne ; les terres d'humus, les marécages, les sables, les alluvions ayant quelque humidité ou un peu de consistance lui conviennent.

Les craies de Champagne, sèches et maigres, ne lui sont point favorables.

Si le Cognassier vient dans les argiles froides, en revanche, il y produit peu ; les gelées printanières viennent y fatiguer son bourgeonnement et sa floraison.

Situations. — Le Cognassier prospère dans le climat de toute la France ; on le rencontre en Belgique, en Hollande, mais plus fréquemment en Algérie, en Italie, en Espagne et au Portugal.

Nos départements de l'Ouest, du Centre et du Sud, le cultivent et l'exploitent avec succès.

Les situations chaudes lui profitent mieux que les plateaux exposés à tout vent. Les brumes trop fraîches de la mer ne lui sont point propices.

L'arbre jaunit et le fruit est rachitique dans un milieu aride. La fécondité de l'arbre, le parfum du coing laissent à désirer dans un emplacement froid.

II. — CHOIX DES MEILLEURES VARIÉTÉS DE COINGS.

Le **Coing ordinaire** est répandu dans le Nord.

Le Coing *ordinaire* se subdivise, par la forme du

Fig. 48. — Cognassier à tige.

fruit, en types différents connus sous les noms de coing
mâle, coing *femelle*, ou *coing poire*, *coing pomme*.

Le **Coing d'Angers** est une variété à cultiver; son
arbre, plus élancé, est peut-être plus sensible aux gelées
d'hiver. Son fruit est mieux parfumé.

Le **Coing de Portugal** est la variété la plus recherchée dans le Midi. Le fruit en est gros, renflé, parfumé, fin.

Les **Coings Fabre, de Bourgeaut** et **Champion** sont de beaux fruits; leur arbre est vigoureux et fertile.

III. — PLANTATIONS COMMERCIALES DE COGNASSIERS.

Le Cognassier ayant un port divariqué est souvent planté sur le bord des eaux. Cependant, bien dressé, élevé à tige, il peut être cultivé en lignes dans un jardin, ou intercalé dans les arbres du verger, et même former des rangs en bordure (*fig.* 48).

Son feuillage épais et tomenteux, ses grandes fleurs et son fruit, tenant longtemps à la branche, sont d'un effet décoratif, comme celui du Citronnier, à Menton.

Nous avons vu, en Languedoc, de nombreuses plantations du Cognassier *de Portugal*. Le propriétaire le cultive pour son usage personnel ; il vend le surplus de la récolte aux confiseurs. Le prix moyen est de 20 à 25 francs les 50 kilogrammes de fruits. Une année, il atteint 50 francs; l'année suivante, il tombe à 15 francs. Question d'abondance ou de rareté.

Il n'est pas rare de rencontrer le Cognassier portant deux cents fruits; quelquefois, les branches gourmandes en sont littéralement chargées, mais c'est, en général, au détriment de la ramure.

Dans les Alpes-Maritimes, les Cognassiers *d'Angers* et *de Portugal* s'élèvent jusqu'à 6 mètres ; le fruit est transformé en confitures, un mois après la récolte.

Le centre de la France cultive également le Cognassier *ordinaire* et le Cognassier *d'Angers* pour les usines à fruits.

Une usine à fruits de conserve en Suisse, récolte 100 et 150 kilogrammes de coings par arbre.

Le commerce du *Cotignac* a amené, dans les environs d'Orléans, la culture du Cognassier — si toutefois la réciproque n'est pas plus exacte. — A Saint-Vincent, et sur d'autres points de la banlieue d'Orléans, le Cognassier, vulgairement « la Cognasse », produit jusqu'à deux poinçons (fût de 230 litres) de fruits par arbre. La vente en est assurée chez les confiseurs de la ville.

IV. — CULTURE DU COGNASSIER.

Multiplication du Cognassier. — Le Cognassier se propage par bouture avec talon et par cépée (*fig.* 49). Les plants sont repiqués en pépinière, puis formés en buisson, ou élevés sur tige avant d'être mis en place.

Le Cognassier *de Portugal* se reproduit par le greffage sur Cognassier ordinaire (*Cydonia vulgaris*) ou sur Aubépine blanche (*Cratægus oxyacantha*), ce qui lui permet de vivre en terrains frais ou en terrains

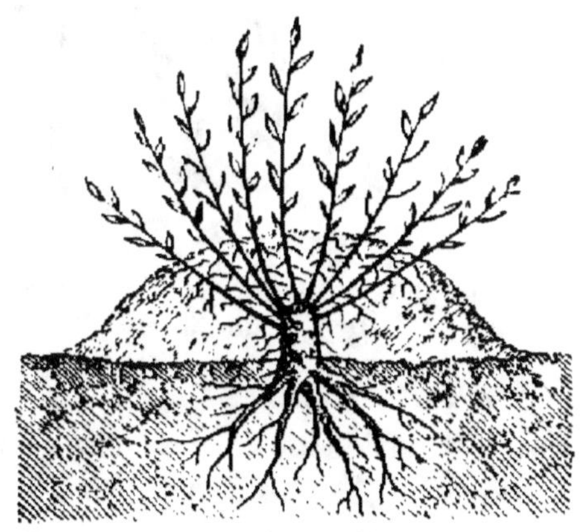

Fig. 49. — Marcottage en cépée du Cognassier.

secs. Ce dernier mode est employé à partir du Lyonnais et du Mâconnais. L'arbre élevé, sur tige, peut être planté deux ou trois ans après son greffage.

Les autres variétés se multiplient de la même façon.

Le Cognassier à tige pourrait être planté à 4 mètres, s'il est en ligne.

Taille du Cognassier. — Il est important de tuteurer, de dresser l'arbre dans sa jeunesse pour lui imposer une tournure assez régulière.

On taillera les branches principales pendant une année ou deux, et on laissera les brindilles se développer.

Les branches fruitières (B, *fig.* 50) seront taillées ou écimées assez rarement, à la montée de la sève ou à la chute des feuilles ; on ne touche qu'aux plus longues et effilées. Il convient de donner quelques coups de sécateur aux branchages diffus et aux pousses gourmandes. Les rameaux non florifères (A) seront pincés assez long, en vert, et la brindille fructifère (C) sera écimée, l'année suivante, après la fructification.

Les branches fatiguées réclament une taille courte ou un recepage. Il en résultera de nouveaux rameaux de charpente ou de fructification.

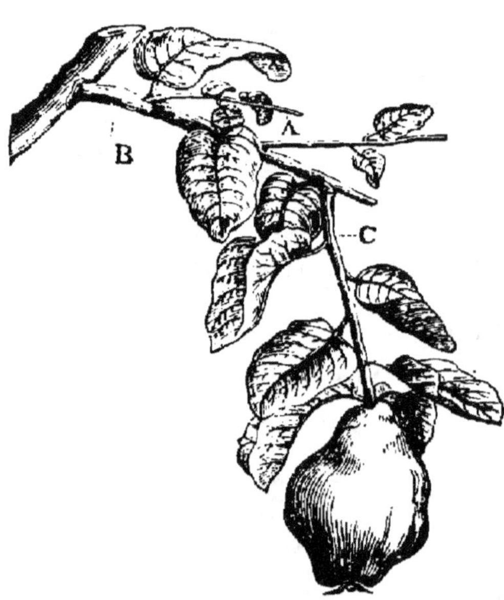

Fig. 50. — Rameau fructifère du Cognassier.

V. — RÉCOLTE, EMBALLAGE, EMPLOI DES COINGS.

Récolte. — La récolte des coings se fait à l'automne, après la récolte des pommes et des poires, soit en octobre dans un climat moyen, ou après les vendanges et avant les gelées. Le fruit est devenu plus jaune et brillant, son duvet ayant à peu près disparu.

Choisir un beau temps, sans rosée ; couper sur son pédoncule le fruit le plus beau, pour être expédié ou conservé ; déposé dans un panier, il est aussitôt porté à l'abri.

Les coings sont placés dans une pièce aérée, pas trop sèche, ne renfermant aucun autre fruit à chair molle, qui pourrait absorber le parfum pénétrant du coing ; un lit de grande paille recevra les fruits. Il est préférable de ne point les y entasser.

Le coing pourrit assez vite ; on le surveille et on enlève les fruits qui se tachent pour les utiliser aussitôt ; on se hâte, d'ailleurs, de vendre cette sorte de fruit ou de l'employer aux usages domestiques.

Emballage. — L'emballage du coing se fait en plein panier ordinaire, avec du regain, s'il est destiné à un emploi immédiat ou à peu près.

L'épiderme assez gras du fruit nécessite quelquefois l'emploi d'une feuille de gros papier pour le séparer de la menue paille d'emballage.

En panier clos (*fig.* 54), le parfum trop accentué de coing ne gagnera pas aussi facilement le voisinage.

Emploi. — Le coing sert à de nombreux emplois. Les fruits moyens sont propres aux coings confits, glacés ou candis, en brochettes ; les pharmaciens les préfèrent pour le sirop de coings.

Les fruits qui se tachent, à l'intérieur, seront débarrassés de leur *cœur* et transformés en compote avec du vin, de l'eau, du sucre.

Le suc de coings, conservé par la méthode Appert, est une bonne réserve pour les années de disette.

Additionné d'angélique confite, de sucre, de vanille, le suc de coings se transforme en ratafia agréable.

Le vin de coings a un arome particulier.

La liqueur de coings, façonnée par la ménagère, est d'un bon usage domestique... et anti-laxatif.

Fig. 51. — Panier à emballage clos.

La confiture de coings est un dessert tonique.

La confiture d'Apt renferme des tranches de coings.

La gelée de coings est très recherchée; son résidu sert à confectionner le *cotignac*.

Le coing est une des bases du raisiné.

La pâte de coings est admirablement réussie dans l'Hérault; nous l'y avons savourée avec délices.

Avec le coing d'Angers, les Provençaux fabriquent des tranches confites et des pâtes sucrées.

Dans nos campagnes, le séchon ou daguenelle de coing est utilisé en tisane.

Le pépin du coing entre dans la préparation de la bandoline des parfumeurs, et son mucilage dans certaines combinaisons médicinales.

CORNOUILLER

(*Cornus Mas*)

I. — TERRAINS ET SITUATIONS QUI CONVIENNENT AU CORNOUILLER.

Les terrains calcaires de la région de l'Est plaisent au Cornouiller; il pullule dans une partie de la Champagne, de la Bourgogne, de la Lorraine, de l'Alsace, et ne vit guère dans les milieux favorables au Châtaignier.

L'arbre atteint de 5 à 8 mètres et se couronne naturellement; son existence est de longue durée.

A la campagne, le Cornouiller occupe un coin perdu, un endroit ombragé ou gazonné, le voisinage des hangars, ou comble un vide à l'angle du verger.

Soumise au régime forestier, sa futaie alimente l'industrie par son bois dur, lourd, flammé de rouge.

II. — CHOIX DES MEILLEURES VARIÉTÉS DE CORNOUILLES.

Si le Cornouiller montre, le premier, ses petites fleurs jaune terne en février-mars; il laisse, un des derniers, tomber ses fruits, à l'époque de la chute des feuilles.

La cornouille est une petite drupe elliptique en forme d'olive qui, par son abondance et son coloris, orne le branchage ramifié et bien feuillu ; elle se détache de l'arbre et tombe d'elle-même à sa maturité. La chair acidulée prend alors un goût légèrement sucré.

La nomenclature des variétés en est restreinte.

Cornouille ordinaire (*fig*. 52). — Coloris rouge, translucide, passant au carmin pourpré. — Sous-variétés différant par la forme ou par l'époque de la maturité.

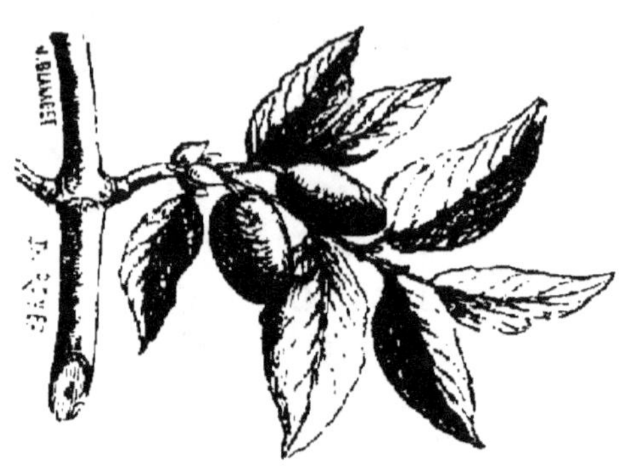

Fig. 52. — Cornouille ordinaire.

A gros fruit. — Fruit plus gros, prenant la couleur d'une belle cerise rouge pourpre en mûrissant.

A fruit jaune. — Fruit petit ou moyen, jaune pâle ; saveur douce.

Les sous-variétés à feuillage panaché sont de pur ornement.

III. — PLANTATIONS COMMERCIALES DE CORNOUILLERS.

Il n'existe guère de plantations commerciales proprement dites de Cornouillers. Quelques arbres suffisent pour une habitation ou un ménage.

A la saison des vendanges, les femmes de nos environs ou de la banlieue troyenne apportent au marché, avec le laitage, les fruits et les légumes d'automne, quelques petits paniers de cornouilles, qui sont promptement achetés par les mères de famille.

Un arbre peut rapporter de cinq à dix francs ; souvent il fait partie du petit domaine privé de la maîtresse de maison.

IV. — CULTURE DU CORNOUILLER.

Multiplication. — Le Cornouiller ordinaire se propage par le semis de ses noyaux stratifiés ou mis en terre aussitôt la récolte. Les plants de bouture conviennent aux plantations de taillis ou de haies vives.

Les variétés doivent être greffées sur l'espèce ordinaire (*C. Mas*), greffage par rameau sous écorce.

Taille. — Aucune taille au Cornouiller. Un élagage modéré le conduit à tige, et la couronne de branches se forme sans taille ni pincement. De loin en loin, sa toilette d'hiver et sommaire sera son seul entretien.

V. — RÉCOLTE, EMBALLAGE ET EMPLOI DU FRUIT.

Récolte. — On ne cueille pas les cornouilles ; dès qu'elles sont mûres, elles tombent ; alors on les ramasse dans un petit panier (*fig.* 53) genre panier à fraises, garni d'une feuille de chou, de bette, ou analogue, et on place le tout à l'abri du soleil.

Fig. 53. — Panier à Cornouilles et à Fraises.

Emballage. — La cornouille doit être portée au marché dans les quarante-huit heures. On ne change pas de corbeille ; en tout cas, on évite l'emploi de grands paniers. Plus on remue ce fruit ou plus on y touche, et plus on est susceptible de l'écraser ou de ternir la vivacité de son coloris.

La Russie récolte environ 75 000 kilogrammes de cornouilles livrées aux usines de Kharkow, Kiew, Odessa.

Emploi. — La cornouille consommée fraîche est plus agréable à la bouche quand son aspect est moins brillant ou lorsque l'épiderme commence à se déchirer.

Séchée au four, elle se garde tout l'hiver.

Les confitures et les marmelades de cornouilles, simples ou combinées, approvisionnent l'office pour la morte-saison. On prétend que leur pâte ou leur sirop vient calmer les angoisses de celui qui aurait abusé du vin doux ou du cidre trop jeune...

Depuis quelques années, certains marchands de produits exotiques vendent sous le nom de « Cornouille du Japon » le fruit du Chalef à fruit doux ou pédonculé, *Elæagnus edulis* ou *longipes*, le Goumi du Japon.

La petite drupe représente, en effet, l'aspect de la Cornouille par sa grosseur, sa forme, son coloris. La saveur de la chair recèle un peu plus d'âpreté et le noyau est moins gros, plus effilé.

Parfaitement acclimaté, le « Goumi » s'est promptement répandu dans nos localités méridionales, d'autant mieux accueilli que son fruit peut être transformé en confiture, dans ces contrées réfractaires à la culture du Groseillier à grappes.

A Pau, un chercheur, Pierre Tourasse, nous en fit voir un champ complet où il procédait par sélection, et en même temps à l'égard du Cognassier de Chine, pour en « améliorer la race ».

L'arbrisseau est vigoureux, très fertile et ne réclame aucun soin particulier.

FIGUIER

(Ficus carica)

I. — TERRAINS ET SITUATIONS QUI CONVIENNENT AU FIGUIER.

Peu difficile au sol, le Figuier est plus exigeant quant au climat.

Terres d'alluvion, terrains secs corrigés par des irrigations, pentes rocheuses, tout lui est bon, pourvu que les milieux conservent ou concentrent la chaleur, soit à l'air libre dans les pays chauds, soit à l'espalier dans les climats tempérés. Et cependant, en France, les plus gros Figuiers sont en Bretagne, à Roscoff, à Quimperlé, bénéficiant des brumes marines et des courants chauds.

L'Europe méridionale et le nord de l'Afrique ont de vastes figueraies qui alimentent la consommation et le commerce.

Algérie, Tunisie, Égypte, Italie, Grèce, Espagne, Portugal, Turquie se prêtent à l'exploitation de cet arbre généreux.

II. — CHOIX DES MEILLEURES VARIÉTÉS DE FIGUES.

La nomenclature du Figuier, compliquée de noms plus ou moins corrects, en langue étrangère ou en

patois, pourrait être résumée dans quelques variétés
types auprès desquelles se groupent des séries de fruits

Fig. 54. — La Figue blanche.

locaux ou localisés, dont le nom change d'un pays à
l'autre.

Nous signalons les types qui sont devenus populaires
dans le centre de la France.

Fig. 55. — La Figue violette.

La **Figue blanche** (*fig.* 54), de grosseur moyenne,
courte, à épiderme ambré, est de bonne qualité fraîche

ou sèche, et son arbre, fertile, produit volontiers deux fois l'an.

La **Figue violette** (*fig*. 55), à peau violet pourpre, chair teintée, est recherchée à sa complète maturité.

La **Figue rouge** ou **de Bordeaux** (*fig*. 56), assez allongée, a la peau carmin violacé et la pulpe saumonée ; de première qualité ; arbre de bonne production.

Les localités où le Figuier croît librement apprécient les variétés suivantes :

Figues blanches : *Marseillaise*, à sécher, *Bourjassotte blanche, Col de signora, de la Saint-Jean*, bifère, *Doucette, Madeleine, Napolitaine*, bifère. *Dame blanche, Blanche ronde, Courcourelle, Salerne*.

Fig. 56. — La Figue rouge ou de Bordeaux.

Figues rouge violacé : *Bellone, Célestine, Datte, de Saint-Esprit, Mahonaise, Monnaie, Poulette*, et les figues grises, *de Grasse, Observatine, Servantine*.

Les Figues violet pourpre : *d'Adam, Bernissenque, Barnissotte noire, Mouissonne, Sarrazine, Sultane*, etc.

En Bretagne, l'espèce à fruit noir ou violet supporte mieux les rudes hivers.

III. — CULTURE DU FIGUIER.

Multiplication. — On multiplie le Figuier par le marcottage en butte ou cépée (*fig.* 49) ou à bois libre pratiqué au printemps, et par le bouturage de rameaux avec talon, en plein air, ou de rameaux courts, sous verre. Le greffage est quelquefois appliqué.

Opérer à l'abri, dans un pays froid ou tempéré.

Fig. 57. — Branche à fruit et rameau de remplacement.

Culture. — Les vergers de Figuiers en plein vent ne sont soumis à aucune taille régulière ; on se borne à maintenir la ramure dans une bonne forme aérée au centre, à élaguer la tige, à édrageonner la souche.

Mais à Argenteuil et environs, où l'arbrisseau est à l'air libre, et dans les jardins fruitiers qui lui concentrent la chaleur et l'abri, d'abord le sujet hivernera sous terre : les branches, étant flexibles, sont reliées entre elles, enveloppées de paille longue et couchées en terre avant les gelées, pour être relevées au printemps. Le monticule de terre forme toit, évitant ainsi les infiltrations ou stagnations humides.

L'abri d'un mur permet une forte couverture de foin et de paille, sans que l'on ait recours à l'enterrage.

En relevant le branchage, après l'hiver, on éborgne d'un coup de serpette l'œil terminal de la branche fruitière, et d'un coup d'ongle les bourgeons ou yeux latents placés à la naissance de chaque figue.

Fig. 58. — Buisson ou cépée de Figuier.

Les rameaux qui vont se développer au-dessous seront pincés (*fig.* 57) et viendront remplacer les premiers, après la récolte des figues.

Les souches de la région parisienne présentent l'aspect de la figure 58.

IV. — PLANTATIONS COMMERCIALES DE FIGUIERS.

La région d'Argenteuil et de la Frette comporte une cinquantaine d'hectares produisant environ 400 000 figues *Blanquette, Dauphine, Violette*, apportées avec soin aux Halles de Paris.

La cueillette est faite au petit jour, aussitôt la rosée tombée, ou la veille au soir.

Il faut dire que, pour hâter la précocité du fruit, on le pique sur l'œil avec une aiguille à tricoter imbibée d'huile d'olive. Le moment choisi est lorsque le ton plein clair de l'épiderme annonce la phase initiale de la maturation. Opérer le soir par un vent d'est ou du midi. Ces soins minutieux ne sont pas appliqués dans les cultures extensives.

La région du Figuier laisse l'arbuste pousser à volonté ou l'élève sur tige. Nous l'y avons même remarqué à l'état de plantation routière.

De la Provence au Médoc, l'hectare de figueraies peut rapporter, à vingt-cinq ans, 800 francs nets, frais et déchets déduits, de figues fraîches ou séchées et préparées pour la vente. Les figues sèches d'Ollioules et de Roquevaire sont cotées au marché comme celles de Naples et de Smyrne.

Au Cap Corse, la figue fait la base de la nourriture des habitants.

La température élevée facilite la double récolte des espèces bifères, à quarante ou cinquante jours d'intervalle, — surtout la seconde — sur le rameau feuillu, à l'arrière-saison. Parmi les variétés bifères, on propage la *Célestine*, dite la « grise », qui mûrit d'abord avec les premiers épis de blé ; la *Buissonne* ou « Moissonne », la *Blanche* ou de « Versailles », la figue *d'Or* ou « dorée ».

Parcourant la Provence avec notre ami Jacques Audibert, de la Crau d'Hyères, nous rencontrons en abondance :

La *Grise*, grosse, précoce et bifère, d'un goût sucré ; elle arrive au marché dès la mi-juin pendant un mois ; la seconde récolte, en septembre, est destinée au séchage ;

La *Moissonne*, grosse, noire, fertile, bifère ; la première récolte, en juin et juillet, est accaparée par la confiserie ; la seconde, d'août en octobre, est recherchée, fraîche, par le consommateur, et sèche, par le distillateur ;

La *Marseillaise*, moyenne, non bifère, dorée, fine de goût, mûrissant d'août en octobre, bonne en confiture, précieuse dans les sols calcaires ;

La *Bellone*, de la région niçoise, non bifère, tient bien à l'arbre ; peau épaisse, violette ; gros fruit, bon frais ou séché ;

La *Barnissotte noire*, non bifère, généreuse, depuis août jusqu'aux gelées ; fruit gros, peau épaisse, facilitant son transport de Toulon à Paris ; pour la consommation directe. Préfère les terrains isolés ;

Et beaucoup d'autres variétés moins intéressantes.

Le Figuier, en Italie, croît sur les rochers, en pleine friche, ou dispersé dans les vignes et les vergers. Le fruit frais est consommé sur place ou envoyé au marché, et l'on exporte annuellement par 400 000 quintaux la figue sèche. Marseille reçoit, de l'Italie, dans le cours d'une année, jusqu'à 5 millions de kilogrammes de figues séchées au soleil.

En Grèce, la production annuelle des figues sèches, s'est élevée à 270 000 quintaux métriques, pour la consommation, la torréfaction, la distillerie.

Douze millions de kilogrammes, provenant presque en totalité du département de Messénie, ont été expédiés principalement en Autriche et en Allemagne, où l'on en fabrique une sorte de café.

Les figueraies de la province de Smyrne, comparées à de véritables échiquiers qui s'étendent à perte de vue, bien fumées dans leur jeunesse, se prêtent à la culture dérobée de melons et pastèques et fructifient abondamment de dix à cinquante ans, produisant jusqu'à **225** kilogrammes de figues par arbre. Au déclin du sujet, un rejet de souche le remplace.

La récolte dépasse 15 millions de kilogrammes ; pendant trois mois, la voie ferrée transporte exclusivement des caisses et des sacs de figues sèches, préparées par des essaims de jeunes filles grecques, juives ou arméniennes. Le second choix est expédié vers la Russie, la France et même à Carthagène, où son alcool servira à viner les vins secs d'Espagne.

V. — RÉCOLTE ET EMPLOI DES FIGUES.

Récolte. — Cueillant les figues mûres, le cultivateur des environs de Paris les place dans une corbeille ou panier ovale à fond plat, pouvant contenir deux lits de fruits séparés par des feuilles de vigne ; la figue ayant l'œil en dehors est plus attirante.

Emballage. — Le panier (*fig.* 59), facile à fermer,

Fig. 59. — Panier pour la récolte des Figues.

reçoit les figues dans les conditions ci-dessus, pour les

courts trajets, mais ne saurait être employé au titre
d'emballage perdu.

Quant aux expéditions par voiture, wagon ou
bateau, la *fig.* 60 montre un appareil convenable. La
figue, enveloppée d'un papier de soie, est logée à

Fig. 60. — Emballage pour les Figues.

touche-touche sur deux lits séparés entre eux par une
couche d'ouate ou des feuillets de papier paraffiné.

La figue sèche admet l'emballage en sac perdu.

Emploi. — En outre de la consommation directe, la
figue se prête à la confiture, à la confiserie, au vin des
quatre-fruits, au glaçage, au séchage.

Torréfiée, en Autriche et en Allemagne, elle est
accaparée par le commerce des cafés. Cent kilogrammes
de figues sèches donnent 75 kilogrammes de café de
figues.

Riche en principes sucrés, la figue sèche est très
recherchée par la distillation pour la production des
alcools et des vins... feints.

Quelques feuilles de *Laurier-sauce* ou de Fenouil
parfument les caissettes choix, extra, superfines.

FRAISIER

(*Fragaria*)

I. — TERRAINS ET SITUATIONS QUI CONVIENNENT AU FRAISIER.

Le Fraisier aime une terre franche, douce, quoique substantielle, plutôt chaude et légère.

Les terrains sableux ou siliceux conviennent encore au Fraisier. L'humidité naturelle du sol et les pluies fréquentes lui sont contraires. Les arrosages en temps opportun, les irrigations bien comprises lui procurent la fraîcheur nécessaire à l'adhérence du plant au sol et au développement du fruit.

Les terrains froids, pourrissants ou exposés aux gelées d'hiver, et privés d'une couverture de neige, nuisent à son hivernage et même à son existence normale ; un lit de grande paille y suppléera.

Si l'on a recours à l'engrais, il est indispensable qu'il soit bien consommé ; ici, le fumier frais ne vaut pas les boues de ville ni les os concassés.

Les situations aérées plaisent au Fraisier ; un demi-ombrage, sans nuire à sa végétation, occasionne quelque retard dans la maturation du fruit.

Les plantations de Fraisiers dans les terrains accidentés, sur le flanc des collines, réussissent aussi bien que dans la plaine, et mieux que sur certains plateaux trop souvent visités par les vents froids.

II. — CHOIX DES MEILLEURES VARIÉTÉS DE FRAISIERS

Le langage du cultivateur admet trois groupes :
A. — *Les petites Fraises.*
B. — *Les grosses Fraises.*
C. — *Les Caprons.*
Toutes les variétés décrites ci-après sont à filets traçants ; l'espèce à buisson est, ici, moins intéressante.

Ordre de maturité des meilleures fraises.

A. — Petites Fraises (*Fragaria vesca*).

Fraise des Quatre-Saisons ou *de tous mois* (*fig.* 61). — Plante vigoureuse, rustique, très fertile.

Fruit petit ou moyen, arrondi, turbiné ou allongé, rouge carmin pourpré ; chair blanche, juteuse, sucrée, fine, parfumée. Très bon.

Plusieurs sous-variétés, nées par le semis, leur fruit variant d'abord par la forme ou par la couleur, sont finalement rentrées dans le type.

La variété à **fruit blanc** est définitivement fixée. Elle diffère de la précédente par son coloris blanc crémeux et sa saveur plus douce.

Fig. 61. — Fraise des Quatre-saisons.

Ces espèces, dites *remontantes* (var. *semperflorens*), ont deux saisons principales de maturité : la première en juin, la seconde en août-septembre.

En voici deux types méritants pour les cultures bourgeoises ou commerciales.

Fraise La Généreuse (*fig.* 62). — Plante vigoureuse.

Fig. 62. — Fraise La Généreuse.

assez haute, très fertile, remontant franchement. Fruit moyen, allongé, rouge clair; chair blanche, légèrement rosée, juteuse, assez sucrée et parfumée; très bonne.

Maturité très hâtive (dès la mi-mai).

Fraise Reine des Quatre-Saisons (*fig.* 63). —

Fig. 63. — Fraise Reine des Quatre-Saisons.

Plante touffue et érigée, bien productive, franchement remontante.

Fruit moyen, oblong et ventru, rouge pâle ; chair blanche, faiblement teintée, assez juteuse, sucrée, bien parfumée. Très bonne.

Maturité très hâtive (dès la fin de mai).

B. — Grosses Fraises (*Fragaria chiloensis*).

Ce groupe de Fraises *anglaises* ou *américaines* pourrait être subdivisé en trois séries de maturité :

1° Les grosses Fraises hâtives ;
2° Les grosses Fraises de demi-saison ;
3° Les grosses Fraises tardives.
4° Les grosses Fraises remontantes.

Nous les indiquerons dans leur ordre de maturité, en pleine terre et à l'air libre.

1° *Grosses Fraises hâtives.*

May Queen (*fig.* 64). — Plante rustique, fertile.

Fruit moyen, arrondi, tronqué, carmin vif ; chair blanche, sucrée et acidulée. Très bon.

La première en maturité.

Marguerite (*Lebreton*, *fig.* 65). — Plante robuste, généreuse.

Fruit de première grosseur, conique, renflé et bossué : rouge rosé, vernissé jusqu'à la pointe ; chair neigeuse, assez juteuse et sucrée. Bon.

Variété avantageuse aux cultures spéculatives.

Fig. 64. — Fraise May Queen.

A la forcerie, *Marguerite* occupe le premier rang.

La région nord lui est moins favorable.

Noble (*Laxton, fig.* 66). — Plante rustique et vigoureuse, bien productive ; floraison résistant à la coulure.

Fruit gros, arrondi, carmin clair glacé ; chair tendre,
sucrée, agréable. Très bon, et en confitures.

Fig. 65. — Fraise Marguerite.

Graines petites, assez saillantes.

Plante de marché et de chauffage.

Héricart de Thury (*Vicomtesse*) : *Marquise de La-
tour-Maubourg* (*fig.* 67). — Plante très vigoureuse,
résistant aux hivers froids, sans neige, et aux grandes
sécheresses ; très productive.

Fig. 66. — Fraise Noble.

Fig. 67. — Fraise Vicomtesse Héricart de Thury.

Fruit gros ou presque gros, renflé ou allongé, rouge carminé ; chair ferme, pleine, bien colorée, juteuse, sucrée, bien parfumée. Très bon.

Graines petites, assez nombreuses, saillantes, ce qui en facilite le maniement au point de vue commercial.

Variété de grande culture aux environs de Paris et dans la région de la Loire.

L'*Héricart* se soumet à la culture forcée ; cependant, chauffée au fumier ou au thermosiphon, elle ne compte que parmi les secondes saisons de primeurs.

Victoria. — Plante robuste, résistant aux hivers sans neige et aux sécheresses de l'été ; très productive.

Fruit assez gros ou gros, arrondi, rose-orange et vermillonné ; chair blanc rosé, fondante, bien juteuse, sucrée, agréable. Très bon.

Graines assez écartées, saillantes.

Fruit à conserve et à pâtisserie.

Variété de grande culture et de forçage.

Fig. 68. — Fraise Louis Vilmorin.

Louis Vilmorin (*fig*. 68). — Rustique, très fertile.

Fruit assez gros, bien fait, en cœur, carmin luisant ; chair colorée, vineuse. Très bon.

Graines saillantes.

Excellente fraise à confire. Bonne espèce au forçage.

2° *Grosses fraises de demi-saison.*

Général Chanzy (*fig.* 69). — Plante trapue, bien productive.

Fruit gros, variant de forme, cramoisi pourpre

Fig. 69. — Fraise Général Chanzy.

brillant ou foncé ; chair teintée, juteuse, sucrée, relevée. Bon. Graines saillantes.

Maturité, deuxième quinzaine de juin.

Terrain meuble ou sableux. Forceries.

Docteur Morère (*fig.* 70). — Plante vigoureuse, très fertile.

Fruit de première grosseur, arrondi, carmin

glacé ; chair rose, sucrée, savoureuse, relevée. Très bon.

Graines brunes, saillantes.

Variété de grande culture et de jardin d'amateur.

L'expérience a démontré que, si le Fraisier *Docteur Morère* se soumet difficilement au thermosiphon, il arrive en première saison par le chauffage au fumier.

Fig. 70. — Fraise Docteur Morère.

Les pots de Fraisiers sont placés sous bâche, et tamponnés de mousse ou de sphagnum.

Sharpless. — Plante vigoureuse, rustique, très productive.

Fruit très gros, rouge brillant ; chair rose, juteuse, sucrée, excellente.

Maturité prolongée, assez hâtive. Se force bien.

Variété de grande culture pour tous terrains, et particulièrement pour les sols humides.

Belle de Croncels. — Plante très vigoureuse et très fertile.

Fruit assez gros, turbiné, pourpre glacé; chair colorée, très sucrée, avec un goût acidulé. Très bon.

Graines saillantes.

Fruit à confitures et à compotes.

Sir Joseph Paxton. — Plante assez vigoureuse, bien résistante aux hivers sans neige; productive.

Fruit gros, turbiné, parfois aplati, carmin vernissé; chair ferme, pleine, teintée, juteuse, bien parfumée. Bon et très bon.

Graines demi-saillantes, assez espacées.

Variété propre au forçage; son fruit résiste assez bien aux pluies prolongées.

Fig. 71. — Fraise Eleanor.

Eleanor (*fig.* 71). — Plante très vigoureuse et productive, même en sol humide ou froid.

Fruit gros, allongé, renflé, carmin glacé ; chair un peu acidulée, rafraîchissante. Très bon.

Graines assez saillantes.

Fruit à compotes et à confitures. Propre au forçage.

Royal Sovereign. — Plante vigoureuse et rustique.

Fraise très grosse, d'une forme conique régulière, joli coloris vermillon brillant ; chair ferme, juteuse, sucrée, parfumée. Bon. Graines saillantes.

Précieuse au forçage. Excellente variété pour la grande culture ; le fruit supporte les voyages. Ce Fraisier s'acclimate dans la plupart des situations ; en Suisse, en Angleterre, il donne les meilleurs résultats.

3° *Grosses Fraises tardives.*

Jucunda (*fig.* 72). — Plante bien vigoureuse, d'une bonne fertilité.

Fruit gros ou assez gros, en cœur ou en cône aplati, rouge vermillonné ; chair colorée, assez juteuse, douce, faiblement acidulée. Très bon.

Maturité successive.

Graines assez saillantes.

Bon fruit à confitures.

Cette variété se prête à la grande culture ; elle est docile au transport.

Triomphe de Liége. — Plante vigoureuse et très robuste ; d'une grande fertilité, même à l'ombre.

Gros et beau fruit rouge foncé ; chair assez ferme, juteuse, sucrée et légèrement acidulée. Bon et très bon.

Variété peu difficile sur la qualité du sol.

Berthe Montjoie. — Plante rustique, touffue, résistant aux gelées d'hiver sans neige ; d'une grande fertilité.

Fruit gros, turbiné, carmin clair, plus pâle vers la pointe; chair douce, sucrée. Très bon.

Graines saillantes.

Fruit à conserves et à compotes.

Soutenir, par des arrosages, la fécondité du plant.

Fig. 72. — Fraise Jucunda.

Monseigneur Fournier. — Plante vigoureuse dans nos climats de l'Ouest et du Centre, en terre douce.

Fruit gros, arrondi, rose foncé et vernissé; chair ferme, colorée, fine, fondante, savoureuse. Très bon.

La France (*fig.* 73). — Plante forte, rustique et généreuse.

Fruit gros, rouge clair; chair blanche, beurrée, sucrée, relevée. Bon et très bon.

Maturité, fin juin et juillet.

Variété d'amateur, précieuse dans les sols médiocres.

Fig. 73. — Fraise La France.

Fig. 74. — Fraise Jubilé.

Jubilé (*fig.* 74). — Plante basse, robuste, généreuse.

Fruit assez gros, rouge clair ; chair blanche, sucrée, douce, agréable. Bon et très bon.

Maturité, juin-juillet.

Variété qui plaît par ses cueillettes successives.

Graines demi-saillantes.

Maturité, fin juin et juillet.

Fruit d'amateur et de marché.

4° *Grosses Fraises remontantes.*

Fig. 75. — Fraise remontante (Saint-Joseph).

Saint-Joseph (*fig.* 75). — Plante productive, mais se fatigue vite. La fructification commence en juin et se continue pendant tout l'été jusqu'en octobre, surtout dans les jeunes plantations.

L'abondance de ces récoltes sera favorisée par la qualité du sol et par la fréquence des arrosages pendant les grandes chaleurs.

Une exposition à demi ombragée lui convient sous les climats chauds.

Fruit de bonne grosseur, rouge et rose foncé ; chair ferme, juteuse, bien sucrée, parfumée. Très bon.

Fig. 76. — Fraise remontante Saint-Antoine de Padoue.

Saint-Antoine de Padoue (*fig*. 76). — Plante vigoureuse et trapue.

Fruit assez gros, sphérique ou aplati ou en crête, rouge-carmin ; chair teintée, juteuse, parfumée, sucrée. Très bon.

Maturité, de juin en octobre.

Variété réclamant en été l'arrosage et le paillis.

Louis Gauthier (*fig.* 77). — Plante robuste, bien feuillue, productive.

Fruit de première grosseur, coloris frais, blanc carné,

Fig. 77. — Fraise Louis Gauthier.

chair blanche, douce, beurrée, agréable au goût. Très bon. Graines demi-saillantes.

Maturité, juin-juillet.

Fort souvent, à l'automne, de jeunes filets fructifient, ce qui la fait classer parmi les fraisiers remontants.

Parmi les variétés de Fraisiers à gros fruits remontants, nous signalons : *La Perle, Merveille de France, Reine d'Août, Pie X, Madame Louis Bollero, Gemma, Bienheureuse Marguerite*, etc., recommandées par leurs obtenteurs.

C. — **Caprons** (*Frigaria elatior*).

Belle Bordelaise. — Plante robuste, productive. Fruit moyen, turbiné, rouge vineux ou carmin vernissé, blanchâtre aux extrémités ; chair beurrée, sucrée, vineuse, très parfumée, goût framboisé. Bon.

Bon fruit pour la consommation directe, les pâtisseries, le vin de fraises.

ORDRE DE MÉRITE DES MEILLEURES FRAISES.

1º *Fraises des Quatre-Saisons* (à filets).

La Généreuse.	**A fruit rouge.**
Reine des Quatre-Saisons.	**A fruit blanc.**

2º *Grosses Fraises hâtives.*

Héricart de Thury.	**Noble.**
Marguerite.	**Victoria.**
Louis Vilmorin.	**May Queen.**

3º *Grosses Fraises de demi-saison.*

Docteur Morère.	**Sir Joseph Paxton.**
Eleanor.	**Général Chanzy.**
Royal Sovereign.	**Belle de Croncels.**
Sharpless.	

4º *Grosses Fraises tardives.*

Jucunda.	**Jubilé.**
Triomphe de Liége.	**Berthe Montjoie.**
La France.	**Monseigneur Fournier.**

5° *Grosses Fraises remontantes.*

Saint-Joseph.   **Louis Gauthier.**
Saint-Antoine de Padoue.

6° *Caprons.*

Belle Bordelaise.

III. — PLANTATIONS COMMERCIALES DE FRAISIERS.

Les cultures spéculatives de Fraisiers occupent d'immenses surfaces. Examinons les principales.

Fraiseraies des environs de Paris. — Une promenade autour de Paris nous montrerait le Fraisier en champs ou en planches pour l'approvisionnement du marché.

Les environs de la capitale ont, sur une zone assez étendue, des cultures importantes de Fraisiers. soit de l'espèce *Quatre-saisons*, soit de l'espèce américaine ou anglaise, à gros fruit. En 1860. Mme Élisa Vilmorin évaluait à cent trente hectares le terrain consacré à la seule fraise *Elton* dans les communes de Verrières, Sceaux, Chatenay, Fontenay-aux-Roses, Rueil, Marly. Nous avons visité ces cultures, le plant se transforme : déjà, à Bourg-la-Reine, Massy, Antony, Clamart, Bièvres, Jouy, Vauhallan, Orsay. Palaiseau, etc., la *Vicomtesse Héricart de Thury* se substitue à l'*Elton*. Son nom a été simplifié par le cultivateur, il la nomme la *Ricart* ou l'*Hérica*.

Sur ces terrains accidentés ou en plaine, la planta-

tion des Fraisiers se fait en planches de quatre rangs,
les plants à 0ᵐ,30. On paille à l'automne, et la fraiseraie dure six ans. Des cabanes rustiques couvertes de
terre ou de chaume, conservant une température
fraîche et régulière, sont placées à proximité du tra-

Fig. 78. — Récolte des Fraises, dans la vallée de la Bièvre.

vailleur ; on y dépose les paniers de fraises, en attendant que la voiture vienne les enlever (*fig.* 78).

Le pays de Bièvres, dans une situation agréablement
vallonnée, a commencé la plantation spéculative des
Fraisiers *Eleanor* et *Jucunda*. La *Princesse royale*
tend à disparaître. La *Victoria* y est appréciée, mais
les marchands la trouvent un peu ronde. Quant à la
Marguerite, son infériorité, pour le cultivateur, tient

à la *légèreté* relative de son fruit. « Portez un panier de *Marguerite* à la Halle, nous disait un jardinier de Bièvres, et un panier de *Hérica*, grâce au poids de celle-ci, vous toucherez quarante sous de plus qu'avec la *Marguerite*. » Ajoutons que la forme, la couleur et la chair de l'*Héricart* plaisent au restaurant, à la confiserie et à la consommation.

A Clamart, un cultivateur ayant planté un hectare de Fraisiers *Jucunda* dans un sol froid et tardif, eut une récolte plus tardive encore et en tira, dit-on, 9 000 francs (jusqu'à 3 francs le kilogramme). Il en résulte une propagande de la *Jucunda*, que nous avons pu constater avec l'*Eleanor*, vulgairement *Eléonore*, dans la charmante vallée de la Bièvre.

Sur d'autres points encore de la banlieue parisienne, à Belleville, à Romainville, à Montreuil, à Bagnolet, à Châtillon, à Argenteuil, des charretées de fraises sont récoltées et transportées dès trois heures du matin sur le carreau des Halles.

L'abondance est vers la mi-juin; n'y a-t-on pas compté, le même jour, un arrivage de 1 200 voitures de fraises contenant chacune environ 45 paniers de 8 kilogrammes, — sans compter les réceptions en dehors des Halles centrales ?

La fraise des *Quatre-saisons* est d'une vente certaine; aussi a-t-elle tenté partout le cultivateur. Elle arrive sur le marché et *s'enlève* immédiatement.

On estime à 500 hectares la surface occupée par ce Fraisier dans le département de la Seine. A Fontenay, à Chatenay, au Plessis-Piquet, à Bagneux, à Rosny, à Bry..., un hectare bien cultivé occasionne une dépense totale de 2 400 francs et son produit brut s'élève à

3 200 francs. Les fruits sont transportés à la halle, dans de petits paniers habilement parés.

Le village de Bagnolet compte trois cents cultivateurs de Fraisiers. La récolte du fruit se fait dans l'espace d'un mois; pendant cette période, un plant de Fraisiers réclame huit cueillettes. On évalue une récolte à 6 paniers de fraises par are, ou 600 à l'hectare; répétée huit fois, la cueillette totale donne 4800 paniers de fraises, par hectare, dans ce laps de temps. Chaque panier se vendant en moyenne 1 fr. 50, cela donne une recette brute de 7 200 francs, sur laquelle il faut déduire la valeur du sol, les impôts, etc.

La culture maraîchère (*fig.* 79), avec ses soins journaliers, avec le concours de cloches, de bâches et de châssis pour les semis et les forçages, fournit un appoint important à l'approvisionnement du marché.

Certains cultivateurs forcent la maturité des fraises au moyen de châssis à double versant placés, dès l'hiver, sur les « carreaux » de Fraisiers.

Fraiseraies du Centre. — Ainsi que nous l'avons dit, la région du Centre a des fraiseraies considérables; elle seconde la banlieue parisienne, la capitale absorbant 15 000 000 de kilogrammes de fraises dans une année.

Il nous suffira de citer deux villes renommées pour leur jardinage, Orléans, Angers.

A Orléans, on compte de nombreux arpents de Fraisiers dans le quartier Saint-Marceau, avec les variétés *Ananas, Héricart de Thury, Marguerite, Princesse royale* et quelques autres moins populaires, mais étudiées déjà par l'horticulture orléanaise. Des courtiers achètent le fruit sur place et l'expédient à

40 lieues à la ronde, grâce au réseau des voies ferrées qui viennent converger au chef-lieu.

Fig. 79. — Culture de Fraisiers, dans un potager en plaine.

Les environs d'Angers ont de vastes cultures de Fraisiers, aussi bien dans les terres chaudes, pierreuses de la plaine que dans les sols argileux du quartier Saint-Laud. Les plants sont en carrés et non en planches ; on laboure à la charrue une fois par an. Chaque année, on fume avec du fumier de cheval ; aucun soin ne manque. Le plant est *poussé à fruit* et renouvelé complètement tous les cinq ou six ans. Jadis, nous y avons vu les variétés *Ananas*, *Princesse royale* (*fig.* 80),

Fig. 80. — **Fraise Princesse royale.**

Fig. 81. — **Fraise Sir Joseph Paxton.**

Paxton (*fig.* 81), à peu près exclusivement adoptées. Aujourd'hui, notre confrère Louis-Anatole Leroy nous dit que la *Marguerite* y prend une grande extension. Ces trois variétés fournissent, chaque jour, plusieurs wagons pour Paris et Londres.

Fraiseraies du Midi. — Le Midi a d'importantes plantations de Fraisiers, seules ou combinées avec les Pêchers et autres arbres fruitiers.

Nous avons visité ces parages : le Fraisier *des bois* (*Fragaria vesca*) pullule le long du Gapeau et du Béal. La terre est fumée ; les arrosages et les irrigations se pratiquent en mai pour les Fraisiers et dans l'été pour les arbres.

Le produit net d'un hectare de Fraisiers est estimé de 1 200 à 1 400 francs.

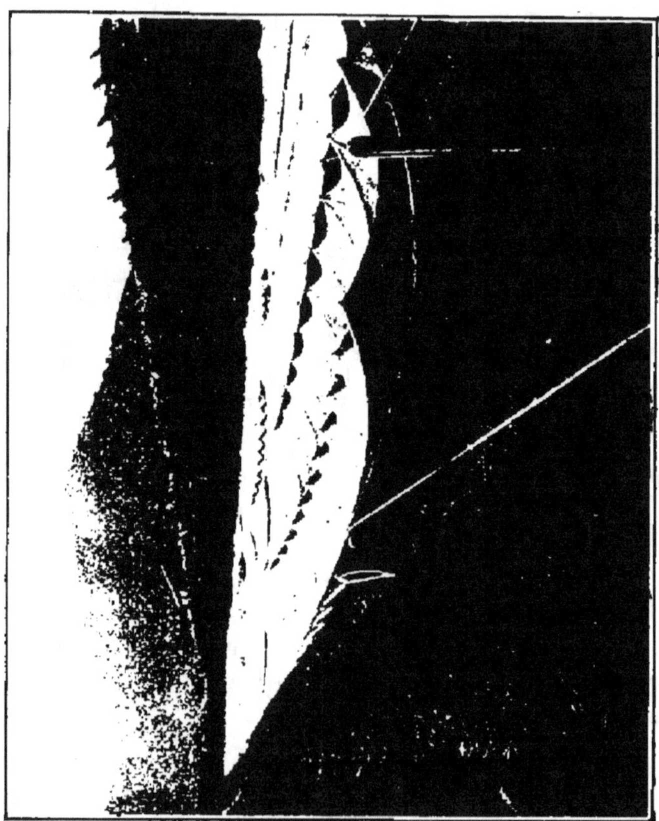

Fig. 82. — Abri contre le froid par des toiles développées au-dessus des végétaux.

La riche vallée d'Hyères fournit plus d'un million de kilogrammes de cette petite fraise aux villes du littoral, à Paris et aux grandes cités du Centre et du Nord.

Le Vaucluse est fortement producteur.

En 1892, la gare de Carpentras a expédié sur Paris plus de 800 000 kilogrammes de la « petite Fraise » et les gares d'Avignon et de Montreux chacune 300 000 kilogrammes.

Fig. 83. — Toiles-abri repliées, restant sur le terrain.

Le Concours des Prix culturaux de Vaucluse, en 1907, a démontré l'influence du morcellement des terres, le rôle des irrigations et les résultats du groupement syndical des producteurs.

Les fraises précoces y sont en faveur, telles que *Noble*, *Victoria*, *Marguerite*, *May Queen*, *Marcellin*, cultivées en plein air ou sous verre. L'exploitation a lieu directement ou par métayage. Certains lauréats du concours abritent du vent leurs fraiseraies au moyen de haies en roseau ou paille, et les préservent des froids d'hiver à l'aide de toiles tendues au-dessus des plantations (*fig.* 82) et repliées quand le danger a disparu (*fig.* 83).

Arrosages fréquents et modérés ; paillis. L'engrais chimique, superphosphate et sulfates de fer et de potasse, additionnés de chrysalides, est, ici, préféré au fumier de ferme. En deux fois, juin et octobre, environ 1 500 kilogrammes de cette composition sont répandus sur la fraiseraie et introduits par grattage.

La cueillette des fraises est confiée à des femmes louées à cet effet, de fin avril jusqu'en juin ; chacune d'elles peut cueillir de 16 à 18 paniers de 3 kilogrammes, par jour. Les premières récoltes atteignent un prix double des autres. A Carpentras, l'hectare peut ainsi fournir à l'année de 5 000 à 12 000 kilogrammes, soit un bénéfice de 2 500 francs environ, tous frais déduits de loyer, de culture et d'exploitation.

Les vignobles en sol frais ou argileux-sablonneux du Médoc, ceux de Pessac et de la Brive emplissent pour Paris des wagons complets de la Quatre-saisons *Janus* qui supporte bien le transport, et des corbeilles bordelaises d'*Ananas*, de *Marguerite*, de *Morère*, etc.

Fraiseraies de la Bretagne. — La nature du sol léger, du climat tempéré d'une partie de la Bretagne et le voisinage de la mer ont été favorables au Fraisier ; la grosse fraise dite *du Chili*, adoptée par plusieurs communes du Finistère, occupe deux cents hectares à Plougastel. Elle y fut apportée, vers 1712, directement du Chili par Freize, officier du génie maritime ; elle s'y est acclimatée tandis qu'elle dépérit ailleurs, alors l'*Ananas* vient la remplacer ; on la nomme Fraise d'Angers, en raison de la provenance du plant.

La culture y est pratiquée en plein champ, par planches de quatre rangs, les pieds espacés de 0^m,25.

La récolte commence vers le 20 mai, prend tout le mois de juin et se termine dans la seconde quinzaine de juillet ; mais la cueillette des fruits pour l'exportation finit à la Saint-Jean (24 juin).

Jadis, les fraises étaient placées dans des paniers de 10 kilogrammes ; aujourd'hui, on préfère des petites caisses de bois blanc aérées par quatre traits de scie, et contenant seulement de 2 kilogrammes à 2^k,500.

Le produit de l'hectare est évalué à 15750 kilogrammes de fruits, au prix de 0 fr. 20 le kilogramme, soit une somme de 3 150 francs. Le blé n'aurait pas un pareil rendement.

Fraiseraies des Pays-Bas. — L'Angleterre reçoit de grandes provisions de fraises du Westland néerlandais ; non loin de là, Boskoop, territoire au sol tourbeux entrecoupé de canaux, en expédie pour 50 000 francs, avec une variété demi-traçante, la *Gloire de Zuydwick*, beau fruit allongé, robuste à l'humidité, la *Jucunda* et quelques autres. Le chargement passe par Rotterdam et arrive ainsi à Londres après avoir changé deux fois de bateau.

Une année, la récolte des fraises du Nord-Holland a

été exceptionnelle. Dans la commune de Beverwyk, le Fraisier est cultivé sur une étendue de 100 hectares. Les produits sont envoyés, par barils, en Angleterre, où ils servent à la fabrication des confitures. Dans une seule semaine, du 28 juin au 3 juillet, il en a été livré près de 85 000 kilogrammes.

La commune de Leidschedaw peut fournir 100 bateaux de fraises au marché d'Amsterdam.

Fraiseraies d'Angleterre. — M. Gladstone a vanté le parfum « incomparable » des fraises d'Aberdeen et des îles baignées par la mer.

Cette contrée de l'Écosse expédie 50 000 kilogrammes de Fraises à l'industrie des conserves de Londres.

Le comté de Kent, peu éloigné de Londres, avec son sol léger, siliceux, caillouteux, a des champs de Fraisiers tellement nombreux, que les chemins de fer qui le traversent ont dû construire des wagons spéciaux pour le transport du fruit, wagons lâchés sur rails au milieu des fraiseraies, et remorqués au retour par un express qui les conduit à Londres. Ce fait a été observé à la gare de Swanley.

Les cultivateurs ont eux-mêmes des voitures *ad hoc*, « luggage car », pour conduire les paniers de fraises du champ à la gare ou au marché. Le panier a son couvercle de forme conique, pour éviter qu'il soit retourné sens dessus dessous.

On ne sera pas surpris de ces détails lorsqu'on saura que certain propriétaire possède, seul, 200 hectares de Fraisiers occupant jusqu'à mille ouvrières à la cueillette, tandis qu'un autre a expédié, dans la même journée, 14 tonnes ou 14 000 kilogrammes de fraises vendues 10 000 francs.

Les fruits destinés au dessert sont cueillis avec leur pédoncule et placés dans de petits paniers que l'on verse, aussitôt remplis, dans des « sieves », sortes de paniers ronds d'une contenance de 12 kilogrammes. Les petits fruits, seulement, sont détachés sans pédoncule, sans calice, et envoyés directement aux fabriques de conserves. Fort souvent, ce second choix de la récolte est marchandé à des *middlemen*, qui les cueillent, les emportent et les livrent aux confituriers.

Dans cette contrée, la plantation des Fraisiers se fait en septembre, le sol étant parfaitement labouré et fumé ; les plants sont à grande distance : 0ᵐ,45 sur des lignes espacées de 0ᵐ,75, soit 26 250 plants à l'hectare. En automne, on donne un coup de charrue entre les lignes, le sillon facilitera l'écoulement de l'eau ; au printemps, le sol, nivelé au moyen de la houe à cheval, sera recouvert d'un léger paillis.

Avec ces précautions, un champ de Fraisiers dure trois ans ; le prix de location du sol est de 150 francs l'hectare, et son produit, bénéfice net, est estimé de 1 000 à 1 200 francs (*fig* 84).

Fraiseraies des États-Unis. — L'Amérique du Nord est riche en Fraisiers, variétés *Wilson's Albany, Charles Downing, Hovey's Seedling, Triomphe de Gand, Longworth's prolific, etc.* En 1877, la récolte totale de l'Union atteignait 25 750 000 francs. Trente ans plus tard, elle est évaluée 400 millions de francs.

Il y a des jours où 3 600 hectolitres de fraises entrent à New-York. Le *New-York Times* du 1ᵉʳ juin 1877

signale même un arrivage, la veille, de 843 750 litres
de fraises, vendus dans la journée ; 300 000 litres pro-
venaient de Norfolk, par bateaux à vapeur. On a calculé, pour cette journée, un débours de 5 000 francs de
transport et un bénéfice de 25 000 francs.

Fig. 84. — Récolte de Fraises en Angleterre.

La culture extensive du Fraisier se pratique aux
États-Unis d'une façon toute particulière. Voici, à ce
sujet, quelques détails qui nous sont communiqués
par notre compatriote M. Léon Vassillière, jadis cultivateur exploitant dans la Caroline du Nord, actuellement
Directeur de l'Agriculture à notre Ministère :

Les Fraisiers sont cultivés sur billons très plats de 0^m,65, 0^m,75 de large, sur 0^m,15 à 0^m,20 de hauteur. On plante une seule ligne sur le faîte de chaque billon, les pieds étant de 0^m,30 à 0^m,35 sur le rang. La plantation est précédée de deux labours toujours légers, 0^m,12 à 0^m,15, faits à la charrue; on forme les billons qu'on aplatit tout simplement au moyen d'une pièce de bois évidée en dessous, ayant la forme du billon et traînée par un cheval.

La plantation se pratique au printemps ou à l'automne; on emploie des coulants enracinés; on a eu le soin, avant de la pratiquer, de disposer dans une rigole ouverte sur le sommet du billon du guano ou autre engrais pulvérulent, à la dose de 400 à 500 kilogrammes à l'hectare. Pendant l'année, on donne un ou deux labours très superficiels à la charrue et des sarclages à la houe à cheval entre les lignes, à la houe à main sur les lignes. Tous les ans, au printemps, on met du guano à la même dose que précédemment, dans le fond de la raie qu'on a obtenue en débutant.

Un peu avant le moment de la floraison des Fraisiers, on paille les lignes avec des aiguilles de pin, très abondantes dans ce pays.

La cueillette se fait à la main; on laisse environ 0^m,015 de queue et on place les fruits immédiatement dans les petites corbeilles qui serviront à leur expédition. Bien entendu, on récolte les fraises avant qu'elles soient complètement mûres. Ces corbeilles, solides et légères, sont à claire-voie, et fabriquées avec du Peuplier débité en feuille de 0^m,001 d'épaisseur. La forme en est ronde ou carrée; elles ont une contenance d'un demi-litre ou d'un litre (un quart ou demi-quart, le quart étant la mesure qui correspond à peu près à notre litre). On met ces corbillons dans des caisses en bois en contenant 30 ou 45 semblables, disposés sur trois étages. Le couvercle est à charnière et se ferme à clé. Les lits de corbeilles sont séparés par des fonds mobiles à claire-voie.

Pour éviter tout ballottement, on emplit fortement les corbeilles. Les fraises du dessus seront un peu foulées; mais, au déballage, on rejettera celles qui seront meurtries.

Les commissionnaires auxquels on fait les expéditions retournent les emballages, qui serviront ainsi pendant plusieurs années.

Disons que cette méthode rationnelle de l'exploitation du fraisier a été accueillie en France.

IV. — CULTURE DU FRAISIER.

Le Fraisier des Quatre-Saisons étant susceptible de reproduire franchement son espèce par le semis, — ce qui ne peut être obtenu avec le Fraisier à gros fruit, — nous établirons deux systèmes de culture appropriés à chacun de ces groupes.

Quant à la série des Capronniers, les deux systèmes de multiplication, naturelle ou par division, lui sont également applicables.

A. — CULTURE DU FRAISIER DES QUATRE-SAISONS.

Le Fraisier *des Quatre-Saisons* se multiplie par la plantation des coulants racinés (fig. 85), et par le semis

Fig. 85. — Stolon ou coulant raciné du Fraisier.

de la graine. Ici, malgré les règles de l'anatomie végétale, nous appelons *fruit* la partie comestible et *graines* les petits corps qui le garnissent extérieurement.

Les fraises à mettre de côté pour graines doivent

être choisies les plus belles, bien faites, bien colorées et les mieux remontantes. En août, il est facile de faire ce choix.

Les fruits cueillis et exposés au soleil ne tardent pas à sécher, on les frotte alors entre ses mains pour en isoler les graines ; celles-ci, mises de côté, seront semées au 1er mai suivant, dans une bonne terre préparée, en terrine, sous cloche ou sous châssis. La graine est semée, mélangée de terre fine ou de terreau ; plomber légèrement le sol et couvrir de mousse la terre qui contient les graines. Si l'on opère en plein air, il suffira de placer sur le tout une feuille de verre.

La germination a lieu de quinze à vingt jours après : bassiner, sarcler, aérer avec précaution.

Le repiquage du jeune semis sera pratiqué vers la fin de juin, et sous châssis froid, par lignes à 0^m,12 sur 0^m,12 ; arroser, ombrager jusqu'à parfaite reprise.

Au commencement d'août, le plant sera repiqué à nouveau, mais à l'air libre, à 0^m,20 entre les plants ; encore une fois, ombrager et arroser par bassinage. L'arrosage excite la formation des racines et prédispose la plante à la fécondité.

Enfin, la plantation définitive aura lieu du 15 septembre au 15 octobre, par un temps couvert ou immédiatement après une pluie ; l'essentiel est que le plant se lie au sol avant l'arrivée des premiers froids.

Le terrain préparé, fumé, recevra les Fraisiers par planches de quatre rangs espacés de 0^m,35, les plants étant à cette même distance entre eux. Le sentier aura le double de largeur. Opérer le soir.

En plantant, il convient de couper les filets que le

jeune semis aurait pu produire, de rafraîchir les racines et de supprimer les feuilles malades. La terre sera scellée au pied du plant ; un paillis immédiat le préservera des coups de soleil et évitera le descellement de la terre au collet des Fraisiers, pendant l'hiver. Une bonne mouillure est indispensable, au moment de la plantation et sur le paillis.

Dans ces conditions, on peut être assuré d'avoir une superbe récolte l'année suivante et encore pendant deux années. Il conviendra donc de répéter ce semis tous les ans, afin de renouveler la fraiseraie et de ne jamais manquer de beaux fruits.

Les cultivateurs minutieux ne conservent même le plant fructifère que pendant une année ; les filets en sont rigoureusement retranchés, chaque plant forme alors une belle touffe qui se charge de fruits. Toutefois, on les conservera en place pendant encore une année, et on leur laissera donner des filets ; les coulants racinés seront repiqués, en juin-juillet, dans la pépinière d'attente et pourront être mis en place, du 15 septembre au 1er octobre, qu'ils aient été ou non soumis à un second repiquage.

La première année de fructification de ces jeunes plants ne laissera rien à désirer ; l'élevage par filets a l'avantage d'être plus facile et d'éviter les lacunes ou les insuccès de la culture par semis.

Nous sommes satisfait des deux systèmes de culture, nous les recommandons.

Nous avons également obtenu de bons résultats avec le semis immédiat des graines récoltées en première saison, premier repiquage en juillet, deuxième en septembre ; dans ce cas, le plant hiverne sous châssis et ne peut être mis en place qu'au printemps suivant.

Lorsqu'on est suffisamment pourvu de plants, on peut mettre deux plants faibles dans le même trou, à la condition que leur collet ne se touche pas.

Avec une espèce rare, on devrait élever les stolons en pots avant de les livrer à la pleine terre.

Le paillis de fumier consommé, ou de feuilles sèches, placé à l'automne, aidera à l'hivernage du plant contre l'action des grands froids sans neige. Il est prudent de *rechausser* ou *terrer* le plant avec des terreaux consommés, terres douces ou débris de vieilles couches ; cette opération est également nécessaire après la fonte des neiges ; le collet de la plante se déchaussant donnerait prise aux intempéries.

Le paillis du printemps, composé de paille propre, a pour but d'empêcher le fruit de se salir.

Il est de bonne précaution de préparer chaque année, sinon tous les deux ans, de nouvelles plantations pour que la récolte ne chôme pas.

Un carré épuisé sera bêché, fumé et livré à une autre culture, en attendant que la terre soit « refaite ».

B. — CULTURE DU FRAISIER A GROS FRUIT.

Dans ce groupe, le procédé naturel, le semis, ne reproduisant pas ponctuellement la variété, il conviendra de la multiplier par sectionnement, c'est-à-dire par les stolons ou coulants racinés (*fig.* 85).

Ainsi que nous le disions tout à l'heure, les coulants destinés à la plantation sont choisis sur des plantes rustiques et fertiles; détachés de la mère, en mai, avant la maturité des fruits, ils seront repiqués à 0ᵐ,12, sous châssis froid, ou en plein air, à mi-ombre. Supprimer les fleurs et les filets.

En septembre, mettre en place les jeunes plants s'ils sont assez forts ; sinon, on les soumet, en août, à un second repiquage à 0ᵐ,25. Dans ce cas, leur plantation définitive sera retardée au mois de mai suivant.

La culture par planches de quatre rangs, à 0ᵐ,35 d'intervalle, est généralement adoptée. Dans un sol généreux, un espacement de 0ᵐ,40 sur 0ᵐ,60 ou de 0ᵐ,50 partout donnerait d'excellents résultats.

Il est préférable d'espacer davantage les variétés vigoureuses, touffues, à feuillage étoffé, ou plantées dans un sol généreux, plutôt frais, bien paillé.

De simples lignes distantes de 0ᵐ,75, avec des plants à 0ᵐ,50, constituent encore un bon procédé. Le sentier pourrait être plus large (1 mètre), avec des doubles lignes à 0ᵐ,50 entre les deux rangs.

La suppression des filets qui tendent à se développer est indispensable ; mais il n'y a pas d'inconvénient dans les plantations à grande distance, et la première année seulement, à semer dans les intervalles quelques plantes annuelles à faible végétation, par exemple des Laitues qui auront l'avantage d'attirer sur leurs racines les vers blancs si nuisibles aux Fraisiers. Il devient alors facile de détruire cette larve du hanneton.

Une plantation de Fraisiers binée, paillée, sevrée de ses coulants est, pendant trois années, en bon état de production. Il convient donc de prendre ses précautions en replantant chaque année ou tous les deux ans, un nouveau carré avec des stolons conservés dans ce but, et mis préalablement en nourrice dans la pépinière d'attente.

A chaque replantation, il faut opérer par un temps couvert, sur un sol amendé et ameubli, avec des plants racinés, appropriés et soumis à l'arrosage immédiat et au terreautage, ce qui leur évitera le desséchement.

Pendant la végétation, les bassinages faits à l'arrosoir à pomme sont utiles aux Fraisiers, surtout dans les temps de sécheresse et lors du grossissement du fruit.

Les variétés *remontantes* à gros fruit seront traitées de la même façon, et surtout bien mouillées à chaque fructification, avant et après..

V. — RÉCOLTE ET EMBALLAGE DES FRAISES.

La récolte des fraises est préférable le matin avant que la chaleur soit trop accentuée. Avec une culture importante, pour l'approvisionnement du marché, la récolte a lieu la veille, dans la soirée, et les paniers passent la nuit dans un endroit frais et couvert.

La fraise doit être mûre pour être cueillie ; si elle est récoltée trop tôt, sa maturité ne se fera pas ; trop tard, le fruit s'écrase, entre en décomposition ou n'a plus la même saveur.

Les corbeilles et les paniers que l'on emploie doivent être propres et garnis de feuilles fraîchement coupées (Vigne, Tilleul, Érable, Abricotier, Renouée, etc.).

Petites Fraises. — La fraise *des Quatre-saisons* est cueillie sans son calice et mise en petits paniers qui sont directement portés à l'office ou au marché. Trop nombreux, on les groupe dans un cageot, sorte de grand panier à claire-voie ayant plusieurs étages intérieurs. Les voitures des maraîchers sont égale-

Fig. 86. — Région parisienne.

Fig. 87. — Région normande.

Fig. 88. — Région hyéroise.

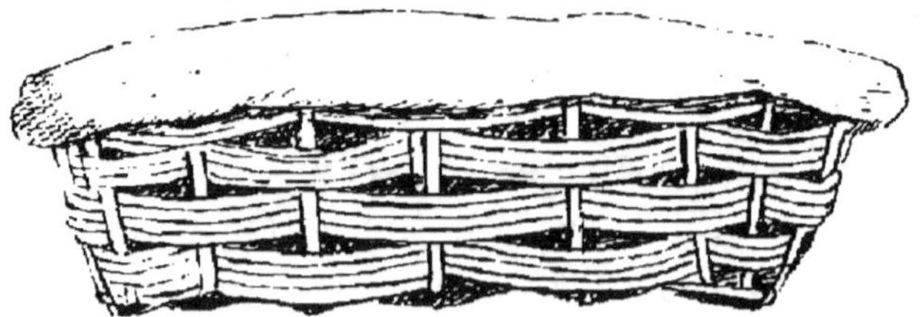

Fig. 89. — Région versaillaise.

Paniers pour la récolte et l'emballage des Fraises.

ment disposées par tablettes et rayons pour le transport des paniers de fraises. Il en arrive ainsi, dans la saison et chaque jour, des milliers de petits paniers à Paris.

A Hyères, les petites fraises sont placées dans des pots en grès à ouverture étroite, coiffés d'un cornet de gros papier et placés, couchés par lits, dans de grands paniers avec du regain. Ces pots contiennent un litre

Fig. 90. — Système américain.

Fig. 91. — Vases employés au transport des petites fraises, en Provence.

de fraises et coûtent 20 francs le mille ; ils sont expédiés, ainsi emballés, dans la région.

Baltet. — Culture fruitière. 6

L'emballage de la petite fraise pour les expéditions se fait en petites corbeilles carrées (*fig.* 103) ou en caissettes de bois blanc. L'intérieur de ces caisses est garni d'un papier dentelle qui, de chaque côté, se rabat sur la fraise au-dessus d'un papier rose ou d'un papier Joseph qui le sépare du fruit. Le rang qui forme le dessus est *piqué*, c'est-à-dire que le fruit est placé

Fig. 92. — Cageot à paniers de Fraises.

avec une aiguille, *à se toucher*, et suivant la forme du couvercle, mais la pointe en l'air.

Ces caissettes et corbeilles, remplies de manière que le couvercle opère une pression très légère, sont groupées par trente-six ou quarante dans des cages ou caisses à compartiments, dites *cageots* (*fig.* 92) et confiées ainsi aux wagons et aux voitures de transport.

Des grosses Fraises. — Les grosses Fraises seront cueillies avec leur pédoncule et leur calice. Cependant les fruits de second choix, destinés à la cuisine, aux compotes, etc., pourraient être récoltés nus. Les fraises

« à graines saillantes » supportent beaucoup mieux le maniement du commerce et des voyages.

La récolte se fait avec un petit panier de 5 à 6 kilogrammes ; une fois plein, on le vide dans un plus grand, d'une contenance de 10 à 12 kilogrammes ; celui-ci, étant rempli, est placé à l'ombre et au frais, — cabanon, terrier, cave, carrière, etc., — en attendant son transport au marché ou son emballage.

Avec un panier de moyenne dimension, on fait la récolte définitivement, sans transvaser le fruit.

Les facteurs de la Halle de Paris recommandent

Fig. 93. — Panier pour la cueillette des grosses Fraises.

l'emballage suivant. On prend des corbeilles ovales, à couvercle bombé, garnies à l'intérieur de fort papier, blanc ou jaune, assez long pour être rabattu sur le fruit ; ce gros papier est doublé lui-même d'une feuille de papier de soie de la même grandeur.

Après avoir placé au fond du colis, sous la garniture, un peu de rognures de papier, on y met la fraise en l'entassant très légèrement et en remplissant vers le milieu plutôt que sur les côtés. Pour terminer le panier, on pique toutes les fraises de dessus, c'est-à-dire que l'on place les queues en dessous de façon qu'en ouvrant la corbeille, on n'aperçoive que le beau côté du fruit.

Le dessus ou tête du panier étant terminé et bien

Fig. 94. — Emballage des grosses Fraises.

bombé, suivant la forme du couvercle, on ajoute une petite poignée de rognures de papier ou un linge,

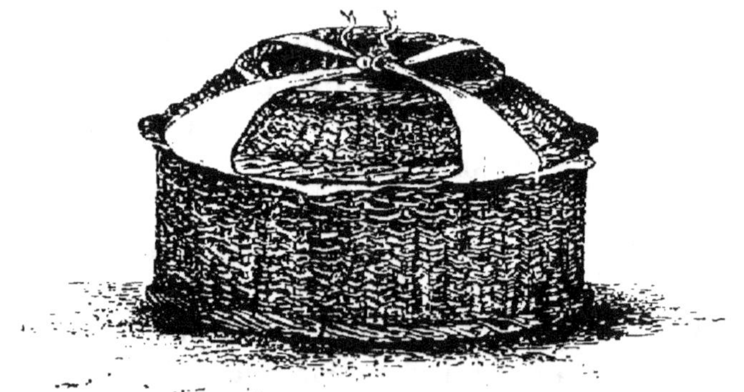

Fig. 95. — Emballage de grosses fraises, en Angleterre.

pour que le couvercle n'opère qu'une légère pression sur le fruit (fig. 95).

Le panier en osier, d'une contenance de 3 à 4 kilogrammes, suffit à l'emballage des fraises communes.

VI. — EMPLOI DES FRAISES.

Le principal emploi de la Fraise est la consommation directe du fruit frais, seul ou associé à la framboise et à la groseille, écrasé dans son propre jus, ou arrosé de vin et poudré de sucre. La petite fraise parfumée peut se suffire avec le sucre en poudre.

Nous avons goûté la fraise au kirsch, au rhum, au vin blanc, à l'eau, au lait, à la crème, au fromage frais, au miel... voire au vinaigre ; le bon vin rouge et le sucre en poudre nous ont semblé préférables. Mais la « Fraise au Champagne » plaira toujours au dilettante !

Les desserts de fraises sont un bel ornement fort apprécié des convives. Les pots de Fraisiers forcés, portant fruits, sont toujours de vente et de dessert rare. La belle fraise de primeur arrive aux halles, groupée par cinq dans un godet de fleuriste.

La fraise ferme donne une jolie conserve Appert.

La fraise à chair rouge est bonne en confiture, avec addition de framboises ; moins colorée, elle est utilisée à la compote au sucre, en pot ou en pâtisserie.

Combinée avec du vin blanc, de l'eau-de-vie et du sucre, la fraise parfumée, fraîchement cueillie, produit un vin de fraises agréable.

FRAMBOISIER

(*Rubus Idæus*)

I. — TERRAINS ET SITUATIONS QUI CONVIENNENT AU FRAMBOISIER.

Le Framboisier, originaire des pays froids, vient
à peu près partout, sauf dans les sols arides, dessé-
chants. Une bonne terre ordinaire lui suffit, et mieux
encore une terre franche humifère. L'ombre ne lui est
point contraire, pourvu que l'aération soit suffisante.

Le nord d'une muraille, où ne se plaisent guère les
arbres fruitiers, est souvent attribué au Framboisier ;
les fruits y tiennent plus longtemps qu'au soleil. Il y
aurait exception en faveur des espèces remontantes ;
leurs guirlandes de fruits, à l'arrière-saison, y mûri-
raient moins facilement et l'acidité de la pulpe serait
trop prononcée. Dans le midi de la France, si le Framboisier est exposé à la sécheresse ou aux fortes chaleurs sans humidité dans le sol, son feuillage jaunit, le
fruit se dessèche et durcit prématurément.

On plante le Framboisier par planches, en carrés,
par lignes, par massifs en plein air ou sous les arbres
du verger. La propriété drageonnante de ses racines
serait un obstacle au maintien de la régularité de la
plantation, si la main de l'homme n'y mettait bon
ordre.

Un paillis de tannée usée répandu sur les plantations de Framboisiers est d'un bon effet.

Lorsqu'on renouvelle un carré de Framboisiers, il faut éviter de le replanter dans la même place, à moins que le sol ne soit renouvelé lui-même par un apport de terres nouvelles ou d'amendements, purgé des vieilles racines et plus tard arrosé à l'engrais liquide.

II. — VARIÉTÉS DE FRAMBOISES.

Le genre Framboisier se partage en deux catégories principales :

1° Les Framboisiers *ordinaires*, fructifiant une seule fois ;

2° Les Framboisiers *biferes* ou *remontants*, fructifiant au moins deux fois l'an.

Chaque groupe comporte des variétés

À fruit *gros* ou *moyen* ;

À fruit *arrondi* ou *ovoïde* ;

À fruit *rouge*, rose ou pourpre ;

À fruit *jaune*, blanchâtre ou aurore.

Il serait facile de classer, sur ces bases, les diverses variétés connues.

Quant à la qualité du fruit, la différence n'est pas toujours bien démarquée. En général, les framboises rouges sont plus vineuses, ou rafraîchissantes, les framboises jaunes sont plus douces, et les variétés remontantes ont la saveur plus acidulée.

Les variétés les plus recommandées sont les suivantes, pour chaque groupe. Elles sont présentées, pour ainsi dire, d'après l'ordre de leur ancienneté ou de leur propagation dans les cultures :

A. — Framboises ordinaires.

1° *Framboises ordinaires, fruit rouge (fig. 96).*

Ordinaire, à gros fruit ; variété la plus répandue.
Fastolf ; fruit assez gros, allongé, bon à confiture.
Pilate ; fruit gros, ovoïde, rouge violacé.
Hornet ; fruit assez gros ou gros, ovoïde, rouge

Fig. 96. — Framboise ordinaire, à gros fruit rouge.

foncé, recherché pour le jus de framboises et le forçage.
   Royale de Herrenhausen ; variété allemande, très vigoureuse ; fruit oblong, rouge foncé, bon à confiture.
   Superlative et **Superbe d'Angleterre** ; beaux fruits d'amateur ; rouge carmin plus ou moins foncé.

2° *Framboises ordinaires, fruit jaune.*

Ordinaire, à gros fruit ; jaune pâle ; la plus répandue de cette série.
   De Hollande ; fruit ovoïde, jaune paille.
   Orange de Binckle ; fruit conique, coloris orangé.

César et **Aurore** ; beaux fruits d'amateur ; coloris jaune nuancé ou aurore.

B. — Framboises remontantes.

1° Framboises remontantes, fruit rouge.

Merveille des Quatre-saisons; fruit moyen, presque sphérique, rouge violacé. Panicules bien fournies.

Belle de Fontenay ; fruit assez gros, presque rond, pourpre foncé. Hampe ramifiée modérément.

Surpasse Fastolf ; fruit assez gros, conique, rouge grenat. Panicules abondantes.

Perpétuelle de Billiard : fruit assez gros, sphéroïdal, rouge foncé, fin de goût. Panicules allongées.

2° Framboises remontantes, fruit jaune (fig. 97).

Fig. 97. — Framboise remontante, fruit jaune.

Surpasse Merveille; fruit moyen, arrondi, jaune crémeux. Hampe paniculée.

Surprise d'automne ; fruit assez gros, ovoïde, jaune soufre, plus accentué en mûrissant. Longue panicule.

Sucrée de Metz ; fruit assez gros, oblong, jaune d'or. Sommités bien paniculées, à l'automne.

III. — PLANTATIONS COMMERCIALES DE FRAMBOISIERS.

Par l'effet de sa rusticité dans les climats tempérés et les régions septentrionales, le Framboisier se prête à la culture commerciale. On le plante en carrés ou en lignes, par massifs homogènes ; 2° associé aux vergers de Cerisiers, par exemple, dont le fruit ne tombe pas à terre ; 3° alterné avec des plantations de Groseilliers, chaque genre étant groupé par plusieurs lignes de la même sorte, bien distancées entre elles.

Un champ de Framboisiers peut vivre longtemps, s'il est bien entretenu, fumé, édrageonné ; les frais de culture étant peu importants, le revenu y gagne. En France, on évalue à 40 francs l'are la production du Framboisier.

La culture commerciale du Framboisier tend à prendre de l'extension, par suite de l'emploi des produits dérivés de la framboise dans l'économie domestique et dans l'industrie du confiseur, du distillateur et du négociant en vins de dessert.

Framboisiers aux environs de Paris. — Paris absorbe, par an, 5 000 000 de kilogrammes de framboises.

La consommation parisienne trouve ses approvisionnements dans les environs de la capitale. Les maraîchers, les cultivateurs de fruits et de légumes ont, dans un coin du marais ou au nord du verger, ou en plein champ, des carrés, des planches, des lignes de Framboisiers. On en rencontre à Vincennes, à Nogent, à Argenteuil, à Montreuil, à Bagnolet, à Romainville, à Noisy-le-Sec, à Bougival, à Marly, à Verrières, à Igny, etc. Une Framboise rouge, fruit oblong, dite *Gambon*, a les préférences du cultivateur ; et *Pilate*, fertile, précoce, et *Souchet*, couleur de chair.

La nomenclature des variétés en est assez difficile à établir. Lorsqu'on remarque une bonne espèce avantageuse, on y puise des plants ; et, dès la seconde année de mise en place, la récolte commence. Les types à fruit rouge y sont plus abondants que ceux à fruit jaune. La nuance en est plus ou moins foncée, mais le distillateur et le consommateur préfèrent un beau coloris rouge pourpre et une forme *pleine*.

Quant aux variétés bifères ou remontantes, elles n'ont pas encore franchi le jardin de l'amateur ; à l'arrière-saison, l'industriel ne les achèterait plus, et, la température étant modifiée, le consommateur préfère déjà les poires, les cerises, les raisins.

Framboisiers en Bourgogne. — A Plombières-les-Dijon, les champs de Groseilliers cassis se transforment en plantations de Framboisiers, parce que la liqueur de cassis, liqueur de ménage, n'a pas le même écoulement commercial qu'une boisson de cabaret ou un élément de préparation de dessert, et de fabrication de vins *feints*.

Ensuite, le Framboisier sera *profitable* dans certaines situations où le Cassissier ne rencontrerait pas les éléments nécessaires à la qualité de son fruit.

La Framboise de Bourgogne est cotée à Londres, chez les fabricants de sirops. Elle y arrive en petites futailles ou en barriques pleines.

On peut évaluer à 500 000 francs la production de framboises sur le territoire de Dijon, Talant, Fontaine, et des communes voisines, Plombières-les-Dijon, Daix, occupant les coteaux au nord-ouest de la ville.

Fig. 98. — Aspect de Framboisiers en lignes sur un coteau.

La figure 98 donne à peu près l'aspect d'une plantation de Framboisiers sur le flanc d'une colline.

Framboisiers en Lorraine. — Le succès croissant d'un établissement de distillation de fruits, à Lunéville, a provoqué récemment en Lorraine la plantation de vastes surfaces en Framboisiers. C'est désormais par hectares que la variété *Hornet*, au jus coloré, se trouve introduite dans la féconde vallée fruitière de Metz à Thionville. Ce jus est demandé par la pâtisserie, la confiserie, la vinification de luxe.

Fig. 99. — Récolte des Framboises en Angleterre (Cambridge).

La plantation est par lignes simples ou doubles ; elle est cultivée à la pioche ou à la charrue.

Framboisiers en Belgique et dans les Pays-Bas. — La Belgique, la Hollande se livrent à la culture spéculative du Framboisier ; l'objectif du grand producteur est le marché de Londres. La Framboise dite *de Hollande*, qui s'y trouve, est un beau fruit rouge ou jaune, souvent oblong ; la *Jaune d'Anvers* est également un bon type hâtif de l'espèce ordinaire.

Framboisiers en Angleterre. — L'Angleterre consacre d'immenses terrains à la culture du Framboisier ; des milliers de souches, parmi lesquelles se distinguent les variétés *Carter's prolific* et *Fastolf*, à fruit rouge, peuplent les districts de la Cornouaille et du comté de Kent. La grosse framboise, dite d'*Angleterre*, réside plutôt dans le jardin du gentleman.

En Angleterre, un hectare implanté de cet arbuste rapporte 4400 kilogrammes de fruits. Le prix moyen des framboises arrivant sur les marchés anglais est de 70 francs le quintal, et la terre est louée 150 francs l'hectare (*fig.* 99).

Framboisiers en Allemagne. — Les divers Etats de l'Allemagne ont des cultures de Framboisiers assez étendues ; le climat s'y prête et les débouchés sont faciles. Le fruit y trouve son emploi dans une foule de préparations économiques.

Nous y avons remarqué l'application de la taille longue des tiges de l'arbuste, suivie du pincement des bourgeons qui se développent à la partie inférieure de ces tiges ; la production en est d'autant plus belle.

Framboisiers aux États-Unis. — L'Amérique apprécie le jus de la framboise pour l'industrie et l'alimentation ; il n'est pas jusqu'aux extraits de framboises qu'elle ne vienne accaparer sous l'alambic de nos distillateurs. Elle-même cultive le Framboisier et en consomme le fruit frais, préparé ou distillé.

Un de ses nationaux, William Parris, de New-Jersey, obtint au concours le prix pour la plus belle récolte. Sur 10 acres, soit environ 4 hectares du Framboisier *Brandywine*, variété à fruit rouge, il a récolté 820 bushels ou 295 hectolitres de fruits. Bénéfice net, 2800 dollars ou 14420 francs.

Un vétéran Raspberist, le Rev. Doolittle, de l'État de New-York, évalue la production de notre espèce comestible (*Rubus Idæus*) à 2000 quarts à l'acre, ou 45 hectolitres par hectare, d'après sa longue expérience.

D'une autre communication officielle, il résulte qu'une plantation de Framboisiers *Clarke*, à fruit rouge et *Philadelphia*, à fruit pourpre, a rapporté dans la proportion de 180 bushels de fruits par acre ou arpent. Le prix de vente ayant été de 4 dollars le bushel, l'acre de Framboisiers a produit 3700 francs brut.

Les meilleures framboises jaunes sont *Orange*, région Nord, *Golden Cap*, région centre.

Pour donner un aperçu de l'étendue des cultures aux États-Unis, nous rappellerons un Rapport du seul État du Michigan, région Nord, accusant une exportation de 9000 hectolitres de framboises, *Raspberry*, et 4000 de mûres, *Blackberry*, ou fruits de la Ronce. Tous ces fruits étaient dirigés par eau, vers Chicago.

La Framboise noire, *Black Cap*, est une forme de

la Ronce d'Occident (*Rubus occidentalis*), et trouve son emploi par le fait de son principe colorant ou médicinal. Les principales variétés cultivées sont *Agawam, American Black, Davison's Thornless, Kittatiny, Lawson, Mc Cormick, Purple cane, Seneca, Snyder.*

On estime à 5000 litres le produit de 40 ares de Ronces. Un propriétaire de 3 hectares, de la variété *Snyder*, en tire un revenu de 5000 à 7500 francs, quoique le prix de vente soit de 0 fr. 30 le litre. L'espèce sauvage est commune dans les bois ; des gens en ramassent pour 500 ou 600 francs par an.

Framboises au Canada. — Les variétés robustes dans les contrées froides sont ici :

Blanche ou jaune : *Golden Queen, Caroline* ;
Rouge : *Herbert, Brighton, Sarah, Marlboro* ;
Violette : *Columbian, Shaffer, Shinn* ;
Noire : *Hilborn, Older, Gregg, Eldorado.*

Le rendement officiel le plus élevé a été donné en 1904, par la rouge *Herbert* ; sur un acre de 41 ares, 320 boisseaux de 32 livres de framboises ont été récoltées.

IV. — CULTURE DU FRAMBOISIER.

Multiplication du Framboisier. — La multiplication du Framboisier se fait par la voie naturelle du drageonnage ; le plant d'un an est le seul admissible, puisque la tige (C) (*fig.* 100) meurt après une année de végétation, suivie d'une année de fructification (B), pour se trouver immédiatement remplacée par un nouveau jet (A) qui partira du collet ou de la racine de la tige précédente.

Un drageon bien raciné constitue un bon plant ; s'il est faible ; on en placera deux dans le même trou.

Fig. 100. — Végétation
du Framboisier.

Fig. 101. — Rameau fructifère
du Framboisier.

La fructification du Framboisier a lieu sur les bourgeons (*fig.* 101) qui se développent au sommet de la tige. Leur existence est annuelle.

Plantation du Framboisier. — La plantation du Framboisier se fait par carrés, en planches, par lignes simples ou par lignes doubles.

Les lignes ont l'avantage d'aérer la plantation, d'accroître la fructification du plant, et de faciliter le va-et-vient pour les travaux de culture et d'entretien.

La distance de 1 mètre suffit d'un plant à un autre. Les rangs simples seront écartés de 1ᵐ,25 ou 1ᵐ,50 ; les doubles rangs seront à 0ᵐ,75 l'un de l'autre, avec 1ᵐ,50 entre chaque double ligne.

Le plant, mis en terre, sera taillé à 0ᵐ,50.

Le sol doit être purgé des pierres et surtout des mauvaises herbes à racines traçantes, nuisibles au développement des drageons du Framboisier ; un bêchage préalable suffira, mais pour la plantation par lignes, on peut ouvrir des tranchées à la bêche ou à la charrue. La terre, mise en ados sur le sentier, sera rejetée plus tard dans le champ de Framboisiers.

Lorsqu'on plante plusieurs variétés, il est de toute nécessité de les éloigner les unes des autres ; sans quoi, leur drageonnement souterrain finirait par les mélanger et par anéantir les espèces moins envahissantes. Fort souvent, on enfonce sur le bord des sentiers une lave ou une planche sulfatée, posée sur champ, qui s'opposera à l'extension des racines.

Un champ de Framboisiers sera entretenu par l'édrageonnage annuel et l'épandage d'engrais liquide tous les quatre ou cinq ans. Quand il dépérit, on le supprime, et on replante un autre champ.

Taille des Framboisiers ordinaires ou non remontants. — Chaque touffe de Framboisier se composera de 3, 4 ou 5 brins ; avec une plantation rapprochée, 2 brins suffisent. Les brins faibles ayant été extirpés dès l'automne ou dans le cours de l'hiver, on taillera, au printemps, à 1 mètre ou 1ᵐ,50 de haut, les tiges conservées.

Si l'on taille quelques belles tiges à 2 mètres, il

faudra, à la pousse, pincer les jets de la base de cette tige jusqu'à 0^m,80 du sol pour favoriser les bourgeons fructifères de la tête. Cette méthode a été pratiquée en Allemagne, avec succès.

En Belgique, quelques amateurs pincent, en été, le seul rejet de souche conservé, de manière à lui donner une forme de Rosier sur tige.

En Hollande, où le sol entrecoupé de canaux a acquis

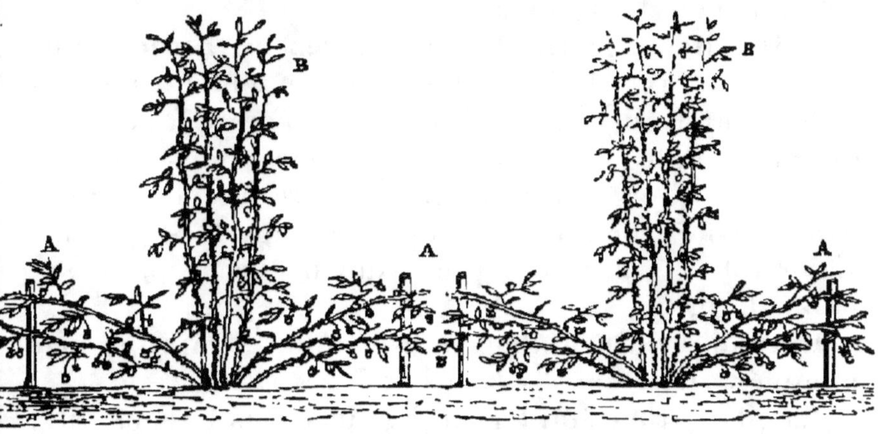

Fig. 102. — Framboisiers dressés en ligne.

une valeur considérable pour la multiplication des Jacinthes, des Tulipes, etc., on préfère la taille à 0^m,75 et le palissage en ligne des brins fructifères.

Dans le comté de Kent, les cultivateurs anglais évitent l'action du vent et le travail du palissage en taillant à 0^m,60 du sol.

La taille des touffes, à une hauteur de 1 mètre ou 1^m,50, qu'elles soient isolées, en massifs ou en lignes, est la plus généralement adoptée en Europe et en Amérique.

Les brins que l'on garde seront attachés à un paisseau ou bien à un fil de fer tendu horizontalement dans le sens de la ligne des Framboisiers. En abaissant et en palissant les rejets conservés (A, *fig.* 102), et destinés à porter fruits, on excitera l'émission des jets (B) de souche, pour le remplacement des branches fructifères, l'année suivante.

La suppression des rejets inutiles ou superflus est nécessaire en toute saison.

Taille des Framboisiers bifères ou remontants. — On peut, avec le Framboisier bifère, obtenir deux récoltes, l'une en juin, l'autre en septembre ; mais nous préférons cultiver les deux types par carrés distincts, le Framboisier ordinaire pour la récolte de juin, le Framboisier remontant pour la récolte de septembre. La double récolte sera plus copieuse et le plant sera moins fatigué.

Revenons au Framboisier remontant, improprement nommé « des Quatre-saisons ».

La plantation étant faite comme nous l'avons dit, il suffira de recouper les plants, au printemps, à $0^m,20$ ou $0^m,30$ du sol. En avril-mai, on extirpera les rejets faibles ou trop rapprochés ; on recommencera l'édragconnage en juin et en juillet, de telle sorte qu'il reste, à chaque touffe, quatre ou cinq brins vigoureux et bien placés.

Il est indispensable de palisser ces brins sur des treilles ou sur des tuteurs assez élevés, car leur végétation est vigoureuse, et la tête retombe vers la terre par le poids de ses panicules de fruits.

Afin d'éviter un drageonnage excessif, on pourra, tous les deux ans, laisser çà et là quelques belles tiges et les tailler à 1 mètre ou 1ᵐ,50, comme l'espèce ordinaire ; pincer en été le sommet des rameaux.

Nous croyons devoir ajouter que, par le fait de la maturité automnale de ses fruits, le Framboisier remontant conviendra moins aux situations froides ou trop exposées aux gelées précoces, sauf abri.

V. — RÉCOLTE ET EMPLOI DES FRAMBOISES

Récolte des Framboises. — On récolte les framboises par un beau temps, lorsqu'elles sont bien mûres, avant qu'elles se désagrègent, tombent ou soient victimes des insectes. On les manie avec précaution et on évite de les empiler ou de les tasser.

La récolte d'amateur se fait avec des ciseaux, on coupe le fruit sur son pédoncule ; la framboise supportera mieux le voyage et arrivera plus fraîche pour la consommation. Cette précaution, indispensable aux récoltes de la forcerie (le Framboisier se soumet, en effet, à la culture forcée), aurait quelque inconvénient pour les framboises destinées aux confiseurs et aux distillateurs, le calice étant superflu.

Ce fruit est difficile à faire voyager. On l'emporte avec soi dans un panier plat, tapissé de feuillages; sinon, on groupe les petits paniers de framboises (*fig.* 103) dans un cageot à compartiments (*fig.* 104).

Les grandes récoltes destinées à la distillerie se font d'une façon moins minutieuse, mais avec propreté, en cuveau ou tonnelet; envoi immédiat à l'usine avant fermentation.

En Angleterre, les framboises de la Cornouaille sont

envoyées au marché dans des barils, par railway à Londres, par steamboat à Liverpool.

Emploi des Framboises. — La Framboise naturelle ou au sucre constitue un dessert rafraîchissant, sain, et se marie parfaitement avec les compotiers de fraises.

Il est rare qu'une jatte de dessert panachée avec art de framboises rouges et jaunes, il est rare, disons-nous, qu'elle retourne entière à l'office ou à la cuisine.

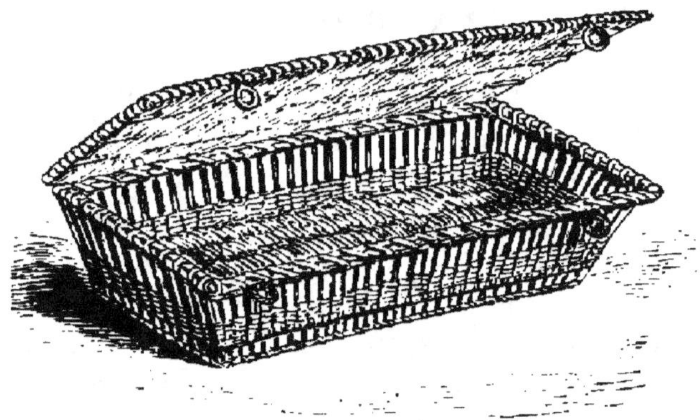

Fig. 103. — Corbeille à framboises et à fraises.

Employée seule, la framboise peut être transformée en gelée, en marmelade, en compote, en pâte, en sirop, en ratafia, en marasquin de Zara, et même en conserve au sirop ou à l'eau-de-vie.

La glace à la framboise, le suc conservé, le sucre d'orge à la framboise, le sirop de groseilles framboisé, le sirop de vinaigre framboisé, le vin de framboises sont de délicieuses utilisations de ce fruit, ainsi que les bonbons et les petits fours à la framboise.

On fait encore des conserves de framboises par la méthode Appert, le fruit étant pris au début de sa saison de maturité.

La framboise n'est pas déplacée dans les confitures de fraises. Le jus de framboises parfume les gelées et les confitures de groseilles ; il est de bonne tradition d'en opérer le mélange.

Le jus de framboises macérées dans l'eau-de-vie donne aussi un bouquet particulier aux vins. Une maison de Lunéville accapare les fruits rouges pour les transformer en jus ; celui de la framboise est envoyé à Bordeaux et à New-York, aux grands négociants en « vins et spiritueux ».

La framboise rouge est plus avantageuse que la jaune pour ces diverses préparations. Cependant, nous devons reconnaître que par son goût agréable, sucré, moins acidulé, la framboise jaune rencontre de nombreux partisans... et nous sommes de ce nombre.

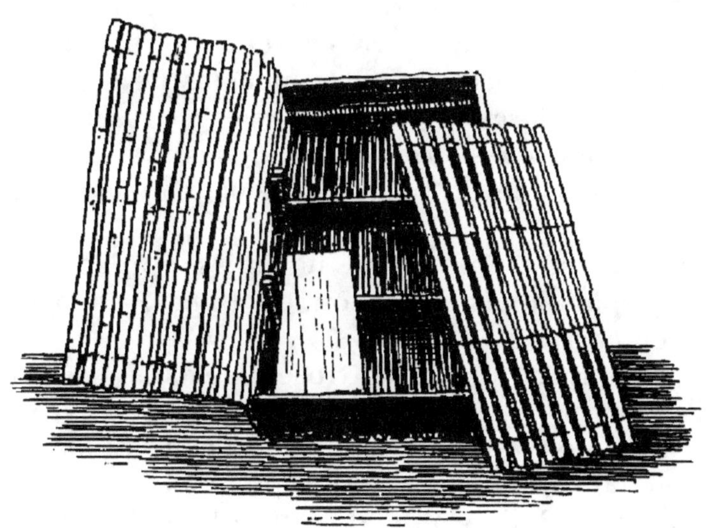

Fig. 104. — Cagette dite « Toilette » à compartiments,

GROSEILLIER

(*Ribes*)

I. — TERRAINS ET SITUATIONS QUI CONVIENNENT AU GROSEILLIER.

Le Groseillier vient à peu près partout en France. Il préfère les terrains légers aux terrains pourrissants ; une situation demi-ombragée lui est plus favorable qu'une exposition brûlante. Il croît spontanément dans les Cévennes, dans les Alpes, en Suède, en Sibérie, etc.

Il paraît qu'au milieu des neiges de l'Himalaya, à 3 500 mètres d'altitude, le Groseillier vit et fructifie.

Soumis à la culture, le développement de son branchage étant assez restreint, on utilise le Groseillier de diverses façons, aussi bien dans le jardin fruitier et le verger, que dans le parc d'ornement et la grande culture.

Il n'est guère d'endroit où ne puisse prospérer le Groseillier par sujets isolés ou en lignes, en plates-bandes, en carrés ou en massifs.

Fort souvent, on plante le Groseillier dans une place perdue ; c'est une preuve de sa rusticité. Sous de grands arbres, il s'épuiserait rapidement par l'effet du manque d'air et de l'envahissement des autres racines.

Planté au nord d'un mur, il retarde la maturation de son fruit.

Le Groseillier en contre-espalier réclame trop de soins pour la valeur de son produit ; c'est un travail d'amateur. Quant à former des haies de clôture avec le Groseillier épineux, on a reconnu qu'elles n'étaient pas suffisamment défensives.

Le Groseillier a résisté aux grands hivers.

II. — CHOIX DES MEILLEURES VARIÉTÉS DE GROSEILLES.

Le genre Groseillier comprend deux divisions d'espèces à fruit comestible :

Les Groseilles à grappes ;

Les Groseilles à maquereau.

A. — Groseilles à grappes.

Le Groseillier à grappes ou à râteau se subdivise en :

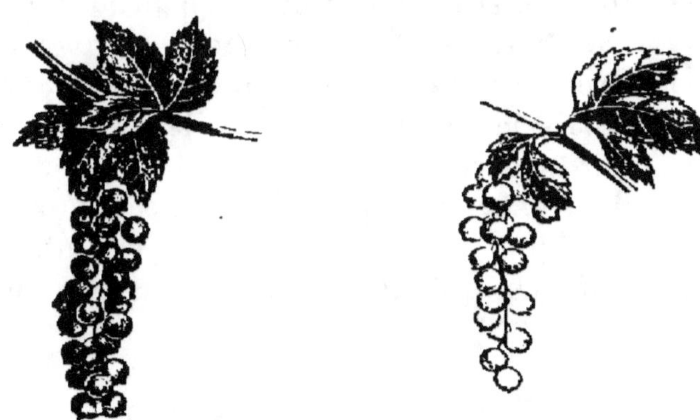

Fig. 105. — Groseilles à grappes.
A. — fruit rouge.   B. — fruit blanc.

Fruits rouges (*fig.* 105 A) ; — Fruits blancs (*fig.* 105 B) ; — Fruits roses ; — Fruits noirs (*fig.* 106 et 115).

Il suffira de choisir, dans chaque groupe, les types les plus avantageux pour la vigueur et la fertilité de l'arbuste, la beauté et la qualité du fruit.

On connaît plusieurs sortes de belles et bonnes Groseilles ; les plus recommandables sont :

La **Blanche hâtive de Versailles,** blanc ambré ; bon fruit.

La **Hollande,** à longue grappe, blanche ou rouge.

La **Versaillaise,** à gros grain, rouge ou blanc.

Fig. 106. — Groseille noire ou Cassis.

La **Fertile,** rouge clair ; d'une grande production.

La **Hâtive de Bertin,** rouge foncé ; précoce.

Le **Cassis ordinaire,** fruit noir ; bien productif.

Les **Cassis de Naples** et **de Boskoop,** à gros fruit.

Parmi les fruits rouges, la groseille *Cerise* flatte par sa grosseur, mais la fertilité laisse à désirer ; la *Gondouin* est assez tardive et acidulée.

La groseille **Rose,** fruit d'amateur, a cependant son emploi économique ; on l'associe aux confitures de groseilles blanches qu'elle soutient par son acidité naturelle.

B. — Groseilles à maquereau.

Le groupe du Groseillier à maquereau, ou épineux, se subdivise en :

Fruits ronds ou fruits oblongs ;

Fruits lisses (*fig.* 107 A) ou fruits poilus (*fig.* 107 B) ;

Fig. 107. — Groseilles à maquereau.
A. — gros fruit oblong, lisse.   B. — petit fruit rond, poilu.

Fruits blancs, verts ou jaunes ; fruits roses ou rouges, hâtifs ou tardifs.

La nomenclature des variétés en est fort étendue, particulièrement en Angleterre.

III. — PLANTATIONS COMMERCIALES DE GROSEILLIERS.

Le Groseillier se prête à la culture de spéculation, grâce à sa rusticité et à la facilité de sa culture.

Groseillier à grappes (Ribes rubrum), fruit rouge ou fruit blanc. — Les groseilles rouges et les groseilles blanches trouvent un écoulement certain au marché et dans les fabriques de confitures, de liqueurs, de sirops.

Saint-Denis, Sannois, Montmorency et leurs parages

font une bonne spéculation de la groseille *Rouge* pour les confitures et les sirops ; la production est de 4 kilogrammes environ par pied de Groseillier.

Auprès de Sceaux, la groseille *Blanche hâtive*, pour la table, y est préférée ; son produit est de 2 kilogrammes, vendus à 40 centimes. A Châtenay-Aulnay, on propage la groseille *Blanche hâtive de Versailles* à fruit plus gros, à rafle ambrée.

Fontenay, Verrières, Bagnolet, Montreuil se livrent avec le même succès à la culture du Groseillier.

Les groseilles précoces en maturité rapportent, à produit égal, un bénéfice de 50 p. 100 supérieur aux autres. A Bordeaux, les groseilles hâtives, qui arrivent les premières au marché, y sont vendues jusqu'à 60 francs les 50 kilogrammes ; ce prix tombe ensuite à 50, à 40 et à 30 francs, en beau fruit.

Les groseilles rouges, mieux appréciées dans la confiserie, la pharmacie et le ménage, se vendent, en moyenne, 10 francs de plus par 100 kilogrammes que les groseilles blanches.

En France, on calcule que le Groseillier rapporte 20 francs par are. Les cultures de Lambersart (Nord), touffes à 1ᵐ,50, rapportent jusqu'à 2 000 francs l'hectare, la cueillette à la charge de l'acquéreur. Sur ces riches terres et sous un climat favorable au Groseillier, des touffes produisent 18 kilogrammes de fruits vendus à raison de 0 fr. 40 le kilogramme.

Les *courtilliers* ou maraîchers de la banlieue de Lille plantent le Groseillier disséminé dans leur *curtil* ou marais. Ils ont le soin d'en éteindre les yeux souterrains, lors de la plantation de la bouture, pour éviter le drageonnage futur du sujet.

Fig. 108. — Aspect d'une plantation de Groseilliers en plaine.

Au nord-ouest de Lille, à Lomme et aux environs, le Groseillier est populaire. Dans la grande culture, on plante 10 000 pieds à l'hectare. Un hectare rapporte 6 000 kilogrammes de groseilles. A tous les 10 mètres, des lignes de Cerisiers et de Pruniers ajoutent au revenu du champ, tout en abritant les Groseilliers et les Framboisiers des vents violents et des gelées blanches.

Les confiseries de Bar-le-Duc, si justement renommées, achètent en grande partie la groseille *rouge* à Rosières-devant-Bar, à Lavallée, à Ancerville, et la groseille *blanche*, à Bar-le-Duc et à Behonne. Les confiseurs de Bar-le-Duc et de Ligny fabriquent, par an, 200 000 pots de confitures de groseilles.

Les groseilles à grappes sont encore très cultivées dans l'arrondissement des Andelys et vendues aux confiseurs et aux liquoristes de Rouen et de Londres.

La figure 108 donne une idée de l'aspect d'une plantation de Groseilliers en ligne et en plaine.

Au Canada, le Groseillier à grappes nommé « Gadelier » produit une moyenne de 200 boisseaux par acre. Sont répandues dans les paroisses du Dominion les variétés à grappe rouge *Pomona*, *Victoria*, *Cumberland*, *Greenfield*, *Rankins Red*, pour la confection de pâtés et de confitures, et le dessert au sucre. A la récolte, on consomme les moins acides, *Moore Raby* et *Early Scarlet*, ainsi que les blanches *White Charry* et *Large White* précoces, les *White Grape* et *Champagne White*, de mi-saison.

Cassissier (Ribes nigrum). — La culture commerciale du Groseillier à fruit noir, Cassissier, est assurée, parce que le distillateur fait une grande consommation de son fruit. Ne nous plaignons pas ; nous voyons

Fig. 109. — Récolte' du Cassis, aux environs de Dijon.

trop de mauvaises liqueurs envahir le comptoir du cabaret.

On connaît la réputation du Cassis de Dijon. Le plant est cultivé abondamment en Bourgogne, particulièrement de Dijon à Chagny, et de Nolay à Montbard. Les coteaux aux vins fins de Vougeot, Vosne, Chambolle, Marsannay, etc., produisent les cassis les plus fins, les plus veloutés, la « crème de cassis ». L'arbuste est planté dans les vignes ou sur le bord des chemins, ou par champs entiers dans la plaine ; un intervalle de 1 mètre à 1^m,50 sépare les plants. Chaque touffe y donne un kilogramme de fruits, environ, que l'on vend de 0 fr. 30 à 0 fr. 50, suivant l'abondance ou la rareté. Un hectare peut contenir 5 000 pieds de Cassis ; quant à la quantité générale, on parle de 1 500 000 plants produisant 10 000 hectolitres de liqueur.

Notre dessin (*fig.* 109) représente les coteaux bourguignons couverts de vignes et de cassis, aux environs de Dijon, au moment de la récolte.

L'industrie dijonnaise emploie annuellement 2 000 000 de kilogrammes de groseilles cassis qu'elle achète de 60 à 70 francs les 100 kilogrammes. Il est bien certain que les plantations, quoique considérables, qui garnissent la côte ou la plaine depuis le viaduc souterrain de Mâlain jusqu'à la bifurcation de Chagny ne suffisent pas à l'alimentation de ses alambics.

De vastes cassissières sont fertiles dans la banlieue du Mans, de Noyon, d'Amiens, de Meaux et de Coulommiers, cultivant deux types, le hâtif et le tardif.

Le marché de Paris s'approvisionne en partie dans les environs de la capitale, particulièrement dans la vallée de Montmorency. Lorsque la récolte est ingrate, on y mélange, sous le pressoir, des feuilles et de jeunes rameaux de Cassis (*fig.* 115), qui recèlent les principes essentiels du fruit, mais à un degré inférieur.

Paris reçoit, dans une année, 5 000 000 de kilogrammes de groseilles et 2 500 000 de cassis.

Non loin de Paris, on rencontre des champs de Cassis en carrés ou en lignes, entre Mantes et Vernon, à Boissy-Saint-Léger, à Méry-sur-Oise, aux environs de Grignon, de Sceaux, de Rosny, de Montreuil.

De vastes plantations existent à Pantin, sous le fort de Vaujours, à grands intervalles (2 mètres), ce qui permet le labour à la charrue. Un seul industriel en a planté récemment 35 hectares pour alimenter sa distillation.

On calcule qu'un hectare peut donner environ 8 000 kilogrammes de fruits, à raison de 50 à 70 francs les 100 kilogrammes, soit un bénéfice net de 1 000 francs.

Nous avons vu, à Langres, un clos de 3 hectares de Cassissiers, âgé de dix ans, touffes à 1^m,50. La récolte, une année, vendue en gros sur le pied de 60 francs les 100 kilogrammes, a produit 13 000 francs au propriétaire ; mais il en a payé la cueillette à raison de 0 fr. 45 par panier de 12 kilogrammes. De bonnes ouvrières ont gagné jusqu'à 5 et 6 francs par jour. L'acheteur enfutaillait la récolte sur place, et expédiait les tonneaux pleins à son usine, près de Paris.

En 1904, le syndicat de Quincy-en-Brie envoie à Londres 40 000 kilogrammes de cassis au prix de 45 francs les 100 kilogrammes. Les premières récoltes sont vendues plus cher.

En Angleterre, dans les sols argileux du « Wiald of Kent », on a récolté un maximum de 6 000 lb par acre.

soit 2 724 kilogrammes pour 40 ares 47 centiares.

Dans les Pays-Bas, la contrée fertile « Betuwe », située entre le Rhin, le Waal et la Meuse, s'adonne au Cassis pour l'industrie locale et l'exportation. La production en est vendue de 0 fr. 40 à 0 fr. 60 le kilogramme de fruits. Variété select, *Belle de Boskoop*.

Aux États-Unis, à Westport (Connecticut), 10 acres (4 hectares 47 ares) de Cassis ont rapporté jusqu'à 800 dollars (4 120 francs) par acre !

Le service des Fermes expérimentales au Canada, après dix-huit années d'études comparatives sur 28 variétés de Cassis, dit « Gadelier noir », recommande les *Saunders*, *Kerry*, *Climax*, *Eclipse*, *Success*, *Magnus*, *Ogden*.

Groseillier à maquereau (Ribes Uva crispa). — Nous connaissons peu de cultures commerciales de Groseilliers épineux, sur le continent. En Angleterre, au contraire, le fruit étant apprécié dans les sauces et les puddings, la culture en est profitable. On associe cette espèce aux vergers d'arbres fruitiers ; il entre de 1 200 à 1 400 plants à l'acre (40 ares 47). Un champ de cette importance, à Maidstone (Kent), a produit 100 livres sterling (2 500 francs) dans une année, sauf à déduire 12 livres sterling pour les dépenses.

L'arbuste, planté en ligne, dans les terres grasses « loam », est taillé en buisson évasé. Les variétés préférées sont : *Caroline*, *Golden drop*, *Industry*, *Ocean*, *Shanon*, *Warington*, *Whitesmith*, *Yellow Rifleman*.

Les *Whitesmith* et *Crown bob*, à fruit ferme, sont expédiées vertes pour être mises en bouteilles ou utilisées à la cuisine. La *Warrington*, de moyenne grosseur, rouge, mûrissant la dernière, avec une saveur acidulée, est préférée pour conserves, et prime sur le marché. Le cultivateur la préfère encore parce que la disposition des aiguillons qui couvrent les bourgeons préserve ceux-ci de l'attaque des oiseaux, et particulièrement du bouvreuil, dans le voisinage des bois et taillis. C'est à ce point qu'une prime de deux deniers (0 fr. 20) est la mise à prix d'une tête de bouvreuil.

Dans le Middlesex, sous les vergers de Reine-Claude, à proximité des Fraisiers et des Framboisiers, le Groseillier épineux fructifie généreusement. Les variétés dominantes sont *Lancastershire Late*, très productive, *Dobson's Seedling*, spéciale à la fabrication des puddings aux groseilles.

En France, on trouve des Groseilliers à maquereau à Rosendaël, près de Dunkerque, plantés en rangs dans les cultures potagères, parallèlement aux lignes de Cassissiers, de Cerisiers, de Pruniers tenus en buissons et abritant les légumes des vents de mer. La production de « grosses groseilles » est telle que des commissionnaires en expédient à Londres jusqu'à 2 000 kilogrammes par jour, en même temps que des pommes de terre de la même contrée.

Cette espèce de groseille est assez populaire dans le Nord de la France; elle manque au Midi.

Si nous traversons l'Atlantique, nous remarquons dans le Massachusetts et le Mississipi une propagande en faveur de l'espèce indigène et précoce *Howghton's seedling*, échappant au mildew (*Æcidium Grossulariæ*), comme la *Warrington* en Angleterre. Ne désespérons pas de la voir arriver un jour toute enfutaillée sous les halles de Covent Garden.

Au Canada, la Ferme expérimentale d'Ottawa recommande *Autorrat, Lapty, Riccardo, Sportsman, Triumph, Whetherall,* résistantes et fertiles.

Les marchés de Londres reçoivent, dans une année, 7 000 tonnes de groseilles à maquereau, soit 7 105 000 kilogrammes de ce fruit qui semblerait être, chez nous, l'apanage des enfants.

IV. — CULTURE DU GROSEILLIER.

Multiplication du Groseillier. — Le Groseillier se multiplie par la voie du bouturage et du marcottage.

On prépare les boutures en hiver, lors de la taille. On prend des rameaux bien constitués et on les coupe sur une longueur de $0^m,20$ à $0^m,30$; ce sont des boutures. Il convient de les mettre en jauge, à l'ombre, pour les planter, au printemps, provisoirement en pépinière ou définitivement en place.

En plantant le rameau bouture, on lui *éborgne* les yeux souterrains pour éviter leur transformation future en drageons, et on l'enfonce en terre de façon qu'il reste deux yeux dehors.

Une plantation définitive se fait à la distance de 1 mètre entre les plants, et de 2 mètres entre les lignes d'un plein carré.

Taille du Groseillier. — La forme buisson est celle qui s'adapte le mieux au Groseillier. On l'établit à $0^m,25$ du sol au moyen de trois premières branches ; taillées à deux yeux, elles fournissent, à leur tour, six secondes branches qui constitueront le buisson.

La taille se pratique ensuite, chaque année. On coupe les rameaux de prolongement à la moitié ou au tiers de

leur longueur ; les bourgeons latéraux qui sortiront au-
dessous de l'œil terminal seront pincés à trois feuilles.
en avril-mai. et se mettront à fruit. Le rameau de prolongement ne sera pas pincé.

Une branche qui fructifie depuis trois ou quatre ans
pourrait être renouvelée par son recepage : un rameau
se développe à la base et la remplace. C'est par ce
moyen qu'on entretient la vigueur et la fructification
du Groseillier.

Le Groseillier à grappes annonce sa caducité par une
végétation chétive, quelquefois des champignons au
tronc, et toujours par une maigre fructification. Aux
premiers signes de cette défaillance, il faut procéder
à une plantation nouvelle. sur un autre emplacement.

Les espèces trop fertiles sont celles qui s'épuisent le
plus vite.

Le Cassissier se taille comme les précédents ; les brindilles non taillées se couvrent de fruits ; toutefois. on
lui conserve les rejets de souche pour remplacer les
branches, qui généralement disparaissent après quelques
années de fructification.

Le Groseillier à maquereau est soumis à un traitement analogue. Il est moins docile à la symétrie de la
forme. Les rameaux flexibles restent libres ou se soumettent à la taille et au palissage.

Cette espèce réussit au greffage sur tige du Groseillier palmé, *Ribes palmatum*. arbuste d'ornement à
fleurs jaunes, robuste en tout terrain et à toute température. On peut ainsi le cultiver dans le jardin, sous un
aspect plus svelte, ou l'élever en pot (*fig.* 110) pour le
servir tel sur les tables d'apparat.

Taille du Groseillier rouge, à Sannois. — La taille du Groseillier n'est pas difficile, et cependant elle a suscité et entretenu des méthodes traditionnelles. Nous en signalerons deux suffisamment distinctes.

Fig. 110. — Groseillier à maquereau, greffé sur tige
et cultivé en pot.

A Sannois, situé à quelques stations de Paris, ligne du Nord, le Groseillier rouge est plus productif que l'espèce à fruit blanc.

La plantation est faite sur le pied de trois mille plants à l'hectare, plantation combinée avec des vergers de Pruniers, de Pommiers, de Poiriers, de Cerisiers.

On plante des rameaux couchés dans le trou, la bouture coupée à deux yeux.

La forme de l'arbuste est un vase ou cépée plus ou moins buissonneux.

Par la taille, dite en crochet, on coupe le rameau terminal au tiers de son développement ; les autres, placés au-dessous, sont taillés à leur naissance et donneront une rosette de *bouquets de mai* destinés à porter fruits. Les brindilles conservées fructifient et durent trois ans.

Enlever soigneusement les rejets du pied, sauf lorsqu'il s'agit de renouveler l'arbuste.

Une touffe de Groseillier, par ce système, vit trente ans et produit 3 et 4 kilogrammes de fruits par année.

Taille du Groseillier blanc, à Sceaux. — Aux environs de Sceaux, affectés à la culture du Groseillier *blanc* et du *Cassis*, on plante trois boutures, à 0^m,16 l'une de l'autre et dans le même trou, les trous étant à 1 mètre de distance en tous sens.

Les terres légères sont plantées en même temps de Cerisiers, à 5 mètres ; les terres argileuses le sont en Violettes et en Fraisiers *Héricart*, d'un bon produit.

La touffe du Groseillier est tenue en vase ou cépée ; la taille de première année se fait à 0^m,35. Chaque année, on taille le rameau terminal de chaque branche à 0^m,07. Les brins latéraux sont laissés intacts et deviennent lambourdes ; ils fructifieront, et on les retranchera l'année suivante.

La taille des branches est la taille « en crochet », comprenant courson et long bois. Les branches épuisées sont rapprochées et renouvelées par de jeunes scions développés à leur base.

On déchausse le pied à l'automne et on rechausse au printemps. Tous les deux ou trois ans, on fume entre les ados.

Un plant de Groseillier, dans ces conditions, vit vingt-cinq ans et même quarante ou cinquante ans. Son produit moyen est de 2 et 3 kilogrammes de fruits chaque année.

V. — RÉCOLTE DES GROSEILLES.

Récolte des groseilles. — La récolte des groseilles se fait par un beau temps, lorsqu'elles sont bien mûres. On pourrait retarder la cueillette du fruit en couvrant l'arbuste, au mois d'août, avec un capuchon de paille de seigle ou une toile à grandes mailles.

Au fur et à mesure de la récolte, on consomme les groseilles, on les porte au marché, on les livre à la bassine, au pressoir ; ce n'est pas un fruit de garde.

L'exportation réclame un fruit de complète maturité.

Pour la récolte du Cassis à Dijon, le panier qui sert à la cueillette est généralement

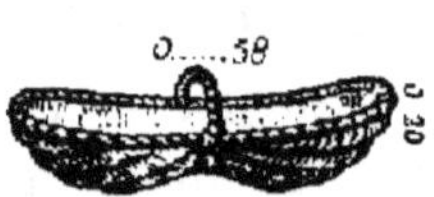

Fig. 111. — Panier à récolter le Cassis de Dijon.

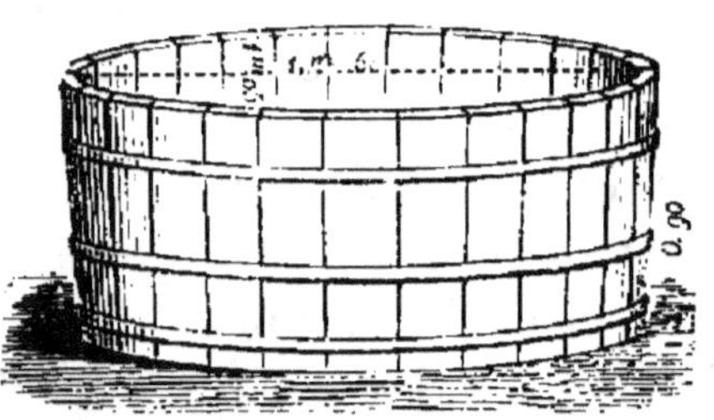

Fig. 112. — Cuveau pour la récolte du Cassis, en Bourgogne.

le panier à vendange (*fig.* 111) ; une fois plein, on le verse dans un autre panier plus grand ; celui-ci sert à transporter le cassis dans une sorte de cuveau appelé *balonge* (*fig.* 112), placé sur une charrette à un cheval; le cassis est ainsi conduit chez le liquoriste. Fort souvent, on se passe de la balonge, la charrette reçoit les grand paniers et transporte directement la récolte à l'usine.

Le grand panier rond, dit « sième », en osier écorcé, contient 11ᵏᵍ.500 de groseilles et convient à l'emballage et au transport du fruit.

Ainsi que notre composition (*fig.* 109) l'indique, ren-

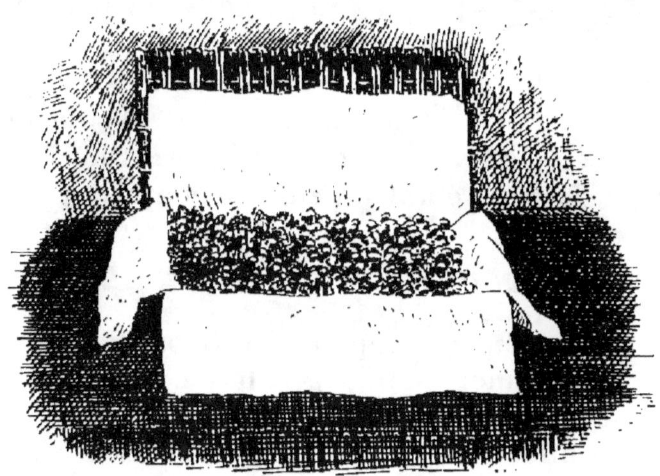

Fig. 113. — Emballage de Groseilles.

seignements pris sur place, la forme peut varier, et celle du petit panier à récolter le cassis, et celle de la corbeille qui se porte à l'épaule.

L'emballage de la Groseille se fait en plein panier (*fig.* 113).

Le fruit mûr à point, sans excès, mais bien en couleur, se contentera de feuilles de papier blanc épais, ou en double exemplaire, couvrant la paroi inférieure du panier, et un papier paraffiné ou parcheminé touchant le fruit jusqu'au lit supérieur, qu'il couvrira complètement ; un carton ondulé recevra le couvercle et le colis pourra voyager sans crainte de détérioration. Plusieurs espèces de groseilles seraient séparées par une feuille de papier ordinaire.

Fig. 114. — Panier corbeille pour Groseilles à maquereau.

La Groseille à maquereau se loge (*fig*. 114) facilement dans une corbeille plus haute que large, le fruit étant à peine en maturité.

VI. — EMPLOI DES GROSEILLES.

Voici les principaux emplois de la Groseille, en dehors de son rôle d'aliment sain, agréable, hygiénique :

Sirop de groseilles pur ou framboisé ; sirop des trois fruits (groseille, cerise, framboise) ; conserve Appert de groseilles à grappes blanches ou rouges ;

Ratafia dit des quatre-fruits (groseille, framboise, cerise, cassis) ; vin de groseilles ; tisane de groseilles.

Suc de groseilles conservé ; groseilles glacées ou perlées ; glaces à la groseille ; ratafia de groseilles framboisées ; confiture de groseilles ;

Gelées de groseilles nues ou en robe et épépinées. Gelées dites de Bar-le-Duc ; il faut 100 grammes de groseilles pour fabriquer un pot de confitures, ou 1^{kg},200 pour 12 pots. Le kilogramme de groseilles coûtant, en moyenne, 0 fr. 45, le pot vide 0 fr. 07 et la boîte d'une douzaine 0 fr. 45, il en résulte que, tout compris, la douzaine de pots de confitures revient au fabricant, à 4 francs.

Pour ces usages, la groseille rouge est la préférée ; la blanche est plus douce ; la rose, plus acide.

Avec la groseille noire, on fabrique le ratafia appelé liqueur de cassis, et la conserve des grains à l'eau-de-vie, en carafe dite cousine ou dame-jeanne.

Dijon fabrique la pulpe de Cassis ; 100 kilogrammes de fruits donnent 85 kilogrammes de pulpe ; prix de revient, 25 francs.

Fig. 115. — Rameau, bourgeons, feuilles et fruits du Cassis, pour liqueurs.

L'infusion des feuilles de Cassis produit une boisson salutaire et économique appelée, en Normandie, le thé des familles. Les environs de Dunkerque expédient, dans le même but, les feuilles de Cassissiers à des marchands de thé, à Londres.

Nous avons dit que la feuille et le jeune bourgeon du Groseillier noir (*fig.* 115) sont employés par les fabricants de Cassis aux abois. A cet effet, Sarcelles, Montmorency, etc., vendent, à la Halle de Paris, des bottillons de rameaux ou « tailles de Cassis ».

La *Groseille à maquereau* est plus goûtée en Angleterre qu'en France. Ici, on se borne à la consommer à l'état frais. Là-bas, on la fait cuire dans la gelée de groseilles à grappes; on en fait des conserves en bouteilles, le fruit jaune y est plus agréable à l'œil que le fruit rouge. Bien mûre, elle est utilisée en confitures, en tartes. Enfin, au lieu du verjus, la « grosse groseille » sert à assaisonner les sauces de poisson, particulièrement le maquereau.

[Fig. 116. — Ligne de Cassissiers dans un verger combiné.

NÉFLIER

(*Mespilus germanica*)

I. — TERRAINS ET SITUATIONS QUI CONVIENNENT AU NÉFLIER.

Le Néflier sauvage pousse dans les bois, en plaine ou en montagne, et ne sympathise guère avec les terrains arides ou marécageux ; mais le Néflier cultivé, étant généralement greffé sur Aubépine ou sur Cognassier, se plaît dans toutes les terres de jardin.

Le climat de l'Europe centrale est le sien ; toutes les situations lui sont bonnes ; en général, sa floraison redoute les courants frais et les endroits « étouffés ».

II. — CHOIX DE MEILLEURES VARIÉTÉS DE NÈFLES.

Le Néflier des bois produit de petits fruits qui sont mangés par les animaux.

On cultive habituellement :

La **Nèfle commune** (*fig.* 117). — Arbre très fertile ; fruit d'une saveur agréable, à son blétissement.

La **Nèfle de Hollande**. — Arbre vigoureux, moins productif ; fruit plus gros, osselets plus volumineux.

La **Nèfle sans pépin**. — Branchage ramifié ; fruit petit, privé d'ossicules, de bonne conservation.

Il existe quelques sous-variétés différant à peine par la forme du fruit ou par son époque de maturité.

III. — PLANTATIONS COMMERCIALES DE NÉFLIERS.

On rencontre le Néflier sur le bord des ruisseaux, des mares, isolé ou en bordure, et dans un coin du verger ; sa ramure n'a pas un port bien ornemental.

Fig. 117. — Nèfle commune.

Dans ces conditions, nous connaissons des sujets qui rapportent 30 francs de fruits par an, vente au détail, même vente à forfait.

Il existe cependant des plantations importantes de ce petit arbre, particulièrement au centre de la France, dans le bassin de la Loire. Un propriétaire de l'Orne, dont il sera question au chapitre Poirier, cultive un champ de Néfliers dressés en vase buissonneux et vend pour 800 francs ou 1 000 francs de nèfles dirigées sur Paris et sur Londres.

Le Néflier *commun* est la variété préférée. Les arrondissements normands de Dreux et de Nogent-le-Rotrou l'expédient à Paris, et les messagers en transportent dans le pays beauceron, moins favorisé.

IV. — CULTURE DU NÉFLIER.

Multiplication. — Le Néflier se greffe rez terre, sur Aubépine indigène ou américaine, plant de semis. Dans un sol frais, on peut l'écussonner sur le Cognassier, plant de bouture ; et lorsqu'on veut avoir une tige droite, promptement obtenue, on a recours au surgreffage avec l'intermédiaire d'une espèce vigoureuse. Par exemple, le Néflier *de Smith*, arbre d'ornement.

Depuis plusieurs années, nous obtenons, en pépinière, de jeunes Néfliers vigoureux, bien droits, par le greffage de l'espèce sur l'Aubépine Ergot-de-Coq, *Cratægus Crus Galli.*

Taille. — Peu ou pas de taille au Néflier. Pendant ses premières années, on le soumet à l'élagage et au dressage pour le diriger sur tige, ou à l'écimage pour le maintenir en buisson ; mais ensuite, l'abandon des brindilles sera favorable à sa fructification.

V. — RÉCOLTE, EMBALLAGE ET EMPLOI DES NÈFLES.

Récolte. — On récolte les nèfles à l'automne, fin octobre. Il n'y pas d'inconvénient à ce que les premières gelées blanches les aient touchées.

La cueillette se fait à la main. On se sert d'un panier

à pommes ou à noix ; le fruit est transporté au grenier, ou endroit analogue, et placé sur un lit de paille de seigle, où il entrera en maturité quinze jours après.

Ces fruits de second ordre arrivent cependant à Paris par 100000 kilogrammes dans une année.

Emballage. — La nèfle destinée aux longs voyages est emballée aussitôt la cueillette terminée, ou quelques jours après, mais avant son blétissement.

Le panier, carré ou ovale, étant garni d'un fort papier d'emballage, les vides seront remplis avec des balles de sarrasin ou autre substance fine et sèche qui ne puisse s'attacher au fruit. Dans le pays chartrain, on se sert de paille d'orge, nommée « orgerie ».

Le fruit mûr est porté au marché dans un panier tapissé de paille longue ou de papier à chandelle.

Emploi. — Le rôle de la nèfle est d'entrer dans l'alimentation ordinaire ; elle sera consommée à son état complet de blettissure, sinon elle serait indigeste.

On en fait encore des marmelades communes, que l'on peut mélanger avec des compotes d'autres fruits ; enfin, le fruit encore ferme, coupé, désossé et broyé, peut être associé à la poire, à la pomme et aux cormes pour composer une boisson des petits ménages. Les paysans de la Puisaye ont conservé cette tradition.

NOISETIER

(*Corylus Avellana*)

I. — TERRAINS ET SITUATIONS QUI CONVIENNENT AU NOISETIER.

Sans être difficile quant au sol, le Noisetier préfère les terrains légers, un peu frais, plutôt profonds.

Les terres argileuses, compactes, froides, nuisent à sa bonne constitution ligneuse et à sa fertilité.

Les terres arides le rendent languissant.

Dans les climats trop froids, l'amande du fruit peut avorter. Le ver se plaît dans les situations brûlantes.

Le climat moyen de la France lui convient ; l'arbre est robuste dans la région nord. Vers le sud, les irrigations sont nécessaires à son existence. Dans l'ouest, il est souvent à l'état de bordure en pleine campagne. Il pullule dans l'est où le sylviculteur l'utilise au boisement des taillis, comme essence secondaire.

Le Noisetier est commun en Italie et en Espagne, à l'état de massifs arborigènes.

Cet arbrisseau — souvent petit arbre — réussit en groupe ou en bordure, en plaine ou en montagne, à la crête ou sur le flanc des collines, en boulingrin, en clairière de parc, sur le bord des fossés ou étangs, et contre un mur au nord et à l'ombre où toute autre essence fruitière ne pourrait vivre et fructifier.

Il aime les situations aérées et semblerait avoir une

prédilection pour les orientations moins visitées par le plein soleil.

On l'adopte au verger, à titre intermédiaire ou en lignes intercalaires.

Sous bois, le Noisetier devient un arbrisseau forestier de taillis, utile à l'industrie, et perd le caractère fruitier que nous voulons lui conserver ici.

II. — CHOIX DES MEILLEURES VARIÉTÉS DE NOISETTES.

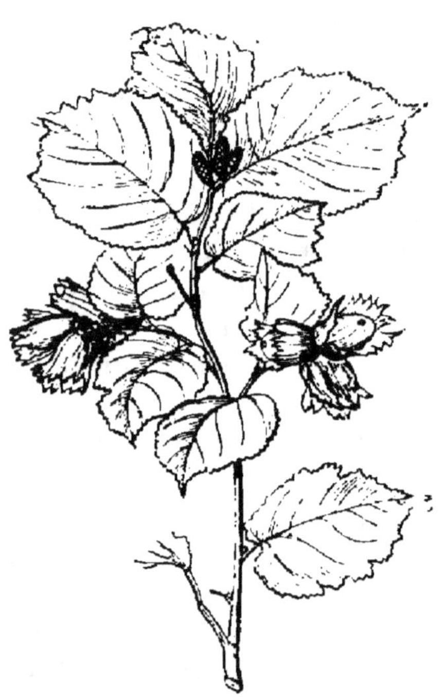

Fig. 118. — Noisette aveline.

La qualité des noisettes n'offre guère de différences ; voici cependant les plus généralement cultivées :

Noisette Franche ou *ordinaire.* — Fruit moyen, oblong, à coque demi-dure ; — bon. Variétés :

— *A pellicule blanche,* assez hâtive en maturité.

— *A pellicule rouge,* bonne à manger fraîche.

Noisette Aveline (*fig.* 118). — Fruit moyen, ovoïde-arrondi ; coque demi-dure ; bon. — Variétés :

— *A pellicule blanche,* pour la confiserie.

— *A pellicule rouge,* pour la pâtisserie.

Noisette Aveline. — *Bosselée,* dite *d'Angleterre,* pour les desserts.

Noisette de Provence (*fig.* 119). — Fruit gros, arrondi, coque demi-dure, pellicule rouge ; bon.

Le type le plus allongé est souvent appelé *Noisette de Piémont.*

Noisette d'Espagne. — Fruit assez gros, à coque demi-dure. — Variétés :

— *A fruit long,* pellicule rose.

— *A fruit rond,* pellicule blanche.

Il existe encore les Noisettes *de Bergeri, Dowton, de Bollwiller, de Hale, de Trébizonde,* etc., à gros fruits, et dignes de la culture.

Fig. 119. — Noisette de Provence.

On rencontre, dans les jardins d'ornement, deux bonnes variétés du Noisetier à fruit comestible :

Le Noisetier *pourpre,* la feuille de l'arbre et l'involucre du fruit étant de couleur pourpre sanguin. La noix, de grosseur moyenne, est allongée.

Le Noisetier *à feuille laciniée* ; le fruit vient à trochets ; il est petit, presque rond, à pellicule blanche.

Cette dernière variété est la seule qui ait bravé les

rigueurs du grand hiver, — ainsi que le Noisetier *de Byzance*, arbre d'ornement assez élevé de taille.

III. — PLANTATIONS COMMERCIALES DE NOISETIERS.

Nous ne parlerons pas du Coudrier, soumis au régime forestier bien que, en France, il produise de 25 à 30,000 mètres cubes de bois par an.

Les exploitations fruitières de Noisetiers s'établissent volontiers en bordure de vergers, de champs, ou en lignes intercalaires des plantations de Pruniers, de Cerisiers, de Pêchers, d'Amandiers, de Poiriers, etc.

La culture spéculative a d'autant plus de chances de succès qu'elle n'exige aucun frais de taille ni de dressage de l'arbuste; la manipulation du fruit en est d'ailleurs à la portée de tout le monde.

La culture commerciale du Noisetier adoptera les **Noisettes Franche, Aveline, de Provence.**

Nous avons visité, dans le Var, à la Décapris, près Hyères, des Noisetières, variété *grosse de Provence*, qui rapportaient de 800 francs à 1 000 francs par hectare, non compris le revenu des Fraisiers et des Violettes qui garnissent le sol et profitent de son irrigation. Dans ce riche terrain, la plantation est faite à raison de 100 à 150 sujets par hectare. Une récolte sérieuse commence à la cinquième année. Les noisettes sont envoyées à Paris, fraîches au mois d'août, ou ramassées sèches en septembre et vendues sur place aux négociants, pour les confiseurs et les chocolatiers. La ville de Paris en consomme 500 000 kilogrammes par an.

L'arbrisseau, dressé sur une petite tige de $0^m,50$ à

0^m,80. n'est soumis à aucune taille et vit longtemps, grâce à une irrigation modérée.

La Sarthe et quelques contrées de la Vendée et de la Bretagne ont des lisières de Noisetiers qui séparent les héritages ou bordent les fossés et les chemins. La ville du Mans exporte 4 000 hectolitres de noisettes par an.

Les environs de Clermont-Ferrand préfèrent l'espèce dite *petite blanche* pour la dragée ; plus grosse, elle est moins franche de goût, ou moins productive.

Les Pyrénées-Orientales constituent un centre de culture et de commerce de la noisette. Plusieurs centaines d'hectares sont disséminés à Céret, Taillet, Arles-sur-Tech, Amélie-les-Bains, Montalba, Calmettes, Oms, etc. On nomme noisette *de Céret* la plus répandue ; elle est à coque dure et à amande blanche, on la vend aux confiseurs ; la *grosse aveline* est plutôt destinée aux desserts. La vente s'exerce encore sur l'amande nue ; certaines machines cassent 1 300 kilogrammes de noisettes par jour. La production des noisetières du Roussillon est évaluée de 500 à 1 500 kilogrammes à l'hectare : le prix moyen est 50 francs les 100 kilogrammes. Elles peuvent expédier 250 000 kilogrammes de noisettes à Paris, à Marseille, à Bordeaux.

Sur le territoire d'*Avellino*, en Toscane, 700 hectares d'*Aveliniers* ont donné 80 000 hectolitres de noisettes destinées à l'exportation. Sur le flanc des Alpes piémontaises, le rôle oléagineux du Noisetier le fait surnommer « l'Olivier du Nord ».

Nous retrouvons notre arbrisseau dans le sud, à Trébizonde où il produit 200 000 hectolitres, puis à l'est, en Allemagne, au nord, en Hollande, dans la contrée fruitière « de Streek ». Les Noisetiers plantés sur le bord

des fossés y sont assez nombreux et leurs fruits ont
l'Angleterre pour principal débouché.

La Belgique tire un bon parti des plantations de Noisetiers disséminés dans ses différentes provinces.

L'Angleterre, malgré les « Kent Cobnut », les *Atlas Nut*,
Filbert red et *white*, *Lambert's Filbert*, *Cosford*, *Prolific Cob*, reçoit annuellement pour 500 000 liv. sterl. de
noisettes.

IV. — CULTURE DU NOISETIER.

Multiplication du Noisetier. — Le Noisetier se
multiplie par le semis de ses fruits ; mais si l'on tient à
reproduire exactement la variété, il faut employer le
marcottage, par couchage *simple* (*fig.* 120), ou par but-

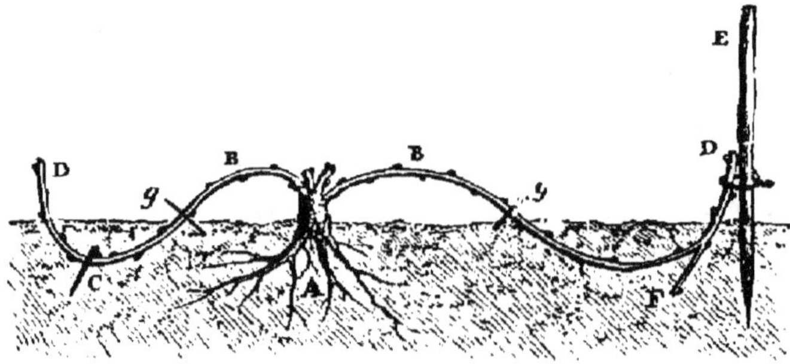

Fig. 120. — Marcottage du Noisetier.

tage en *cépée* (*fig.* 49). Le buttage, fait au printemps,
produit à l'automne de bons plants racinés.

La figure 120 indique l'opération du marcottage simple.
De la souche (A), on choisit les rameaux vigoureux (B)
que l'on couche en terre ; au besoin, on les retient par
un crochet (C). L'émission des racines est parfois faci-
litée par une incision (F) ; le brin est taillé (D) à trois
yeux hors terre. Un tuteur (E) le retiendra dans une

position dressée. A l'automne, on pratiquera le sevrage (*g*) du jeune plant.

Les plants insuffisamment racinés, soit de marcotte, soit de drageon ou rejet naturel, seront mis en nourrice pendant une année ou deux, avant leur plantation définitive.

Le greffage est quelquefois employé, par exemple lorsqu'on veut avoir en haute tige une variété à rameaux courts ou retombants ; alors, on utilisera comme sujet le Noisetier de Byzance, *Corylus colurna*.

La plantation du Noisetier peut se faire à 3 mètres, sur des lignes espacées de 5 mètres.

Taille du Noisetier. — Le Noisetier n'est soumis à aucune taille proprement dite. En le plantant, on le taille, s'il est pauvre en racine ; souvent, on le recèpe à la seconde année et on le dirige en buisson ou sur tige haute de 0ᵐ,30 à 1 mètre. Il suffira de 0ᵐ,50 de tige pour que la terre soit aérée et appropriée à d'autres cultures en plantes potagères ou florales.

La tige étant arrêtée à cette hauteur, on laissera les branches former la touffe. Les brins maigres sont supprimés ; cinq ou six belles branches suffisent à la charpente de l'arbuste ; il n'y a aucun inconvénient à écimer celles qui seraient trop élancées. On ménagera les brindilles secondaires ou fruitières (*fig.* 121) portant les fleurs mâles et les fleurs femelles (*fig.* 122).

La fructification commence à la quatrième année de la branche ; après sept, huit ou dix années de production, cette branche peut être supprimée et faire place à un brin plus jeune, qui subira les mêmes opérations.

Quand l'arbrisseau se fatigue, on le recèpe et on le reconstitue avec de nouvelles pousses vigoureuses.

V. — RÉCOLTE, EMBALLAGE, EMPLOI DES NOISETTES.

Récolte. — Lorsque l'involucre du fruit commence à changer de coloris par un ton plus accentué ou par une légère flétrissure et quand la noisette s'isole de la cupule on procède à la récolte.

L'opération se fait à la main, avec le concours de gaulettes crochues pour attirer les branches à soi.

Fig. 121. — Rameau fructifère du Noisetier.

Fig. 122. — Fleur mâle et fleur femelle du Noisetier.

Une femme récolte, par jour, environ 50 kilogrammes de noisettes en vert, c'est-à-dire munies de leur cupule; le déchet est de moitié.

Ainsi frais cueillis, les fruits sont placés par couches assez épaisses et remués tous les deux jours; trois semaines après, on les bat avec de petits bâtons pour isoler la noisette; une fois nues, on passe les noisettes au van et on les remet en tas, à l'ombre et au sec.

Emballage. — La noisette s'expédie dans un sac,

dans une caisse, un panier ou une natte de Russie ; on le voit, c'est « à emballage perdu ».

Emploi. — La noisette est un fruit de dessert, de confiserie et de consommation journalière. Le commerce désigne les beaux fruits sous les noms de Noisette de Piémont, Noisette de Provence, Noisette d'Espagne, Aveline de Sicile, Aveline de la Cadière.

La Noisette d'Espagne, ronde, à coque tendre, est préférée pour la dragée fine ; 100 kilogrammes de cette espèce produisent 70 kilogrammes d'amandes, la coquille étant brisée, alors que la Noisette d'Italie ne rend que 55 à 60 p. 100 au cassage.

Le Levant expédie des noisettes « toutes cassées », dépouillées de leur coque, au prix de 60 à 80 francs les 100 kilogrammes, vendues à Marseille, au même prix que les espèces précédentes, non cassées ; de là, son succès commercial. Dans l'été, cependant, la noisette cassée, moins fraîche, rancit vite ; alors on la convertit en huile de graissage, assez recherchée parce qu'elle ne fait pas de cambouis. L'amande de la noisette renferme jusqu'à 60 p. 100 d'huile grasse, non siccative.

Le marc de presse est livré aux confiseurs et aux chocolatiers qui le pralinent pour le bonbon ordinaire, ou le combinent dans la composition des chocolats à bon marché. Ce tourteau trouve encore son emploi dans la pâtisserie, pour les pâtes d'amandes.

Un dernier mot sur l'huile, très douce, de la noisette. Un de nos amis, pharmacien, prétend que cette huile parfumée est bonne à la chevelure, et que la macération indéfinie des pétales du Lis blanc dans l'huile de noisettes a la réputation d'adoucir les maux d'oreilles. A bon entendeur...

NOYER

(Juglans regia)

I. — TERRAINS ET SITUATIONS QUI CONVIENNENT AU NOYER.

Le Noyer est peu difficile au sol ; les terres calcaires, sableuses, siliceuses, argilo-calcaires, mais sèches, lui conviennent sous notre climat tempéré.

Cet arbre se plaît encore dans les sables frais, les terrains pierreux, profonds, substantiels.

Les argiles compactes et les terrains froids ne sont pas favorables à l'aoûtement de ses tissus et, par suite, à sa fructification.

L'arbre redoute les situations exposées aux gelées printanières, qui détruisent ses bourgeons ; il lui faut le grand air et l'espace.

On rencontre le Noyer dans les champs, les vignes, les chemins de ferme, les plaines et les coteaux.

Les plantations de Noyers en massifs ne donnent pas d'aussi bons résultats que les sujets isolés, disséminés ou groupés seulement en lignes ou en avenues.

Le Noyer n'est pas un arbre familial, il ne favorise pas la végétation des taillis sous son ombrage.

Bien qu'il soit fertile jusque sur les polders néerlandais, le Noyer est victime des hivers rigoureux. — Les gelées du printemps, surtout en mai ou juin, nuisent à son bourgeonnement et à sa floraison.

II. — CHOIX DES MEILLEURES VARIÉTÉS DE NOIX.

Le Noyer est généralement élevé franc de pied et ne reproduit pas exactement son type ; de là cette multiplicité de « formes » indéterminées.

On est cependant parvenu à le greffer, et alors à fixer les meilleures variétés.

Noix ordinaire (*fig.* 123). — Espèce type que l'on peut

Fig. 123. — Noix ordinaire.

Fig. 124. — Noix à coque tendre.

choisir au moment de la récolte ; bon fruit de consommation, de marché et de commerce. Il en existe plusieurs sous-variétés dignes de la culture.

— **à coque tendre** ; *Noix à mésange* (*fig.* 124). — Fruit moyen, allongé ; le brou se détache facilement. Bon fruit de dessert.

— **à gros fruit**. — Plusieurs sortes à fruit rond ou oblong ; il faut préférer les coquilles minces et les noix pleines. Fruit de fantaisie ; à manger frais.

— **de la Saint-Jean** (*fig.* 131). — Fruit moyen à coque dure ; son mérite principal réside dans la végétation tardive de l'arbre.

A ces variétés répandues dans nos diverses provinces, nous ajouterons quelques noms de types méritants propagés dans le Sud-Est où le Noyer occupe de grandes surfaces.

Noix Chaberte (*fig.* 125). — Fruit moyen, faiblement allongé, recherché pour la fabrication de l'huile vierge et de l'huile chauffée ; la confiserie l'utilise.

Arbre fertile, végétation tardive.

—**Franquette** (*fig.* 126). — Fruit assez gros, oblong, un peu pointu, plein ; à dessert. Arbre rustique.

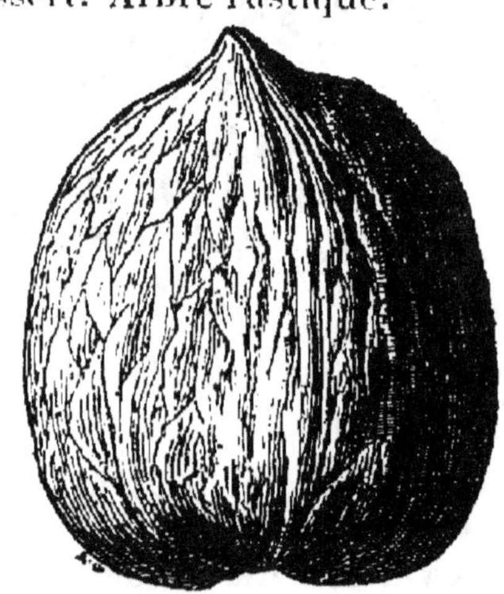

Fig. 125. — Noix Chaberte.   Fig. 126. — Noix Franquette.

— **Mayette** (*fig.* 127). — Beau fruit de dessert ; coque demi-dure et pleine. Arbre à floraison tardive.

— **Parisienne** (*fig.* 128). — Bon fruit de table, assez gros et oblong : coque fine, demi-dure, pleine.

Lorsqu'on ne tient pas à avoir un arbre de haute venue,

Fig. 127. — Noix Mayette.

Fig. 128. — Noix Parisienne.

on peut planter le Noyer *fertile*, d'une production prompte et continue.

Le Noyer *Barthère* (*fig.* 129), à fruit allongé, à coque

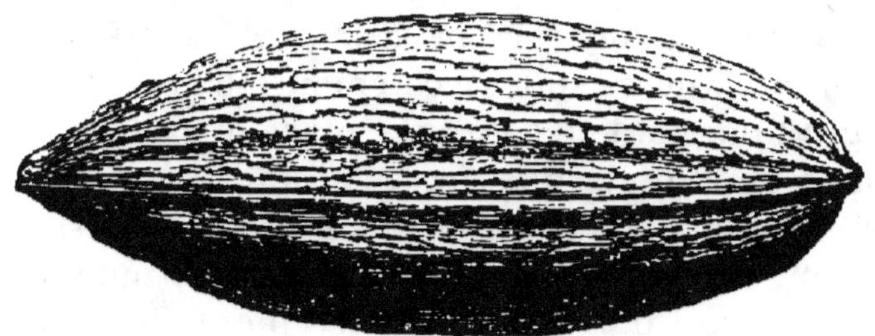

Fig. 129. — Noix Barthère.

demi-dure et pleine, est encore une bonne variété pour la grande culture.

Les Noyers *hétérophylle* et *à feuille laciniée*, au

feuillage ornemental, et produisant de bons fruits, conviennent au jardin de l'amateur.

III. — PLANTATIONS COMMERCIALES DE NOYERS.

La noix est un fruit de commerce et de spéculation, attendu qu'elle se garde bien et se prête aux manipulations ou aux fatigues du transport.

En 1885, la France a récolté 1 590 182 quintaux de noix, représentant une valeur de 25 028 462 francs.

En général, les départements qui tiennent la tête sont : le Lot, la Corrèze, le Puy-de-Dôme, la Dordogne, la Drôme, les Hautes-Pyrénées, l'Allier, l'Isère ; puis Vienne, Var, Haute-Saône, Maine-et-Loire, Aveyron, Ardèche, Cher, Savoie. La noix de la Drôme est cotée 42 francs le quintal, de l'Isère 31 francs, de la Dordogne et du Puy-de-Dôme, 25 francs.

La sélection des variétés influe certainement sur la valeur commerciale ; mais pour propager celles que l'on désire, il faut avoir recours à la greffe, soit préalablement en pépinière, soit directement sur place.

Le greffage peut être fait sur place quand les milieux de sol et de climat sont secs et chauds.

Nous devons dire de suite que pour réussir cette opération, il faut avoir une certaine habitude du greffage ; on le voit par le prix relativement élevé du Noyer greffé dans les établissements de pépinières.

Examinons les centres importants de production.

Noyers de l'Isère. — Dans l'Isère où les bonnes variétés sont propagées par le greffage, les noix *Mayette*,

Franquette, *Parisienne*, *Marchande* sont recherchées pour la consommation. Il paraît que les deux dernières réclament un sol plus léger que *Mayette* et *Franquette*; celles-ci préfèrent un terrain pierreux, fertile et profond. Quant à la *Chaberte*, achetée par les huileries, elle est moins exigeante pour la nature de la terre. Il en est ainsi avec les variétés *Ronde*, *Culonne*, *Thérenin*, spéciales à l'industrie oléagineuse.

Les lignes d'arbres sont disséminées dans les champs et souvent accompagnées de treilles de vigne séparées par des céréales ou des cultures fourragères.

L'extension de la culture du Noyer s'est manifestée dans les hautes vallées du Graisivaudan, par exemple dans le canton de Gancelin. Déjà, toutes les gares situées sur son territoire reçoivent des chargements de noix. Chaque année, la station de Gancelin en expédie plus de 100 000 kilogrammes.

Dans la vallée de l'Isère, arrondissement de Saint-Marcellin, on remarque des arbres produisant de 5 à 8 hectolitres de noix vendus à raison de 20 francs l'hectolitre. En réduisant la moyenne du rendement à 50 francs par arbre, on est en présence d'un bon revenu, le capital ne réclamant aucun frais de culture.

Cet arrondissement est l'un des plus riches en Noyers; on y récolte par an 30000 hectolitres de noix *Mayette* et 50 000 hectolitres de noix *Chaberte*. Les premières, pour la consommation, sont vendues 15 francs l'hectolitre; les secondes, pour l'huile, sont vendues 3 francs. Les frais de récolte reviennent à un franc par hectolitre.

Les cantons de Vinay et de Tullins exportent, à Saint-Pétersbourg, pour 2 000 000 de noix *Mayette*. Des propriétaires de ces contrées retirent 2 000 francs de leurs

Noyers. Le fruit est transporté à Marseille, par radeaux
de sapin qui descendent le Rhône ; le tout est vendu,

Fig. 130. — Noyer (*Juglans regia*).

radeaux et fruits, au débarquement.

Un Noyer greffé en plein rapport donne de 200 à
300 litres de noix, soit environ 120 kilogrammes.

Partout, la noix de l'Isère fait prime sur le marché. Son surnom « Archiduchesse » vient de là, paraît-il.

La récolte de 1885 a été estimée 2 000 000 de francs.

L'huile de noix est fabriquée dans le pays, *à froid* pour l'alimentation, *à chaud* pour l'éclairage.

Le Noyer est un ornement sérieux de nos campagnes, et un aliment de la fortune rurale (*fig.* 130).

L'éminent agronome M. de Gasparin, s'élevant jadis contre « l'abatage des Noyers » dans les hautes vallées dauphinoises, pour l'exploitation du bois, déclarait que vingt beaux arbres sur un hectare de terre représentaient une valeur de 3 000 francs, — souvent plus que le fond, — et pouvaient rapporter 500 francs par an.

Noyers de la Dordogne. — La Dordogne a ses plantations dans le Sarladais. Une statistique de 1840 évaluait à 3 727 hectares la superficie occupée par les Noyers dans le département et à 600 000 le nombre des sujets, dont 30 000 pour le canton de Sarlat. Les Noyers y occupent les plateaux, les croupes de collines et les vallées; on les rencontre encore le long des routes et dans les champs.

Les relevés officiels en évaluent la production fruitière à 7 000 quintaux.

Les variétés les plus estimées sont les suivantes :

Noix *à coque tendre* (*fig.* 129), donnant une huile excellente; l'arbre entre trop tôt en végétation.

Noix *Lottarel* ou *Nogarel*; belle et bien faite.

Noix *de Montignac*; fruit rond, demi-tendre; bon.

Noix *Anguleuse* ou *à coque dure*; bonne huile.

Noix *Tardive, de la Saint-Jean* (*fig.* 131); deuxième qualité; bonne à l'huilerie. Végétation tardive.

Noix *Couturée (fig. 132)*, *Couturas* ou *pointue*; bon fruit, assez allongé. Beau bois d'ébénisterie.

Un arbre de bon rapport donne **80** kilogrammes de noix. Un hectolitre de ce fruit pèse de 35 à 36 kilo-

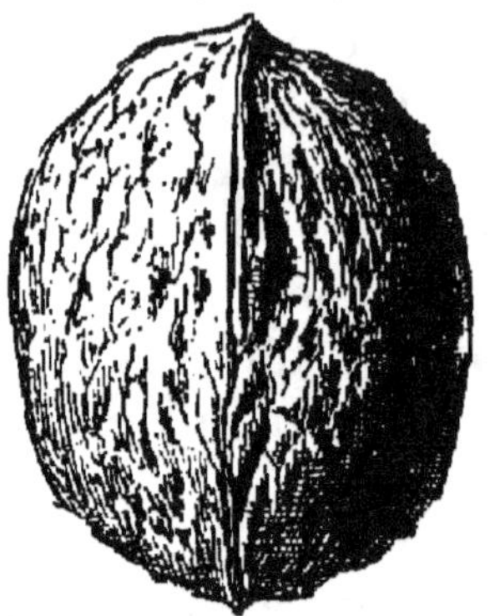

Fig. 131. — Noix tardive, de la Saint-Jean.

Fig. 132. — Noix Couturée, pointue.

grammes pour *l'ordinaire*, et de 38 à 40 kilogrammes pour *le choix*. A l'huilerie, elles fournissent environ 18 kilogrammes d'huile pour 100 kilogrammes de noix.

Le canton d'Excideuil a des arbres qui produisent pour 70 francs de noix, soit une récolte de 4 à 5 hectolitres. Le canton de Thenon est celui qui, relativement à son étendue, possède le plus grand nombre de Noyers.

Les noix du Périgord sont expédiées en Europe et en Amérique. La valeur des noix et cerneaux, des huiles et tourteaux résultant de la culture du Noyer, dans le Périgord, dépasse 5 000 000 de francs.

Localités diverses. — Les régions Centre, Est et Ouest nous fourniront, à leur tour, plusieurs exemples.

Malgré le ravage des hivers rigoureux, le Cher, l'Indre, le Loir-et-Cher, l'Allier suivent le mouvement ascensionnel de plantations de Noyers.

Nous avons cité le commerce des noisettes fait par la ville du Mans. L'exportation des noix se chiffre par 30 000 hectolitres de fruits, destinés à la consommation et à la fabrication de l'huile.

Les départements d'Indre-et-Loire, de Maine-et-Loire et des Deux-Sèvres ont, dans leur région de plaines et de collines, des Noyers qui produisent 100 litres de noix chacun. Citons tout particulièrement les arrondissements d'Angers, de Saumur, de Baugé, de Poitiers, de Châtellerault.

A Poitiers, trois huileries livrent annuellement au commerce 6 000 hectolitres d'huile de noix.

Avec ses 3 000 hectares de Noyers sur alluvions et sols calcaires, le Lot produit 150 000 quintaux de noix et compte cent machines à huile. Près de la gare de Garnat, des arbres gigantesques ont produit jusqu'à 12 quintaux de noix.

Le département de la Loire compte 5 000 hectares de Noyers ; leur altitude atteint 700 mètres.

Nous retrouverons le Noyer dans les sols calcaires de la Limagne et les terres porphyriques des forêts. Les habitants du Puy-de-Dôme consomment le fruit ou en tirent de l'huile, et vendent le bois aux armuriers, aux ébénistes, aux sabotiers. Cependant la noix *Gourlande* est reservée pour la confiserie.

Les hautes vallées de l'Auvergne (*fig.* 133) sont la dernière limite de la végétation du Noyer. A peine s'il peut s'y développer ; déjà nos essences fruitières plus robustes y vivent difficilement.

Plus bas, la production commence et, comme dans

Fig. 133. — Haute vallée du Puy-de-Dôme, limite des plantations fruitières et forestières.

le Limbourg belge, le fruit est vendu en vert aux confi
seurs, avant sa maturité.

L'Ardèche a son commerce de noix. A Chomérac et

à Rochemaure, le prix est de 30 à 40 francs les 50 kilogrammes,

Le prix de vente est moins élevé dans le Royanez
et le Diois (Drôme). On livre à 12 francs l'hectolitre les
noix à l'état naturel; mais quand leur amande a été
retirée de la coque, pour l'huilerie, le prix arrive à 80
et même à 100 francs l'hectolitre.

La production de la Drôme atteint et dépasse souvent
le quart de la production annuelle de noix en France.

Avec la « noix de Brive », variétés *Marbot* et *Corne
de Cerf*, la Corrèze a sa marque aux halles.

Dans la Savoie, l'arbre vient en plaine, en vallée, en
coteau. Le fruit est vendu à des courtiers spéculateurs;
l'arbre donne en moyenne 50 kilogrammes de fruits.
On prétend que la Haute-Savoie exporte annuellement
pour 400 000 francs de bois de noyer.

Dans les Hautes-Alpes, autour de Gap et dans la
vallée de Veynes, on greffe la noix dite « de Tullins »,
c'est-à-dire les variétés de l'Isère.

En Corse, les noix sont renommées à Omessa et à
Santa-Lucia. A l'âge de quarante ans, un Noyer y produit jusqu'à 3 hectolitres de fruits.

Depuis longtemps, le Noyer est considéré et propagé,
malgré les coups qui lui sont portés par les grands
hivers, dans les provinces viticoles du Centre. L'Angoumois, la Saintonge, le Forez, l'Auvergne, le Lyonnais,
le Beaujolais, le Mâconnais, la Bourgogne, la Champagne, le Bassigny, la Franche-Comté, la Lorraine possèdent de nombreux Noyers.

La Brie, la Beauce, le Morvan admettent cet arbre au
bord des chemins, éparpillé sur les terrains secs, en côte
ou près de la maison de culture.

Quant à la Normandie, à la Bretagne, à la Picardie, à la Flandre et à l'Artois, leur population consomme particulièrement la noix fraîche, à l'état de cerneau.

Dans notre région, les cultivateurs ont au moins un Noyer dans leur clos ou *accin*, à la rive du champ ou de la vigne. Les travailleurs y trouvent un ombrage au moment du repas, et la récolte constitue le dessert des ménages ouvriers. Fort heureusement, le bois de Noyer n'y est pas aussi veiné que dans les endroits montagneux, sans quoi la fabrique de fusils viendrait l'accaparer et priver, de ce fait plus ou moins belliqueux, l'alimentation d'un produit populaire.

IV. — CULTURE DU NOYER.

Multiplication du Noyer. — Le Noyer se multiplie par semis. Les noix, stratifiées en hiver, seront semées au printemps ; le jeune plant, élevé en pépinière, y restera jusqu'à ce qu'il soit assez fort pour être planté à demeure.

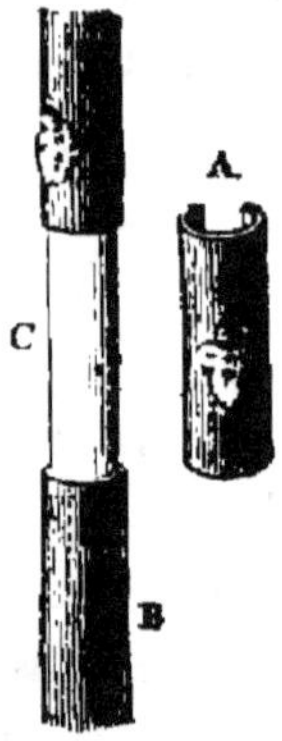

Les variétés que l'on désire reproduire seront greffées en pied ou sur tige de jeunes sujets, par les procédés de greffe en couronne, greffe de biais dans l'aubier, greffe en flûte. Il faut éviter d'enter une espèce précoce en végétation sur une autre plus tardive ; le cas contraire aurait moins d'inconvénient.

Fig. 134. — Greffe en flûte du Noyer.

Le greffage en flûte (*fig.* 134) se pratique à la montée de la sève. Le greffon (A) est une plaque d'écorce

presque tubulaire qui viendra, sur le sujet (B), remplacer le cylindre cortical enlevé (C) lors du greffage.

Nous avons réussi le greffage en bifurcation de
notre Noyer à fruit comestible (*Juglans regia*) sur tige
de Noyer noir (*Juglans nigra*), espèce américaine plus
vigoureuse que l'autre, plus spéciale à l'industrie, moins
utile à la consommation, mais ayant bravement supporté les trente degrés de froid du grand hiver.

La distance du Noyer en ligne est de 10 mètres
environ.

Taille du Noyer. — Le Noyer ne supporte aucune
taille. On le plante sans l'écimer. Si cependant une
branche gourmande ou mal placée se développait, il
faudrait la réprimer par une taille longue.

V. — RÉCOLTE, EMBALLAGE, EMPLOI DES NOIX.

Récolte. — La noix annonce sa maturité par l'ouverture naturelle du péricarpe ou *brou*, et par la chute
du fruit (*fig.* 135).

La récolte se fait à coups de gaule sur les branches.
Monter dans l'arbre, en évitant de meurtrir les brindilles ; secouer les branches ou bien frapper sur les
bouquets de noix avec la gaule.

Souvent, dans nos campagnes, on attend que le fruit
s'*écalle* et tombe naturellement, pour le ramasser
ensuite, par un temps sans pluie.

Les fruits sont transportés dans un hangar, où ils
seront séparés de leur enveloppe ; puis, on les étendra
au grenier, on les retournera de temps en temps pour
les aérer et pour que l'on puisse les mettre en tas.

En Touraine, on se réunit le soir pour éplucher les noix et les livrer en commun à l'huilerie. Celle-ci, garde le marc « tourtée » en paiement. Un décalitre de noix fournit un litre d'huile.

Emballage. — L'emballage des noix se fait en sac, caisse, mannequin ou tonneau ; il suf-

Fig. 135. — Rameau fruitier du Noyer.

fira que le récipient soit, comme le fruit, assez sec et bien sain. Le sac « perdu » est de 12 à 15 kilogrammes ou de 25 à 30.

Emploi. — On utilise la noix dans la consommation directe, dans la fabrication de l'huile et de diverses préparations ménagères : pâtisserie, cuisine, etc.

100 kilogrammes de noix donnent 42 kilogrammes d'amandes pour l'alimentation ou l'industrie.

La noix confite, fruit entier, est un dessert choisi. La jeune noix confite a, pour les palais blasés, un charme de plus.

La noix fraîche, à manger verte ou en cerneau, est recherchée par les populations urbaines, et vendue facilement au marché ou à domicile.

En Auvergne, certains établissements consacrés à la fabrication des conserves de fruits, préparent la noix blanche, sucrée, glacée en bocal.

L'engraissement de la grosse volaille, et particulièrement des dindons, avec des noix, est un procédé connu des éleveurs ; il est pratiqué dans nos campagnes, en prévision d'un repas de famille ou d'amis.

Le *soufrage* des noix par le gaz sulfureux pratiqué dans un tonneau au fond grillagé leur donne un bel aspect et les préserve de la moisissure.

A elle seule, la ville de Paris consomme 7 000 000 de kilogrammes de noix sèches et 3 000 000 de kilogrammes de noix vertes.

Le brou de noix entre dans la préparation de couleurs économiques et de liqueurs de ménage. Le sirop de brou de noix est très usité.

Les noix *Chaberte* et *Mésange* sont recherchées pour les huileries. Les tourteaux retournent ensuite à l'agriculture pour l'alimentation du bétail et pour l'engrais du sol.

La feuille de Noyer infusée dans l'eau est un insecticide contre les pucerons et les kermès du jardin. Les chevaux frictionnés avec cette infusion souffrent moins des piqûres des mouches et des taons. Elle a son emploi dans l'économie domestique.

Les régions bien ensoleillées des États-Unis cultivent le Noyer Pacanier, *Carya olivæformis*, genre de noix oblongue de la famille des Juglandées, et quelques autres Caryas, déjà introduits en France. Nous les récoltons en Champagne. Le fruit est comestible ; le bois de l'arbre a sa réputation dans la carrosserie et le charronnage, sous le nom de *Hickory*.

PÊCHER

(*Amygdalus Persica*)

I. — TERRAINS QUI CONVIENNENT AU PÊCHER.

Le Pêcher préfère les sols légers, sablonneux, argilo-calcaires. Les terrains froids, marécageux, trop argileux lui donnent la gomme et empêchent la complète lignification de ses tissus.

Une couche de terre trop aride et peu profonde ne donne pas à la chair du fruit la force d'élaborer le suc agréable que l'on aime à y rencontrer.

Greffé sur Amandier, il faut au Pêcher un bon terrain sec et profond ; c'est le sujet sur lequel il vit le plus longtemps. Greffé sur Prunier, il s'accommode des sols plus frais et moins profonds.

Le Pêcher de grain, bon pour le plein vent, vient dans les terres à vigne ; un sol pourrissant provoque le dégarnissement de ses rameaux et le champignon à ses racines.

Si le Pêcher aime les terrains profonds, il ne faudrait pas en conclure qu'une plantation profonde lui serait salutaire ; au contraire, il y aurait encore motif à moisissure. Le collet de l'arbre doit toujours dépasser le niveau du sol de manière à ne pas s'y enfoncer.

Les plâtras sont d'excellents amendements pour le

Pêcher ; les éléments salpêtreux, calcaires ou siliceux favorisent sa végétation et entretiennent son existence.

II. — SITUATIONS QUI CONVIENNENT AU PÊCHER.

Le Pêcher est plus sensible au climat qu'à la nature du sol. Les climats chauds ou tempérés, mais réguliers, lui conviennent admirablement ; les courants d'air froid, l'abaissement et l'instabilité de la température au printemps, les fréquents brouillards sont contraires à sa floraison et à la saine végétation de ses branches.

Les coteaux bien exposés, les vallons où les variations atmosphériques se font peu sentir sont les milieux qui accentuent sa rusticité en plein vent.

L'aire climatérique du Pêcher, originaire des pays chauds comme la Vigne, repose sur le climat du vignoble. On pourrait citer, à titre d'exception, quelques variétés qui mûrissent en Belgique, par exemple, et s'y reproduisent par le semis de leur noyau ; mais il paraîtrait que la culture de la Vigne n'a pas toujours été un souvenir dans le pays des Flandres.

Avec le concours de murs et d'autres constructions analogues, on peut élever toutes les variétés de Pêchers. D'abord, il devient facile de transformer un sol défectueux en l'améliorant ; puis, l'abri du mur préservera l'arbre des rafales du nord et réfléchira la chaleur contre ses branches ; enfin, la protection au moyen de toiles, de paillassons ou simplement par la saillie du couronnement du mur, sauvera la floraison de l'action des gelées printanières.

On rencontre le Pêcher, robuste, au sud de l'Europe, au nord de l'Afrique, au centre de l'Asie et de l'Amérique septentrionale.

III. — CHOIX DES MEILLEURES VARIÉTÉS DE PÊCHES.

Il y a des Pêches robustes qui se reproduisent volontiers par le semis de leurs noyaux; elles sont plus spéciales à la culture en plein vent. D'autres, plus délicates, ne se reproduisent que par le greffage et ne viennent guère qu'avec l'abri du mur, ce sont les Pêches d'espalier. De là, les deux divisions suivantes :
A. Pêches de plein vent;
B. Pêches d'espalier.

A. — Pêches de plein vent.

Les Pêches de plein vent sont le résultat d'un semis; l'arbre en est robuste et son fruit est apte à transmettre ses propriétés par la voie séminale.

Dès que l'on possède un bon type, on doit en continuer la culture et la propagation au moyen du semis; il est bien rare qu'une variation sensible se manifeste dans les générations successives. Si, cependant, elle s'accentue au profit de l'espèce, la sous-variété deviendra type à son tour. C'est par une sélection analogue que l'on est parvenu à créer de bonnes races et à prévenir leur dégénérescence. Telles sont :

La **Pêche de vigne, rouge**
—   — **blanche** à peau duveteuse et à noyau libre.
— **jaune**

La **Pêche Pavie**; chair rouge ou blanche, adhérente au noyau.

— **Persèque**; chair jaune, adhérente au noyau.

— **Brugnon**; à peau non duveteuse, à noyau adhérent (*Brugnon*), ou à noyau libre (*Nectarine*).

Ces divers groupes ont été la souche de bonnes pêches de plein vent.

La pêche d'Oignies (*fig*. 136), en Belgique.

Le **Brugnon de Feligny**, en Belgique.

La Pêche **de Beure**, en Franche-Comté.

L'Alberge, en Bourgogne et en Savoie.

Fig. 136. — Pêche d'Oignies.

La **Mogneneins**, dans le Beaujolais.

La **Turenne**, dans le Lyonnais.

La **Tullins**, ou **de Syrie**, dans le Dauphiné.

La **Romorantin**, dans l'Ouest.

La **Mirlicoton**, dans le Périgord.

Les **Piquerol** et **Saint-Jacques**, du Roussillon.

Les **Pavies**, du Béarn, du Bordelais, du Languedoc.

La **Royale de Barsac**, du Médoc.

La **Précoce de Beauregard**, région d'Hyères.

Les **Brunet** et **de Mézel**, des Basses-Alpes.

La **Précoce de Bompas**, des Pyrénées.

Les **Pavie-Alberge**, en Provence.

La **Niçarde**, du pays niçois.

Les **Crawford** et **Oldmixon**, des États-Unis.

B. — Pêches d'espalier.

Le Pêcher est un des rares arbres fruitiers que l'on puisse classer méthodiquement, d'abord par la denture des feuilles, les glandes du pétiole, les dimensions et le coloris de la fleur, l'état tomenteux ou glabre de l'épiderme du fruit, enfin par l'adhérence ou l'isolement de la pulpe à l'égard du noyau. Mais étant donné le caractère de cet ouvrage, nous établirons seulement deux divisions :

Les Pêches (à peau duveteuse) ;

Les Nectarines (à peau lisse).

La série *Amsden, Alexander, Cumberland, Saunders* est devancée de huit à quinze jours par la maturité de *Le Vainqueur* (en anglais *Victor*), *Sneed, Jessie Kerr*, et suivie par *Professeur Vilaire, Charles Ingouf, Précoce de Bagnolet.*

Les unes et les autres sont à chair libre, c'est-à-dire que la pulpe s'isole naturellement du noyau.

Nous laisserons de côté les *Pavies* et les *Brugnons,* — la chair adhérente au noyau étant ici un défaut, — et nous suivrons l'ordre de maturité.

1° *Pêches à peau duveteuse.*

Ordre de maturité des meilleures pêches d'espalier.

Amsden (*fig.* 137, p. 240). — Arbre très vigoureux, très fertile.

Fruit moyen, presque gros, coloré ; chair assez fine, juteuse, assez sucrée, relevée. Bon.

Maturité, juin et commencement de juillet.

A Nice et à Perpignan, on récolte en plein air cette variété, le 10 juin. A Troyes, nous la récoltons trois semaines plus tard. Et en même temps, les américaines *Triumph* et *Dewey*.

Rouge de mai. — Arbre robuste et généreux.

Fruit moyen ou assez gros, obrond, richement coloré ; chair fine, juteuse, fondante, bien sucrée. Bon.

Maturité, juin et commencement de juillet.

Noyau moyen, isolé de la chair.

Précoce Rivers (*fig.* 138). — Arbre vigoureux, d'un bon rapport ; dédié à Thomas Rivers, horticulteur anglais, obtenteur de pêches hâtives méritantes.

Fruit gros, parfois assez gros, assez coloré ; chair fine, fondante, bien juteuse, sucrée, savoureuse. Bon.

Maturité, fin juillet.

L'arbre convient aux grandes formes. Son fruit a parfois l'inconvénient de s'ouvrir au noyau, mais il est alors à sa parfaite maturité.

Fig. 138. — Pêche Précoce Rivers.

Précoce de Hale. — Arbre robuste, fertile.

Fruit moyen, très coloré ; chair teintée, bien fondante, juteuse, sucrée, vineuse. Très bon.

Maturité, juillet-août.

Hale's Early réussit en plein vent et au forçage.

Fig. 137. — Amsden.

Fig. 140. — Grosse Mignonne hâtive.

Fig. 139. — Crawford's Early.

Fig. 142. — La France.

Fig. 144. — Alexis Lepère.

Précoce Crawford (*fig.* 139). — Arbre robuste, fertile.

Fruit gros, parfois très gros, coloris orange teinté carmin ; chair jaune, abricotée, mi-fine, fondante, juteuse, sucrée, relevée. Bon ou très bon.

Maturité, première quinzaine d'août.

Cette belle pêche se reproduit par semis et réussit bien en plein vent (Voy. *Crawford's Early*).

Grosse Mignonne hâtive (*fig.* 140). — Arbre vigoureux, très fertile.

Fruit gros, d'un beau coloris ; chair fine, fondante, juteuse, saveur relevée agréablement.

Maturité, mi-août.

Précieuse variété, fort appréciée à l'espalier, en plein air, et supérieure au forçage.

Baron Dufour. — Arbre ramifié, très fertile.

Fruit gros, parfois très gros, fortement coloré ; chair nuancée rose, fine, fondante, juteuse, parfumée. Très bon.

Maturité, deuxième quinzaine d'août.

Beau et bon fruit. Nous l'avons récolté très gros par le greffage de boutons à fruits.

Fig. 141. — Pêche Madeleine Hariot.

Madeleine Hariot (*fig.* 141). — Arbre très vigoureux, très fertile.

Fruit gros, bien coloré ; chair fine, fondante, juteuse sucrée, vineuse, relevée. Très bon.

Maturité, deuxième quinzaine d'août.

Variété de la *Madeleine*, robuste aux voyages.

La France (*fig.* 142, p. 240). — Végétation régulière et productive.

Fruit gros, ambre et cerise ; chair presque blanche, rosée au cœur, fine, sucrée, parfumée. Très bon.

Maturité, deuxième quinzaine d'août.

Beau fruit d'amateur et de vente.

Fig. 143. — Pêche Grosse Mignonne.

Grosse Mignonne (*fig.* 143). — Arbre vigoureux, assez ramifié ; très fertile.

Fruit gros ou assez gros, assez coloré ; chair fine, bien fondante, assez juteuse, parfumée. Très bon.

Maturité, fin août.

Ce type de plein air, d'espalier, de forçage a donné naissance à de bonnes sortes.

Galande. — Arbre robuste, très productif.

Fruit gros, fortement coloré ; chair veinée, fine, tassée, fondante, juteuse, bien sucrée, vineuse et parfumée. Très bon.

Maturité, deuxième quinzaine d'août.

Fruit superbe par son coloris, doté de toutes les qualités : un des meilleurs de la saison, bon à forcer.

Madeleine rouge. — Arbre très vigoureux, très fertile.

Fruit gros, bien coloré ; chair blanche teintée, fine,

fondante, bien sucrée, vineuse, parfumée. Très bon.

Maturité, fin août.

Cette espèce a donné naissance à de bonnes variétés, parmi lesquelles : **Marguerite**, belle pêche colorée, fruit de commencement d'août; **Royal George**, beau fruit, marbré, de première qualité, mûrissant dans la seconde quinzaine d'août.

De Malte. — Arbre robuste, productif.

Fruit moyen, légèrement coloré; chair fine, blanc crémeux, tassée, fondante, juteuse, très sucrée, très parfumée. Très bon.

Maturité, août-septembre.

La meilleure des pêches d'espalier; il ne lui manque que l'ampleur des formes.

L'arbre, de moyenne envergure, pourrait réussir à l'air libre, en bonne situation.

Alexis Lepère (*fig.* 144, p. 240). — Arbre robuste, généreux.

Fruit de première grosseur, fortement coloré; chair légèrement teintée au cœur, assez ferme, fine, fondante, juteuse, de première qualité.

Maturité, commencement de septembre.

Superbe et excellente variété à l'espalier, également productive en plein vent.

Belle Beausse. — Arbre de bonne vigueur et de bonne fertilité.

Fruit gros, assez coloré; chair bien fine, fondante, sucrée, agréablement parfumée. Très bon.

Maturité, première quinzaine de septembre.

Cette variété, originaire de Montreuil, rentre dans la parenté des *Mignonnes*.

Admirable. — Arbre vigoureux, fertile.

Fruit gros ou très gros, assez coloré ; chair blanche, teintée au centre, fine, fondante, sucrée, bien parfumée. Très bon.

Maturité, première quinzaine de septembre.

Bel arbre pour les grandes formes.

Belle Henri Pinaut. — Arbre vigoureux, ramifié, fertile.

Fruit gros, fortement coloré ; chair fine, blanc laiteux, fondante, juteuse, sucrée, savoureuse. Très bon.

Maturité : mi-septembre.

Bon arbre d'espalier, assez robuste.

Reine des Vergers (*fig*. 145, p. 246). — Arbre robuste, très fertile.

Fruit gros ou très gros, richement coloré ; chair blanche, teintée au cœur, assez fine, fondante, assez sucrée, vineuse, relevée. Très bon.

Maturité, mi-septembre.

Ce beau fruit, très méritant, vient également en plein vent, l'arbre étant soumis à la taille.

Belle Impériale. — Arbre vigoureux, très fertile.

Fruit gros ou très gros, coloré ; chair blanche, teintée au cœur, fine, fondante, sucrée. Très bon.

Maturité, mi-septembre.

Beau fruit tenant bien à la branche. Arbre convenable aux grandes formes.

Vilmorin (*fig*. 146, p. 246). — Arbre robuste, ramifié, productif.

Fruit gros, rouge pourpre sur fond ambre clair ; chair blanche, colorée au cœur, fine, fondante, juteuse, relevée. Très bon.

Maturité, deuxième quinzaine de septembre.

Beau fruit de dessert et de commerce.

Bonouvrier (*fig.* 147, p. 246). — Arbre robuste, très fertile.

Fruit gros et très gros, coloré ; chair blanche, colorée au centre, fine, fondante, juteuse, sucrée, vineuse, agréable. Très bon.

Maturité, fin septembre.

Arbre ramifié, se soumettant aux petites formes et aux moyennes envergures.

Blondeau. — Arbre de vigueur modérée, très fertile.

Fruit assez gros, souvent gros, blanc crémeux, largement

Fig. 149. — Pêche Baltet.

recouvert de rouge pourpre ; chair fine, colorée au cœur, fondante, bien juteuse, sucrée avec un léger parfum. Très bon. Maturité, fin de septembre.

Variété recherchée au jardin et au marché.

Téton de Vénus (*fig.* 148). — Arbre bien vigoureux, lentement fertile.

Fruit de première grosseur, mamelonné au sommet ; prenant au soleil un fin coloris ; chair assez fine, blanchâtre, mi-fondante, sucrée quand le fruit est bien coloré. Bon.

Maturité, fin septembre et commencement d'octobre.

Bel arbre réclamant une exposition chaude et ensoleillée.

Baltet (*fig.* 149). — Arbre robuste, ramifié. pour toutes formes ; très fertile.

Fig. 145. — Reine des Vergers.

Fig. 146. — Vilmorin.

Fig. 150. — Brugnon Précoce de Croncels.

Fig. 147. — Bonouvrier.

Fig. 148. — Téton de Vénus.

Fruit gros, parfois très gros, ovoïde renflé, mamelonné ; beau coloris, rubis sur fond nacré ; chair blanche, légèrement teintée au cœur, fine, fondante, juteuse, sucrée, vineuse et richement parfumée. Très bon.

Maturité commençant fin septembre, pour se terminer première quinzaine d'octobre.

La meilleure des pêches tardives : fruit tenant bien à l'arbre, et voyageant facilement.

Gain de Lyé-Savinien BALTET (1800-1879), fondateur des Pépinières de Croncels, à Troyes.

Salway. — Arbre vigoureux, fertile.

Fruit gros, parfois très gros, carmin sur fond orange ; chair jaune clair, assez fine, ferme, fondante, juteuse, saveur abricotée. Bon.

Maturité, octobre.

Cette variété termine, avec la précédente et la pêche **Opoix**, la série des belles et bonnes pêches d'espalier. Tailler court.

Parmi les belles et bonnes pêches tardives, signalons *Théophile Sueur* et *Arthur Chevreau*, nées à Montreuil.

Ordre de mérite des meilleures pêches d'espalier.

La Pêche est un fruit tellement recherché en toute saison que, pour faciliter notre classification, nous divisons l'espèce en trois séries de maturité.

1. — PÊCHES HATIVES.

DE LA FIN JUIN A LA MI-AOUT.

Précoce de Hale.	**Précoce de Crawford.**
Grosse Mignonne hâtive.	**— Rivers.**
Amsden.	**Rouge de mai.**

2. — PÊCHES DE MOYENNE SAISON.

DE LA MI-AOUT A LA MI-SEPTEMBRE.

Grosse Mignonne.	**de Malte.**
Madeleine rouge.	**Admirable.**
Galande.	**La France.**
Alexis Lepère.	**Belle Beausse.**
Madeleine Hariot.	**Baron Dufour.**

3. — PÊCHES TARDIVES.

DE LA MI-SEPTEMBRE A LA MI-OCTOBRE.

Bonouvrier	**Vilmorin.**
Baltet.	**Blondeau.**
Belle Henri Pinaut.	**Téton de Vénus.**
Reine des Vergers.	**Opoix.**
Belle Impériale.	**Salway.**

2° *Pêches à peau non duveteuse (Brugnons, Nectarines).*

Ces deux types présentent le même aspect; la différence qui les caractérise est dans l'adhérence de la chair au noyau. Le Brugnon est adhérent, la Nectarine ne l'est pas. On les confond sous le nom général de *Brugnon* ; nous ne parlerons que des Nectarines.

La pêche à peau non duveteuse est moins recherchée que l'autre, probablement parce que son épiderme lisse, simulant une prune ou un abricot, ne flatte pas l'œil autant que le velouté ou la rougeur de la pêche; mais elle voyage plus facilement; et, au lieu de se détériorer dans son état de maturation, elle se flétrit et gagne en saveur vineuse. Si donc le spéculateur la néglige, le consommateur doit en faire son profit.

Voici le nom des meilleures sortes :

Lily Baltet. — Fruit moyen ou assez gros, grenat recouvert de violet bruni ; chair très fine, fondante, juteuse, richement sucrée. Très bon.

Maturité, juillet-août.

Bonne variété de première saison.

Précoce de Croncels (*fig.* 150, p. 246). — Fruit de première grosseur, ambré nuancé violet-prune estompé de pourpre ; chair assez fine et fondante, juteuse, relevée, agréable.

Maturité, commencement d'août.

Robuste en plein vent, à l'espalier et sous verre.

Lord Napier (*fig.* 151). — Fruit assez gros, parfois gros, mamelonné, violet marbré sur fond rouge clair ; chair fine, fondante, juteuse, sucrée. Très bon.

Maturité, courant d'août.

Bonne variété de plein air et de forçage.

Orange. — Fruit moyen, jaune orangé frappé pourpre ; chair

Fig. 151. — Brugnon Lord Napier.

abricotée, fine, fondante, parfumée. Bon.

Maturité, août et septembre.

Nous pouvons recommander deux variétés méritantes, à chair jaune : 1° Brugnon *Orange de Pitmaston*, mûrit première quinzaine d'août : 2° *Jaune de Padoue*, plus tardif et plus délicat de goût.

Grosse Violette. — Fruit assez gros, violet sur fond vert pourpré ; chair teintée, fine, fondante, juteuse, sucrée, assez parfumée. Très bon.

Maturité, commencement de septembre.

Sa reproduction est souvent identique par noyaux.

Victoria. — Fruit assez gros, pourpre grenat, marbré, sur fond ambré ; chair teintée au cœur, fine, fondante, sucrée, bien parfumée. Très bon.

Maturité, deuxième quinzaine de septembre.

Arbre à planter à bonne exposition.

Nous recommanderons encore, aux amateurs de Nectarines, **Cardinal, de Feligny, Elruge, Galopin**.

IV. — PLANTATIONS COMMERCIALES DE PÊCHERS.

La plantation commerciale du Pêcher peut s'exercer avec l'arbre de verger, l'arbre de culture intercalaire ou disséminé dans le vignoble, aussi bien qu'avec l'espalier au mur. Nous examinerons les résultats à ce double point de vue.

1° Culture en plein vent.

Culture en France. — Le Pêcher croît à l'air libre, en France, vers le Centre, l'Ouest et le Sud dans toute son étendue. Il y a cependant quelques exceptions.

Ainsi, dans la Franche-Comté, aux portes de

Besançon, le village de Beure possède, sur un coteau Est, des plantations de Pêchers disséminés dans les vignes et les vergers. Année moyenne, la pêche *de Beure* rapporte de 40 à 50 000 francs. Cette commune, composée de 1 100 habitants, vend chaque année pour 100 à 150 000 francs de fruits divers, non compris le produit de la Vigne. Les pays voisins, Avanne et Velotte, obtiennent de semblables résultats financiers.

En Savoie, le Pêcher *Alberge* qui se reproduit naturellement, comme l'espèce précédente, est cultivé commercialement dans quelques vallées abritées.

En 1897, cinq cantons de l'arrondissement de Vienne récoltaient et exportaient un million de kilogrammes de Pêches, soit 12 000 kilogrammes par hectare.

Au pied de Côte-Rôtie, la riche plaine d'Ampuis, tant réputée pour ses vins, fournit une quantité considérable de pêches et d'abricots.

Lyon propage *Fine Jaboulay* et *Belle Cartière*.

Le Dauphiné a la pêche *de Syrie* dite *de Tullins*, nom du canton de l'Isère où elle a été propagée depuis longtemps. L'espèce se reproduit par semis ; le fruit est beau, ferme, coloré ; on l'expédie à Grenoble, à Lyon, dans les villes de la région et même à Paris ; mais les précoces *Amsden* et *Hale's Early* ont séduit les cultivateurs, et les gares d'Épinouze, Saint-Hambert en expédient désormais plus de 1 000 000 de kilogrammes vers la capitale et les villes voisines, jusqu'en Angleterre, en Suisse et en Belgique.

L'extrême Sud-Est est plus riche encore en plantations de Pêchers ; mais la pêche *molle* (chair fondante, à noyau libre) se substitue déjà à la pêche *dure* (chair ferme, adhérente au noyau).

La région de Nice reste fidèle à la *Niçarde*, pêche à chair dure, colorée, mûrissant en septembre, alors que les pêches à chair molle pénètrent dans la plaine de Sauvebonne et dans la vallée du Gapeau.

« Cueillies à point, nous faisait remarquer M. Nardy, quand la chair *cède* sensiblement sous le doigt, elles répandent une odeur vineuse pénétrante. Il faut les mordre à même ; leur jus excessivement abondant, sucré et très relevé, inonde la bouche. »

Une propriété de profit, la Décapris, aux portes de Hyères, a des vergers qui portent, par pied d'arbre, 50 kilogrammes de pêches, à six ans de plantation, en pêche molle (à noyau libre), ou en pêche à noyau adhérent. Ce domaine qui a obtenu la Prime d'honneur au concours régional de 1882 a, dans la riche vallée de Sauvebonne, planté en 1877-1878 cent Pêchers *Amsden* qui, au printemps 1882, lui rapportaient 3 600 kilogrammes de jolis et excellents fruits, en maturité dès le 20 juin. La pêche *Alexander*, non moins hâtive, et quelques autres nouveautés américaines, la plupart issues du type *Amsden*, ont comme lui, et mieux que toute autre, résisté aux gelées du 9 mars 1883, par suite de leur floraison tardive. Le propriétaire, M. Raymond Aurran, plante ses Pêchers sur le pied de 300 sujets environ par hectare, suivant la nature des cultures qui s'y trouvent associées. La récolte commence à la troisième année ; une plantation peut durer quinze ans et fournir 1 000 francs par hectare, non compris le produit des Fraisiers qui couvrent le sol en culture dérobée.

Non loin de là, à Muy, une plantation de 50 Pêchers *Amsden june* a donné en 1882, soit à la quatrième année, des fruits pour une somme de 1 000 francs.

Les pêcheraies de l'Oratoire, à Hyères, composées d'*Amsden*, au branchage évasé, fournissaient 60 kilogrammes de fruits par sujet.

Les plantations de Pêchers, dans la Crau d'Arles, ont pris une telle importance que le marché de Salon, fort renommé, est devenu insuffisant ; les autres communes du canton ont créé des marchés semblables pour le commerce des Pêches.

Si les Basses-Alpes conservent les pêches *Brunet* et *de Mézel*, pour confire, et l'Ariège ses Pavies de *Ricard* pour les grandes « foires aux pêches », l'extrême Sud-Est cultive la *Madeleine hâtive*, à chair libre, pour la consommation.

Après le Languedoc, riche en pêches succulentes ou d'apparat, le Sud-Ouest possède de jolies sortes, excellentes et appréciées par les négociants. Les essais de leur acclimatement sous une autre zone ne leur ont pas toujours été favorables, mais cette région cultive encore nos bonnes sortes populaires.

Dans les Pyrénées-Orientales, on plante dans les vignes des espèces hâtives nommées *Saint-Assiscle*, *grosse Madeleine*, *Piquerolle*, *Montreuil*, *Saint-Jacques*, *Saint-Jean*, *Pavie-Madeleine*, *Palonne*, *Précoce jaune*. En 1880, les fruits envoyés par caisses à la halle de Paris ont été vendus à la criée 135 francs les 100 kilogrammes, ce qui donne un bénéfice net de 70 francs. On a calculé que 2 000 Pêchers produisent un revenu net de 3 000 francs. Le territoire de Rivesaltes comporte 40 000 Pêchers plantés depuis douze ans. Le département compte 100 000 Pêchers ; la vente du fruit se fait, en moyenne, sur le pied de 25 francs les 100 kilogrammes.

Les *Pavies* ont l'avantage de se prêter aux manipulations et aux fatigues des emballages, des voyages et transports au marché, de tenir assez longtemps à l'étalage du marchand et d'être employées à la cuisine.

En 1897, la gare d'Ille-sur-Tet en expédiait 465 000 kilogrammes vers Toulouse, Paris, Londres, dont 32 000 kilogrammes par jour, du 5 au 10 juillet. Un seul sujet, variété *Précoce de Bompas*, a donné 225 kilogrammes, vendus 0 fr. 40 le kilogramme.

A bientôt les Pavies *de Kecskemét* et *de Mezokömarom* de la Pomone hongroise.

Culture aux États-Unis. — Les Américains ont compris la grande importance de la Pêche au point de vue de l'alimentation directe ou de l'industrie des conserves ; ainsi, la statistique de 1892 évalue à 112 000 000 de sujets le nombre de Pêchers plantés aux États-Unis, et à 375 000 000 de francs le revenu qu'ils produisent, soit 2 fr. 50 par arbre (*fig.* 152).

Il en résulte un progrès économique et commercial, en même temps l'application du frigorifique ou du réfrigérant aux wagons, aux navires, et la création d'usines assurant un débouché au producteur.

Dans l'État de New-York, un propriétaire réalise 3 000 dollars avec 10 acres de Pêchers, soit 15 000 francs, pour 4 hectares et demi. Un autre, à Starkey, a acheté 11 000 dollars une ferme plantée d'arbres fruitiers en rapport, la moitié en Pêchers ; une récolte fut vendue sur place 5 000 dollars pour les pêches et 1 000 dollars pour les fruits divers. Un autre exemple vient de l'Ohio. Un verger de Pêchers, acheté 7 000 dollars, en a rapporté 6 000 à l'acheteur, dès la première année.

En 1879, l'État du Michigan, région Nord, a expédié au port de Chicago 426 000 paniers contenant chacun un quart de boisseau (le bushel ou boisseau équivaut à 36',34) de pêches ; mais la production est plus consi-

Fig. 152. — Pêcher de plein vent aux États-Unis.

dérable en gagnant le Centre et le Sud, dont la climature répond au tempérament du Pêcher.

Le Delaware et le Maryland possèdent plus de 20 000 hectares de Pêchers comprenant 5 000 000 d'arbres ; la production, estimée à plusieurs millions de baskets (le basket vaut 9 litres), est consommée à l'état frais ou transformée en conserves. De nombreuses usines, dans ces deux États, fabriquent chaque année plusieurs millions de boîtes de pêches conservées, pour dessert. Il nous suffira de citer le plus grand verger du Maryland (Round top peach farm), composé de 50000 arbres, occupant un personnel de 800 personnes au moment de la récolte et expédiant 130 000 caisses de pêches, par charrettes et steamers.

La Pêche à chair jaune domine. Il en arrive 50000 paniers par jour au marché de New-York ; mais déjà les cultivateurs de l'Arkansas et de l'Illinois adoptent les hâtives *Amsden, Alexander, Early Rivers,* pour la vente des fruits de primeur, sans abandonner les *Crawford* et *Old Mixon*, hâtives ou tardives, les plus populaires de l'Union.

Le Texas, région Sud, ayant récolté, au 12 mai, les pêches *Amsden* et similaires, les cultivateurs en ont fait aussitôt l'objet d'exploitations importantes.

Dans l'État de Géorgie, les mêmes variétés précoces mûrissent du 18 au 31 mai ; entre ces deux dates, il y a de suite un écart dans le prix de vente.

En Californie, la pêche et l'abricot sont assez abondants pour 30 fabriques de conserves de fruits ; leur exportation dépasse 15000000 de boîtes métalliques par saison.

La récolte des pêches y atteint 1 000 000 de kilogrammes, en moyenne.

2° Culture en espalier.

Les plantations créées en vue du commerce devront comprendre quelques variétés généreuses et belles,

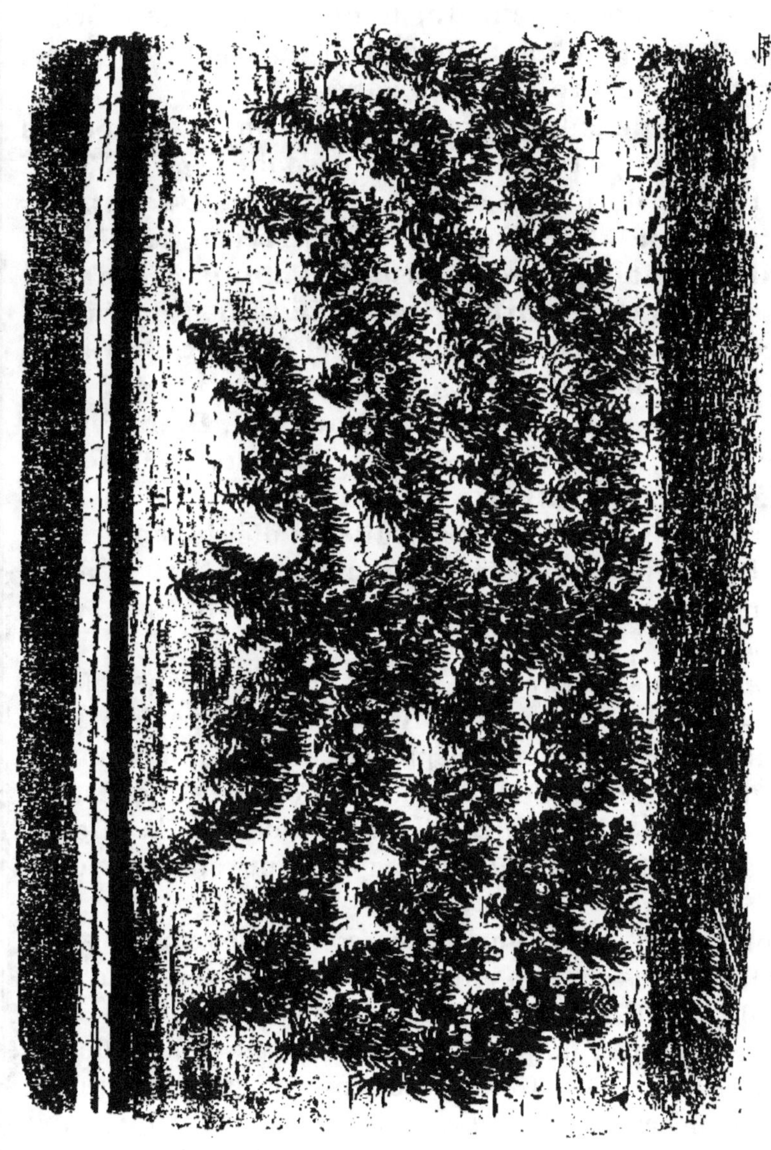

Fig. 133. — Pêcher d'espalier, palmette simple.

mais d'une époque de maturité différente, afin d'éviter l'encombrement d'un fruit délicat aux manipulations, et prompt à se ternir ou à se gâter.

S'il s'agit de cultures plus variées, on les composera dans l'ordre suivant, toujours à l'espalier (*fig.* 153) :

1° Pêches de juillet et août : **Amsden, Alexander, Rouge de mai, Précoce de Hale, Précoce de Rivers, Galande, Madeleine, Grosse Mignonne ordinaire, Grosse Mignonne hâtive, Baron Dufour, La France, Précoce de Crawford, Belle Henri Pinaut, de Malte.**

2° Pêches de septembre et octobre : **Reine des Vergers, Baltet, Alexis Lepère, Blondeau, Bonouvrier, Admirable, Bourdine, Belle Beausse, Vilmorin, Belle Impériale, Opoix, Salway.**

Partout où il y a des arboriculteurs d'élite, on remarque des Pêchers soumis « aux règles de l'art » ; aussi le nombre de ces arbres, en France, est-il assez considérable.

Les grands centres de production du Pêcher, Montreuil près Paris, Écully près Lyon, ont perfectionné la culture du Pêcher d'espalier, tout en augmentant quelque peu le nombre des variétés cultivées jadis.

La « pêche de Montreuil » tient toujours la tête du marché ; elle a enrichi le pays dont elle porte le nom.

Montreuil, — y compris les communes voisines, — a 500 hectares de clos entourés de murs, avec murs de refend (*fig.* 154), consacrés à la culture du Pêcher en espalier, pour la majeure partie. Le produit brut de ces enclos est évalué à 3500 francs environ par hectare, en ce qui concerne la pêche d'espalier. Les ravages du grand hiver 1879-1880 ont été évalués à 2 500 000 francs, y

compris la perte des treilles, des espaliers et des vergers. Hâtons-nous de dire que, par le recepage des
arbres à collet sain et par de nouvelles plantations, le
sol étant amendé, la prospérité du pays est promptement revenue.

Les cultivateurs de Montreuil commencent à mettre

Fig. 154. — Murs de refend, pour espalier, dans un jardin
fruitier.

en pratique les conseils paternels que leur adressait,
le 10 août 1851, M. de Rotrou, alors maire de cette
bourgade. Prévoyant la concurrence que ne manquerait
pas de susciter à la Halle de Paris, la construction des
voies ferrées, l'honorable magistrat invitait ses admi-
nistrés à redoubler d'ardeur dans la culture et le choix

des variétés, de façon à rester maîtres de la place en toute saison ; aussi voyons-nous s'étaler sur les murs, et les précoces *Amsden* et *Alexander*, et les tardives *Baltet*, *Opoix* et *Salway*, qui viennent précéder ou suivre la récolte des traditionnelles *Mignonne*, *Madeleine*, *Galande*, *Belle Beausse*, *Bourdine*, *Bonouvrier*.

Y verrons-nous bientôt, en culture commerciale ou bourgeoise, les superbes *Ray*, *Bishop*, *Impérial*, *Belle of Georgia* tant vantées au pays Yankee ?

On compte 1 000 000 de mètres de murs d'espalier à Montreuil, y compris les murs de refend, lesquels, établis jadis pour la division des héritages, ont eux-mêmes démontré leur utilité et sont désormais obligatoires pour concentrer la chaleur, abriter du froid et augmenter la surface d'espalier. En évaluant à 22 ou 25 pêches par mètre courant de surface murale, on arrive à un chiffre de 20 000 000 de pêches, pour la totalité d'une récolte, année moyenne.

Il y a 500 hectares de clos, disons-nous ; or, un hectare peut produire 40 000 pêches, — on compte 15 000 à l'arpent, — nous arrivons encore au chiffre de 20 000 000 de fruits.

Les premières pêches en maturité se vendent de 2 à 3 francs pièce. Les dernières, qui n'ont plus la concurrence des fruits du midi, dépassent souvent ce prix. L'abondance arrive du 15 août au 15 septembre.

On raconte que Girardot, l'initiateur de la culture spéculative du Pêcher à Montreuil (1695), vendit à la Ville de Paris, qui donnait une fête, 3 000 pêches pour 3 000 écus. Son fief de 3 hectares, touchant à Montreuil et à Bagnolet, entouré de murs avec murs intérieurs à 8 mètres, lui rapportait 36,000 livres.

Un des grands noms de l'Arboriculture montreuilloise, Pépin (1722-1802), récoltait jusqu'à 100,000 pêches dans une année. Ce chiffre est encore atteint de nos jours par quelques cultivateurs émérites.

Espérons que leurs successeurs, guidés par les exemples de leurs aînés, continueront à lutter contre les intempéries de l'atmosphère et les fatigues du sol, deux ennemis de la culture du Pêcher en espalier !

V. — CULTURE DU PÊCHER.

Multiplication du Pêcher. — Nous avons indiqué, au paragraphe des variétés du Pêcher, un certain nombre de types qui se reproduisent aussi identiquement que possible par le semis de leurs noyaux. S'il y a écart, il est bien rare qu'il n'en résulte pas toujours un bon produit. Les Sanguines, à chair rouge, les Alberges, à chair jaune, les Pavies, à noyau adhérent, les Brugnons, à peau lisse, sont de ce nombre. Les belles et bonnes pêches d'espalier, *Amsden*, *Précoce de Hale*, *Mignonne*, *Madeleine*, *de Malte*, *Galande*, *Reine des Vergers*, *Précoce de Crawford*, constituent, par le semis, autant de souches, dont les rejetons sont dignes de la culture en plein vent.

Le Pêcher d'espalier se propage par la greffe, attendu que les chances d'un produit de semis ne sauraient contrebalancer les frais occasionnés par la culture en espalier.

L'Amandier et le Prunier sont les sujets sur lesquels on greffe le Pêcher dans la région du Centre. L'Amandier est pour les terrains secs, profonds ; le Prunier est réservé aux terrains humides, peu profonds, aux climats froids. Dans le midi de la France, le Pêcher franc est le sujet généralement adopté.

Le mode de greffage est l'écusson pratiqué à 0^m,10 du sol, sur de jeunes sujets élevés par semis.

L'Amandier est de l'espèce à coque dure, à amande douce. Le Prunier est le *Damas* ou le *Saint-Julien*. Le temps de l'écussonnage est plutôt vers la fin de l'été, soit en août et septembre. En Angleterre, le Prunier *Brompton* est le sujet de greffage des Pêchers indigènes, tandis que les Brugnons se greffent sur le Prunier *Muscle*, et les espèces à chair blanche ou rouge sur le *Damas de Toulouse*.

Pêcher en plein vent. — Le Pêcher en plein vent est un arbre de semis ou un plant greffé. Nos climats tempérés offrent de rares exemples d'une longue durée, lorsqu'il est greffé; mais le Centre et le Sud sont ses régions favorites.

Il convient de le planter jeune et pas trop haut; la demi-tige avec tête en pomme d'oranger présente plus de garantie de longévité et de récolte facile des fruits.

Le buisson et la forme tabulaire ne conviennent guère qu'aux pays chauds, aux champs privés de toute autre emblave.

Le Pêcher demi-tige peut être planté çà et là dans les plates-bandes du jardin, les treilles de Vignes, les carrés de Fraisiers, ou à titre de sujet intermédiaire et provisoirement, entre les grands arbres du verger.

Il y a lieu de s'étonner que l'on n'en dispose pas quelques-uns dans les massifs d'arbustes du parc paysager, en climat favorable. Sa jolie fleur printanière et son fruit séduisant n'en seraient pas l'ornement le moins flatteur.

En ligne homogène, le Pêcher en plein vent sera planté à 3 ou 4 mètres d'écartement.

Pêcher en espalier. — Le Pêcher cultivé en espalier est d'abord un jeune sujet âgé d'un an de greffe (*fig.* 155), planté contre un mur ou autre construction, à une exposition visitée par le soleil.

Sans méconnaître la beauté artistique des grandes formes dites carrées, qui suscitent la difficulté de réparer les vides que le soleil, la gelée ou toute autre cause y occasionnent, nous devons nous arrêter à l'*éventail* dit queue-de-paon, régulier seulement dans l'ensemble de son branchage (fig. 158).

Aux grandes formes et au cordon simple, vertical ou oblique, nous préférons les moyennes formes :

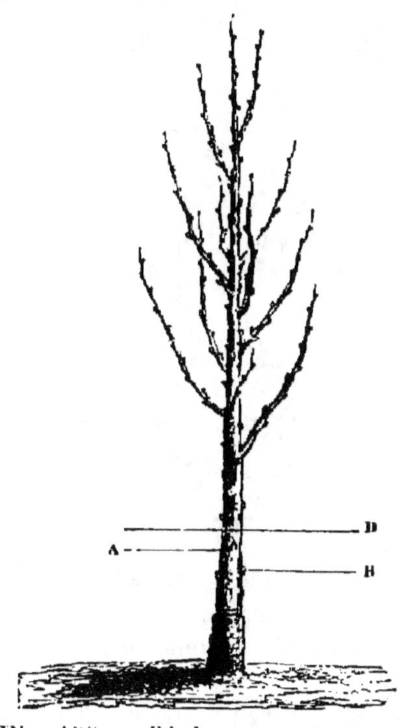

Fig. 155. — Pêcher ayant un an de greffe.

Le *petit candélabre* à deux branches verticales ou U simple (*fig.* 156) ;

Le *candélabre* à quatre branches, vulgairement U double (*fig.* 157) ;

La *palmette candélabre* est applicable au Pêcher, à la condition que l'envergure soit d'une moyenne étendue, et que la flèche soit supprimée au-dessus de l'étage supérieur de branches. La distance minimum des plantations est 5 mètres pour l'éventail, 3 mètres pour la palmette, 2 mètres pour le moyen candélabre ou à quatre bras, un mètre pour le candélabre à deux bras.

Nous donnons (*fig.* 158) la représentation d'un Pêcher

Fig. 156. — Pêcher dit en **U**, ou petit candélabre.

Fig. 157. — Pêcher en candélabre à quatre branches.

dressé en *éventail* régulier, le côté droit étant déjà taillé.

Taille du Pêcher. — Le *Pêcher de plein vent* ayant une tendance à se dégarnir, on lui appliquera une taille annuelle ou à peu près, en diminuant la longueur des branches principales et des rameaux de production, et en éclaircissant par quelques coups de sécateur les branchages compacts. L'opération se fait sur le bois de l'année, au printemps, et même à l'automne, avant la chute complète des feuilles et après la récolte du fruit.

Une bonne époque serait encore au commencement

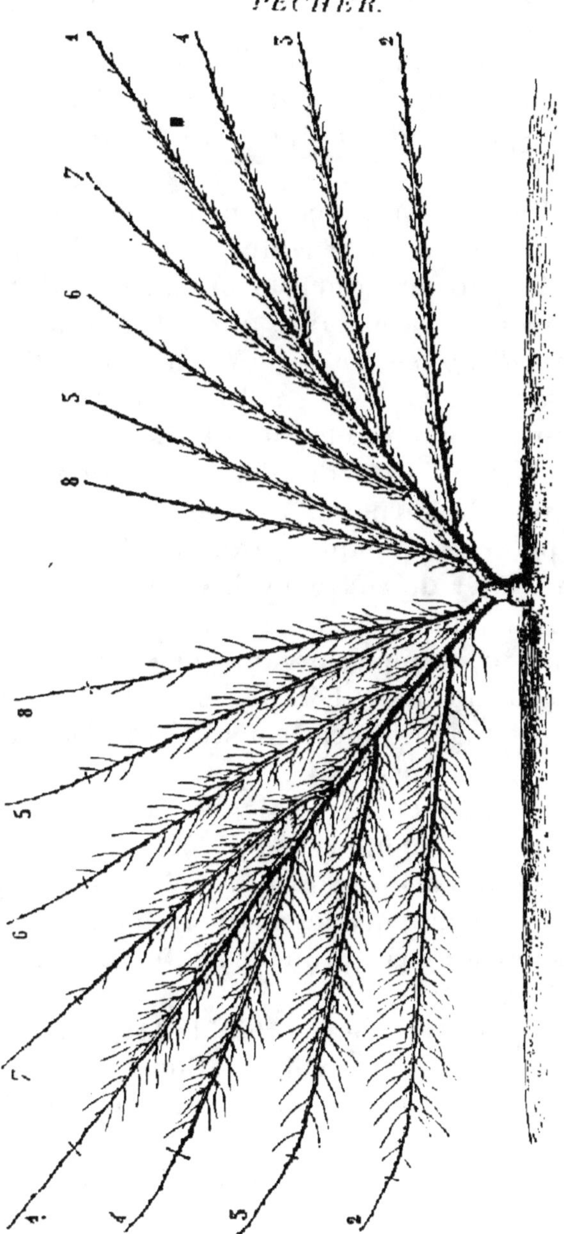

Fig. 158. — Pêcher dressé en large éventail (le coté droit étant taillé).

de juin ; la sève cicatrise les plaies de la taille en vert, la gomme a moins de prise, et les nouvelles brindilles auront une disposition fructifère. Le Pêcher se soumet à cette opération.

Il est des espèces à végétation trapue, ramifiée, et même des arbres d'un certain âge, sur lesquels il devient inutile de pratiquer la moindre taille ; on se borne à réduire les rameaux d'une allure disparate.

Le *Pêcher d'espalier* est soumis à une taille indispensable à sa santé et à sa fructification. Des volumes dus à nos maîtres ont été publiés sur la taille du Pêcher ; mais il est difficile d'opérer convenablement sans avoir mis la serpette à la main, et sans avoir fonctionné pendant quelques années. Toujours est-il que le jeune sujet doit être taillé au printemps de sa plantation. Ainsi, le sujet (*fig.* 155), planté à l'automne, sera taillé au printemps suivant (en D), de telle sorte que l'œil (A) continuera la tige centrale, et l'œil (B), avec celui qui lui fait face, constitueront la première assise de la charpente.

La charpente du Pêcher, calculée sur une moyenne de 0^m,50 entre les membres, doit être obtenue lentement ; la base de l'arbre sera plus solidement assise et pourra braver les emportements de la tête.

Donc, un seul étage de branches suffit, chaque année, aux jeunes palmettes.

Les formes en U simple ou double U U s'obtiennent facilement ; on commence la bifurcation, dès la première sève, par une taille en vert ou par un pincement et un palissage (*fig.* 156 et 157).

En général, une taille longue est préférable à l'égard des membres de charpente. Ceux qui prennent trop de développement seront maintenus par un pincement modéré ou un palissage sévère.

La branche à fruit, espacée à 0^m,15 ou 0^m,20 sur le membre de charpente, est taillée en crochet, c'est-à-dire qu'avec une *coursonne* ou branche à fruit portant deux rameaux, l'un sera taillé long pour fructifier, l'autre sera taillé court pour remplacer, l'année suivante, celui qui aura été taillé long. La même opération se répète ainsi tous les ans. Une branche à fruit taillée long, à cause de ses yeux fructifères, sera supprimée ou réduite aussitôt après la récolte, pour que la sortie des bourgeons de la base en soit stimulée.

Un rameau simple, ni ramifié, ni bifurqué, garni de boutons floraux, pourrait être conservé. On le taille long, on le palisse sévèrement, en l'arquant au besoin : pendant l'été, l'ébourgeonnage réduira les bourgeons du sommet et du centre, tout en ménageant ceux de la base qui se développeront mieux.

La qualité fructifère d'un rameau est dans sa grosseur moyenne, ses yeux étant gonflés et assez rapprochés.

L'arboriculteur habile sait diriger ses arbres pendant la végétation. Aussitôt la floraison terminée, une taille en vert raccourcira les longues brindilles dépourvues de fruits ; puis l'ébourgeonnement supprimera les pousses inutiles ; ensuite, le pincement arrêtera les brins à 5 ou 6 feuilles ; enfin le palissage aidera à maintenir l'équilibre dans la végétation.

Nous signalerons quelques opérations particulières ayant pour but d'utiliser les bourgeons à fleur.

Les brindilles (C, *fig.* 159), nées par le pincement des rameaux (B) sur la branche (A), fructifient ; le pincement arrêtera l'élongation des jets qui s'y développent, sauf ceux de la base qui serviront à *asseoir*

Fig. 159. — Fructification des brindilles du Pêcher.

la taille de l'année suivante. Il est important de ne

point laisser un Pêcher dégarni à la base de sa char-

Fig. 160. — Application du cran et de la taille longue à la branche fruitière du Pêcher.

pente ; on y parvient avec les opérations dites d'été ou

en vert, en les appliquant rigoureusement aux rameaux du sommet qui tendraient à s'emporter.

Lorsqu'on veut profiter des apparences fructifiantes d'un rameau, on peut encore lui appliquer le cran. Le rameau (*a. fig.* 160) né sur la branche (*d*) porte des yeux à fleur (*f*) : on les ménage par une taille longue, et on ouvre un petit cran (*c*) au-dessus de l'œil (*b*) de la base. À la végétation, ces yeux (F, n° 2) porteront fruit ; les bourgeons (E) à bois seront comprimés par le pincement, ainsi que le bourgeon du sommet, tandis que le scion (B) provoqué par le cran se développera et deviendra, à son tour, branche fruitière l'année suivante. alors que la taille aura retranché la branche (A) au point (C) de bifurcation.

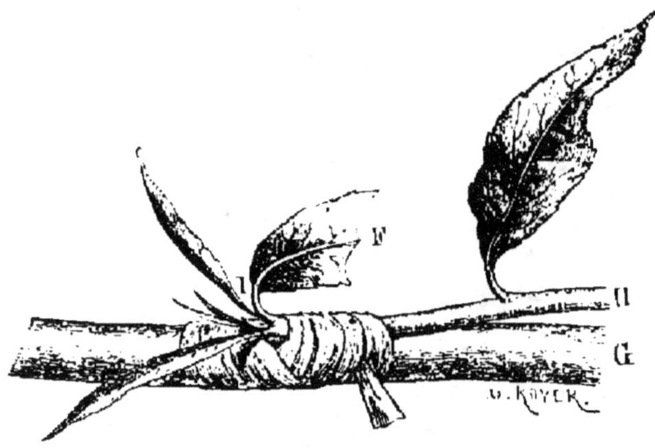

Fig. 161. — Greffe par approche en arc-boutant, du Pêcher.

Lorsqu'un membre de charpente est dénudé, on prend un scion à la base de la partie nue, et on le palisse dessus en le dirigeant dans le même sens. L'ancien membre ainsi remplacé ne sera pas supprimé avant la seconde année de restauration.

Si la branche est encore vivace, il est facile d'y souder le scion de remplacement au moyen de la greffe par approche. Il y a plusieurs procédés :

D'abord le greffage en arc-boutant (*fig.* 161). Le rameau (H) écimé en biseau sera introduit par une incision en ⊢ sous l'écorce de la branche (G). Pratiquée en juin, la greffe se soudera immédiatement. Dès que le bourgeon (I) se développera, il conviendra de rogner à moitié la feuille (F) pour empêcher l'élongation des premiers yeux de la base, ce qui offrirait un inconvénient à la taille en crochet, qui aura lieu plus tard sur ce futur rameau. Le sevrage de la branche (H) aura lieu après soudure complète, à la chute des feuilles.

Au lieu de l'œil (I), un rameau

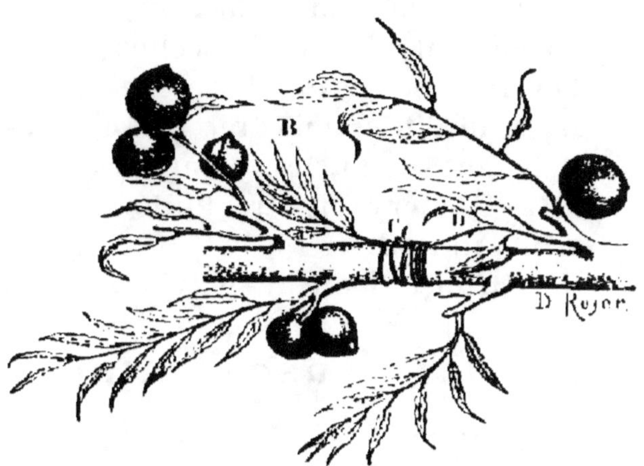

Fig. 162. — Greffe en approche avec des rameaux de Pêcher.

anticipé donnerait les mêmes résultats, sinon meilleurs.

L'autre procédé, qui est une greffe en approche ordinaire, consiste à prendre le rameau (D, *fig.* 162) et à l'incruster dans l'écorce de la branche dégarnie. On agira de telle façon qu'un œil (C) se trouve sur la partie enchâssée ; le rameau (D) sera donc avivé à son point de contact, et la branche légèrement incisée pour le recevoir. Le sommet (B) constituera l'année suivante, après sevrage, la branche fruitière que l'on désirait obtenir.

On préserve la fructification de l'atteinte des gelées printanières, au moyen de petits paillassons placés en auvent, de février en mai, et de toiles tendues obliquement, de la crête du mur jusqu'au sol, ou au cordon horizontal de Pommiers qui borde l'espalier. On pourrait même se contenter de petits paquets de ramilles sèches de genêt, de bruyère, etc., accrochés çà et là dans le branchage.

Quand il y a trop de pêches sur un arbre, il convient d'en retrancher où il y a excès, alors que le fruit a la grosseur d'une noisette. La récolte sera plus profitable et la santé de l'arbre y gagnera.

Le Pêcher doit être taillé dès la première année de sa plantation.

Le tronçonnement sur vieux bois lui est fatal.

VI. — RÉCOLTE DES PÊCHES.

La Pêche est bonne à cueillir quand le fond vert de la peau s'éclaircit ; la couleur et le parfum sont plus accentués, l'épiderme s'assouplit, et le faible mouvement de rotation que l'on imprime au fruit, avec la main, indique son degré de maturation. La *Pêche* destinée aux voyages sera cueillie avant sa maturité absolue. La *Pavie* se prête mieux aux transports lointains et au séjour prolongé à l'étalage du marchand. Le *Brugnon* acquiert plus de saveur lorsqu'il est cueilli assez mûr et laissé quelques jours sur une tablette ; mais son épiderme se flétrit et ne flatte pas autant l'œil de l'acheteur.

Il y a toujours avantage à favoriser le coloris brillant de la pêche au moyen d'un effeuillement préalable ; mais il faut être sobre de retranchements. Dès que l'épiderme s'éclaircit, la période de maturation commence ; on peut alors couper, sur leur pétiole, quelques feuilles qui privent le fruit de la lumière solaire ; on opère graduellement de façon à conserver deux ou trois feuilles au-dessus du fruit, à titre de parasol, jusqu'à la récolte.

Nous n'avons pas besoin de recommander les précautions dans le maniement des belles pêches. Il faut les cueillir « les doigts ouverts ». On les dépose, accompagnées d'une feuille de vigne ou autre feuille douce, dans un panier plat (*fig.* 163), et on les place sur les

Fig. 163. — Panier servant à la récolte et au transport des pêches.

rayons d'une fruiterie d'été, c'est-à-dire d'une chambre aérée, saine, ni chaude comme une serre, ni froide comme une cave.

L'on ne doit pas cueillir les pêches d'espalier en plein soleil, si elles doivent être emballées et expédiées en voyage ; dans ce cas, il conviendrait de les laisser refroidir à l'ombre.

La Pêche de plein vent se récolte à la main ou au cueille-fruit ; on doit éviter avec soin de maculer, de taler l'épiderme délicat de la pêche. Une pêche meurtrie extérieurement a perdu la moitié de sa valeur ; c'est « la pêche à quinze sous » du *Demi-Monde*.

Un spectacle animé lors de la récolte à Montreuil, c'est la *cueillette*, de cinq à huit heures du matin ; puis la *descente* à la maison, des cultivateurs, de leurs ouvriers et des femmes et jeunes filles, — frais minois, mise coquette et simple, le panier plat sur la tête; ensuite le triage, le brossage et l'arrangement en paniers, corbeilles ou simples *semelles* de paille.

Toutes ces opérations sont faites avec un soin minutieux et une grande habileté. Il n'est pas jusqu'à la cueillette des feuilles de Vigne qui ne nécessite une certaine habitude pour les rompre net au pétiole.

L'art de la direction et du gouvernement du Pêcher s'est popularisé en France, grâce aux leçons pratiques d'Alexis Lepère (1799-1882) (Voy. *fig.* 170), à la mémoire duquel la reconnaissance publique s'est montrée aussi spontanée que légitime. Son fils a propagé les principes du maître jusque dans le Nord de l'Europe, où il a créé et dirigé de beaux jardins fruitiers (Voy. *fig.* 154).

VII. — EMBALLAGE DES PÊCHES.

La Pêche destinée aux voyages ne doit pas être *chaude*; cueillie au soleil levant ou au soleil couchant, elle devra rester quelques heures reposée, sinon refroidie, dans une chambre saine, fraîche, aérée.

A Montreuil près Paris, le cultivateur place la pêche sur une feuille de Vigne, dans un panier plat (*fig.* 163); ce panier est porté, sur la tête, dans le hangar. Là, le fruit est soumis au triage et au brossage avant d'être conduit au marché ou livré à l'emballage.

Les personnes employées au brossage de la pêche ont la précaution de préserver, par un foulard, leur cou des atteintes du duvet du fruit, qui causerait à la peau des démangeaisons désagréables (*fig.* 165).

La préparation du fruit pour le marché de Paris est un travail tout spécial. On a des *semelles* de paille tressées à la main pour recevoir les gros fruits, et de petits paniers-corbeilles dits *vendangeux* (*fig.* 164), destinés aux fruits moyens ou petits. L'habitude est de placer huit grosses pêches sur une semelle, et 48 moyennes ou 96 petites dans le panier-corbeille, chaque fruit étant assis sur une feuille de Vigne. Une fois chargés de fruits, semelles et paniers sont recouverts chacun d'une toile fermée avec des épingles. On place ensuite six semelles sur un clayon tapissé de mousse, et on le recouvre à son tour d'une toile ou banne ;

Fig. 164. — Panier rond de Montreuil, dit vendangeux.

c'est ce que l'on nomme « un six ». Le travail se fait dans une chambre spéciale, ainsi qu'on le voit dans l'atelier de Gustave Chevalier (*fig.* 165), arboriculteur avantageusement connu.

Le clayon est ensuite logé dans un grand cageot à trois étages (*fig.* 166) obtenus au moyen de deux clayettes portées par deux bâtons mobiles chevillés avec clavettes. Le rang supérieur comprend les paniers *vendangeux*. Le rang du centre est destiné aux manettes, couchées sur le côté. Les semelles sur clayons auront l'étage inférieur pour les recevoir.

De la paille placée entre les semelles et corbeilles en empêche le ballottement ; enfin, une assez grande ouverture latérale facilite la visite de l'octroi. Jadis, le

transport des semelles, paniers et corbeilles sur Paris

Fig. 165. — Préparation, brossage et emballage des pêches à Montreuil, pour le marché de Paris.

se faisait à la hotte ou à dos de cheval (*fig.* 167) ; aujourd'hui, les cultivateurs ont une voiture dite tapissière, qui reçoit les paniers et les conduit à la Halle. Cette transformation a créé une industrie nouvelle dans le pays. Des commissionnaires dits *revendeurs* passent, le soir, chez les producteurs, prennent leurs paniers et corbeilles de fruits et les conduisent au marché pour les vendre, moyennant une commission de 10 ou 15 p. 100.

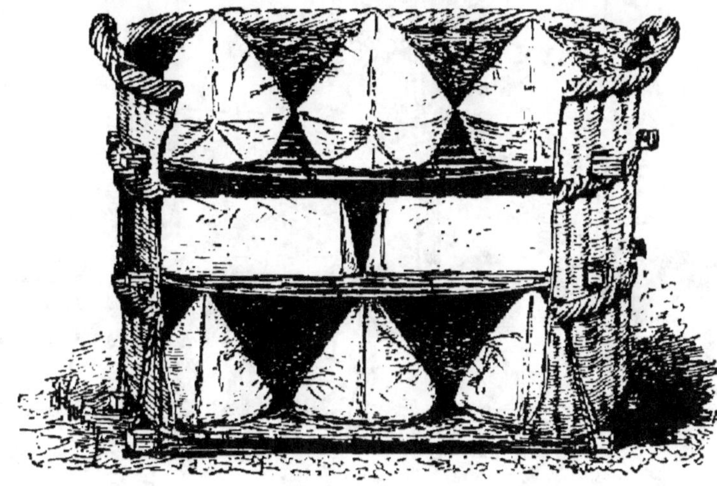

Fig. 166. — Coupe du cageot à étages, employé au transport des clayons et des corbeilles de pêches.

Chaque mille de Pêches vendues coûte ainsi 20 francs de frais de cueillette et d'emballage.

Emballage en panier. — On emploie des paniers carrés, ronds ou ovales, et d'autant plus petits que le fruit est plus beau ou en maturité.

Le fond du panier et toute la paroi intérieure sont tapissés d'un lit de paille de seigle ; celui-ci sera recouvert lui-même d'une feuille de gros papier.

Les fruits les plus fermes sont placés dessous, les

plus mûrs dessus, sans chercher à farder la marchandise, ce qui amène toujours des déboires.

Avec le panier bordelais à couvercle bombé, on place les plus beaux fruits au milieu, et dans les lits

Fig. 167. — Mode de transport des fruits employé, jadis, de Montreuil à Paris.

supérieurs, afin de prendre la forme du couvercle.

Il n'y a que les petites pêches ou celles qui sont destinées aux préparations économiques qui puissent être emballées à plein panier. Le beau fruit réclame plus de soins : un panier plus petit, le moins de lits possible, une feuille de papier joseph ou même deux si le fruit est bien mûr ou un peu frais, de petits tampons de même nature dans les vides, une feuille de papier fort et des rognures entre chaque lit. En résumé, il faut au fruit une espèce d'alvéole qui le reçoive sans pression et sans lacune.

Le dernier lit étant placé avec art, le beau coloris de la pêche mis en évidence est couvert de rognures ; puis, au sommet, on ramène les feuilles de papier qui garnissent les côtés ; enfin un papier épais, commun, couvre le tout. Une couche de paille de seigle termine,

Fig. 168. — Panier capitonné servant à récolter et à transporter les pêches.

de façon que le couvercle fermé ne fasse qu'une légère pression, mais sans ballottement.

L'emballage avec des feuilles de Vigne suffit pour le transport direct au marché.

Le panier doublé d'étoffe (*fig.* 168) est employé, à Thomery, à la récolte des pêches et des raisins. Recouvert d'une toile douce ou banne, il peut servir au transport à la main, du fruit, chez le destinataire : halle, restaurateur, négociant ou consommateur.

Emballage en caisse. — La belle pêche étant un fruit recherché, bien payé, doit arriver aussi vermeille qu'à la cueillette.

La caisse plate et assez large (*fig.* 169) qui contient

une douzaine de belles pêches sur le même plan suffit ; cela constitue un beau dessert. La pêche étant un fruit qui mûrit vite, le consommateur en évite les provisions superflues.

On achète ces caisses toutes fermées et on leur ouvre le fond pour y loger les fruits. Le commerce de fruits

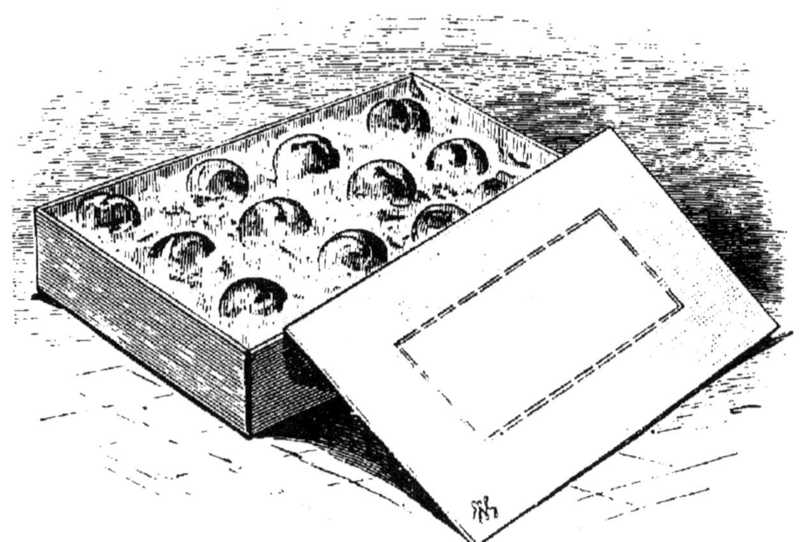

Fig. 169. — Emballage de pêches. en caisse.

a pris une telle extension que l'industrie fournit des caissettes toutes garnies de papier blanc, avec une bande brodée à l'ouverture et des cases ouatées.

Pour emballer, la caisse étant ouverte par le fond, on commence par placer une feuille de papier un peu moins grande que l'ouverture, les bords ayant une bande festonnée ; d'autres feuilles de papier sur les côtés seront plus larges que les parois, de manière qu'on puisse les croiser en recouvrant le dessous (qui deviendra le dessus) du lit de fruits.

La pêche, enveloppée d'un papier soie, sera tamponnée pour qu'il lui soit évité tout ballottement. Il serait préférable de ne l'envelopper qu'à moitié, de telle sorte qu'en ouvrant la caisse, son bel épiderme rubis et ambre, ou pourpre et nacre, se présente entouré de frisures blanches ou grisailles.

Lorsqu'il s'agit de fruits très beaux, ou avancés en maturité, on devra les séparer par des compartiments intérieurs, délicatement capitonnés (Voy. *fig.* 318).

VIII. — EMPLOI DES PÊCHES.

La Pêche est le fruit le plus fin, le plus délicat. Il est flatteur à la vue, exquis au goût; son seul défaut est de ne pas durer assez longtemps.

La pêche artistement groupée sur une jatte, sur une étagère girandole de table, constitue un dessert de luxe, superbe et appétissant.

Le Pêcher élevé en pot, et portant fruit, est un bel ornement du service de la table.

La consommation du fruit se fait à son état naturel, ou avec addition de vin et de sucre.

La période de maturité de la pêche peut être retardée de deux ou trois mois, au moyen d'appareils réfrigérants et de constructions spéciales.

Une plus longue conservation — artificielle — s'obtient par le système des conserves Appert et par la *mise en bouteille* des fruits entiers ou par quartiers, en boîte métallique ou en carafe de verre.

La pêche en conserve dans une boîte de fer-blanc

n'a pas, comme les fruits rouges, l'inconvénient d'y prendre le goût du fer; on peut alors l'employer plus mûre que s'il s'agissait de l'introduire dans un bocal à orifice étroit.

Les États-Unis ont installé des usines considérables qui utilisent les immenses récoltes de pêches pour les conserves en boîte.

La France a déjà plusieurs de ces établissements; leur prospérité est de bon augure.

Les jardiniers de Montreuil et du Lyonnais y placent un tiers de leurs petits fruits.

Les pêches glacées ou confites réussissent mieux avec des variétés à chair ferme, plutôt blanche. Les chairs rouges font de jolies compotes.

Le vin de pêches s'obtient avec des variétés à chair molle, mais parfumée.

Les plus parfumées des chairs fermes servent aux compotes de pêches (cuites), à la soupe aux pêches, à la salade de pêches (crues) au vin blanc. A Nice, on les conserve au système Appert, en boîte ou en carafe, et elles servent aux entremets chauds.

Les *Pavies* sont employées dans le Midi aux marmelades, aux confitures, aux beignets de pêche. Le fruit étant pelé et débarrassé du noyau, la chair reste seule dans la bassine.

Les *Brugnons*, comme les petites pêches blanches de plein vent, peuvent être conservés à l'eau-de-vie.

La *Pêche de vigne* ou *de plein vent*, écrasée et soumise à l'alambic, fournit une eau-de-vie d'un goût particulier. C'est ainsi qu'on l'utilise en Bourgogne, dans les années d'abondance, et en Amérique sous le nom de « peach brandy ».

Les fleurs fraîches de Pêcher servent à la préparation d'un sirop médicinal.

Les feuilles vertes, en infusion dans le lait chaud,

Fig. 170. — Alexis Lepère expliquant une forme de fantaisie dans son clos, à Montreuil (d'après une photographie).

sont recherchées pour la confection des crèmes. Fraîches ou sèches et infusées dans l'eau, elles sont employées, dans le Cher, au rinçage des futailles.

PLAQUEMINIER

(*Diospyros*)

I. — TERRAINS QUI CONVIENNENT AU PLAQUEMINIER.

Le Plaqueminier prospère dans tout bon terrain, plutôt un peu frais et en situation libre. Nous l'avons trouvé vigoureux et fertile, en plein vent ou en pépinière, au milieu des sols variés des Alpes-Maritimes, du Var, de la Drôme, du Gard, des Bouches-du-Rhône, de l'Hérault, de l'Algérie. Il s'agit ici de l'espèce japonaise « Kaki » (*D. japonica*) qui fructifie, *abritée*, à Lyon, Orléans, Paris, Troyes. Elle a supporté — 16°, en 1871, à Toulon. L'espèce américaine « Persimmon » (*D. virginiana*) est plus robuste en France, fructifiant à l'air libre de Paris à Montpellier. Quant au type italien (*D. Lotus*). d'ornement, son rôle est de servir de porte-greffe aux variétés des espèces précitées.

II. — VARIÉTÉS DE PLAQUEMINES.

La Plaquemine est une baie charnue, plus ou moins astringente au moment de la récolte ; la pulpe n'est mangeable qu'à partir de son blettissement.

Les variétés suivantes, d'origine exotique, ont fructifié en France et peuvent être recommandées.

Plaquemines américaines. — L'arbre est grand ;

o son fruit est abondant et moins gros que celui du
٤ groupe japonais.

La **Plaquemine de Virginie**, type de cette série, a
la grosseur d'une prune moyenne, et le coloris vert
d'eau ou jaune ambré, parfois orangé. La maturité a
lieu dès le mois d'octobre; la qualité en est généralement bonne.

La Plaquemine **de Perquin**, variété heureusement
douée, se reproduit de graines.

La Plaquemine **Couronnée** est une des meilleures,
mûrissant à partir du 15 septembre; le fruit a l'aspect
d'une prune de Reine-Claude, et une chair mielleuse,
sucrée; fruit de dessert et de confiserie. L'arbre est
d'un beau port et se propage par la greffe.

La Plaquemine **Luisante**, de forme ovoïde aiguë,
mûrit de septembre en novembre, et semblerait, par
la nuance orangée de son épiderme, se rapprocher du
groupe asiatique.

Plaquemines japonaises. — L'arbre produit un bel
effet par son feuillage ample et ses fruits sphéroïdaux,
ovalaires ou aplatis, lisses ou côtelés, agréablement
colorés rouge, orange, cinabre ou rose .vermillonné,
poudré d'une efflorescence glauque; leur aspect rappelle l'orange, la mandarine, et surtout la tomate dans
ses diverses transformations.

La Plaquemine **à côtes**, *D. costata*, est un fruit
gros, ovoïde renflé, légèrement mamelonné, à côtes
prononcées, de couleur orange vermillonné. La qualité est bonne. Peu ou point de graines. Maturité,
novembre et décembre (*fig.* 171).

Cette variété a été cultivée également sous le nom de
Plaquemine *de Mazel*.

Giboushin ou *Berlandier*. — Fruit gros, ovalaire aigu, rouge cire ; chair tendre, de bonne qualité, mûrissant en novembre. Arbre moyen, de grande fertilité.

Hatchiya ou *Acclimatation de Toulon*. — Fruit gros, oviforme, avec stries semi-circulaires en tête, rouge foncé. Chair mielleuse, excellente au couteau, à la cuiller et au séchage. Maturité précoce, d'octobre à décembre. Précieuse variété à tous usages.

Arbre vigoureux, de belle végétation, très fertile.

Nachimiotan ou *Pharmacien Honnoraty*. — Fruit assez gros, sphérique, un peu comprimé ; aurore carminé clair.

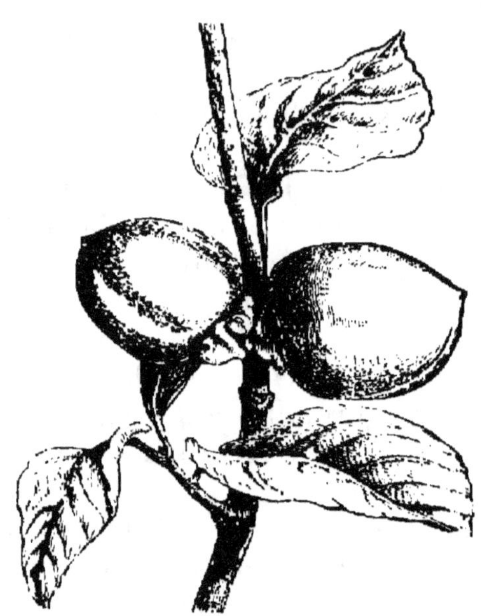

Fig. 171. — Plaquemine du Japon.

Chair tendre, bonne au couteau et à la cuiller, quand la maturité est complète. Décembre.

Arbre à rameaux divariqués ou retombants ; prompt à la fructification.

Tsouroukaki ou *Engaurran*. — Beau fruit, plus haut que large, rose orangé, passant au rouge opalin, légèrement strié et maculé. Chair abricotée, fondante, bonne, précoce en maturité.

Tsouroumarou ou *Docteur Turret*. — Fruit assez

gros, arrondi ou aplati, finement côtelé ; rouge cerise sur fond saumoné. Chair assez ferme et lente à mûrir ; d'un goût sucré. — Décembre et janvier.

Arbre à rameaux dressés ; d'une bonne production, souvent bisannuelle.

Yakoumi ou *Ingénieur Dupont*. — Fruit assez gros, ombiliqué, sphérique déprimé, légèrement côtelé, rouge vif vermillonné. Bon fruit sucré, pour l'arrière-saison ; à cueillir tard.

Arbre d'un beau port pyramidal ; bien fertile.

Les Plaquemines **Ochirakaki** ou *Comte de Castillon*, dont l'arbre est à beau feuillage, et **Tiodémou** ou *Amiral Fisquet*, celle-ci portée par un branchage érigé, **Zenzi**, généreuse et tardive, sont de moyenne grosseur, à pulpe légèrement âpre.

Au Japon, où l'on compte, outre les précédentes, plusieurs centaines de variétés cultivées de cet arbre fruitier populaire, on rencontre sur les marchés de gros fruits : *Isuru-no-Ko, Kabuto-gaki, Nitari Okame, Yedo-ichi, Yemon* et les pâles coloris de *Daïdaï-Mazu, Hiyakume, Nitari, Shimo-maru, Shimo-Shiradzu.*

La *Kochiomarou* est précieuse au séchage du fruit.

Si plusieurs centaines de variétés sont connues au Japon, déjà, nos confrères français de la région sud en obtiennent d'intéressantes par le semis et la sélection.

III. — CULTURE DU PLAQUEMINIER.

Multiplication. — Par le semis, le Plaqueminier de Virginie reproduit assez fidèlement ses types principaux. Les autres se propagent par la greffe sur franc.

Le Plaqueminier du Japon réclame le greffage de ses variétés sur franc ou plant obtenu par le semis des graines ; on le greffe encore sur le Pl. américain et sur le Pl. d'Italie, de pied franc.

Les procédés de greffage en plein air sont l'écusson *dormant* ou *poussant*, et surtout les greffes en fente, en couronne, ou dans l'aubier avec des rameaux sains, bien aoûtés.

Les Japonais ligaturent avec la paille de riz ; nos méridionaux avec le raphia, la laine, la « balle » de maïs.

Les pépinières de l'Extrême-Orient ont déjà expédié vers la Floride, la Louisiane, la Géorgie, des centaines de milliers de sujets greffés en variétés de choix.

Culture. — Dans leur climat respectif, les Plaqueminiers s'élèvent plutôt en haute tige ; les espèces japonaises viennent aussi bien en basse tige, en demi-tige et à tige élevée, par exemple au Japon, où elles constituent des plantations considérables, d'un grand rapport.

À la façon du raisin sur les bourgeons de Vigne, la Plaquemine naît sur les jeunes rameaux et pendant le cours de leur développement. Il n'y a donc aucun inconvénient à tailler le jeune bois des arbres trop disposés à se charger de fruits. On opérera vers le milieu de l'automne, quand les feuilles s'apprêtent à tomber, ou à la récolte et au printemps, avant la montée de la sève. La fructification annuelle sera alors plus régulière.

Des rameaux fluets, conservés lors de la taille, se

couvrent de fruits en guirlande. Dans l'été, on ménagera les brindilles pour obtenir de plus beaux fruits.

De temps en temps, après la récolte, on écimera les branches folles, on éclaircira les branchages diffus et on supprimera le bois mort. Au Japon, on se contente d'une taille bisannuelle.

Récolte du fruit. — La récolte se fait à l'automne ; l'épiderme du fruit éclaircit ou modifie son coloris qui

Fig. 172. — Récolte des Plaquemines (Kaki) au Japon.

prend alors sa dernière teinte. Il est nécessaire de cueillir avant les grandes gelées, soit de septembre en novembre, suivant la précocité de l'espèce. La Plaquemine saisie par le froid perdrait une partie de sa saveur.

La figure 172 prise sur place, par les soins de M. Hayato Foukouba, directeur des parcs et jardins impériaux du Mikado, indique le mode de cueillette dans un verger japonais, celui-ci étant installé en pleine rizière. La cueillette se fait à l'aide d'une gaule de bambou fendue en tête et armée d'une petite lame renversée. On coupe les ramilles chargées de fruits, elles se trouvent ainsi taillées ; les fruits isolés sont « arrachés » sur la branche avec le pédoncule et le calice, — en quelque sorte la collerette du fruit.

La Plaquemine est alors placée dans un hangar, sur

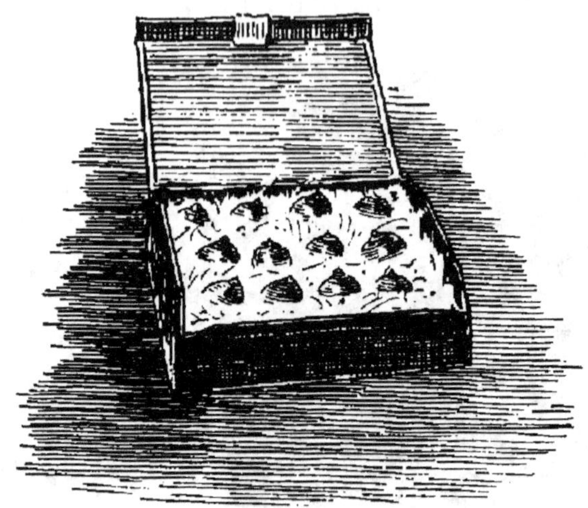

Fig. 173. — Emballage de la Plaquemine (Kaki).

un lit de paille sèche, où elle achèvera de mûrir. C'est à l'état de blettissement complet que ce fruit peut entrer dans la consommation directe, il y reste même assez longtemps sans pourrir ; plus tôt, l'âpreté de la chair et de l'épiderme se ferait trop sentir au palais. Pour déguster un fruit fondant et bien mûr, on peut encore enlever le calice et manger la pulpe à la cuiller.

Emballage. — L'emballage des Plaquemines est basé sur leur degré de maturité. Encore fermes et belles en couleur, elles seront emballées dans un petit panier carré, une feuille de gros papier ou un lit de paille pouce séparant les lits de fruits (*fig.* 173).

En général, les Japonais, aussitôt la cueillette, les accrochent par la queue dans une corde longue de 1 mètre environ, constituant une sorte de guirlande de douze kakis alternés entre les filaments de la tresse en paille de riz ou fil d'aloès. Toutes les cordes semblables sont ensuite suspendues au plafond de la case, sur un câble transversal.

Les beaux spécimens destinés aux étalages seront enveloppés chacun d'un papier Joseph et emballés dans de petites caisses plates, avec rognures de papier, regain sec ou son de sarrasin. Notre Midi en expédie ainsi vers Paris, Londres, Saint-Pétersbourg.

Les baies trop mûres ou blettes seront mises en papillottes, et rangées par un ou deux lits dans une caissette garnie de rognures de papier ou de laine de bois ou de liège.

Emploi du fruit. — Nous avons dit que la baie du Plaqueminier entrait dans la consommation directe, depuis septembre jusqu'en mars. Elle forme aussi la base de certaines préparations ménagères, entre autres d'excellentes confitures et conserves et la marmelade japonaise « yokan ».

La Plaquemine américaine *Couronnée* est sans rivale pour la confiture. Les Indiens en faisaient de la galette ou en tiraient une boisson ordinaire.

La confiture de Plaquemines se prépare à la façon de la confiture de coings. Quant au séchage, les Chinois et les Japonais se bornent à peler le fruit, à le suspendre par la queue ou à l'étendre sur les toitures et, après un mois au soleil, il sera aplati et encaissé à la façon des dattes ou des pruneaux, — sauf les séchons destinés au ménage — et, au besoin, saupoudré de farine de riz.

Dans les provinces japonaises, l'extrait, « shibou » ou jus des Kakis astringents, riche en tannin, est employé comme mordant, dans la fabrication des laques, dans le tannage des peaux, dans l'apprêt et la teinture des étoffes, dans l'enduit des bois de construction et des filets de pêche, — industrie considérable.

Pour améliorer la qualité des espèces amères, les Orientaux emploient plusieurs procédés : 1° le fruit cueilli à sa grosseur normale, déjà en couleur, est arrimé dans un tonneau, par couches séparées avec de la paille de riz ; là, il prend teinte et maturité ; 2° au lieu de paille, dans la futaille, remplir avec la boisson de riz fermentée « Sake » ; 3° placer le fruit dans un tonneau neuf, et verser dessus de l'eau chaude aromatisée avec des feuilles de certaine plante, « Tade » (*Polygonum*), à saveur piquante.

Le bois de l'arbre est dur, à grain serré, flammé brun noirâtre ; il devient noir par son enfouissement dans une terre ferrugineuse et peut remplacer le bois d'Ébène, de cette même Famille des Ébénacées.

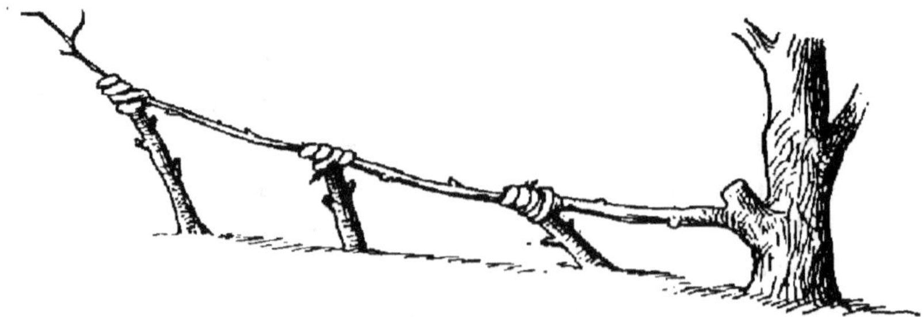

Greffe japonaise, en approche multiple.

POIRIER

(*Pyrus*)

I. - TERRAINS QUI CONVIENNENT AU POIRIER.

Le Poirier aime un bon sol, substantiel et profond. Les terres arides ne sont pas favorables à sa végétation; trop humides, elles nuisent à son fruit.

Les terres franches, les terres argilo-siliceuses, les sables gras, ferrugineux, les terrains légers, un peu frais, quand l'humus tourbeux domine le calcaire, tous ces terrains conviennent au Poirier, à la condition que la couche arable soit épaisse et que le sous-sol soit perméable.

Quand le sous-sol est contraire à la végétation et d'une extraction difficile, on évitera d'y toucher : il suffirait d'améliorer la couche végétale en l'amendant et en augmentant son épaisseur. Au cas d'impossibilité absolue, il vaudrait mieux renoncer à y planter des Poiriers.

Les amendements pour le Poirier sont les bonnes terres végétales, les boues des rues, les curages de rivière, les plâtras, les gazons, les chiffons de laine, la ferraille, les débris d'animaux ou de végétaux.

Le Poirier doit être greffé sur sauvageon, dit Poirier

franc, ou sur Cognassier, ce qui permet de le planter dans des terrains de nature différente.

Son greffage sur Aubépine est exceptionnel et peut s'exercer avec quelques variétés dans les endroits secs où le *Franc* et le *Cognassier* ne réussiraient pas.

Poirier greffé sur Franc. — Il faut au Poirier greffé sur Franc une couche de terre profonde qui lui permette d'y enfoncer ses racines pivotantes ; son terrain favori serait plutôt ferme que trop léger, à moins qu'il n'ait un peu de fraîcheur et qu'il ne repose sur un sous-sol perméable ou d'assez bonne composition. Un sous-sol inerte, peu profond, lui serait contraire ; le caillou et le calcaire ne lui nuisent guère, et la sécheresse lui est moins pernicieuse que l'humidité stagnante.

Le Poirier sur franc est plus lent à produire, mais il constitue des arbres plus vigoureux, à grand développement et d'une plus longue durée.

Poirier greffé sur Cognassier. — Le Poirier greffé sur Cognassier préfère les endroits frais, les sables d'alluvion, les schistes, les terres grasses légèrement humides, sans être trop compactes. L'excès de porosité du terrain a des inconvénients toutes les fois que le sous-sol manque d'humidité.

Le Poirier sur Cognassier produit plus vite, donne de beaux et bons fruits et dure moins longtemps.

II. — SITUATIONS QUI CONVIENNENT AU POIRIER.

Le Poirier sauvage croît spontanément dans nos forêts, à l'état disséminé, surtout dans les pays de plaine. Les départements qui en renferment le plus sont, d'après l'Administration des forêts, ceux de la Haute-Saône, de la Meuse, du Jura, de la Haute-Marne, de Saône-et-Loire, de la Côte-d'Or et de l'Aube.

Le Poirier vit difficilement sous une latitude plus chaude que celle du midi de la France. En Algérie, il roussit, il se dessèche sous le vent du désert. Ailleurs, vers le nord de l'Europe, les brouillards froids et permanents contrarient son existence en plein vent.

Il faudra donc, dans les contrées chaudes, tout en évitant les points visités par le mistral, planter le Poirier sur le versant nord des collines et sur les plateaux où le vent circule librement ; tandis que dans les localités froides, on le placera sur les coteaux frappés par le soleil, dans les gorges où l'air et la chaleur se concentrent, dans les plaines assez hautes pour n'avoir pas à craindre une humidité stagnante, mais pas trop hautes de manière à être exposées aux courants d'air froid et aux bourrasques.

En tout état de choses, les situations abritées offrent plus d'avantages que d'inconvénients.

Il est d'ailleurs certaines localités exposées aux gelées printanières, aux rosées froides souvent répétées, qui réclament l'espalier pour des variétés déclarées robustes ailleurs. Par exemple, aux environs de Troyes et de Paris, les Poiriers *Épargne* et *Beurré d'Angleterre* se rencontrent dans presque toutes les communes à l'état de sujets vigoureux et féconds en plein vent, tandis qu'en Normandie le mur d'espalier leur est généralement nécessaire.

La poire de *Bon-Chrétien d'hiver* est superbe dans le Languedoc et ratatinée en Champagne. La *Royale d'hiver*, si féconde en Provence, devient avare sous un ciel capricieux. Par contre, le *Doyenné d'Alençon* et quelques autres se plairont mieux dans les vergers du nord de la France.

Influence des milieux, difficile à prévoir.

III. — CHOIX DES MEILLEURES VARIÉTÉS DE POIRES.

La période de la maturation des poires commence en juin pour finir au printemps de l'année suivante, le nombre de variétés cultivées en est donc considérable. Pour en faciliter le choix, tout en nous arrêtant aux plus méritantes, nous les divisons par groupes :

Poires d'été. **Poires d'hiver.**
Poires d'automne.

Nous parlerons ensuite des poires à cuire et des poires à cidre.

A. — POIRES D'ÉTÉ.

La poire d'été ne manque pas d'attrait pour le consommateur et pour le vendeur, mais elle cache un défaut : elle passe vite et peut blettir. On y obviera par une cueillette successive et par l'adoption de variétés qui se soutiennent mieux ou plus longtemps.

Ordre de maturité des meilleures poires d'été.

Doyenné de juillet (*fig.* 174). — Arbre de vigueur modérée sur franc, faible sur cognassier ; très fertile. Pour les petites formes, demi-tige, fuseau, candélabre ; en plein air ou en espalier, au soleil.

Fruit petit, presque rond : jaune cire, coloré ponceau. Chair assez fine, presque fondante, juteuse et succulente ; agréable.

Maturité, mi-juillet.

La plus jolie et la meilleure des petites poires précoces ; d'une vente assurée.

Fig. 174. — Poire Doyenné de juillet.

Citron des Carmes. — Arbre élancé, vigoureux, sur franc et sur cognassier ; très fertile. Pour haute tige, fuseau, candélabre ; en plein air et en espalier.

Fruit petit et moyen, ovoïde turbiné, vert pomme passant au citron. Chair assez fine, fondante, bien juteuse, sucrée, aromatisée.

Maturité, fin juillet.

Entrecueillir le fruit pour prolonger sa maturation.

André Desportes. — Arbre d'un port érigé, très vigoureux, sur franc et sur cognassier ; très fertile. Pour haute tige, pyramide et palmette ; plutôt en plein air qu'en espalier.

Fruit moyen, obovale pyriforme ; vert clair ponctué roux, devenant blond, quelquefois éclairé rose. Chair fine, fondante ; eau sucrée, parfumée.

Maturité, fin juillet.

Cette variété se propage rapidement en Anjou ; on a su apprécier la vigueur de l'arbre et la bonne qualité du fruit.

Épargne (*fig.* 175). — Arbre vigoureux, à rameaux divergents, sur franc ou sur cognassier ; très fertile.

Pour haute tige ou éventail ; en plein air ou en espalier, au soleil.

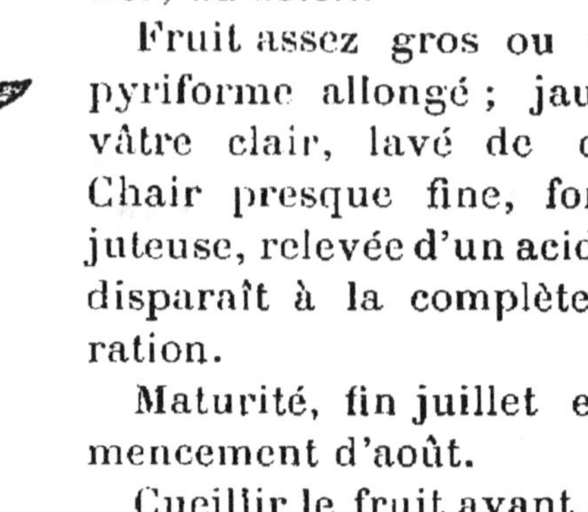

Fig. 175. — Poire Épargne.

Fruit assez gros ou moyen, pyriforme allongé ; jaune olivâtre clair, lavé de carmin. Chair presque fine, fondante, juteuse, relevée d'un acidulé qui disparaît à la complète maturation.

Maturité, fin juillet et commencement d'août.

Cueillir le fruit avant que les guêpes ou la pourriture ne l'attaquent.

Beurré Giffard (*fig.* 176). — Arbre modéré dans son allure, un peu divariqué, assez vigoureux sur franc, s'épuisant vite sur Cognassier ; fertile. Pour les petites

Fig. 176. — Poire Beurré Giffard.

formes, demi-tige et candélabre ; en plein air ou en espalier, aux expositions tempérées.

Fruit assez gros ou moyen. pyriforme turbiné ; jaune blond, picoté carmin. Chair fine, fondante ; eau douce, sucrée, parfumée.

Maturité, fin juillet et août.

La vigueur et le port de l'arbre, qui laissent souvent à désirer, réussissent cependant en pays froid.

Blanquet. — Arbre robuste, sur franc et sur cognassier ; fertile. Pour haute tige, en plein air.

Fruit petit, pyriforme turbiné ; blanc ivoire, ambré, légèrement teinté. Chair croquante, sucrée, rafraîchissante, d'un arome particulier.

Maturité, juillet et août.

La série des Poiriers *Blanquet* convient au grand verger de spéculation, pour l'approvisionnement du marché et l'économie domestique ou industrielle.

Les poires américaines *Wilder* et *Brandywine* lui seront préférables en basse tige.

Précoce de Trévoux. — Arbre vigoureux, ramifié, sur franc et sur cognassier ; bien fertile. Pour pyramide, candélabre, tige à toute destination.

Fruit gros, pyriforme tronqué, ventru ou ovalaire ; jaune blond pointillé gris cannelle, teinté orange, frappé de carmin vermillon. Chair blanche, fine, fondante, assez juteuse, sucrée ; saveur relevée, agréable.

Maturité, commencement et milieu d'août.

Variété à propager au jardin et au verger.

Favorite de Clapp (*fig.* 177). — Arbre d'une belle vigueur et d'un beau port, sur franc et sur cognassier ; très fertile. Pour pyramide, palmette, demi-tige ; en plein air ou à l'espalier, à belle exposition.

Fruit gros, souvent très gros, pyriforme ovoïde, renflé ; jaune canari, amplement lavé et flammé de carmin vermillonné. Chair fine, fondante, assez juteuse, moelleuse, d'une saveur délicate.

Maturité, août.

Quand les grands restaurateurs connaîtront cette belle et bonne poire colorée et hâtive, ils la serviront à l'égale de *Williams* et de *Louise-Bonne*.

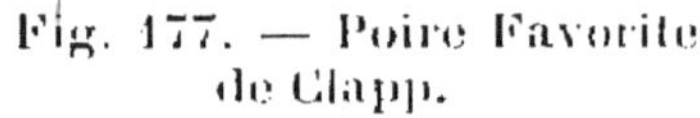

Fig. 177. — Poire Favorite de Clapp.

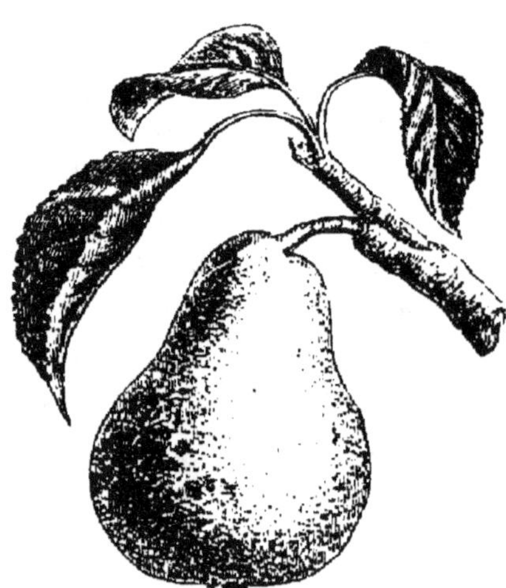

Fig. 178. — Poire Docteur Jules Guyot.

Docteur Jules Guyot (*fig.* 178). — Arbre vigoureux, sur franc, modéré sur cognassier ; très fertile. Pour pyramide, candélabre, haute tige ; en plein air ou en espalier, à toute exposition.

Fruit gros, pyriforme ou calebassiforme ; vert de mer passant au citron, susceptible d'être léché de rose incarnat. Chair bien fine, fondante, juteuse, sucrée, aromatisée, rafraîchissante.

Maturité, deuxième quinzaine d'août.

Variété méritante, obtenue dans notre établissement.

Monsallard (*fig*. 179). — Arbre trapu, d'un beau port, vigoureux sur franc et sur cognassier ; fertile. Pour haute tige et basse tige, pyramide et candélabre ; en plein air ou en espalier.

Fruit presque gros, oblong, tronqué ; jaune blond nuancé vert et rose. Chair fine, fondante, neigeuse, relevée d'un parfum agréable.

Maturité, fin d'août.

Très cultivée dans le sud-ouest de la France.

Fig. 179. — Poire Monsallard.

Williams (*fig*. 180). — Arbre vigoureux sur franc, s'affaiblissant **sur** cognassier ; très fertile. Pour demi-tige, pyramide, fuseau, palmette, candélabre ; en plein air ou en espalier, à toute altitude.

Fruit gros, souvent très gros, oblong, bossué ; jaune citron finement pointillé, parfois jaspé de vermillon rosé. Chair très fine, fondante ; eau relevée d'un parfum musqué.

Maturité, août et septembre.

Récolter le fruit successivement, afin de lui éviter les

Fig. 180. — Poire Williams.

risques de la chute et les maturités rapides. Entretenir l'arbre par une taille annuelle, même sur les demi-tiges, forme adoptée dans les vergers d'Angleterre et d'Amérique où la *Williams*, dite *Bartlett*, occupe la plus grande étendue.

Beurré d'Amanlis (*fig.* 181). — Arbre robuste, à branches tourmentées, très vigoureux, sur franc et sur cognassier; très fertile. Pour haute tige, palmette candélabre, éventail palissé; en plein air ou en espalier, même à l'ombre, même en haute montagne.

Fig. 181. — Poire Beurré d'Amanlis.

Fruit gros, en toupie; vert feuille piqueté de gris ou jaune paille frappé rose carminé. Chair demi-fine, demi-fondante, juteuse, sucrée, aromatisée.

Maturité, août et septembre.

Variété précieuse sous tous les rapports.

Madame Treyve (*fig.* 182). — Arbre peu ramifié, d'une vigueur convenable, sur franc et sur cognassier; très fertile. Pour moyenne tige, candélabre et fuseau; en plein air ou en espalier, bien placé.

Fruit assez gros, turbiné, oviforme; peau grasse au toucher, vert d'eau passant au safran, quelquefois teinté lilas. Chair presque fine, fondante; eau abondante, sucrée, avec une légère saveur d'amande.

Maturité, août et septembre.

Fruit exquis, d'une maturation lente.

Sénateur Vaïsse (*fig.* 183). — Arbre ramifié, vigoureux sur franc et sur cognassier ; très fertile. Pour pyramide, candélabre ; en plein air ou en espalier.

Fruit presque gros, ventru, turbiné ; vert fin passant au jaune de Naples. Chair assez fine, fondante, douce, sucrée, agréable.

Maturité, août et septembre.

Fertilité assez régulière, et sans alternance.

Souvenir du Congrès (*fig.* 184). — Arbre élancé, plus robuste sur franc ; fertile. Pour pyramide, éventail, demitige ; en plein air ou à l'espalier d'une exposition tempérée.

Fruit gros, souvent très gros, en forme de coing ou de calebasse ; jaune blond sur fond vert d'eau léché de carmin, fouetté de roux. Chair demi-fine, assez ferme et fondante, assez juteuse, sucrée, vineuse, rafraîchissante.

Maturité, fin août et septembre.

Fig. 183. — Poire Sénateur Vaïsse.

palmette, candélabre,

Fig. 184. — Poire Souvenir du Congrès.

Dans une situation froide, la saveur manque à ce beau fruit. Tailler long pour exciter la fructification.

Doyenné de Mérode (*fig.* 185). — Arbre robuste,

vigoureux sur franc, faible sur cognassier; d'une bonne fertilité. Pour pyramide, palmette, candélabre, haute tige; en plein air ou en espalier.

Fig. 185. — Poire Doyenné de Mérode.

Fruit gros, ovale tronqué, renflé; vert d'eau, pointillé fauve, ou jaune fin, frappé rouge. Chair demi-fine, tendre, neigeuse, relevée d'un arome franc.

Maturité, septembre.

Effeuiller graduellement autour du fruit sur les sujets en basse tige, quinze jours avant la maturité.

L'arbre, greffé sur franc, est aussi productif que s'il était greffé sur cognassier.

Beurré Lebrun (*fig.* 186). — Arbre très vigoureux, sur franc et sur cognassier; bien fertile. Pour pyramide, candélabre, haute tige; en plein air ou à l'espalier.

Fruit presque gros, allongé, cylindrique; jaune soufre parfois safrané, sur fond verdâtre. Chair fine, fondante, juteuse, sucrée, avec un léger parfum agréable.

Maturité, septembre.

Variété généreuse, d'origine troyenne; le fruit commence à mûrir vers l'ombilic et compose toujours un beau dessert.

Rousselet de Reims (*fig.* 187). — Arbre élancé, lent à devenir fertile, réussit sur franc et sur cognassier. Pour haute tige, et quelquefois basse tige, pyramide ou éventail; en plein air ou en espalier.

Fruit petit, oviforme tronqué ; vert et jaune, recouvert de pourpre. Chair demi-fine, demi-croquante, enrichie d'un arome musqué.

Maturité, septembre.

Fruit d'économie ménagère.

Triomphe de Vienne (*fig*. 188). — Arbre trapu, ramifié court, très fertile sur franc et

Fig. 187. — Poire Rousselet de Reims.

sur cognassier. Pour fuseau. pyramide, candélabre, demi-tige ; en plein air ou en espalier Est.

Fruit gros, souvent très gros, pyriforme renflé vers l'œil ; jaune blème moucheté fauve, frappé quelquefois de rouge ou de rose. Chair fine, fondante, bien juteuse, sucrée, parfumée.

Maturité prolongée, septembre.

Joli fruit de l'Isère.

Comte Lelieur (*fig*. 189). Gain d'Ernest Baltet — Arbre trapu, ramifié, robuste sur franc et sur cognassier, assez résis-

Fig. 189. — Poire Comte Lelieur.

tant aux gelées d'hiver (à fleur demi-double) ; fertile. Pour pyramide, fuseau, palmette, candélabre,

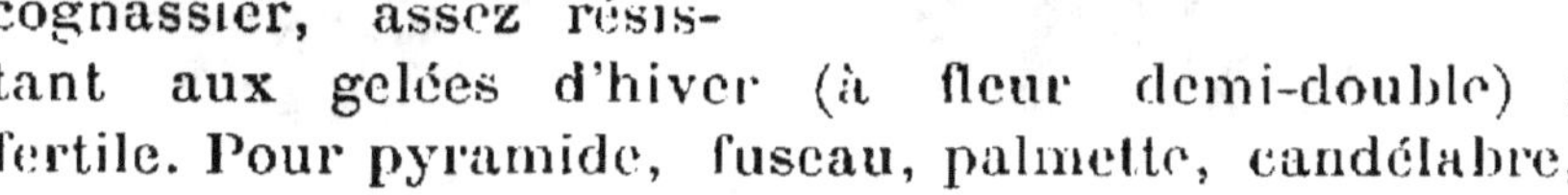

Fig. 182. — Madame Treyve.

Fig. 186. — Beurré Lebrun.

Fig. 194. — Marguerite Marillat.

Fig. 188. — Triomphe de Vienne.

haute tige ; en plein air et à l'espalier, au soleil.

Fruit assez gros, ovoïde ou pyriforme, ventru, souvent mamelonné à l'insertion du pédoncule ; jaune de Naples moucheté fauve, frappé légèrement de vermillon. Chair fine, fondante, juteuse, très sucrée ; exquise.

Ordre de mérite des meilleures poires d'été.

1° POUR LE VERGER Variétés en haute tige.	2° POUR LE JARDIN FRUITIER Variétés en basse tige.
Beurré d'Amanlis.	**Williams.**
Épargne.	**Favorite de Clapp.**
Doyenné de Mérode.	**Monsallard.**
Rousselet.	**Doyenné de Mérode.**
André Desportes.	**Madame Treyve.**
Blanquet.	**Docteur Jules Guyot.**
Précoce de Trévoux.	**Précoce de Trévoux.**
Citron des Carmes.	**Beurré Lebrun.**
Monsallard.	**Triomphe de Vienne.**
Beurré Lebrun.	**Comte Lelieur.**
Favorite de Clapp.	**Beurré d'Amanlis.**
Comte Lelieur.	**Souvenir du Congrès.**
Madame Treyve.	**Beurré Giffard.**
Docteur Jules Guyot.	**André Desportes.**
Doyenné de juillet.	**Sénateur Vaïsse.**
Triomphe de Vienne.	**Doyenné de juillet.**
Williams (demi-tige).	**Citron des Carmes.**

B. — POIRES D'AUTOMNE.

En principe, on peut dire que la poire est un fruit d'automne ; c'est la saison où mûrissent le plus grand nombre de belles et bonnes poires. Le commerce en est d'autant plus facile que leur maturité arrive au temps de la récolte.

Ordre de maturité des meilleures poires d'automne.

Beurré Hardy (*fig.* 190). — Arbre très vigoureux, droit, plus fertile lorsqu'il est greffé sur cognassier, assez résistant aux grands hivers. Pour haute tige, pyramide et palmette ; réussit à 700 mètres d'altitude.

Fruit presque gros, ovoïde tronqué ; coloris roux isabelle brossé chocolat, ou gris cannelle lavé rouge sombre. Chair fine, fondante, juteuse, sucrée, finement aromatisée.

Fig. 190. — Poire Beurré Hardy.

Maturité, septembre.

Éviter aux arbres à tige, ou de plein air, les situations battues du vent.

Beurré Dalbret. — Arbre ramifié, de vigueur modérée sur cognassier, très fertile. Pour pyramide, fuseau, candélabre; en plein air ou en espalier.

Fruit moyen, pyriforme, voûté ; coloris fauve et noisette sur fond vert doré. Chair fine, fondante, juteuse, sucrée, relevée d'un acidulé vineux, rafraîchissant.

Maturité, septembre.

Ce bon fruit tombe facilement, mais sa maturation

est assez lente, et la fertilité de l'arbre sans alternat.

Seigneur (*fig.* 191). — Arbre de vigueur ordinaire sur franc, un peu faible sur cognassier ; très fertile. Pour moyenne tige, pyramide et palmette, en plein air plutôt qu'en espalier. Bon en montagne.

Fruit moyen, arrondi ; vert jaunâtre clair. Chair fine, fondante, très sucrée.

Maturité. fin septembre.

Une des poires les plus sucrées qui existent.

Fig. 191. — Poire Seigneur (Esperen).

Fondante des Bois (*fig.* 192). — Arbre bien fait, plus fertile sur cognassier ou avec une grande forme ; assez robuste au froid. Pour demi-tige, pyramide, palmette ; en plein air ou en espalier, à toute altitude.

Fruit gros, parfois très gros, ovalaire ; vert d'eau passant au jaune canari, lustré rouge cerise. Chair fine, fondante, juteuse, saveur de la dragée praline.

Fig. 192. — Poire Fondante des Bois.

Maturité, septembre et octobre.

Choisir les situations abritées pour le plein vent, et

les expositions visitées par le soleil pour l'espalier.

Beurré superfin (*fig.* 193). — Arbre vigoureux sur franc et sur cognassier, moins fertile sur franc. Pour haute tige abritée, pyramide et palmette ; en plein air ou en espalier.

Fig. 193. — Poire Beurré superfin.

Fruit assez gros, ové, aigu ; vert fin passant au jaune ocreux, moucheté roux. Chair fine, fondante ; eau sucrée, vineuse, exquise.

Maturité, septembre.

Fruit rare, délicieux.

Beurré d'Angleterre. — Arbre vigoureux, bien dressé, très fertile sur franc. Pour haute tige et pyramide fuseau, en plein vent.

Fruit moyen, pyriforme aigu ; ambre clair, piqueté noisette. Chair assez fine, fondante ; saveur d'amande.

Maturité, septembre et octobre. Fruit populaire.

Marguerite Marillat (*fig.* 194). — Arbre de vigueur modérée, faible sur cognassier ; très fertile. Pour pyramide, fuseau, candélabre, demi-tige ; en plein air ou à l'espalier.

Fruit gros ou très gros, turbiné ou calebassiforme, renflé et voûté ; jaune paille, sablé ou granité de carmin clair à l'insolation. Chair assez ferme, fine, fondante, très juteuse, sucrée, avec un arome délicat.

Maturité, septembre et octobre. Beau et bon fruit d'amateur.

Doyenné blanc. — Arbre assez vigoureux, sur

franc et sur cognassier ; fertile. Pour tige, pyramide, palmette, préférant l'espalier ou une situation saine.

Fruit moyen, presque rond ; crème, ou lavelé gris ou marbré rose. Chair fine, fondante, sucrée, parfumée.

Maturité, septembre et octobre.

Le *Doyenné blanc* mûrit en septembre, le *Doyenné crotté*, en octobre, et le **Doyenné roux** (*fig*. 195), non moins exquis, en septembre et octobre.

Fig. 195. — Poire Doyenné roux. Fig. 196. — Poire Urbaniste.

Urbaniste (*fig*. 196). — Arbre vigoureux, bien ramifié, inconstant avec le cognassier ; fertile avec l'âge ; ayant l'avantage de supporter le froid des pays septentrionaux. Pour haute tige, pyramide, palmette, candélabre, à large envergure.

Fruit moyen ou assez gros, ovoïde arrondi ; vert clair passant au jaune fin, piqueté roux. Chair fine, fondante, juteuse, sucrée, légèrement acidulée.

Maturité, septembre et octobre.

Arbre ayant résisté aux — 30° de l'hiver 1879-1880.

Louise-bonne d'Avranches (*fig*. 197). — Arbre élancé, sur franc et sur cognassier ; très fertile. Pour toutes les formes adoptées et à toute altitude.

Fig. 197. — Louise-bonne d'Avranches.

Fig. 198. — Poire Beurré gris doré.

Fruit assez gros, pyriforme ; vert feuille ou citron frappé de carmin ponceau. Chair fine, fondante ; eau acidulée, devenant sucrée. fort agréable.

Maturité, septembre et octobre.

La *Louise - bonne d'Avranches* résume les principales qualités que l'on recherche dans un bon Poirier et dans une bonne poire.

Beurré Capiaumont. — Arbre robuste sur franc, s'épuisant vite sur cognassier ; très fertile. Pour haute tige, pyramide et palmette ; en plein air ou en espalier, même au nord.

Fruit moyen, pyriforme ; cannelle lavé aurore. Chair assez fine, assez fondante ; eau vineuse, anisée.

Maturité assez lente, en octobre.

Bonne poire à couteau et à compote.

Beurré gris doré (*fig.* 198). — Arbre vigoureux, sujet à se tacher, sur franc et sur cognassier ; fertile. Pour espalier à l'est ; candélabre, éventail, demi-tige, à l'air libre, en bonne situation.

Fruit assez gros, ové renflé ou turbiné aigu, quelquefois noueux ou tacheté de noir ; gris doré sur fond verdâtre, couvert de rouge bruni. Chair assez fine, fondante, parfois granuleuse au cœur ; eau sucrée, quoique acidulée, exquise.

Maturité, première quinzaine d'octobre.

Excellente et ancienne variété qui réclame pour son arbre la chaleur, l'abri, une situation saine.

Nouveau Poiteau (*fig.* 199). — Arbre trapu, quoique élancé, d'un beau port, sur franc et sur cognassier ; très fertile. Préférable en pyramide, fuseau, palmette, candélabre ; en plein air.

Fruit souvent gros, pyriforme ventru, voûté ; vert clair chargé de macules roussâtres. Chair très fine, fondante, douce et sucrée.

Maturité, octobre et novembre.

La maturation du fruit n'est annoncée ni par un changement de coloris, ni par un parfum

Fig. 199. — Poire Nouveau Poiteau.

particulier ; il faut le surveiller à la fruiterie et le consulter avec le pouce, auprès du pédoncule.

Délices de Lowenjoul (*fig.* 200). — Arbre de vigueur modérée, sur franc, mais d'une grande fertilité ; délicat sur cognassier. Pour pyramide, fuseau, candélabre, cordon ; en plein air ou à l'espalier.

Fruit moyen, ovale renflé, tronqué; vert crémeux, frappé ou ponctué carmin. Chair assez fine, fondante, juteuse, parfumée, avec un aigrelet fin et sucré.

Maturité, octobre.

Variété destinée aux formes moyennes du jardin fruitier: le fruit supporte les voyages.

Fig. 200. — Poire Délices de Lowenjoul.

Fig. 201. — Poire Conseiller de la Cour.

Conseiller de la Cour (*fig.* 201). — Arbre très vigoureux, sur franc et sur cognassier; d'autant plus fertile qu'il sera soumis à la taille longue ou à l'absence de taille. Pour haute tige, palmette, pyramide, en plein air ou à l'espalier au soleil.

Fruit gros, pyriforme renflé, tronqué; vert clair passant au jaune soufre, truité grisaille. Chair assez fine, assez fondante, juteuse, sucrée ou acidulée, avec un soupçon d'âpreté, dans les situations froides.

Maturité, octobre.

La qualité du fruit est meilleure avec un arbre greffé sur cognassier, ou dans un sol sablonneux, ou dans une climature plutôt chaude.

Fondante Thirriot (*fig.* 202). — Arbre élancé, sur franc et sur cognassier, assez résistant au froid ; très fertile. Pour toutes formes.

Fig. 202. — Poire Fondante Thirriot.

Fruit venant par trochets, assez gros, ovoïde tronqué ; vert de mer passant au jaune crème, ponctué rouge groseille. Chair fine, presque fondante ; eau abondante, sucrée, rafraîchissante.

Maturité, octobre.

La qualité du fruit lui est acquise aussitôt qu'il entre en maturation.

Sucrée de Montluçon (*fig.* 203). — Arbre vigoureux, sur franc et sur cognassier ; très fertile. Pour demi-tige, pyramide et candélabre ; en plein air ou en espalier, même au nord.

Fig. 203. — Poire Sucrée de Montluçon.

Fruit souvent gros, turbiné court ou obtus et tronqué ; vert d'eau nuancé olivâtre et rose. Chair assez fine, fondante ; eau abondante, sucrée, relevée.

Maturité, octobre et commencement de novembre.

L'arbre a le défaut de se fatiguer à la fructification.

Marie-Louise (*fig*. 204). — Arbre vigoureux, port divariqué, antipathique au cognassier ; lent à devenir fertile. Pour haute tige, palmette, éventail palissé en treille.

Fruit moyen ou assez gros, allongé ; jaune blond tacheté vert, moucheté fauve.

Fig. 204. — Poire Marie-Louise.

Chair fine, fondante, juteuse, sucrée, relevée. Maturité, octobre et commencement de novembre.

Les branches divergentes de l'arbre et la formation tardive du bouton à fruit à l'œil terminal nécessitent une forme étendue, peu taillée et palissée.

De Tongre ou **Durondeau** (*fig*. 205). — Arbre vigoureux, sur franc et sur cognassier ; fertile. Pour toutes formes libres ou

Fig. 205. — Poire de Tongre.

palissées : en plein air ou à l'espalier, même au nord.

Fruit gros, pyramidal, conique ; chamois ponctué brun, amplement étendu de ponceau. Chair assez fine, mi-fondante ; eau abondante, assez sucrée, souvent aromatisée d'un goût franc. Maturité, octobre.

Fruit à surveiller au moment où la maturation s'accomplit ; elle commence au cœur du fruit.

Doyenné du Comice (*fig.* 206). — Arbre élancé, ramifié, sur cognassier ; fertile sous une grande forme. Pour haute tige, pyramide, palmette et candélabre ; en plein air ou en espalier, bien exposé.

Fruit presque gros, ventru, déprimé ; vert pâle devenant blond, éclairé de carmin. Chair fine, fondante ; eau abondante, sucrée, exquise.

Maturité octobre. (Sous-variété panachée.)

La meilleure des poires ; mais l'arbre en est avare.

Beurré d'Apremont (*fig.* 207). — Arbre assez vigoureux sur franc, incompatible avec le cognassier ; fertile. Pour haute tige et palmette candélabre ; en plein air.

Fruit assez gros, calebassiforme ; fond cannelle, ombré du coloris chocolat. Chair fine, fondante, relevée d'un goût délicat, même à 600 mètres d'altitude, où l'arbre brave le froid.

Maturité, octobre et novembre.

Ce fruit tient bien à l'arbre et mûrit successivement.

Madame Ernest Baltet (*fig.* 208). — Arbre ramifié, très fertile. Pour pyramide, fuseau, palmette, candélabre.

Fruit gros, conique turbiné, jaune fin mordoré, sablé roux. Chair très fine, fondante, très juteuse, sucrée, bien relevée. Très bon.

Maturité successive, de mi-septembre à fin octobre.

Fig. 206. — Doyenné du Comice.   Fig. 207. — Beurré d'Apremont.

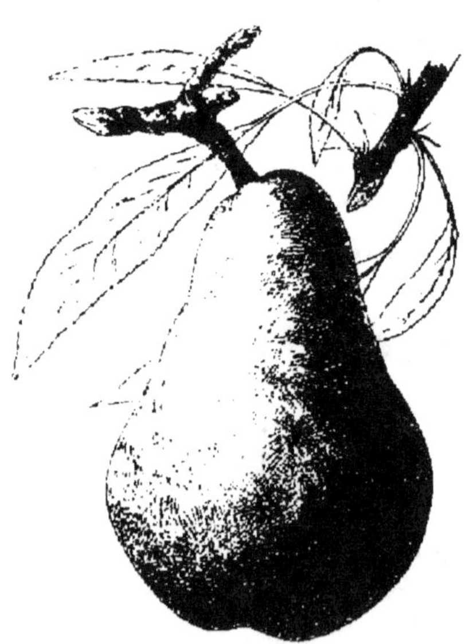

Fig. 208. — Madame Ernest
Baltet.

Fig. 210. — Beurré Dumont.

La grande production de l'arbre et la qualité du fruit lui donnent accès partout.

Alexandrine Douillard (*fig.* 209). — Arbre ramifié, sur franc et sur cognassier; très fertile. Pour pyramide, fuseau, candélabre ; en plein air ou en espalier.

Fruit assez gros, pyramidal, renflé, vert d'eau passant au jaune coing, teinté lilas. Chair presque fine, presque fondante, juteuse, douce, sucrée, relevée.

Maturité, octobre.

Bon fruit, supportant les voyages.

Fig. 209. — Poire Alexandrine Douillard.

Colmar d'Arenberg. — Arbre robuste, à bois court et droit, peu ramifié, sur franc et sur cognassier : très fertile. Pour fuseau, candélabre de moyenne envergure ; en plein air ou en espalier, bien exposé.

Fruit gros, souvent très gros, turbiné, côtelé : jaune blond poudré ou flagellé de roux. Chair demi-fine, granuleuse, demi-fondante, juteuse, aromatisée, d'une âpreté qui disparaît dans un sol léger, sablonneux, ou par l'ensachage du fruit.

Maturité, octobre et novembre.

Poire recherchée pour sa fertilité et sa grosseur ; son goût un peu franc n'est cependant pas désagréable.

Beurré Dumont (*fig.* 210). — Arbre modérément vigoureux sur franc, faible sur cognassier ; devenant fertile. Pour haute tige, pyramide et candélabre; en plein air ou en espalier, au soleil.

Fruit moyen, cylindrique, ventru, tronqué; vert bronzé ou jaune intense, moucheté de roux. Chair fine, serrée, fondante, juteuse, avec un aigrelet sucré.

Maturité, novembre.

Une des meilleures poires du Tournaisis, riche contrée fruitière, dite la Touraine de la Belgique.

Antoine Delfosse. — Arbre vigoureux, sur franc et sur cognassier; bien fertile. Pour pyramide, palmette, haute tige; en plein air ou en espalier.

Fruit moyen, ovoïde tronqué; vert sombre passant au jaune terreux, chargé de macules fauves. Chair fine, fondante, juteuse, sucrée, exquise.

Maturité, deuxième quinzaine de novembre.

Les amateurs qui pré-

Fig. 211. — Beurré Delfosse.

Fig. 212. — Poire Duchesse d'Angoulême.

fèrent la qualité à la beauté du fruit peuvent choisir cette variété.

Le *Beurre Philippe Delfosse* (*fig.* 211), qui mûrit un mois plus tôt, est également de première qualité ; son arbre, très fertile, manque de vigueur soutenue.

Duchesse d'Angoulême (*fig.* 212). — Arbre vigoureux, sur franc et sur cognassier ; très fertile. Pour pyramide, palmette, candélabre, cordon, demi-tige ; en plein air ou en espalier bien exposé.

Fruit très gros, renflé, tronqué, bosselé ; jaune fin, pointillé, parfois coloré au soleil. Chair demi-fine, souvent granuleuse, presque fondante, juteuse, d'un bon goût.

Maturité, d'octobre en décembre.

Variété à mettre en première ligne pour les plantations commerciales, à l'abri des bourrasques. Ses sous-variétés, *Duchesse panachée* et *Duchesse bronzée*, ont les mêmes qualités.

Soldat laboureur (*fig.* 213). — Arbre vigoureux, sur franc et sur cognassier ; très fertile. Pour demi-tige, pyramide, palmette et candélabre, plutôt en plein air qu'en espalier.

Fruit moyen, turbiné ; soufre pâle, granité fauve. Chair fine, fondante, relevée d'un arome délicat, agréable.

Fig. 213. — Poire Soldat laboureur.

Maturité, novembre.

Éviter les situations exposées aux grands vents.

Nec plus Meuris (*fig.* 214). — Arbre vigoureux, sur

franc et sur cognassier, devenant fertile avec l'âge, particulièrement sur cognassier. Pour haute tige, palmette, candélabre, pyramide ; en plein air ou en espalier, à bonne exposition.

Fig. 214. — Poire Nec plus Meuris.

Fruit assez gros ou gros, obovale ; jaune de Naples ou vert clair, parfois éclairé de rose. Chair fine, fondante, douce, sucrée, relevée. Très bon. Maturité, novembre.

Tailler long, avec ouverture de crans au-dessus des yeux inférieurs, pour en exciter le développement.

Beurré Clairgeau (*fig.* 215). — Arbre modérément vigoureux, plus rustique sur franc ; très fertile. Pour pyramide, palmette, petit candélabre, genre cordon ; en plein air ou en espalier, à bonne exposition visitée par le soleil.

Fig. 215. — Poire Beurré Clairgeau.

Fruit gros ou très gros, cylindrique, voûté ; jaune terne marbré roux, lustré de carmin vermillonné. Chair demi-fine, parfois granuleuse, demi-fondante ; tantôt bonne, tantôt passable, préférant la chaleur à l'humidité froide.

Maturité, d'octobre en décembre.

Variété indispensable pour l'approvisionnement des desserts de choix ou d'apparat.

La demi-tig taillée et bien placée à l'abri du vent n'est pas à dédaigner, même en coteau.

Président Mas (*fig*. 216). — Arbre ramifié, vigoureux sur franc, faible sur cognassier ; bien fertile. Pour pyramide, fuseau, candélabre, demi-tige ; en plein air ou en espalier.

Fruit gros, ovoïde tronqué ; vert d'eau passant au beurre frais, ponctué rose et brun. Chair fine, fondante, bien juteuse, sucrée, d'une saveur agréable.

Maturité, d'octobre en décembre.

La maturité lente de ce beau et bon fruit le désigne au jardin de famille ou de commerce.

Fondante du Panisel (*fig*. 217). — Arbre ramifié,

Fig. 216. — Poire Président Mas.

Fig. 217. — Poire Fondante du Panisel.

bien fait, sur franc et sur cognassier ; fertile. Pour fuseau et palmette ; en plein air ou en espalier.

Fruit moyen, sphéroïdal ; jaune terreux, moucheté gris, parfois brossé de cinabre à l'insolation. Chair fine, presque fondante, vineuse, agréable.

Maturité, novembre.

Fruit sujet à gercer dans les sols humides.

Beurré Six (*fig*. 218). — Arbre trapu, ramifié, robuste sur franc ; exigeant une bonne terre pour la greffe sur cognassier ; très fertile. Pour pyramide, fuseau, demi-tige et candélabre ; en plein air ou en espalier, à bonne exposition.

Fruit assez gros, pyriforme, ventru ; peau fine, coloris vert poire. Chair très fine, fondante, beurrée.

Maturité, novembre.

Poire trop délicate par la finesse de son épiderme pour supporter les manipulations. — En haute tige non taillée, le fruit serait petit et moins bon.

Fig. 218. — Poire Beurré Six.

Crassane (*fig*. 219). — Arbre vigoureux, sur franc et sur cognassier, au port divariqué ; fertile. Pour espalier aux expositions Est, Sud, Ouest, avec chaperon sur le mur ; éventail, demi-tige, à l'air libre, en situation plutôt sèche, saine, aérée.

Fruit moyen, parfois assez gros, rond et plat ; épiderme épais, vert, souvent jaune ocreux, ponctué fauve. Chair demi-fine, fondante, garnie d'une eau

délicieuse, astringente, qui la conserve longtemps.
Maturité, novembre.

L'arbre greffé sur cognassier et planté à l'espalier,
soumis à la taille longue, donnera de bons résultats.

Fig. 219. — Poire Crassane. Fig. 220. — Poire Madame
Bonnefond.

Madame Bonnefond (*fig*. 220). — Arbre élancé,
ramifié, très vigoureux, sur franc et sur cognassier ;
d'une bonne fertilité. Pour haute tige, pyramide, palmette ; en plein air ou en espalier.

Fruit assez gros, calebassiforme : mouchetures vert
feuille sur un fond jaune terne. Chair assez fine, fondante, beurrée ; eau suffisante, sucrée, parfumée.

Maturité, novembre et décembre.

La végétation de l'arbre est hardie, robuste.

Figue d'Alençon. — Arbre très vigoureux, sur franc
et sur cognassier ; fertile sous une grande forme. Pour
haute tige, palmette et pyramide ; en plein air ou en
espalier, au soleil.

Fruit moyen, en forme de figue oblongue ; vert

d'eau, arrosé brique luisant. Chair assez fine et fondante ; saveur agréable, rappelant la dragée praline.

Maturité, novembre et décembre.

Bon arbre à cultiver sous une forme développée.

La France. — Arbre de vigueur moyenne ; port divergent. Pour palmette, candélabre et basse tige libre ; fertile.

Fruit moyen, turbiné, bosselé, vert ponctué, grisaille. Chair fine, très fondante, juteuse, sucrée et parfumée agréablement.

Maturité, novembre et décembre.

Fruit d'amateur, pour terrain généreux.

Triomphe de Jodoigne (*fig.* 221). — Arbre très vigoureux, rameaux divergents sur franc et sur cognassier ; fertile. Pour palmette, haute tige et pyramide ; plein air ou espalier, même au nord.

Fruit gros ou très gros, cydoniforme ; vert sombre lentillé olivâtre, parfois jaspé rouge. Chair assez fine, tendre, assez fondante, juteuse, relevée.

Fig. 221. — Poire Triomphe de Jodoigne.

Maturité, novembre et décembre.

La qualité du fruit est en raison de sa grosseur ; il perd son goût par une cueillette trop tardive.

Beurré Diel (*fig.* 222). — Arbre très vigoureux, sur franc et sur cognassier ; très fertile. Pour haute

tige, palmette et py-
ramide ; plein air ou
espalier.

Fruit gros, parfois
très gros, de forme
variable ; vert ou
jaune de Naples tein-
té chrome. Chair
tendre, mi-fine, mi-
fondante, juteuse ;
suc aromatisé, agré-
able.

Maturité, novem-
bre et décembre.

Fig. 222. — Poire Beurré Diel.

Une des variétés les plus remarquables, d'une maturation lente et prolongée ;
à cultiver partout.

Beurré Bachelier (*fig.*
223). — Arbre vigoureux,
ramifié, parfois délicat sur
cognassier ; très fertile.
Pour demi-tige, pyramide,
palmette, vase ; en plein
air ou en espalier, à bonne
exposition.

Fruit gros, elliptique,
déprimé ; vert fin passant
au citron, parfois jaspé
carmin. Chair fine, assez
fondante, juteuse, sucrée,
exquise.

Fig. 223. — Poire Beurré
Bachelier.

Maturité, novembre et décembre.

L'arbre docile à la forme pyramide ou palmette, produit régulièrement.

Charles-Ernest (*fig.* 224). — Arbre trapu, pyramidal, de belle venue, sur franc et sur cognassier ; très fertile. Pour pyramide, fuseau, palmette, candélabre, même à demi-tige.

Fruit gros, ou très gros, pyriforme, ventru ; tronqué ; jaune crémeux moucheté fauve, frappé de rose vermillonné. Chair blanche, fine, assez juteuse, fondante, sucrée ; saveur douce et agréable.

Fig. 224. — Poire Charles-Ernest.

Maturité, novembre et décembre.

Bel arbre dans un jardin ; beau et bon fruit sur une table. Gain de notre frère Ernest.

Beurré Baltet père (*fig.* 225). — Arbre robuste, trapu, sur franc et sur cognassier ; très fertile, ayant bravement supporté — 30° en 1879-1880. Pour pyramide, fuseau, palmette, candélabre, haute tige ; en plein air ou en espalier, à bonne exposition.

Fruit gros, turbiné, large et aplati ; vert clair passant au jaune crème nuancé rose carmin. Chair fine, fondante ; eau abondante, sucrée, parfois relevée d'un goût vineux, dans une situation saine, plutôt chaude.

Maturité prolongée, en novembre et en décembre.

La rusticité de l'arbre aux plus grands hivers, sa grande fertilité sans alternat, la beauté du fruit tenant bien à la branche lui donnent son entrée au jardin de l'amateur et dans le verger du spéculateur.

Ce beau fruit porte le nom de son obtenteur, notre père vénéré.

Fig. 225. — Poire Beurré Ballet père.

Zéphirin Grégoire (*fig.* 226). — Arbre assez vigoureux sur franc, faible sur cognassier, très fertile. Pour fuseau, pyramide, candélabre, haute tige ; en plein air ou en espalier.

Fruit moyen ou petit, arrondi, court et aplati vers l'œil ; vert fin passant au jaune soufre, parfois teinté incarnat. Chair fine, fondante, sucrée, aromatisée.

Fig. 226. — Poire Zéphirin Grégoire.

Maturité, novembre et décembre.

Entretenir la production par une taille suivie.

Fig. 227. — Virginie Baltet.

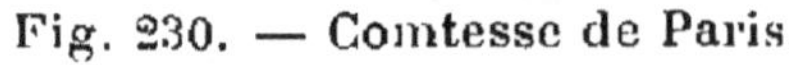

Fig. 230. — Comtesse de Paris.

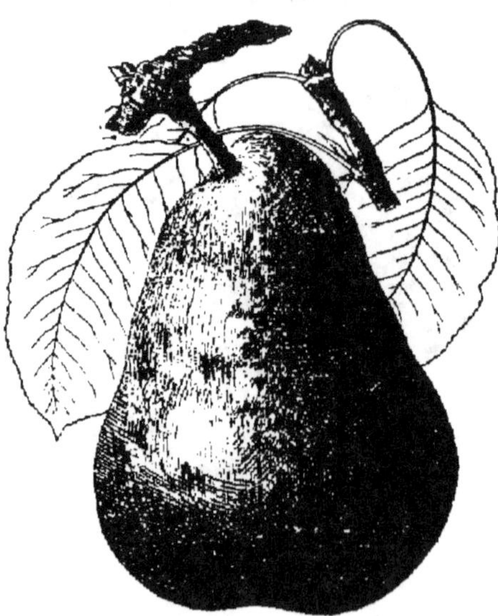

Fig. 228. — Président Deviolaine.

Fig. 229. — Le Lectier.

Virginie Baltet (*fig.* 227). — Arbre vigoureux, bien élancé; très fertile.

Fruit gros ou très gros, pyriforme ventru ; vert d'eau passant au jaune blond. Chair très fine, légèrement teintée, bien fondante, beurrée, juteuse, sucrée, agréablement relevée. Très bon.

Maturité, novembre, décembre.

Beau et bon fruit, un bel avenir lui est assuré.

Président Deviolaine (*fig.* 228). — Arbre bien vigoureux et généreux.

Fruit gros, souvent très gros, pyriforme allongé ; vert bronzé fouetté de carmin à l'insolation. Chair fine, juteuse, sucrée, acidulée, agréablement parfumée. Bon et très bon.

Maturité, courant de décembre.

Variété précieuse de dessert et d'exportation.

Gain de M. Ernest Baltet, comme la précédente.

Ordre de mérite des meilleures poires d'automne.

1° POUR LE JARDIN FRUITIER.

a. — Variétés en basse tige.

Duchesse d'Angoulême.	**Beurré Dumont.**
Madame Ernest Baltet.	**Beurré Capiaumont.**
Virginie Baltet.	**Colmar d'Arenberg.**
Président Deviolaine.	**Antoine Delfosse.**
Beurré Diel.	**Madame Bonnefond.**
Louise-B. d'Avranches.	**Nec plus Meuris.**
Doyenné du Comice.	**De Tongre.**
Charles-Ernest.	**Triomphe de Jodoigne.**
Beurré superfin.	**Fondante des Bois.**
Marguerite Marillat.	**Fondante Thirriot.**
Beurré Bachelier.	**Sucrée de Montluçon.**

Beurré Hardy.

Beurré Baltet père.

Beurré Clairgeau.

Doyenné blanc.

Doyenné roux.

Président Mas.

Fondante du Panisel.

Seigneur.

Beurré Six.

Beurré Dalbret.

Alexandrine Douillard.

Soldat laboureur.

Figue d'Alençon.

Nouveau Poiteau.

Délices de Lowenjoul.

Zéphirin Grégoire.

La France.

Conseiller de la Cour.

Beurré d'Angleterre.

Beurré d'Apremont.

Urbaniste.

Marie-Louise Delcourt.

b. — Variétés spéciales à l'espalier.

Beurré gris doré.

Crassane.

2° POUR LE VERGER.

Variétés en haute tige.

Louise-B. d'Avranches.

Beurré Diel.

Beurré d'Angleterre.

Beurré Capiaumont.

Beurré d'Apremont.

Virginie Baltet.

Madame Ernest Baltet.

Président Deviolaine.

Figue d'Alençon.

Madame Bonnefond.

Triomphe de Jodoigne.

Marie-Louise Delcourt.

De Tongre.

Beurré superfin.

Nec plus Meuris.

Doyenné du Comice.

Beurré Hardy.

Conseiller de la Cour.

Antoine Delfosse.

Urbaniste.

Fondante Thirriot.

Zéphirin Grégoire.

C. — POIRES D'HIVER.

En général, on éprouve à l'égard des poires d'hiver un entraînement trop facile. Nous admettons que l'amateur combine sa plantation pour l'alimentation de sa table pendant toute l'année, surtout en hiver, quand la fruiterie ne renferme que des poires, des pommes et des raisins ; mais le spéculateur doit-il raisonner ainsi ? Son but n'est-il pas de simplifier la main-d'œuvre et d'augmenter le revenu ? Or, la poire d'hiver a l'inconvénient de réclamer un fruitier conservatoire, et son arbre en haute tige ne produit pas d'assez beaux fruits ; il devient ensuite difficile de tirer profit des échantillons tombés et meurtris. Aussi, nous recommanderons au planteur de cultiver plutôt les espèces d'hiver sous forme de pyramide ou de palmette soumise à la taille, en plein air ou en espalier, et d'en vendre les fruits aussitôt la récolte, à moins que le matériel de la fruiterie ne soit parfaitement convenable.

Les Poiriers d'hiver en haute tige qui ne sont pas trop battus du vent et plantés dans un sol vigoureux sont cependant admissibles au verger. Il est indispensable que la végétation se prolonge assez longtemps pour que le fruit puisse y acquérir son développement normal.

Ordre de maturité des meilleures poires d'hiver.

De Curé. — Arbre très vigoureux, sur franc et sur cognassier ; très fertile. Pour haute tige, pyramide et palmette ; en plein vent ou en espalier, au soleil.

Fruit oblong, allongé ; vert clair ou blême, relevé

d'incarnat. Chair demi-fine, demi-fondante, d'une saveur variable, suivant le sol et l'exposition ; également bonne à la cuisson.

Maturité, de novembre en janvier.

Fruit de marché avantageux par la rusticité de l'arbre et sa grande production à toute altitude.

Le Lectier (*fig*. 229, p. 330). — Arbre vigoureux, d'un beau port, sur franc ou sur cognassier; fertile. Pour pyramide, fuseau, candélabre, haute tige abritée.

Fruit gros. pyriforme ventru ; vert fin passant au jaune blond piqueté fauve. Chair blanche, fine, fondante, bien juteuse, sucrée, relevée.

Maturité, de novembre en janvier.

Excellent fruit de commerce et de consommation.

Comtesse de Paris (*fig*. 230). — Arbre vigoureux, érigé, sur franc et sur cognassier. Pour tige, pyramide, fuseau, palmette ; fertile.

Fruit pyriforme vert d'eau ponctué de brun, passant au jaune verdâtre et nuancé. Chair blanche, fine, douce, juteuse, sucrée avec un arome agréable.

Maturité, décembre et janvier.

Bon fruit d'amateur.

Beurré d'Hardenpont (*fig*. 231). — Arbre vigoureux, ramifié, sur franc et sur cognassier ; fertile.

Fig. 231. — Poire Beurré d'Hardenpont.

Pour pyramide, palmette et haute tige abritée ; en plein air et en espalier, à bonne exposition.

Fruit assez gros, cydoniforme : vert de mer passant au jaune coing. Chair fine, fondante, juteuse, sucrée ; exquise.

Maturité, de novembre en janvier.

Fruit de qualité supérieure. — Éviter à l'arbre les situations froides : le fruit tombe souvent, aussitôt la fleur passée.

Passe-Colmar (*fig.* 232). — Arbre de vigueur modérée, à rameaux faibles, sur franc et sur cognassier ; très fertile. Pour demi-tige abritée, candélabre et pyramide ; en plein air et en espalier, même au nord.

Fruit à bouquets, moyen, turbiné long ou court ; jaune sulfureux, cendré de roux. Chair fine, assez fondante, tendre, relevée d'un parfum délicieux.

Maturité, de novembre en janvier.

Fig. 232. — Poire Passe-Colmar.

Son bois manquant de force et son fruit tombant trop facilement ne le rendent guère propre au verger à tout vent. Fruit toujours excellent.

Sœur Grégoire. — Arbre élancé, vigoureux sur franc et sur cognassier : très fertile. Pour haute tige, fuseau et candélabre ; en plein air ou en espalier.

Fruit assez gros, oblong, renflé et tronqué : vert bronzé, frappé de rose. Chair fine, fondante, juteuse, relevée d'une saveur délicate.

Maturité, décembre et janvier.

A part le mérite du fruit, la vigueur et la fertilité de

l'arbre lui donnent accès dans toutes les plantations.

Beurré Millet. — Arbre vigoureux, ramifié, sur franc et sur cognassier; très fertile. Pour haute tige, pyramide, fuseau, candélabre; en plein air et en espalier, à bonne exposition.

Fruit moyen, pyriforme tronqué court, légèrement côtelé, vert plombé, granité bistre. Chair fine, fondante, juteuse, sucrée, parfumée.

Maturité, décembre et janvier.

Excellente petite poire, venant par bouquets sur un arbre qui prend un développement modéré.

Beurré de Luçon (*fig.* 233). — Arbre de deuxième vigueur, délicat sur cognassier; fertile. Pour candélabre, pyramide, haute tige, et petites formes en plein air ou en espalier, dans une bonne situation.

Fig. 233. — Poire Beurré de Luçon.

Fruit assez gros ou moyen, arrondi, ramassé; roux cannelle, nuancé ventre de biche, sur fond vert. Chair demi-fine, souvent granuleuse au cœur, fondante; saveur fenouillée, agréable.

Maturité, de décembre en février.

Les formes de moyenne étendue, peu ramifiantes, conviendront à la nature de l'arbre, même en coteau.

Nouvelle Fulvie (*fig.* 234). — Arbre élancé, un peu tourmenté dans ses rameaux; très fertile, sur franc et

sur cognassier. Pour haute tige, palmette, éventail ; en
plein air ou en espalier.

Maturité, de décembre en février.

Fruit assez gros ou gros, pyriforme, turbiné, bosselé,
crème cendré, flagellé gris et vermillon léger. Chair

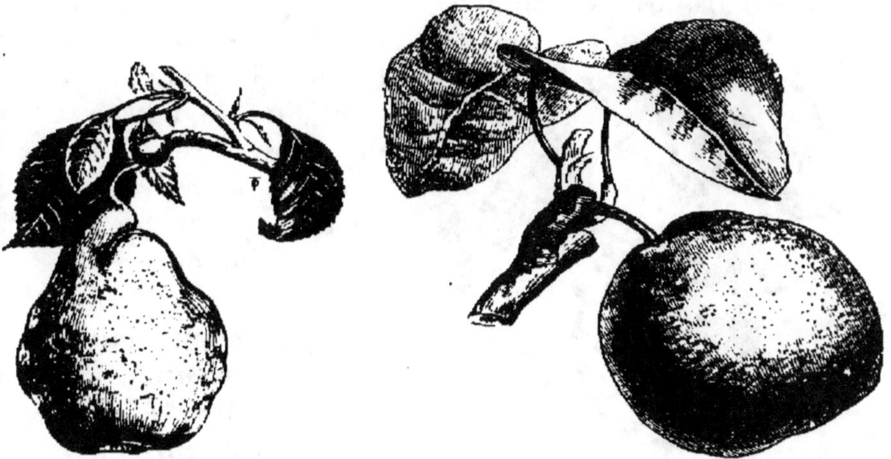

Fig. 234. — Poire Nouvelle Fulvie.   Fig. 235. — Passe-Crassane.

légèrement teintée, ferme, fine, assez fondante, aromatisée ; très bonne.

La fleur de l'arbre, entourée d'une rosette de feuilles,
échappe souvent aux gelées printanières.

Passe-Crassane (*fig.* 235). — Arbre trapu, ramifié,
sur franc et sur cognassier ; très fertile. Pour fuseau,
pyramide, candélabre, cordon vertical ; en plein air ou
en espalier.

Fruit assez gros et gros, rond ou demi-plat ; vert
bronzé, roussâtre, parfois fond jaunâtre éclairé rose.
Chair assez fine, fondante, juteuse, sucrée, relevée d'un
acidulé fort agréable, plutôt en sol calcaire.

Maturité, de décembre en mars.

Beau et bon fruit qui mérite d'être propagé dans les jardins fruitiers. Son arbre, bien dressé et ramifié, se prête aux formes restreintes.

Saint-Germain d'hiver (*fig.* 236). — Arbre vigoureux, sur franc et sur cognassier, pour pyramide, éventail, candélabre, préférant l'espalier, à l'Est, au Sud, à l'Ouest même au Nord ; fertile.

Fruit assez gros, parfois gros, oblong ; vert feuille ou crème, truité de fauve. Chair presque fine, fondante, renfermant une eau sucrée, vineuse, acidulée, rafraîchissante.

Maturité, de décembre en mars.

Fig. 236. — Poire Saint-Germain d'hiver.

Cette variété préfère la culture en espalier, ou une bonne situation saine.

Marie Benoist (*fig.* 237). — Arbre trapu, ramifié, sur franc et sur cognassier ; fertile. Pour fuseau, pyramide, candélabre ; en plein air ou en espalier.

Fruit gros ou assez gros, turbiné, vert rouillé sur fond jaune ocreux, nuancé rougeâtre. Chair fine, fondante, juteuse, sucrée, relevée ; mûrissant vite.

Maturité, janvier et février.

Cette variété plaira à l'amateur d'arbres à végétation modérée, produisant un excellent fruit.

Chaumontel. — Arbre à port divariqué, vigoureux,

sur franc et sur cognassier ; d'une fertilité assurée. Pour haute tige et palmette ; en plein air ou en espalier, à bonne exposition et en montagne.

Fruit assez gros, cydoniforme ; vert passant au jaune frappé de rouge vif. Chair demi‑fine, demi‑fondante, juteuse, relevée d'un bon goût, quand le fruit est sain.

Maturité, février.

Fig. 237. — Poire Marie Benoist.

En région maritime, le fruit est superbe.

Royale Vendée. — Arbre élancé, vigoureux, sur franc et sur cognassier ; fertile. Pour pyramide, palmette et haute tige ; en plein air ou en espalier.

Fruit moyen, ovalaire ; vert pomme. Chair fine, fondante, juteuse, sucrée et exquise.

Maturité, janvier et février.

Poire délicieuse, qui mérite d'être plus connue.

Doyenné de Montjean ; syn. *Doyenné Perrault*. — Arbre de vigueur contenue ; fertile sur franc. Pour fuseau, pyramide, candélabre ; en plein air ou en espalier.

Fruit assez gros ou gros, demi‑sphérique ; coloris chamois, nuancé gris bronzé. Chair fine, fondante, assez juteuse et sucrée, agréable.

Maturité, de janvier en mars.

Beurré de Naghin (*fig.* 238, p. 340). — Arbre assez vigoureux, fertile ; pour toutes formes.

Fruit assez gros, arrondi ou ovoïde et tronqué ; vert

Fig. 238. — Beurré de Naghin.

Fig. 242. — Beurré Sterckmans.

Fig. 243. — Professeur Grosdemange.

Fig. 239. — Madame Ballet.

d'eau, passant au jaune pâle. Chair fine fondante, assez juteuse, sucrée, parfumée, très bonne.

Maturité, de décembre à mars.

Le greffage sur cognassier lui est favorable.

Madame Ballet (*fig.* 239. p. 340). — Arbre de bonne vigueur; très fertile.

Fruit assez gros et gros, oviforme renflé, jaune pâle sur fond vert d'eau éclairé de rose. Chair ferme, fine, fondante, juteuse, sucrée, relevée. Très bon.

Maturité, janvier-février.

Ne pas confondre avec *Madame Ernest Ballet* (p. 317), également de première qualité.

Beurré Rance (*fig.* 240). — Arbre très vigoureux sur franc, délicat sur cognassier, à rameaux divariqués; fertile. Pour haute tige, treille, palmette, éventail; en plein vent ou en espalier, au soleil.

Fruit presque gros, pyriforme, turbiné, tronqué; peau rude, vert truité grisaille, à reflets métalliques. Chair un peu grosse et garnie d'une eau aromatisée, d'un goût franc, qui s'adoucit à la dernière heure.

Maturité, de décembre en mars.

Olivier de Serres (*fig.* 241). — Arbre trapu, bien ramifié, vigoureux sur franc et sur cognassier; très fertile. Pour haute tige, pyramide et palmette; en plein air ou en espalier, même au nord.

Fruit assez gros, écrasé, à côtes; vert jaunâtre, nuancé de gris plombé. Chair bien fine, fondante, juteuse, douce, sucrée, parfumée.

Maturité, de janvier en mars.

Cet excellent fruit résiste aux grands vents; cependant l'arbre en haute tige réclame un sol généreux, gardant bien sa sève.

Beurré Sterckmans (*fig.* 242, p. 340). — Arbre vigoureux, élancé, sur franc et sur cognassier ; fertile.

Fig. 240. — Poire Beurré Rance.   Fig. 241. — Olivier de Serres.

Pour haute tige pyramide, palmette ; en plein air ou en espalier au soleil.

Fruit assez gros, en forme de bergamote ou de coing ; coloris beurre frais frappé de carmin rosat, tiqueté brun. Chair assez fine, serrée, souvent teintée, presque fondante, juteuse, sucrée, rafraîchissante.

Maturité, de janvier en mars.

Le coloris du fruit plaira à l'acheteur.

Professeur Grosdemange (*fig.* 243, p. 340). — Arbre robuste et généreux.

Fruit gros, agréable par sa jolie forme, son brillant coloris et par la bonne qualité de sa chair.

La maturité, de janvier en mars, s'annonce quand le fond jaune de sa peau s'éclaircit, le carmin se vermillonne.

Il convient alors de ne pas laisser trop mûrir.

Duchesse de Bordeaux, syn. *Beurré Perrault.* — Arbre élancé sur franc, s'épuisant vite sur cognassier ; très fertile. Pour haute tige, fuseau et candélabre ; en plein air ou en espalier, même au nord.

Fruit moyen, sphéroïdal ; gris ferrugineux ou doré. Chair fine, demi-fondante, douce, assez sucrée, bien relevée.

Maturité, de janvier en mars.

Il convient de former l'arbre dans sa jeunesse, les ramifications ne se développant pas aussi vigoureusement après la fructification.

Bergamote Arsène Sannier. — Arbre vigoureux, ramifié, sur franc et sur cognassier ; fertile. Pour pyramide, fuseau, palmette, candélabre, haute tige ; en plein air ou à l'espalier.

Fruit moyen ou assez gros, forme d'oignon ; vert d'eau s'éclairant de jaune-indien nuancé ocre, parfois lilacé. Chair fine, fondante, juteuse, sucrée, légèrement acidulée, avec un arome particulier.

Maturité, de janvier en mars.

Conserver le fruit dans un endroit sain.

Bergamote Hertrich. — Arbre de bonne vigueur, un peu faible sur cognassier ; fertile. Pour fuseau, pyramide, candélabre, palmette, haute tige ; en plein air ou à l'espalier.

Fruit moyen, turbiné, arrondi ; jaune verdoyant, marqué de rouille grisaille, frappé de rouge au soleil. Chair fine, fondante, juteuse, bien sucrée, agréable.

Maturité, de janvier en mars.

Bonne variété pour la région Nord-Est.

Joséphine de Malines (*fig.* 244). — Arbre vigoureux, à rameaux tourmentés, inconstant sur cognassier ;

fertile. Pour haute tige et palmette ; en plein air ou en espalier, bien exposé. Arbre assez résistant aux grands hivers.

Fig. 244. — Poire Joséphine de Malines.

Fruit à trochets, moyen, turbiné ; jaune de Naples sablé roux, éclairé de rose. Chair très fine, teintée d'aurore, fondante, avec un parfum distingué.

Maturité, de janvier en mars.

En basse tige, le sujet réclame une taille assez longue.

Les petits fruits d'hiver cultivés au grand verger, demandent un sol généreux.

Notaire Lepin. — Arbre vigoureux, sur franc et sur cognassier ; très fertile. Pour pyramide, palmette, haute tige ; en plein air ou à l'espalier au soleil.

Fruit gros ou assez gros, turbiné ventru, tronqué ; jaune herbacé, amplement maculé gris fauve. Chair ferme, fine, fondante, assez juteuse, sucrée, avec une pointe acidulée qui plaît.

Maturité lente, de janvier en avril.

Éviter les situations froides. — Cueillir tard.

Doyenné d'Alençon (*fig.* 245). — Arbre vigoureux sur franc, lent à y devenir fertile, parfois délicat sur cognassier. Pour haute tige, pyramide et palmette ; en plein air ou en espalier, à bonne exposition.

Fruit assez gros, ovoïde, ventru : vert franc, moucheté fauve. Chair teintée, assez fine et fondante, juteuse saveur sucrée, relevée.

Maturité, de janvier en mars.

Arbre cultivé dans les vergers du nord de la France.

Fig. 245. — Poire Doyenné
d'Alençon.

Fig. 246. — Poire Doyenné
d'hiver.

Doyenné d'hiver (*fig.* 246). — Arbre vigoureux, sur franc et sur cognassier; très fertile. Pour demi-tige, pyramide et palmette; en plein air ou en espalier.

Fruit gros, ovale arrondi : vert ou jaune herbacé, souvent fouetté de rouge sombre. Chair assez fine et fondante, avec une eau assez abondante, sucrée, relevée d'un aigrelet agréable.

Maturité, de janvier en avril.

L'espalier, la greffe sur cognassier, le sulfatage et le surgreffage favorisent la venue de beaux fruits.

Charles Cognée (*fig.* 247). — Arbre vigoureux, robuste, sur franc et sur cognassier; très fertile. Pour pyramide, fuseau, palmette, candélabre, haute tige; en plein air ou en espalier à toute exposition.

Fruit gros ou assez gros, pyriforme tronqué ou turbiné arrondi; jaune citron sur fond blanc crémeux, frappé de jaune orangé. Chair fine, ferme, juteuse, sucrée, parfumée, d'un goût fort agréable.

Fig. 247. — Poire Charles Cognée.

Maturité, de janvier en avril.

Ce beau et bon fruit, né à Troyes, a sa place dans les jardins d'amateur ou de spéculation.

Beurré Henry Courcelle. — Arbre de vigueur moyenne, ramifié, port dressé; fertile. Pour fuseau, pyramide, candélabre, palmette, en plein air ou à l'espalier.

Fruit moyen ou presque petit, pyriforme court et turbiné; vert olivàtre ponctué et maculé fauve, s'éclaircissant à la maturité. Chair fine, fondante, assez juteuse, sucrée, relevée d'un arome exquis.

Maturité, de février en avril.

Excellente petite poire d'arrière-saison.

Bergamote Esperen (*fig.* 248). — Arbre ramifié, vigoureux sur franc et sur cognassier; fertile. Pour pyramide, palmette, haute tige; en plein air ou à l'espalier, bien exposé. Éviter les sols arides où la feuille tombe prématurément, surtout en montagne.

Fruit à trochets, assez gros ou moyen, rond et plat comme un oignon; vert jaune truité gris sépia. Chair ferme, teintée, très fine, fondante, aromatisée.

Maturité, de février en mai.

Le produit en est plus avantageux lorsque l'arbre est greffé sur cognassier.

Bon-Chrétien d'hiver (*fig.* 249). — Arbre vigoureux sur franc et sur cognassier, à rameaux tourmentés,

Fig. 248. — Poire Bergamote Esperen.

Fig. 249. — Poire Bon-Chrétien d'hiver.

préférable à l'espalier au midi ou dans un climat chaud ; devient fertile avec l'âge.

Fruit gros ou assez gros, calebassiforme, renflé, tronqué, parfois moyen et quelquefois très gros ; vert uni et jaune cire satiné rubis. Chair assez fine, demi-cassante, douce ; bon fruit de table et de cuisson.

Maturité, de mars en juin.

Le fruit est plus beau dans un climat chaud ou à l'espalier sud, l'arbre étant greffé sur cognassier.

A cette époque de fin hiver arrivent à leur point extrême quelques poires à chair ferme, mais bonnes seulement aux usages industriels. Nous y reviendrons aux poires à cuire et à sécher (page 363).

Ordre de mérite des meilleures poires d'hiver.

1º POUR LE VERGER.

Variétés en haute tige.

Nouvelle Fulvie.	Profess. Grosdemange.
Beurré d'Hardenpont.	Olivier de Serres.
Joséphine de Malines.	Beurré de Naghin.
Chaumontel.	Bergamote Hertrich.
De Curé.	Duchesse de Bordeaux.
Beurré Rance.	Beurré Sterckmans.
Doyenné d'Alençon.	Bergamote Esperen.

2º POUR LE JARDIN FRUITIER.

Variétés en basse tige.

Doyenné d'hiver.	Sœur Grégoire.
Doyenné d'Alençon.	Nouvelle Fulvie,
Beurré d'Hardenpont.	Doyenné de Montjean.
Bergamote Esperen.	Charles Cognée.
Passe-Crassane.	Saint-Germain d'hiver.
Le Lectier.	Beurré de Naghin.
Passe-Colmar.	Beurré Sterckmans.
Olivier de Serres,	Bergamote Sannier.
Madame Ballet.	Notaire Lepin.
Profess. Grosdemange.	Bergamote Hertrich.
Duchesse de Bordeaux.	Beurré de Luçon.
Marie Benoist.	Joséphine de Malines.
Royale Vendée.	Beurré Millet.
Beurré Henry Cour-	Chaumontel.
celle.	De Curé.
Comtesse de Paris.	Beurré Rance.

Bon-Chrétien d'hiver (espalier).

IV. — PLANTATIONS COMMERCIALES
DE POIRIERS

Par la beauté et la qualité de son fruit, et grâce à la période sans fin de sa maturation, la poire aura toujours accès sur les marchés de vente et à la table du consommateur.

Examinons par saison, les variétés intéressantes au point de vue commercial.

A. — Poires d'été pour les plantations commerciales.

Les petites poires hâtives ont *de l'œil* ou *du bouquet* et surtout, c'est « de la primeur ». La vente en est assurée.

Les plantations organisées pour le commerce des poires d'été comprendront avant tout :

1º EN HAUTE TIGE.	2º EN BASSE TIGE.
Beurré d'Amanlis.	**Williams** (ou demi-tige).
Épargne.	**Favorite de Clapp.**
André Desportes.	**Doyenné de Mérode.**
Blanquet.	**Triomphe de Vienne.**
Doyenné de Mérode.	**Docteur Jules Guyot.**
Monsallard.	**Beurré Giffard.**
Rousselet de Reims.	**Monsallard.**
Citron des Carmes.	**Madame Treyve.**
Beurré Lebrun.	**Souvenir du Congrès.**
Comte Lelieur.	**Doyenné de Juillet.**

En tout pays, la poire d'été plaît ; son allure plus ou moins sémillante, son parfum agréable ravissent nos sens ; c'est l'attrait du renouveau. Les spéculateurs ne l'ignorent pas et n'hésitent jamais à acheter à l'avance les récoltes de poires précoces, assurés d'un rapide écoulement.

Il convient donc de planter des variétés de choix, sans négliger cependant les bonnes sortes locales pour lesquelles l'expérience a parlé.

De celles-là, nous pourrions citer dans toute la France de vieux poiriers qui rapportent pour 100 francs, 150 ou 200 francs de fruits.

Les environs de Paris, qui cultivent des fruits de vente sur des arbres « taillés », ont adopté quelques bonnes variétés et n'en sortent pas.

La vallée de Montmorency, y compris les finages de Groslay, Dormont, Saint-Brice, Montmagny, etc., en fournissent l'exemple. Les champs d'Asperges et de Groseilliers 'sont entrecoupés de lignes de Poiriers en *Williams, Beurré d'Amanlis, Doyenné de Mérode,* fruits d'été et de *Louise-bonne, Duchesse, Beurré Diel,* d'automne.

L'exportation en absorbe 130 000 kilogrammes, au prix de 25 à 50 francs les 100 kilogrammes.

A Groslay, la récolte est évaluée à 12 500 kilogrammes par hectare. La vente en gros se fait au prix moyen de 40 francs les 100 kilogrammes ; soit un produit brut de 5 000 francs, et, net de 3 300 francs.

Nous les retrouvons, ces excellentes variétés, dans l'Ouest, à Nantes, qui exporte vers Londres jusqu'à 150 000 caisses de 10 kilogrammes, à Angers, qui emballe 100 000 caisses à 50 poires chacune et destinées un quart à Paris, le reste à l'Angleterre.

En 1903, la gare d'Angers expédie 1 500 000 kilogrammes de poires, dont les neuf dixièmes en *Williams.*

Le climat tempéré des rives de la Loire fait devancer la cueillette; le prix de vente en est majoré sensiblement à l'arrivée sur les rives brumeuses de la Tamise.

On nous signale, à Angers, un verger de deux hectares, *Beurré Giffard* et *Williams*, en basse tige, rapportant 10 000 francs; à Nantes, un jardin maraîcher qui trouve un revenu de 1500 francs dans ses lignes de *Williams* et de *Duchesse*; à son tour la région lyonnaise envoie ses *Williams* à Londres, et Bordeaux y transporte cette reine de l'été provenant du vignoble de Saint-Macaire où les Poiriers sont à demi-tige.

L'exportation de poires en Angleterre par la France atteint une valeur de cinq millions de francs.

Au delà de la Manche, les vergers anglais de *Williams* « Bartlett » sont encore d'une production trop aristocratique. Il convient cependant de populariser les arbres généreux et les bons fruits, quelle que soit leur grosseur. Les Américains l'ont compris; d'immenses vergers, plantés en *Williams*, approvisionnent le marché des grandes villes avec cette belle et excellente poire.

La Société pomologique américaine cite un verger de ferme, dans le canton de Surrey (Virginie), comptant vingt mille Poiriers sur quatre-vingts hectares; presque tout est en *Williams*, un vingtième en *Clapp's Favorite*. Les fruits, récoltés du 20 juin au 10 juillet, se reposent pendant quelques jours sur les tablettes de la fruiterie et sont ensuite emballés en caisse pour être dirigés, par eau, vers New-York ou Boston. En 1882, la compagnie financière qui exploite la ferme a expédié quatre mille caisses de poires pour 75 000 francs, ce qui lui a permis de verser aux actionnaires 50 p. 100 de leur capital.

Aujourd'hui, les États-Unis exploitent la poire japonaise hybride pour l'industrie des conserves. Les variétés *Le Conte, Kieffer Seedling* chargent des milliers de wagons en Californie et en Géorgie. La superbe *Foukouba* aura la même valeur.

B. — Poires d'automne pour les plantations commerciales.

Le planteur spéculateur acceptera les poires d'automne suivantes ; ce sont des fruits de commerce. Nous les classons dans leur ordre de mérite.

1° EN HAUTE TIGE

Beurré Diel.	Beurré d'Apremont.
Louise-Bonne d'Avranches.	Beurré Hardy.
	De Tongre.
Beurré d'Angleterre.	Beurré Capiaumont.

2° EN BASSE TIGE.

Duchesse d'Angoulême.	Doyenné blanc.
Beurré Diel.	Colmar d'Arenberg.
Beurré Clairgeau.	Beurré Hardy.
Beurré Bachelier.	Président Deviolaine.
Louise-Bonne d'Avranches.	Triomphe de Jodoigne.
	De Tongre.
Charles-Ernest.	Fondante des Bois.
Marguerite Marillat.	Alexandrine Douillard.
Beurré Baltet père.	Fondante Thirriot.
Madame Ernest Baltet.	Beurré Capiaumont.
Virginie Baltet.	Madame Bonnefond.

3° EN ESPALIER.

Beurré gris doré.	Crassane.

En 1880, le Congrès pomologique de Bruxelles, appelé à se prononcer sur le mérite des poires de grande culture, recommande les variétés d'automne : *de Tongre*, syn. *Durondeau* (*fig.* 205). *Marie-Louise* (*fig.* 204), *Fondante des Bois* (*fig.* 192), à la suite des poires d'été *Beurré d'Amanlis* (*fig.* 181) et *Doyenné de Mérode* (*fig.* 185), convenables au climat du Nord.

Si la poire d'été séduit par sa primeur, celle d'automne n'enrichit pas moins le spéculateur par son abondance, sa beauté, sa qualité et sa maturation moins rapide.

Les transactions les plus considérables motivées par la poire s'accomplissent avec le fruit d'automne. Il suffirait de visiter les marchés en cette saison, et de consulter les registres des Compagnies de transport. La gare d'Angers expédie 1 500 000 kilogrammes de poires, depuis le mois de juillet jusqu'en janvier ; le maximum arrive au moment de la récolte des poires d'automne ; cette récolte est souvent devancée afin de prolonger la maturité et de faciliter le voyage et la vente au détail. La majeure partie des wagons et des bateaux sont chargés à même le wagon et en plein bateau, pour les petits fruits vendus à la criée et dans les rues de Paris ; mais les beaux échantillons de *Louise-bonne, Duchesse, Clairgeau, Diel, Colmar d'Arenberg*, sont encaissés et dirigés par grande vitesse vers l'Angleterre et la Russie. Notre confrère Anatole Leroy, d'Angers, nous assure que, dans son pays d'origine, la *Duchesse* est meilleure que partout ailleurs. Les commissionnaires la payent quinze centimes en gros ; mais, arrivée à Saint-Pétersbourg, elle y est vendue facilement un rouble (2 fr. 50).

Dans un département voisin, un propriétaire à Cérisy (Orne) récolte 300000 fruits, la majeure partie en poires *Williams, Duchesse, Beurré d'Amanlis, Beurré Diel, Beurré Clairgeau, Beurré Hardy, Louise-bonne, Nec plus Meuris, de Tongre, Triomphe de Jodoigne, Doyenné du Comice* (cette dernière étant greffée sur cognassier) et quelques fruits d'hiver, *Passe-Crassane, Olivier de Serres, Bergamote Esperen, Doyenné d'hiver* (celle-ci en espalier). Les fruits sont triés avec soin ; les plus beaux seront vendus à la pièce ; les moyens, au poids, par paniers de 50 kilogs ; emballés avec des « balles d'avoine » et dirigés vers Paris, l'Angleterre ou l'Allemagne.

La majeure partie des arbres sont dressés en candélabre ou en cordon, à l'espalier ou en contre-espalier. La vente des fruits produit chaque année de 20 à 25000 francs.

Le *Doyenné du Comice* ne peut être livré à la culture spéculative que dans les meilleures conditions de fécondité, l'arbre étant greffé sur cognassier, dressé en palmette ou en candélabre, et soumis à la taille longue. Nous l'avons rencontré ainsi chez un horticulteur de la banlieue d'Orléans.

Les cultivateurs et les maraîchers des environs de Paris utilisent leurs murs et abris à la culture fruitière. Un rapport de M. Michelin, à la Société nationale d'horticulture de France, sur les cultures commerciales, potagères et fruitières de M. Jamet, à Chambourcy, signale une production de 100000 poires dans ses jardins : *Williams, Beurré d'Amanlis. Duchesse, Curé, Louise-*

bonne, Beurré Diel et quelques variétés tardives.
Les poires *Duchesse* sont vendues, en moyenne,
40 centimes la pièce, en gros.

Fig. 250. — Poirier en pyramide, à large base.

A quinze lieues de Paris, une plantation de poiriers
en pyramide, *Duchesse* et *Louise-bonne*, rapporte
1500 francs à l'hectare, frais de cueillette, d'emballage,
de transport et de vente payés.

Les pyramides ne sont pas toujours à large base

comme la figure 250 ; à celles-ci, il faut un branchage peu compact et une situation aérée.

A Amiens, un jardin de 15 ares, comprenant 140 arbres, dont la moitié en *Duchesse*, produit avec cette seule variété une vente de 800 francs de poires, à dix ans de plantation.

M. Louis Hast, de Saint-Mihiel, a calculé que le Poirier *Beurré d'Angleterre* donne, à l'âge de vingt ans, 150 kilogrammes de fruits qui sont vendus en Lorraine, loin des villes, au prix minimum de 15 francs les 100 kilogrammes. Le produit vénal de l'arbre est donc de 22 fr. 50. Or, on peut planter au moins 100 Poiriers à haute tige *Beurré d'Angleterre* sur un hectare de terrain ; le produit serait de 2 250 francs, après vingt ans de plantation, non compris une récolte annuelle de fourrages, sous ces arbres, qui pourrait être évaluée à 2 ou 3 000 kilogrammes.

Cette variété figure dans les agglomérations fruitières telles qu'en fournissent la forêt de Saint-Martin (Cher), le pays d'Othe (Aube et Yonne), etc. ; la vente préalable de la récolte se fait souvent *à la fleur*.

C. — Poires d'hiver pour les plantations commerciales.

Les poires d'hiver à préférer dans les plantations commerciales sont, par rang de mérite :

1° EN HAUTE TIGE.

De Curé.	**Sœur Grégoire.**
Nouvelle Fulvie.	**Olivier de Serres.**
Doyenné d'Alençon.	**Beurré Rance.**
Chaumontel.	**Beurré Sterckmans.**

2° EN BASSE TIGE.

Passe-Crassane.	Doyenné d'Alençon.
Profess^r Grosdemange.	Madame Ballet.
Bergamote Esperen.	Doyenné de Montjean.
Beurré d'Hardenpont.	Beurré Sterckmans.
Charles Cognée.	Duchesse de Bordeaux.
Olivier de Serres.	Royale Vendée.
Nouvelle Fulvie.	De Curé.
Sœur Grégoire.	Beurré de Naghin.
Passe-Colmar.	Beurré de Luçon.

3° EN ESPALIER.

Doyenné d'hiver.	Saint-Germain d'hiver.

Les poires d'hiver offrent cet avantage au spéculateur qu'il aura constamment des débouchés dans les pays du nord de l'Europe, où la restriction des journées de chaleur n'en permet guère la culture ; puis, une vente assurée chez nos restaurateurs pendant la saison d'hiver, au moment où l'on ne possède en fruits frais que des poires, des pommes et des raisins. Dans ce cas, une fruiterie est indispensable au producteur, s'il veut profiter des avantages que lui procurera la vente à l'arrière-saison.

Il convient de choisir des fruits beaux et bons ; les petites poires ont moins de vente, et les variétés sujettes aux chutes prématurées ne peuvent se garder ou perdent une partie de leur valeur.

Si le *Doyenné d'hiver* réussit en plein air, dans l'emplacement choisi, c'est-à-dire, s'il ne se tavelle pas, il devra figurer en première ligne au jardin fruitier ; sinon, il faudra lui accorder l'espalier.

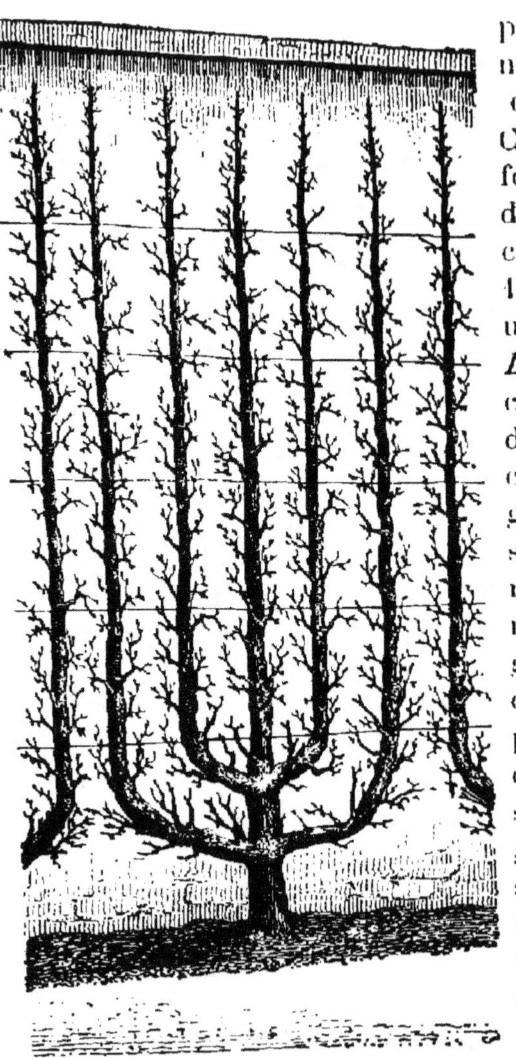

Fig. 251. — Poirier en candélabre
à cinq branches.

A l'occasion des poires d'automne, nous avons cité un cultivateur de Chambourcy, qui fournit à la halle de Paris 100 000 choux-fleurs et 100 000 poires dans une saison. Le *Doyenné d'hiver* compte pour un dixième dans ce chiffre. Les arbres, greffés sur cognassier, garnissent des murs hauts de 3 mètres et sont dirigés en double cordon vertical ou en petit candélabre à quatre bras. Ils sont soumis à la taille longue ; des abris préservent la fleur et le fruit des froids printaniers et des coups de soleil de l'été. Le fruit y est régulier de forme et de coloris, première condition de vente au marché.

Le candélabre à cinq branches (*fig.* 251) est une forme avantageuse au Poirier pour les espaliers au mur et les contre-espaliers en treille de plein air.

Nous connaissons d'autres espaliers de *Doyenné d'hiver* où le cultivateur, par une taille courte et une sage répartition du fruit, obtient de plus grosses poires qui peuvent être vendues, de janvier en mars, jusqu'à 2 et 3 francs pièce ; mais le revenu financier ne doit pas atteindre celui que procure une plus grande production d'une valeur *courante*, tout en restant dans les limites des convenances.

Le *Doyenné d'hiver*, qui réussit à toutes les expositions abritées, ne donne guère de bons résultats dans le verger en plein vent.

Par un effet contraire, le *Doyenné d'Alençon* est choyé dans le Nord, où il produit en plein vent des fruits nombreux, sains et exquis. On voit qu'il faut tenir compte des milieux, des bonnes habitudes locales et profiter de l'expérience d'autrui, si l'on ne veut pas s'exposer aux risques d'un apprentissage long et onéreux.

Cette observation trouve sa place à l'occasion des variétés de Poiriers plutôt spéciales à l'espalier : *Doyenné blanc, Beurré gris, Crassane* (automne), *Saint-Germain, Bon-Chrétien* (hiver). A part cette dernière qui exige le Midi, les autres réussissent de l'Est à l'Ouest, et souvent au Nord, dans une terre fertile, l'arbre étant greffé sur cognassier. Toutefois, dans une situation privilégiée, elles prospèrent à l'air libre ; nous les avons rencontrées, de cette façon, dans plusieurs vergers du centre et du midi de la France.

En Normandie, elles sont fréquentes à l'espalier,

l'arbre étant dressé en éventail abrité, à basse tige ou en haute tige, greffé sur cognassier. Aux abords de Louviers, de Gaillon et des Andelys, des propriétaires obtiennent de leurs Poiriers, en espalier et en plein air, un revenu annuel de 10 000 francs ; les beaux spécimens achetés « sur mesure » ne prennent plus comme jadis la route de Saint-Domingue, mais vont faire les délices des capitales du nord de l'Europe.

On nous a cité, comme exemple, la commune de Léry (Eure) qui s'est livrée à la culture du Poirier de *Bon-Chrétien*. Tous les fruits qui ne peuvent passer dans un anneau de 0^m,07 de diamètre sont achetés par la Russie, au prix de 30 francs les 100 poires.

A côté d'éventails à membrure irrégulière, on commence à dresser des palmettes et candélabres (*fig.* 252) symétriques. Léopold Vauvel, professeur d'horticulture, a compté jusqu'à 1 200 poires sur un *Louise-bonne d'Avranches* dressé en palmette, sur tige élevée, au pignon du presbytère d'Évrecy (Calvados).

De la région briarde, les communes de Perthes et Frémy fournissent aux Parisiens 100 000 kilogs de poires *Curé* au prix de 15 à 30 francs les 100 kilogs. En même temps 20 000 kilogs de *Duchesse* et de *Diel*, choix, de 25 à 40 francs, enfin des fruits d'hiver, la fleur du panier, trois fois plus cher.

Étudions les fruits locaux avant de les adopter.

Une poire d'hiver cultivée à Saint-Erme (Aisne), portant le nom du pays et le nom de *Herbin*, y vient belle, allongée, vermeille et de première qualité. On l'expédie au marché de Reims. En 1872, un propriétaire de Saint-Erme récoltait 2 000 poires *Herbin* sur un seul arbre et les vendit un sou pièce, total :

100 francs. Nous en rapportons des greffes à Troyes ;
le fruit est rachitique, ratatiné, indigne de la culture.

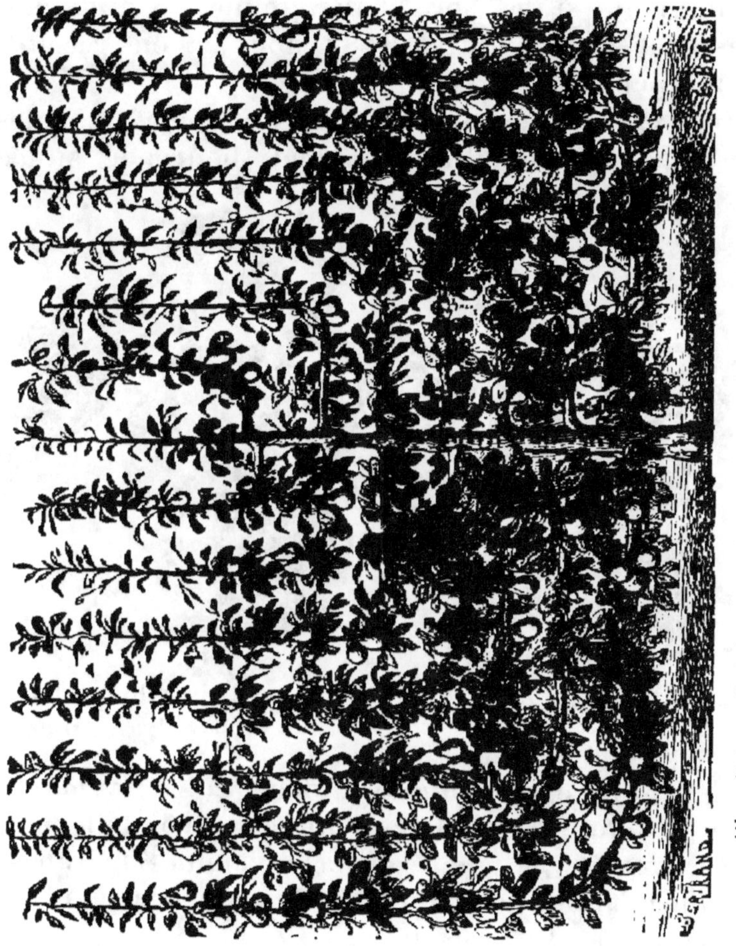

Fig. 252. — Poirier en palmette candélabre, à large envergure.

Nous ferons la même remarque à l'égard de la
Royale d'hiver. Très populaire en Provence, où elle
est récoltée en plein vent, superbe et délicieuse, elle
sera négligée dans un climat plus tempéré où sa

floraison précoce est sujette à la coulure. Sa peau est verte, souvent crevassée ; sa chair manque de parfum ; mais si le Nord l'abandonne, le Midi doit la conserver. Cependant, en 1883, nous l'avons récoltée en pleine pépinière, à Troyes.

Un de nos correspondants nous signale dans les Hautes-Alpes, à Monetier-Allemand, bourgade située

Fig. 253. — Poire Virgou-
leuse.

Fig. 254. — Poire St-Germain
Vauquelin.

dans le bassin de la Durance, deux Poiriers *Royale d'hiver*, à haute tige ; ils étaient, en 1865, tellement couverts de fruits que leur récolte a été vendue 800 francs, non compris l'approvisionnement du propriétaire, et les cadeaux qu'il en fit à ses amis.

Dans ce département ondulé, près de Gap et de la Saulce-les-Alpes, le Poirier *Virgouleuse* est fréquent, dans les vallées, les gorges et le flanc des collines. Le fruit (*fig.* 253) ne s'y tavelle point ; de même au Tyrol.

En Bourgogne, nous avons remarqué des plantations très avantageuses du Poirier *Saint-Germain Vauquelin* (*fig.* 254), la chair du fruit y bénéficiant de la nature du sol et du climat.

A Paris, des négociants achètent des récoltes entières de poires d'hiver et les emmagasinent en fruiterie à température basse, afin d'en approvisionner plus tard les restaurants et les marchés.

Les établissements frigorifiques ont largement contribué à prolonger l'état de maturation des poires d'automne et d'hiver.

V. — CHOIX DES MEILLEURES POIRES A CUIRE.

Sous ce nom général, nous désignons les poires plus spéciales à la cuisson, aux compotes, au séchage, à la confiserie, à diverses préparations économiques ; dans un chapitre spécial, nous parlerons des poires à cidre.

Déjà, un certain nombre de variétés classées parmi les poires « à deux fins » ont été décrites aux fruits de table ; nous y renvoyons avec indication de la page.

Ces arbres, étant destinés à la grande production, ont plutôt leur place au verger de plein vent. Les espèces plus fertiles, cependant, pourront se plaire au jardin fruitier et à l'espalier.

Le fruit est généralement robuste, comme l'arbre, et se prête aux manipulations commerciales. Faut-il ajouter que, à part les fruits à cidre, la poire cassante, la poire à cuire ou à compote sont acceptées, même à l'état naturel, pour le repas de l'artisan, à la campagne et à la ville ?

Nous appellerons ces variétés dans leur ordre de maturité ; comme elles ont une destination spéciale, l'ordre de mérite serait difficile à établir.

A. — POIRES A DEUX FINS, DE TABLE ET DE CUISINE.

Blanquet (Voy p. 299). — Groupe de petites poires au coloris blanc ivoire, à chair demi-croquante, parfois juteuse, toujours sucrée, parfumée ; agréables à manger crues ; mûrissant de juin en août.

Petites poires recherchées pour les confiseries au sucre, les conserves au sirop et à l'eau-de-vie, la pâtisserie, le séchage et la cuisson de fruits entiers.

On cultive le *Petit Blanquet*, le *Gros Blanquet*, etc.

Rousselet de Reims (Voy. p. 304). — Bonne petite poire de table, utilisée dans le séchage, la poire tapée, le fruit à l'eau-de-vie, le fruit cuit au four, la compote de fruits entiers, pelés, enfin le fruit entier, confit au sucre. Maturité, septembre.

Beurré d'Angleterre (Voy. p. 310). — Poire de petite ou de moyenne grosseur, de septembre, qui « charge » naturellement sur un bel arbre pyramidal.

Dans notre région, le marché de septembre regorge de poires *Beurré d'Angleterre*.

Fruit excellent en confitures, en poires tapées, en compote de fruits entiers.

Beurré Capiaumont (Voy. p. 312). — Arbre très productif au jardin ou au verger. Fruit moyen, d'octobre, ayant, comme les poires à peau grise ou dorée, le mérite de se prêter à certaines préparations ménagères, par exemple : séchage de fruit entier, cuisson à l'eau acidulée, conserve à l'eau-de-vie, salade au madère, ambroisie au vin blanc (Hariot inv.).

De Curé (Voy. p. 333). — Arbre vigoureux et généreux. Dans les situations froides, ce fruit, mûrissant d'octobre à décembre, manque de saveur ; c'est le cas de l'utiliser au four, à la bassine, aussitôt mûr.

Pour séchage, compotes au vin blanc, marmelades sucrées, additionnées de beurre frais, poires coupées en rondelles, pour macédoine, ou en quartiers avec des croûtes de pain beurrées.

Bon–Chrétien d'hiver (Voy. p. 347). — Beau fruit qui réclame une situation privilégiée, et surtout une chaleur constante procurée par le climat ou l'espalier au soleil.

Cette poire, mûrissant de mars en juin, permet de dresser des compotes de fruits entiers, pelés, assaisonnés de confitures de prunes ou d'abricots. La salade de rondelles de poires et d'oranges arrosée de vin blanc sucré est un entremets délicat.

B. — POIRES D'APPARAT.

Van Marum. — Arbre d'une vigueur modérée ; délicat sur cognassier. Pour pyramide, fuseau, petit candélabre, cordon, sur franc ; en plein air, ou en espalier à l'est ou au nord-est ; très fertile.

Fruit très gros, calebassiforme, allongé ; gris doré ou roux isabelle, quelquefois à fond jaune herbacé rehaussé de vermillon. Chair assez fine, fondante, neigeuse, quelquefois pâteuse, de meilleure qualité à son entrée en maturation. Octobre.

Ce bel ornement de l'arbre et de la table peut être

utilisé en cuisson, ou en compote aiguisée de gelée de framboises ou de groseilles, et même en salade de rondelles macérées dans le madère sucré.

Près de Lille, un spéculateur a planté un jardin de rapport avec les Poiriers *Van Marum* et *Beurré Clairgeau*. La vente du fruit se fait aux hôtels et aux restaurants.

Belle Angevine (*fig*. 255). — Arbre vigoureux, sur franc, mieux sur cognassier ; assez fertile. Pour pyramide, palmette ; en plein air ou en espalier au soleil.

Fig. 255. — Poire Belle Angevine
(greffe de boutons à fruit.)

Fruit très gros, parfois énorme, beau de forme et de coloris, calebassiforme ou pyramidal, ventru ; vert clair passant au jaune, vigoureusement illustré de carmin. Chair demi-fine, ferme, cassante, sans saveur. Fin hiver.

Le mérite de cette poire réside dans sa beauté. Greffé sur cognassier, visité par le soleil, l'arbre peut produire des fruits superbes qui seront achetés un louis pièce par les étalagistes et les loueurs de dessert. On pourra cependant l'utiliser, fin d'hiver, cuite par rondelles dans du vin sucré, avec tranches d'ananas au kirsch, et autres bonnes choses....

C. — POIRES PLUS SPÉCIALES A CUIRE OU A COMPOTE. ARBRES A HAUTE TIGE.

Certeau d'automne. — Arbre ramifié; fertile.

Fruit moyen, allongé, ventru ; vert jaunâtre frappé de rouge. Chair demi-fine, cassante, juteuse, vineuse.

Maturité, de la mi-septembre à la fin d'octobre.

Variété propre au séchage, aux confitures communes, à la cuisson avec du vin blanc et du sucre.

Le *Certeau d'hiver*, de maturité plus tardive, donne également une chair excellente à la cuisson.

Messire-Jean. — Arbre vigoureux ; devenant fertile avec l'âge.

Fruit moyen, parfois assez gros, turbiné, obtus ou arrondi. Chair assez grosse, mi-cassante, très juteuse, aromatisée d'un parfum particulier.

Maturité, novembre et décembre.

C'est la poire par excellence du raisiné au vin doux, de la poire cuite au four, de la poire cuite à l'étouffée, de la poire au pot, entourée d'une toile ou de feuilles de vigne. Bien mûre, additionnée d'un sirop de sucre, si l'on veut, elle fait une bonne confiture.

Martin-sec (*fig.* 256). — Arbre robuste ; fertile en vieillissant.

Fruit petit, turbiné, aigu ; gris noisette nuancé ou lavé isabelle ponceau, ponctué de blanc. Chair demi-fine, cassante, douce.

Maturité, de décembre en février.

Variété recherchée pour la poire tapée, la poire

sèche, la poire confite ou candie, la compote de fruits entiers, la confection de pâtes sèches. Le fruit non pelé, cuit à l'eau légèrement sucrée, pour pâtisseries et entremets, a son fumet particulier.

Fig. 256. — Poire Martin-sec.   Fig. 257. — Poire Catillac.

Râteau gris ; syn. *de Livre*. — Arbre bien vigoureux ; fertile sur le tard.

Fruit gros, turbiné, ventru ; vert terne chargé de plaques gris fauve et de macules rousses. Chair demi-fine, pleine, croquante, assez douce, acidulée vers la peau.

Maturité, janvier et février.

Faire cuire dans un pot de fer, à l'étouffée, le fruit entier. Envelopper de papier mouillé la poire et la faire cuire sous la cendre. Quartiers coupés en mélange avec les compotes de pruneaux et les marmelades de pommes, ou les gelées de petits fruits rouges, groseilles, framboises, fraises.

Catillac (*fig.* 257). — Arbre robuste, élevé ; bien fertile.

Fruit gros, parfois très gros, turbiné, court, ventru ; blanc verdâtre passant au jaune blond, teinté de rose. Chair assez granuleuse, cassante, douce.

Maturité, de février en avril.

Variété appréciée à la ferme, pour la simple cuisson au four ou sous la cendre, la cuisson au vin, la compote de séchons, la compote au riz, la compote de fruits pelés, sa chair devenant rouge.

Crue, elle est le dessert d'hiver du paysan.

Sarrasin. — Arbre robuste, trapu ; fertile.

Fruit moyen, pyriforme tronqué ; jaune pâle, marbré ocre gris, frappé rouge vermillon. Chair fine, demi-cassante, tendre, assez juteuse ; goût anisé.

Maturité, de mars en juin.

A la cuisson, la chair prend une couleur rose car-minée, étant cuite à même ou dans un bain de vin blanc sucré ; bonne en compote au kirsch et en marmelade sur des croûtes de pain beurrées.

Les amateurs de la poire cassante, à cuire ou à com-pote, pourront ajouter à cette nomenclature les poires ci-après, classées dans leur ordre de maturité :

De Prêtre ou **Calouet** (novembre-février). — Poire ronde, gris fauve, populaire dans l'Aube, la Haute-Marne, la Côte-d'Or, la Somme ; à deux fins. Utiliser le fruit avant son blettissement.

Bon-Chrétien d'Espagne (novembre-janvier). — Joli fruit coloré, commun sur les murailles et pignons dans le Nord et les Flandres. Compotes simples ou combinées avec la marmelade froide de pommes.

Franc-Réal (novembre-février). — Fruit moyen, truité fauve ; bon au séchage et à la soupe au vin blanc.

Bergamote Philippot (décembre-mars). — Beau fruit, gris et bronzé ; bon en compotes.

Besi des vétérans (janvier-mars). — Arbre fertile. Fruit à sécher et à cuire.

Colmar des invalides et **Colmar Van Mons** (*fig.* 258 ; janvier-avril). — Arbres robustes, fertiles, même en

Fig. 258. — Poire Colmar
Van Mons.

Fig. 259. — Poire Breton-
neau

basse tige. Fruits tenant bien à la branche, bons à divers usages culinaires.

Angleterre d'hiver (janvier-avril). — Fruit répandu sous le nom de *Râteau blanc :* à cuire et à compote.

Rousselon (février-avril). — Arbre généreux ; fruit petit, bon aux préparations de fruits entiers.

Léon Leclerc (mars-avril). — Beau et bon fruit de dessert, à deux fins. Production lente.

Lieutenant Poidevin (mars-mai). — Fruit très gros, à deux fins, craignant les vents et bourrasques.

Bretonneau (*fig.* 259 ; mars-mai). — Beau fruit, en situation chaude ; bon au séchage et à la cuisson.

Tavernier de Boullongne (mai-juin). — Assez beau fruit, adhérent à l'arbre ; à cuire. Cueillir tard.

L'étude des fruits locaux nous fournirait quelques variétés d'économie ménagère recherchées dans leur pays d'origine ou d'adoption.

VI. — CHOIX DES MEILLEURES POIRES A CIDRE.

Contrairement à ce qui se passe avec la pomme à cidre, la poire destinée à cet usage n'a pas d'autre emploi. Impossible de la manger crue, elle emporte la bouche. Cuite, elle manque de goût, c'est donc au pressoir seul qu'il faut la livrer.

De là, la nécessité de rechercher des variétés spéciales à cet usage.

La qualité d'un bon Poirier à cidre est d'abord la végétation vigoureuse, robuste et bien élancée du sujet ; puis, sa fructification abondante ; enfin, un fruit plutôt moyen, résistant aux vents, la chair étant plus grosse que fine, plus cassante que fondante, mais garnie d'un jus abondant, parfumé, avec du montant, de l'acidulé, toujours de l'âpreté.

Une pulpe juteuse, sucrée, riche en tannin est, chez la poire, l'indice de sa valeur pour le poiré.

Un arome vineux procure à la boisson un faux goût de vin blanc ; mais par raison d'hygiène, il est nécessaire que le tannin domine ; on y parviendrait par le mélange, au pressoir, de fruits à saveur différente.

La Pomone rurale nous donne, parmi les fruits d'une réputation locale, des espèces telles que le Poirier

Maude, de la Haute-Savoie, qui devient gigantesque et peut produire jusqu'à 800 ou 1 000 litres de cidre par arbre. La boisson en est limpide, très douce, un peu mousseuse, et devient capiteuse en vieillissant.

Le Poirier *du Miroir*, de la même région, n'est pas moins élevé ni moins généreux.

Et la *Blesson* du mont de Sion, la poire à rissoles « du Marliez », bonne à cuire, à compote, à l'eau-de-vie, au pressoir, expédiée à Nice, vers la Noël ; les Anglais s'en régalent.... La Commission pomologique suisse la recommande.

Le nord de la Champagne et la Picardie ont le cidre et le poiré comme en Bretagne et en Normandie, mais en moins grande abondance. Si, dans les Ardennes, on obtient un hectolitre de cidre avec 300 litres de pommes, on tire facilement un hectolitre de poiré de 200 litres de poires.

Plusieurs contrées associent le Poirier à leurs pommeraies, dans la proportion d'un dixième, pour la fabrication d'un cidre « bon ordinaire ».

Voici un choix de Poiriers cidriers très méritants.

De Croixmare. — Arbre vigoureux, à tête élevée, pour plantations de route ; très fertile.

Fruit petit, très bon, surtout pour la fabrication de l'alcool, faible en tannin ; mûrissant en septembre et octobre.

Jus incolore ; densité 1,075.

De Navet. — Arbre vigoureux, très élevé ; pour plantations routières ; fertile.

Fruit petit, bon pour le poiré, riche en sucre (221 grammes par kilogramme) ; excellent pour la fabrication de l'alcool (rendement 13 à 14 p. 100) ; mûrissant à la mi-octobre. Son moût, mélangé à celui de la poire *de Souris*, fournit un poiré de premier choix.

Jus incolore, agréable ; densité 1,090.

De Souris. — Arbre vigoureux ; à branches verticales ; pour plantations routières ; très fertile.

Fruit petit, excellent pour le poiré ; mûrissant fin octobre. Son poiré, riche en tannin (3^{gr}.772 par kilogramme de jus), peut être associé à d'autres variétés plus douces ou parfumées. de *Navet*, *Masuret*, de *Croixmare*, de *Cerciaux*, *Sabot*, etc.

Jus ambré, parfumé ; densité 1,075.

Harpanne. — Arbre bien vigoureux ; bien fertile.

Fruit de fin octobre, bon pour le poiré.

Jus ambré, de bon goût ; densité 1,060.

Carisi. — Arbre robuste, à branchage semi-conique ; très fertile.

Fruit moyen ou assez gros, très bon pour le poiré, mûrissant fin octobre et novembre. Le moût, riche en tannin, contribue à la salubrité de la boisson.

Jus incolore, parfumé ; densité 1,063.

Variété répandue dans les fermes de la Brie.

De Cerciaux. — Arbre assez vigoureux, à branches étalées ; très fertile.

Fruit de fin octobre et novembre, bon pour le poiré et pour le séchage.

Jus ambré, parfumé, de saveur agréable ; densité 1,067.

D'Oignonnet (du Calvados). — Arbre vigoureux, au port pyramidal ; pour plantations routières ; fertile.

Fruit de fin octobre et novembre, bon pour le poiré mousseux.

Jus citrin, parfumé ; densité 1,060.

Les plantations routières du Calvados possèdent
également la poire *Rousselet*, d'octobre, pour poiré
mousseux, au jus incolore et parfumé: densité 1,067.

De Branche (pays d'Auge, Bocage, Bessin). — Arbre
très vigoureux, d'une grande production.

Fruit de fin octobre et de novembre, bon pour le
poiré mousseux.

Jus incolore, très parfumé ; densité 1,065.

Masuret. — Arbre très élevé, pour plantations routières ; fertile.

Fruit de fin novembre, bon pour poiré mousseux.

Jus très parfumé, qui se colore à l'air ; densité 1,067.

De la Tour. — Arbre d'une bonne vigueur et d'une
bonne production.

Fruit de novembre et décembre, bon pour poiré.

Jus ambré, parfumé; densité 1,065.

Saugier. — Originaire du Gâtinais, où il est répandu ;
arbre robuste et productif, se couronnant facilement.

Fruit petit, bon pour le poiré (8,33 p. 100 d'alcool
absolu).

Voici encore quelques variétés réputées pour le
poiré ; l'analyse de leur jus nous manque.

D'Angoisse ; du Calvados et de l'Eure. — Arbre productif; poiré spiritueux.

De Chemin ; pays d'Auge et pays de Caux. — Arbre
fécond ; poiré délicieux.

De Cirole ou *Sirolle*, de la Brie et de la Beauce. —
Arbre vigoureux et fertile ; cidre recherché.

De Crapau ; d'Ille-et-Vilaine. — Arbre élevé, pour
les plantations d'avenues ; boisson spiritueuse.

De Fer ; de l'Eure, du Calvados, de l'Orne. — Arbre

robuste et tardif ; boisson solide, de longue durée.

D'Entricotin ; de la Normandie-Ouest. — Arbre d'une grande production ; poiré vineux, excellent.

De Maillot ; de l'Orne et du pays de Caux. — Arbre très productif; boisson colorée, capiteuse.

De Maude ; de la Savoie et région Est. — Arbre gigantesque, d'une production extra. Poiré de coupage.

De Roux ; Orne. — Arbre vigoureux, productif; boisson douce, agréable, à consommer promptement.

Grosse Malice ; Aube et Yonne. — Arbre élancé, rustique, pour avenue ; jus immédiatement potable, bon pour tonifier les vieux cidres. Densité 1,060.

Sabot ; Normandie et Picardie. — Arbre robuste, de grande production ; son poiré plaît au goût.

La Basse-Normandie et le Maine possèdent d'énormes Poiriers à cidre. Le voisinage de Domfront a des sujets qui couvrent 500 mètres superficiels et rapportent 30 et 40 hectolitres de poiré.

Certaines masures du Boccage et du Passais ont des « plants » d'un hectare produisant 3 000 francs de revenus, en bonne année.

La poire à cidre fournit de l'alcool à la distillation ; sur ce point, son rendement est supérieur à celui de la pomme, comme qualité. Le chauffage de l'alambic, au bois ou au bain-marie, est plus favorable à la qualité que le chauffage à la houille.

Le pays d'Auge cultive à cet usage les poiriers *Hecto* et *Ognonnet*, première saison ; *Ivoie* et *Carisy*, deuxième saison ; *Grise* et *Gris-de-Loup*, troisième saison.

La production moyenne, en France, est évaluée à 2 000 000 d'hectolitres de poiré et 2 000 000 de litres d'eau-de-vie de poires, dans une année.

Si nous poussions nos investigations en Angleterre, en Allemagne, en Suisse, nous rencontrerions des Poiriers sur la rive des chemins ou groupés en vergers, alimentant le pressoir, le four, l'alambic, la bassine, ou même fournissant un jus corsé, pétillant, qui viendra tonifier les vins faibles ou faire concurrence à nos mousseux champenois ou saumurois.

Fig. 260. — Récolte des poires sur une route plantée de Poiriers. Transport des fruits à la ferme ou au marché.

Notre composition (*fig.* 260) représente une route bordée de Poiriers, au moment de la récolte des fruits. La cueillette se fait aussi rapidement que possible. Les poires sont placées dans des paniers qui seront conduits directement au marché, au pressoir, à l'usine ou à la fruiterie, suivant que le fruit est destiné à la vente, à la fabrication du cidre, à l'industrie du séchage ou des pâtes à compotes, ou s'il doit être livré à la consommation et à la vente successive.

VII. — CULTURE DU POIRIER

Multiplication du Poirier. — Par le semis de ses graines, le Poirier ne reproduit pas la variété semée ; au bout d'une dizaine d'années, l'égrin donne un fruit bon ou mauvais ; il n'y en a pas un sur dix qui fournisse un bon fruit de table ou d'économie ménagère. On peut hâter cette fructification en observant les méthodes de repiquage, de replantation et de greffage indiquées par nos semeurs émérites.

Lorsqu'il s'agit de propager une variété quelconque, il faut la greffer sur le sauvageon, dit Poirier franc, ou sur le cognassier.

Le Poirier *Franc* est le résultat d'un semis de pépins de poires ; on le greffe par œil ou par rameau, en pied ou en tête, suivant sa nature, et d'après la vigueur de la variété à greffer.

Le Cognassier est élevé par le bouturage ou par le marcottage en cépée (*fig.* 49, p. 105) ; son greffage se fait plutôt par écusson, et toujours à ras de terre.

Le **Poirier greffé sur franc** constitue l'arbre de verger, l'arbre en haute tige, à tout vent, l'arbre aux grandes envergures, aux plantations d'avenir ; c'est l'arbre du planteur qui désire léguer un capital à ses héritiers.

Le **Poirier greffé sur cognassier** s'approprie aux petites formes, aux plantations rapprochées, aux espaliers où l'amélioration du sol est facile, et aux arbres à durée limitée que l'on plante provisoirement entre les arbres fondamentaux des plantations à longue durée ;

c'est l'arbre du planteur qui veut jouir du bénéfice de son travail.

Lorsqu'il s'agit d'arbres en basse tige et quand on est incertain de la réussite de l'un ou de l'autre, et même si l'on est assuré de la réussite des deux genres, il n'y a aucun inconvénient à les utiliser à la fois, en alternant un Poirier greffé sur franc avec un autre greffé sur cognassier.

Poirier en haute tige. — Le Poirier en haute tige est l'arbre de verger, l'arbre des routes consacrées au Poirier, l'arbre de la production considérable. Il se compose d'une tige nue de 2 mètres environ de hauteur et d'un branchage qui s'élève sous une forme pyramidale, évasée (*fig.* 261), aplatie ou libre. Il est plus généralement greffé au collet ; cependant, si la variété est délicate et le sujet vigoureux, le greffage se fait en tête, à la hauteur présumée de la couronne de branches, soit directement sur sauvageon, soit par l'intermédiaire d'une variété vigoureuse. Citons *Monseigneur des Hons, Beurré Hardy, Urbaniste,*

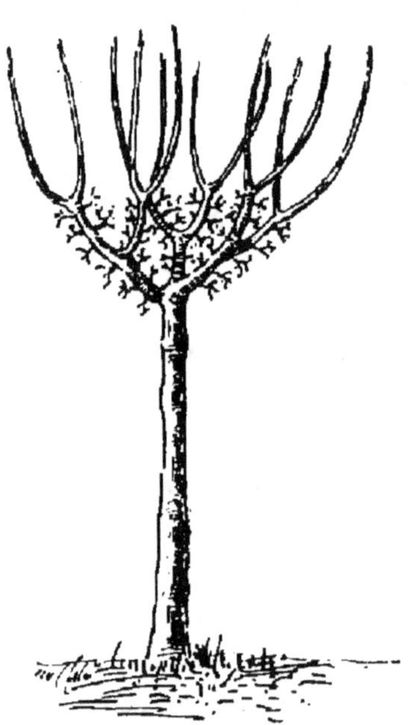

Fig. 261. — Poirier à haute tige ; branchage évasé.

pour les fruits à couteau ; *Eisgrüber Mostbirne, de Vigan,* pour les fruits à cidre : ces variétés ont supporté les rigueurs du grand hiver.

Par la taille des rameaux, on donne pendant quelques années un équilibre de forces au branchage, puis on le laisse aller seul. Il reste à visiter la tête de l'arbre tous les deux ou trois ans ; lors de l'échenillage, ou avant la chute des feuilles, on retranchera les branches inutiles ou faisant confusion, et l'on modérera l'ardeur de celles qui s'emportent aux dépens de leurs voisines.

Le Poirier à tige, greffé sur cognassier, recevra une taille annuelle, afin de lui éviter l'épuisement résultant d'une production trop abondante. Ce genre d'arbre ne convient que dans les bons sols, dans les petits jardins, ou encore à titre de sujet intercalaire et provisoire, dans les vergers.

La distance minimum des Poiriers en haute tige, sur franc, est 5 mètres pour les lignes simples et 8 mètres pour les plantations en massifs.

Poirier en basse tige. — Sous la désignation de

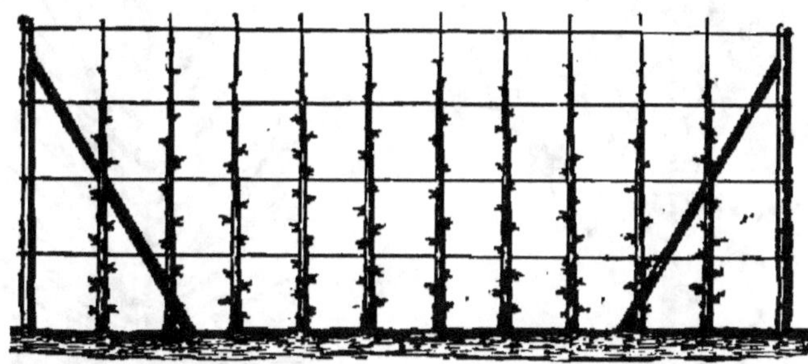

Fig. 262. — Poiriers en cordon vertical.

Poirier en basse tige, nous entendons les pyramides, les fuseaux, les palmettes, les candélabres, les éventails, etc., dont le branchage commence à 0^{m},30 environ du sol. Des soins de taille, de pincement, de palissage leur sont généralement nécessaires, tous les ans, ou à 1 peu près.

La forme la plus élémentaire est le *cordon vertical simple* (*fig.* 262), qui s'adapte aux Poiriers greffés sur cognassier et aux variétés trapues, ramifiées, fertiles.

Les arbres sont à 0ᵐ,30 ; on peut les transformer, par le recepage, en cordon double à 0ᵐ,60. Si le treillage ou le mur est peu élevé, on donnera une direction *oblique* à la tige ou aux tiges du sujet.

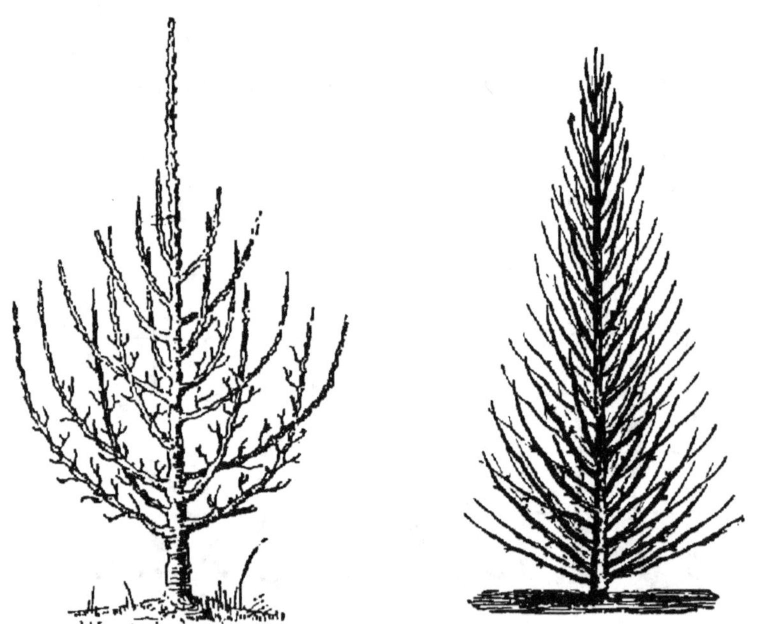

Fig. 263. — Poiriers en pyramide et en fuseau.

Le Poirier en **pyramide** (*fig.* 263) se compose d'une tige branchue, de bas en haut, les branches étant d'autant plus longues qu'elles sont plus près du sol. Les pyramides trop larges, trop touffues (*fig.* 250)

manquent de lumière à l'intérieur et ne produisent pas
autant que les branchages mieux aérés.

Si cependant la vigueur de l'arbre et la richesse du
sol excitent une végétation luxuriante, on fera pénétrer
l'air et la lumière dans le branchage en le disposant
à quatre ailes (fig. 273). Une perche à chaque
aile et quelques baguettes guideront les branches et
maintiendront leur charpente.

Le **fuseau étroit** est plus facile à conduire ; il occupe
moins de place et produit relativement davantage. La
tige est garnie de petites branches courtes, ramifiées de
brindilles fruitières. Beaucoup de Poiriers se disposent
naturellement en fuseau, l'arboriculteur doit savoir en
profiter.

Un Poirier pyramide ou fuseau planté dans une
plate-bande, dans un carré du jardin fruitier, ou en
groupe du parc paysager ne manque pas d'élégance.

La distance minimum des Poiriers en pyramide
ordinaire est 3 mètres et 1^m,50 pour les fuseaux.

La **palmette,** assez artistique d'allures, est une
forme aplatie pour plates-bandes, treilles, rideaux,
espaliers et contre-espaliers. La tige porte plusieurs
séries de branches parallèles écartées de 30 centimètres
entre elles ; le nombre et l'étendue des séries de branches sont basés sur l'envergure projetée du sujet et la
vigueur dont il est capable.

Les *palmettes à tige simple* sont préférables aux
palmettes à double tige ; celles à *branches obliques* ont
l'avantage sur les palmettes à *branches horizontales*
(*fig.* 264) parce que, chez celles-ci, la base du branchage se fatigue plus vite. La demi-palmette est destinée
aux bouts de lignes et aux terrains déclives.

La distance séparative minimum des palmettes est 6 mètres pour des arbres greffés sur franc ; 4 mètres suffisent aux sujets greffés sur cognassier.

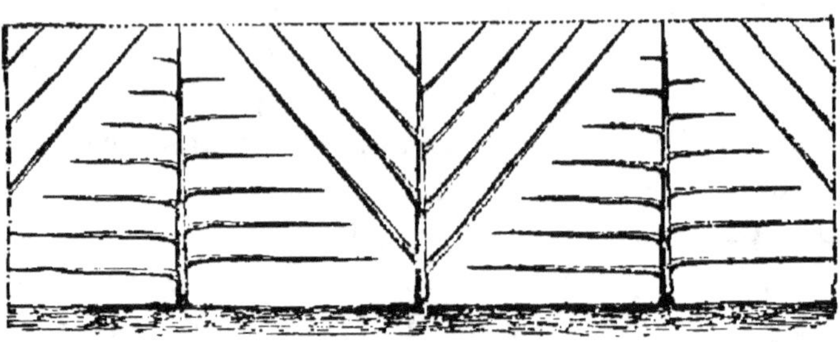

Fig. 264. — Charpente de Poiriers en palmette à branches horizontales ou obliques.

De la palmette au **candélabre,** il n'y a de changé qu'une tournure verticale imprimée aux membres de charpente, soit à angle vif, soit à pan coupé ou arrondi.

Des lignes de Poiriers, palmette ou candélabre, sont de véritables rideaux ou charmilles fruitières symétriques, d'un joli effet, d'une bonne production et résistant mieux aux grands vents que les pyramides.

La distance à conserver entre deux Poiriers en can-

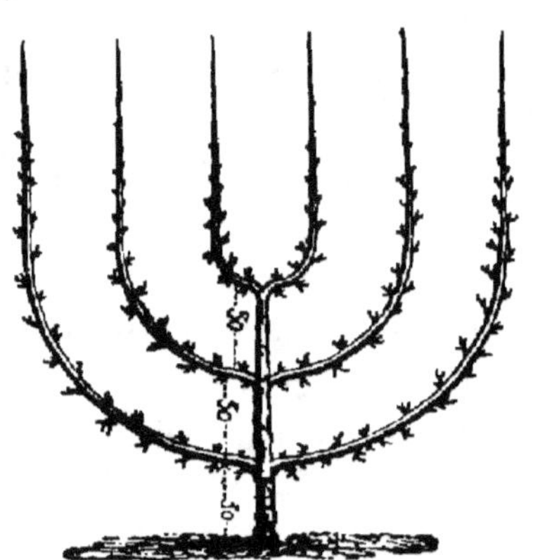

Fig. 265. — Poirier en candélabre à six branches.

délabre est calculée d'après le nombre de branches qu'ils doivent avoir ; il suffit de multiplier ce nombre par 0^m,30. Ainsi, l'intervalle des candélabres à six branches (*fig.* 265) est 1^m,80; des candélabres à cinq branches (*fig.* 266.A), 1^m,50; des candélabres à quatre branches, 1^m,20; des candélabres à trois branches

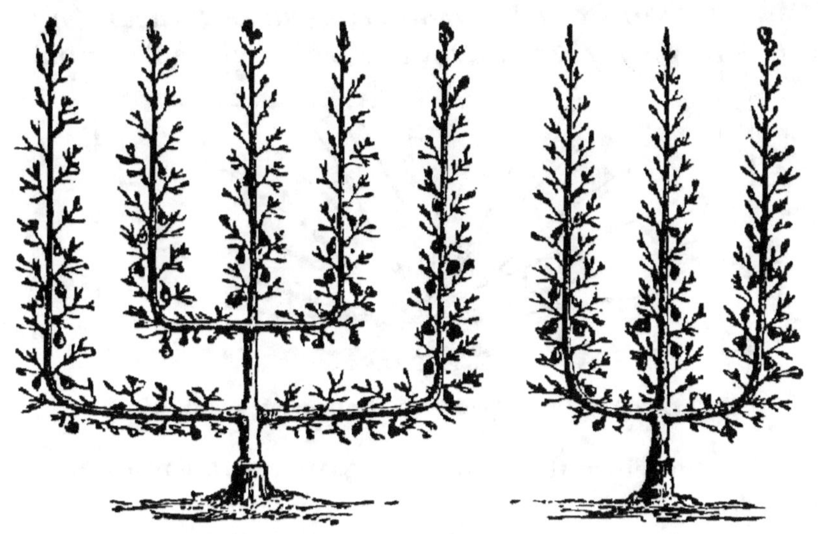

A. à cinq branches.   B. à trois branches.
Fig. 266. — Poiriers en candélabre.

(*fig.* 266,B), 0^m,90. D'après ce calcul, on arrive à une envergure de 4^m,50 pour le candélabre à quinze branches (*fig.* 167).

On comprend que la verticalité des membres n'établit aucune différence, quant à la distance des sujets, entre les Poiriers greffés sur franc et ceux qui sont greffés sur cognassier.

Par son ossature plus régulière dans son ensemble que dans ses détails, l'**éventail** (*fig.* 267) dit *Queue-de-Paon* ou *Patte-d'Oie*, est réservé aux variétés dont les membres sont enclins à se dénuder et à se tacher, les

Beurré gris, Crassane, Saint-Germain, Bon-Chrétien. Tout arbre à rameaux faibles, tourmentés ou d'un port divariqué, rebelle aux formes symétriques : *Beurré d'Amanlis, Marie-Louise, Passe-Colmar, Nouvelle Fulvie, Chaumontel, Beurré Rance, Joséphine de Malines*, se prêtera au palissage de l'éventail.

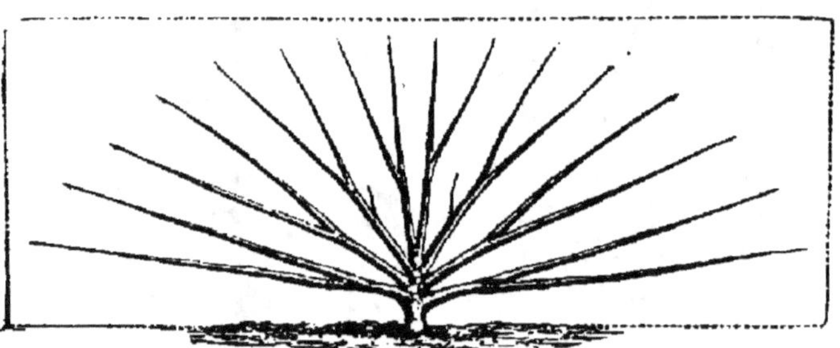

Fig. 267. — Charpente du Poirier en éventail.

L'écartement entre deux éventails est, au minimum, 4 mètres.

On peut, avec le système de palmettes et autres formes aplaties, border les voies ferrées. séparer deux héritages, clore un jardin fruitier au milieu d'un parc. Une fois la charpente établie et la fructification arrivée, une taille d'ensemble presque analogue à la tonte des haies serait suffisante. Les branches s'entre-croisant, on réserve un intervalle d'un mètre entre les sujets (*fig.* 185). Les jardiniers provençaux commencent à employer ces sortes de petits rideaux de Poiriers pour abriter des grands vents leurs cultures potagères, au lieu de claies sèches en roseau. Nous ajouterons que, sur les formes plates, les poires résisteront mieux aux bourrasques.

Un avantage des arbres en rideau, et particulièrement avec la forme candélabre, est la facilité d'introduire, au moyen du greffage, sur un arbre vigoureux.

Fig. 268. — Haie fruitière de Poiriers en contre-espalier.

des variétés de choix comme fruit, mais péchant par la vigueur de l'arbre, par exemple : de *l'Assomption*, (août-septembre) ; *Bonne d'Ézée* (*fig.* 269) (septembre) ;

Fig. 269. — Bonne d'Ézée.   Fig. 270. — Fondante de Noël.

Van Mons (*fig.* 271) (novembre) : *Fondante de Noël* (*fig.* 270) (décembre), *M*^{me} *Lyé Baltet* (janvier) ; *Bési de Saint-Waast* (*fig.* 272) (février-mars) ; — ou donnant un fruit tavelé, comme le *Doyenné d'hiver*.

Il suffira, dans ce cas, de placer la greffe sur la partie verticale des membres du candélabre. Les nouveaux

Fig. 271. — Poire Van Mons.   Fig. 272. — Bési de Saint-Waast.

bourgeons pourront se substituer eux-mêmes aux branches de la charpente.

Taille du Poirier. — Le Poirier étant l'arbre fruitier principal, nous poserons à son égard quelques préceptes de taille, qui pourront s'appliquer en même temps aux autres genres traités dans cet ouvrage.

Taille d'hiver. — La taille d'hiver ou taille *en sec* commence à la chute des feuilles et se termine quand la végétation revient.

.Tailler pendant le repos de la sève, sauf quand il y a du givre ou du verglas.

Tailler à la montée de la sève les arbres ou les branches que l'on veut affaiblir.

Tailler au déclin de la sève les arbres ou les branches que l'on veut fortifier.

On pourrait donc appliquer la taille en deux fois sur le même arbre : à l'automne sur les branches à bois, au printemps sur les branches à fruit.

On taille le rameau immédiatement contre l'œil de prolongement. Cet œil est choisi : 1° *en dessus*, pour une branche faible ou destinée à s'élever ; 2° *en dessous*, pour une branche inclinée ou trop forte ; 3° *de côté*, pour une branche dirigée obliquement.

Si le bourgeon est *éperonné*, on coupe l'éperon ; un œil adventice le remplacera. Pour les rameaux des espaliers, il convient de tailler sur un œil *de face*. On fait en sorte de tailler sur un œil qui, en se développant, redressera la déviation produite par la taille de l'année précédente.

La *taille longue* est celle qui laisse plus de bois à la branche ; la *taille courte* est celle qui lui en enlève davantage. On peut alterner les deux opérations sur le même arbre, de deux années l'une.

La taille longue favorise la mise à fruit, sans exciter le développement des brindilles gourmandes ; elle est appliquée aux branches faibles, ou inclinées, ou placées à la base du sujet.

Tailler long le Poirier greffé sur franc ou destiné aux grandes formes. — Tailler court le Poirier greffé sur cognassier ou destiné aux petites formes.

Tailler long dans une situation froide. — Tailler court dans une situation chaude.

Tailler long un sujet peu fertile. — Tailler court un sujet trop fertile.

Tailler long une variété qui se ramifie naturellement.

— Tailler court une variété qui se ramifie difficilement.

En taillant long un rameau exposé à se dénuder, il convient d'en éborgner les yeux voisins de l'œil terminal et d'ouvrir un cran au-dessus des yeux de la base.

Une branche trapue, un arbre régulièrement charpenté peuvent se passer de la taille d'hiver. La *non-taille* fortifie l'arbre et active sa fructification. Elle pourrait être alternée avec une *taille bisannuelle*, afin de maintenir la forme ou la ramification de l'arbre.

Taille d'été. — La taille d'été commence à la montée de la sève et se termine avec la chute des feuilles.

Elle comprend plusieurs opérations *en vert* ou sur les tissus herbacés, en sève ; nous les indiquerons d'une façon sommaire :

L'*ébourgeonnement* est l'enlèvement, avec les doigts ou avec la serpette, des jeunes bourgeons feuillus superflus, qui naissent aux amputations sur vieux bois, autour d'une greffe, ou qui sont trop nombreux sur les branches à fruit.

Le *pincement* est un rognage, avec les ongles, du jeune rameau herbacé. Le pincement long et simultané est préférable au pincement court et instantané.

Le rameau de prolongement est rarement pincé, seulement lorsqu'il s'allonge aux dépens de ses collatéraux, ou lorsqu'il y a nécessité à le faire ramifier. Si l'on craint, au contraire, cette ramification, on se borne à déchirer plusieurs feuilles au rameau fort.

Le rameau à fruit est pincé à quatre ou cinq feuilles ; les jets qui s'y développeront seront soumis plus tard à un pincement court ou à un cassement.

Le *cassement* est un rognage quand les tissus du rameau deviennent ligneux et ne peuvent plus être coupés avec les doigts. On casse à la taille d'hiver ou à la taille d'été les brindilles destinées à la fructification, tout en respectant les plus courtes et celles qui sont couronnées par un bouton à fruit.

Le cassement se combine avec le pincement auquel il succède.

La *taille en vert* consiste à retrancher les ramilles gourmandes, à raccourcir les brindilles où la fleur a coulé, à rajeunir les coursonnes épuisées.

Les *appelle-sève* sont des rameaux conservés çà et là sur les branches charpentières, pincés long ou pas du tout, dans le but d'entretenir la vigueur de l'arbre et d'alimenter les coursonnes fruitières. Une taille en vert fait disparaître ces rameaux à l'automne ; on en ménagera d'autres au printemps suivant, pour remplir le même rôle annuel d'écluse ou de tire-sève.

Les ramilles placées en dessous des membres de charpente, ou qui sont restées fluettes, pourront devenir d'excellentes brindilles fruitières.

Ces diverses opérations de la *taille en vert* seront pratiquées au fur et à mesure de la végétation, sans excès, et raisonnées d'après la situation de l'arbre, sa vigueur et son mode de fructification.

Quand la fructification est arrivée, comme dans la pyramide simple (*fig.* 250) ou à quatre ailes (*fig.* 273), dans la palmette candélabre (*fig.* 252), les opérations de la taille sont de beaucoup simplifiées, la végétation étant domptée par la production fruitière.

Ensachage des Poires et des Pommes (*fig.* 274 et 275). — Nous appelons « ensachage » d'un fruit sa

mise en sac sur l'arbre, dès son jeune âge; il y reste
jusqu'à l'époque de sa récolte; pendant son développe-

Fig. 273. — Poirier à quatre ailes.

ment, il s'est donc trouvé à l'abri de la tavelure et de
ses ennemis ailés ou autres.

Le sac est un papier mince, opaque, dit « papier

cristal », fendu légèrement en tête, pour le passage du
pédoncule restant en dehors et de dimensions propor-
tionnées à la grosseur finale du fruit.

Dès que le jeune fruit quittant l'état embryonnaire a

Fig. 274. — Ensachage
de Pomme.

Fig. 275. — Ensachage
de Poire.

déjà le calibre d'une noisette, on procède à l'ensachage.

Le sac est approché de manière que le fruit y pénètre
seul, c'est-à-dire sans les feuilles qui l'accompagnent.

Boucler le sachet avec un raphia et l'attacher à
la branche ou à la lambourde — jamais au pédoncule.

L'arbre passera ainsi l'été, en papillottes.

Le sac sera enlevé environ huit ou dix jours avant la
cueillette du fruit. Opérer par un temps sombre, au
cours de septembre.

L'épiderme du fruit gardera son fond pâle et tendre,
tout en prenant un brillant coloris.

MM. Léon Loiseau, de Montreuil, et Octave Opoix,
de Paris, pratiquent et recommandent l'ensachage dans
ces conditions, avec beaux exemples à l'appui.

C'est ainsi que l'on obtient de superbes poires *Doyenné d'hiver*, sans la moindre tavelure, et d'appétissantes pommes de *Calville blanc*, à la robe nacrée, estompée ou flammée de carmin vermillonné.

Quant à la qualité de la chair de ces fruits de luxe, les goûts âpres ou astringents s'adoucissent, tandis que les saveurs peu relevées deviennent fades ; mais les bons fruits sont délicieux : ainsi *Beurré Hardy*, *Louise-bonne d'Avranches*, *Doyenné du Comice*, ensachés, conservent leurs bonnes qualités.

VIII. — RÉCOLTE ET CONSERVATION DES POIRES.

En général, la récolte des fruits se fait lorsque, leur développement étant pris, on peut les détacher de la branche sans faire un effort sensible.

Fig. 276.
Cueille-fruits.

Un beau temps est une condition indispensable à cette opération. Le fruit cueilli à point, c'est-à-dire ni trop vert ni trop mûr, et par une température convenable, gagne en qualité, en conservation, et supporte mieux les voyages.

Dans le jardin d'amateur on peut, quelque temps avant la récolte, retrancher graduellement un certain nombre de feuilles autour des fruits les plus beaux, sans les dégarnir complètement ; l'action plus directe de l'air et du soleil donnera du ton à son coloris et du parfum à sa chair.

La récolte se fait à la main, avec l'aide d'échelles, ou
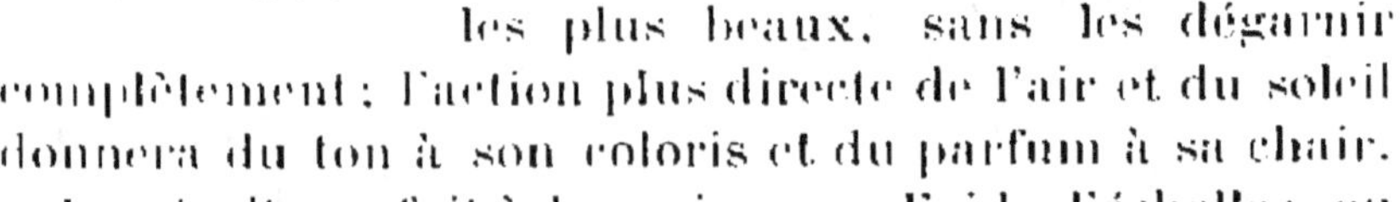

au cueille-fruits (*fig.* 276) pour les extrémités de branches et pour les endroits difficilement accessibles.

Dans la grande exploitation, la vente du fruit *sur pied*, celle qui laisse à l'acheteur la charge de la récolte et de tout ce qui s'ensuit, augmente les bénéfices du vendeur quatre fois sur cinq.

RÉCOLTE DES POIRES D'ÉTÉ.

La poire d'été doit être cueillie dès qu'elle commence à jaunir, à tomber ; elle achèvera sa maturité dans un endroit sec et couvert, à l'ombre, sans être froid. La maturité définitive ou la phase extrême de la maturation s'annonce habituellement par un changement de coloris et un dégagement de parfum. On évitera de placer les poires précoces en gros tas, parce qu'elles nécessitent une surveillance continuelle ; d'ailleurs, il convient de s'en débarrasser promptement. Dès qu'elles commencent à blettir, on est obligé de les consommer sur place ; en les faisant voyager dans cet état, on s'exposerait à des désagréments.

Le cultivateur oublie trop facilement que la poire d'été blettira d'autant moins vite qu'elle aura été *entre-cueillie*, c'est-à-dire cueillie avant sa complète maturité ; cette époque est indiquée par la chute des premiers fruits mûrs.

Non seulement la poire entre-cueillie prolonge sa période de maturation, mais l'élaboration de son suc, faite au repos, augmente les qualités de sa chair.

RÉCOLTE DES POIRES D'AUTOMNE.

En principe, il faut attendre que la poire d'automne ait acquis son volume complet avant de la cueillir, sans quoi l'on s'exposerait à la voir flétrie et manquer de parfum ; mais il faut un certain tact, de l'expérience pour connaître ce moment précis. Il semblerait que la poire cherche à quitter l'arbre, la ligne de démarcation entre le pédoncule et la branche est plus accentuée ; la sève de l'arbre est arrêtée, ou à peu près. L'épiderme du fruit prend un ton plus vif, plus clair, plus coloré, luisant ou diaphane. En balançant légèrement le fruit à la main, sans le presser, on s'assure de son degré de résistance.

Chez les arbres en plein vent, la chute des premiers fruits, véreux ou non, est le signal de la cueillette.

Au jardin fruitier, on peut opérer cette récolte en plusieurs fois ; il faut alors commencer avec les arbres moins vigoureux, plus âgés ou plus exposés au soleil.

Les extrémités des arbres, plutôt battues du vent, et d'une cueillette moins facile à la main, seront récoltées au début de l'opération.

Certaines variétés, telles que les *Duchesse* et *Clairgeau*, cueillies prématurément, mais à temps, resteront moins grosses et prolongeront leur maturité. D'autres, comme *Soldat laboureur* et *Beurré Diel*, quoique cueillies vertes, deviennent jaunes en mûrissant, tandis que *Nouveau Poiteau* et *Beurré Six* conservent leur peau verte à la maturation : avec celles-ci, le point de maturité se connaît à la pression légère du pouce, auprès du pédoncule.

Sur les arbres à grande production, une seule récolte suffit ; l'état différent dans lequel se trouvent les fruits augmentera la période de la maturation.

Une fois cueillies, les poires d'automne seront placées dans la fruiterie d'été, sorte de hangar, cabinet de jardin, grenier, etc., rangées sur des planches saines et sèches, et groupées par variété.

Il faut donner de l'air dans la journée, faire la chasse aux rongeurs et enlever les fruits qui sont mûrs.

RÉCOLTE ET CONSERVATION DES POIRES D'HIVER.

Le signal de la récolte des poires d'hiver est donné par le repos de la végétation, la physionomie du fruit se modifie légèrement; la pratique permet de savoir discerner le moment où le fruit se dispose à quitter la branche.

Ici encore, on récolte d'abord sur les vieux arbres et sur ceux qui se trouvent plus exposés à la chaleur ou aux bourrasques. Il est assez difficile de préciser la date, attendu que les terrains humides, les situations froides, un automne pluvieux, un arbre fougueux en sève sont des causes de retard par suite du prolongement de la végétation.

Cueillie trop tôt, la poire d'hiver se ride avant l'élaboration des sucs intérieurs, la chair devient *liégeuse* et sans saveur; cueillie trop tard, lorsque les gelées blanches ont passé dessus, elle se garde moins longtemps, la chair est *farineuse* et manque de goût. Après tâtonnements et essais comparés, l'expérience sera le meilleur guide.

Une attention que l'on ne saurait négliger dans la récolte des poires tardives, c'est de les maintenir intactes de toute blessure. Plus longtemps elles se conserveront, plus elles auront de valeur. La surveillance qu'elles nécessitent est ce qu'on appelle « le travail du maître ».

On les place donc avec précaution dans un panier plat (*fig.* 277) et on les dépose provisoirement en les maniant, une à une, dans une remise ou une chambre ordinaire, ni froide, ni chauffée ; on évitera de les mettre en contact avec les fruits d'automne.

Fig. 277. — Panier à récolter les fruits, poires, pommes, etc.

L'acide carbonique dégagé par ces derniers, lors de leur maturation, peut hâter la maturité des poires tardives. Quinze jours après la récolte des poires d'hiver, *leur feu étant jeté*, on les rentrera dans la fruiterie, endroit sombre à température régulière, non exposé à l'humidité surabondante, ni aux crues d'eau, ni aux gelées.

La poire « de garde » peut encore se conserver, enveloppée d'une feuille de papier et placée dans un tiroir de meuble, la chambre n'étant ni trop chaude, ni exposée à la gelée.

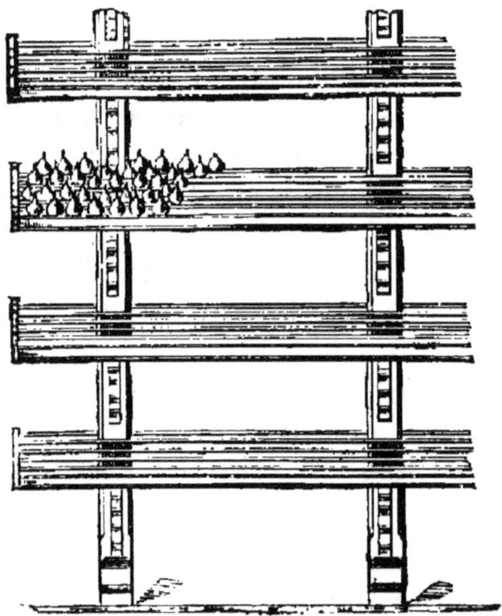

Fig. 278. — Rayonnage de la fruiterie.

Fort souvent, le conservatoire est une vinée, une

cave ou un cellier rayonné de tablettes en bois dur, ou garni de tiroirs libres et superposés ; les agglomérations par plus de deux lits de poires ne pourraient y séjourner longtemps. C'est le fruitier Dombasle ; il est simple et d'une application facile.

Le système de rayonnage (*fig.* 278) placé autour et au centre du fruitier est construit en bois bien raboté ; les lames sont disposées de telle sorte que les poires y sont placées à côté l'une de l'autre, sans être empilées. On ne devra pas y laisser séjourner les fruits mûrs ou tachés.

Le fruit est isolé sur la tablette par un « papier journal » reposant sur un lit de frisures de papier.

Le producteur qui ne pourrait s'astreindre à ces détails devra chercher à vendre sa récolte, aussitôt la cueillette faite, à quelque restaurant ou intermédiaire consciencieux, ou aux familles qui, dès l'automne, font leurs provisions de fruits d'hiver.

IX. — EMBALLAGE DES POIRES.

La poire est tellement variée de forme et d'époque de maturité que nous conseillons de grouper, à l'emballage, des fruits de la même sorte ou analogues par la grosseur et le degré de maturation.

Emballage en panier. — Les paniers assez grands seront employés avec les fruits petits, verts, durs ou de longue garde. Si cependant ce sont des variétés d'hiver et fondantes, il conviendra de les emballer à part et avec soin, la moindre meurtrissure s'opposant à leur conservation.

Les *billots* de l'Aube, avec couvercle (*fig.* 314), les

paniers dits à vin de Champagne, de la Marne, les paniers de Lorraine, la corbeille bordelaise, la banaste provençale, etc., conviennent à cet usage.

Le fond sera tapissé de regain sec, de paille de seigle ou de froment. On superpose les fruits par couches séparées avec des lits de paille et de la « balle d'avoine ». Le dessus est un lit de belle paille de seigle ; enfin du regain ou de la menue paille d'orge ou de la « laine de bois », pour tamponner le couvercle.

Le billot sans couvercle (*fig.* 279) sera fermé par un

Fig. 279. — Panier billot, pour l'emballage des poires et des pommes.

lit de grande paille et *bagué* à la ficelle. Il convient pour les transports directs, par voiture.

Quant aux poires extra, leur emballage en panier (*fig.* 280) sera le même recommandé à l'emballage en caisse ci-après.

Emballage en caisse. — La belle poire est emballée en petites caisses contenant un ou deux lits de fruits. Chaque poire est tamponnée de rognures ou d'ouate, celles du fond étant enveloppées de papier joseph.

On emploie la caisse pour les fruits extra, car le panier de 10 kilos est utilisé pour les *Williams*, les *Duchesse*, les *Clairgeau*, les *Curé*, les *Diel* qui se vendent au poids. La poire sera légèrement inclinée dans la caisse, à cause de son pédoncule. Après un bon lit

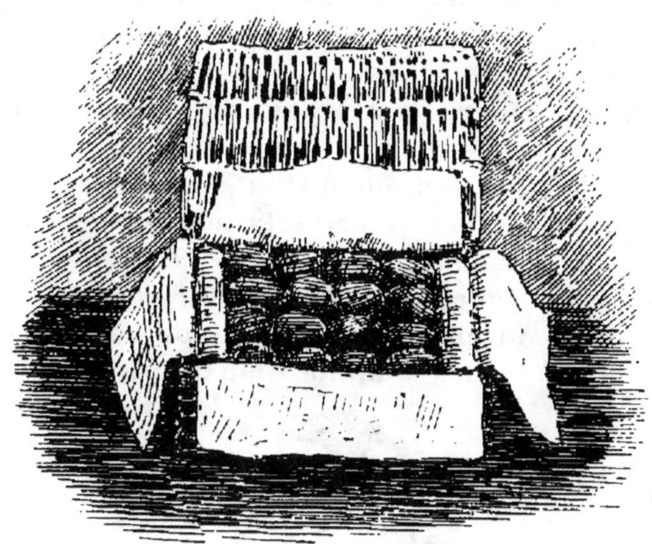

Fig. 280. — Emballage des poires de choix.

de rognures ou de liège qui évite le ballottement, le couvercle sera cloué, puis marqué pour le décaissage.

Un lit de ouate de tourbe pulvérisée, ainsi qu'en gros papier ondulé ou non, enveloppant le tout est nécessaire aux fruits qui voyagent pendant les gelées.

X. — EMPLOI DES POIRES.

La poire est le fruit le plus avantageux par la beauté et la diversité de ses formes, par la variété de sa saveur qui gagnera les suffrages des palais les plus difficiles. A ces titres, il faut ajouter le temps de sa maturation, qui commence en juin ou juillet pour finir au mois de mai, l'année suivante.

Nous avons indiqué les meilleures poires pour l'amateur et le spéculateur, destinées à la table, au pressoir, à la cuisson et à d'autres préparations économiques. Il nous reste à faire connaître quelques particularités intéressantes pour la ménagère ou l'industriel.

Après avoir fait l'ornement du jardin, les plus jolies poires viennent orner les desserts du propriétaire ou les étalages du négociant, par jattes et corbeilles artistement montées. On choisira pour ce service les échantillons beaux de forme, de grosseur et de coloris. Il conviendra de surveiller la maturation de ces belles poires. Trop souvent, on hésite à les couper pour les manger, et il arrive que leur goût est passé lorsqu'on se décide à les attaquer.

Parmi les bons fruits d'ornement, de dimensions plus restreintes, la *Verte-longue panachée (fig. 281)* dite « Culotte Suisse », fondante et juteuse, plaît sur l'arbre et sur la table, grâce à sa robe bariolée de jaune, de vert et de

Fig. 281. — Poire Verte-longue panachée.

rose. Les *Beurré d'Amanlis, Williams, Duchesse, Louise-bonne, Doyenné du Comice, Beurré Diel, Beurré d'Hardenpont, Alexandrine Douillard*, ont aussi leur sous-variété panachée. Nous-même avons découvert la *Belle Angevine panachée.*

Les petits fruits à chair ferme, blanche et croquante, juteuse et sucrée, *Blanquet, Rousselet, Bouyroux, Précoce Tivoli, Seckel, Osband d'été, Prévost*, peuvent être transformés en poires tapées, glacées ou confites et candies. L'âcreté dans le fruit serait un défaut.

Une chair ferme, fine, blanche, non pierreuse, est propre au séchage. Le *Rousselet* et le *Beurré d'Angleterre* en ont la renommée. La *Langhirne* ou d'*Étrangle* est populaire en Suisse, où le séchage de la poire est pratiqué dans tous les cantons.

En Istrie, les fruits sont cueillis avec précaution, avant la maturité, et rangés à l'abri. Les petits fruits sont délaissés, la dessiccation les rapetisse encore. On pèle la poire en lui gardant son pédoncule, et on lui fait subir les opérations successives du soufrage, du séchage, du pressage, par quantités déterminées, suivant la dimension des appareils. Pour obtenir 100 kilogrammes de poires sèches, il faut de 300 à 400 kilogrammes de poires fraîches. Le prix de vente varie entre 20 et 40 centimes le kilogramme.

La France, suffisamment approvisionnée de vins et de poires à cuire, a moins étudié la poire séchée comme matière première de boissons et de compotes. Cependant, on aurait tort de négliger cette ressource de nos ménages. Déjà les poires *Curé, Virgouleuse, Castelline, Gracioli, Howell, Bési de Saint-Waast, Williams, Amanlis*, se sont prêtées à la dessiccation.

Le séchage de fruits entiers réclame des fruits d'automne, à chair fine et blanche, non pierreuse. Sur les bords du Rhin, nous en avons vu l'application avec les poires *Rousselet, Monseigneur Des Hons (fig. 282),*

Fig. 282. — Monseigneur des Hons.

Verte-longue, d'Œuf, Forelle, et les *Velenzer, Spitzbirne, Grosse Glasbirne.*

Une poire médiocre, la *Rougeotte,* est exportée des rives de la Saône vers la Franche-Comté pour y être utilisée au séchage et en marmelade.

Nous avons goûté de délicieuses poires *Souris* (fruit de pressoir) combinées avec le cidre doux, tapées et préparées par des maisons spéciales de la Sarthe.

La poire confite au four est un régal qui mérite d'être popularisé. Voici comment un amateur enseigne la manière de réussir :

« On prend des poires de toutes variétés, pourvu qu'elles soient mûres, et après les avoir pelées délicatement, on les met au four, à la température dite *four après pain,* soit sur des claies, soit sur des plats; elles doivent donner du jus, trois et même quatre fois successivement, en les aplatissant avec les doigts à chacune de *leur sortie,* sans les briser et sans casser la queue. Avant la dernière mise au four, on les trempe dans un sirop obtenu par la cuisson du jus et des pelures mélangées d'eau. Les poires ainsi traitées sont noires, moelleuses, et d'un glacé brillant; elles peuvent se conserver en boîtes pendant une année. »

Les *Beurré d'Angleterre* et *André Desportes* font d'excellentes confitures, ainsi que nos gains exquis et fertiles, *Sucrée Troyenne*, *Calixte Mignot*, *Auguste Droche*. L'*Angleterre de Noisette*, connue dans le Nord sous les noms de « Saint-François » et de « Beurré d'Hardenpont d'automne », offre les mêmes qualités aux amateurs de bonnes confitures de poires.

Les poires à chair tendre et fondante sont bonnes à la marmelade de poires, aux poires au beurre ou meringuées, à la salade de poires avec l'orange au vin blanc. La chair rosée de *Madame Hutin*, *Madame Élisa* (*fig.* 283) s'y prête.

Le département de la Somme offre un débouché assuré aux producteurs de fruits à pépins. Avec ses usines de séchage et de confiserie, Abbeville ne tardera pas à devenir un centre de préparation de pâtes et de confitures de poires et de pommes, fort utiles au producteur et au consommateur. Un établisse-

Fig. 283. — Poire Madame Élisa.

ment, à Thuison-lès-Abbeville, peut fournir 10 000 kilogrammes par jour et ne tardera pas à en livrer 1 million de kilogrammes par année. Les variétés de poires adoptées sont en partie des fruits locaux, les poires *Lardi*, des environs de Formeries (Oise), *Popereine*, de Picardie, *Fusée* et *Selecque*, de Normandie. Cette dernière a été, jusqu'alors, la meilleure pour les marmelades de poires ; sa chair n'est pas pierreuse.

Les pâtes de poires et de pommes sont utilisées par

la marine, les hospices, les pensions, etc. Avec 100 grammes de pâtes dans un demi-litre d'eau que l'on fait bouillir, on obtient la valeur de 500 grammes de compotes. Un kilogramme de pâtes peut fournir, dit-on, 50 rations de 100 grammes.

La compote de poires entières réussirait avec le petit fruit à chair ferme, juteuse, aromatisée : *Tyson, Marie-Marguerite, Rousselet, Seckel, Avocat Allard, Bési de Vindré, Eugène Appert, Monseigneur Sibour*, délicieuses petites poires qui ne seraient pas sans mérite, étant conservées au sirop ou à l'eau-de-vie.

Parmi les petits fruits, la poire « à cuire », comme *Certeau, Beurré Capiaumont, Martin-Sec, Betzy*, a sa place dans les compotes de poires au vin.

La poire *Messire-Jean*, coupée par tranches non pelées, a la préférence pour la confiture au vin doux et le raisiné avec des tranches de coings. Bien mûre, cette variété donne une confiture commune d'un goût franc.

La *Martin-Sec*, précieuse pour les tartes de poires entières, a déjà pour rivales les *Rouget*, d'Étampes ; *Marsanneir*, du Périgord ; *Chat-brûlé*, de Touraine ; *Fusée*, du Gâtinais ; *Barbeyron*, de Suisse.

Il est à remarquer que *Certeau, Catillac, Râteau gris, Rouget, Sarrasin* ont la chair rouge par l'effet de la cuisson, et que les poires à peau grise sont généralement bonnes à cuire. Ainsi *Gile-à-Gile, Calouet, Philippot, Belle de Brissac, Belle de Thouars, Angoucha, Gricolé, Balosse, Louis Hariot* font de succulentes compotes, ainsi que *Van Marum* et *Capiaumont*.

Sans être à peau grise, les poires *Belle Angevine* et *de Curé* sont également bonnes en compotes.

Williams, Louise-bonne d'Avranches et *Diel* sont souvent employées en conserves.

Les variétés qui ont la chair parfumée peuvent donner un vin de poires assez peu connu, et s'emploient dans la confiserie ; telles sont : *Boutoc, Gatinka, Giram, de Spoelberg, Professeur Barral, Jalousie de Fontenay, Onondaga, Lawrence, Bési d'Héry, Claude Blanchet*, et avant tout, *Blanquet* et *Rousselet*, qui occupent le premier rang dans les poires dites d'économie.

Les poires aromatisées, par quartiers ou rondelles, font de bonnes confitures et des poires au roux : les chairs d'un goût âpre exigeraient trop de sucre.

Les confiseurs de Paris reçoivent des wagons de la poire *Rouget*, petit fruit local et coloré des environs d'Étampes, chargeant jusqu'à dix hottées par arbre.

Plusieurs villes de l'Auvergne, Riom entre autres, préparent et expédient de grandes quantités de poires confites et glacées.

La cuisson permet d'utiliser des fruits tendres, tachés ou meurtris. Nous avons apprécié, à Lille, des poires *Nouveau Poiteau* cuites à sec, sur le plat. Plus d'une fois, n'avons-nous pas jeté à la casserole des poires *Duchesse, Clairgeau*, etc.. indignes du marché ?

Paris reçoit, dans une année, plus de 20 millions de kilogrammes de poires !

POMMIER

(*Malus*).

I. — TERRAINS QUI CONVIENNENT AU POMMIER.

Les terres meubles et douces, les terrains composés de divers éléments conviennent au Pommier. Il prospère dans les terres d'alluvion quand le sable s'associe à la silice ou à l'argile, et dans les terrains à base granitique, aussi bien que dans les sols où l'humus tourbeux corrige l'aridité du calcaire. Une fraîcheur modérée lui est favorable avec un sous-sol suffisamment poreux ou perméable.

La terre à blé est le terrain du Pommier greffé sur *franc*, destiné aux formes en haute tige ; la terre de jardin est le terrain du Pommier sur *doucin* ou sur *paradis*, spécial aux formes en basse tige. Le Pommier greffé sur *paradis*, approprié aux arbres nains, vient mal dans les sols arides ou trop calcaires ; dans ce cas, on lui substitue le pommier sur *doucin*, plus robuste et plus vigoureux.

II. — SITUATIONS QUI CONVIENNENT AU POMMIER.

Le Pommier prospère admirablement sur les montagnes de l'Auvergne et des Pyrénées, dans les herbages de la Normandie, de la Bretagne et de la Picardie, dans les plaines et les vallées des Flandres, de l'Allemagne, de l'Angleterre, et au Danemark, en Russie, dans la Péninsule scandinave.

La limite nord de la zone du Pommier en Europe est, en Suède, et en Russie, au 66° de latitude. Sa limite sud étant au midi de l'Italie, on voit que la France a tout son territoire favorable au Pommier.

En Allemagne, il est utilisé dans les plantations routières. Dans le nord-ouest de la France, il est très commun et sert à la fabrication du cidre. L'Amérique en entreprend la culture sur une grande échelle.

Le fruit du Pommier est plus gros dans les vallées humides, mais plus savoureux sur les collines et les plateaux non submergés. L'excès d'humidité ainsi que le manque d'air engendrent les chancres et favorisent les pucerons. L'excès de sécheresse fait jaunir l'arbre et excite le développement des mousses et des lichens sur la tige.

Le Pommier réussit en espalier au nord, mais on devra y planter des variétés fertiles et adopter les emplacements où l'air circule. Trop abrité, cet arbre est exposé aux attaques de l'insecte, petit Kermès.

Le Pommier croît spontanément dans les forêts de la plaine et des collines. Nos départements de l'Est sont ceux qui possèdent le plus grand nombre de Pommiers sauvages ; le fruit y devient la proie des fauves.

III. — CHOIX DES MEILLEURES VARIÉTÉS DE POMMES.

La Pomme entre pour une large part dans l'alimentation générale et dans l'économie domestique. Sans parler de la fabrication du cidre, pour laquelle il existe des variétés spéciales, la pomme est le fruit le plus recherché pour l'approvisionnement des ménages, de la ferme, du château, de l'hospice, de l'école et de l'atelier; l'art culinaire, la pâtisserie, le séchage, la confiserie, la médecine, le pressurage, la distillation, en font un usage extrêmement varié.

Occupons-nous d'abord des *Fruits de table* : pommes d'été, d'automne et d'hiver; viendront ensuite les fruits à cuire et de pressoir.

A. — POMMES D'ÉTÉ.

Bien que la pomme soit plutôt un fruit d'hiver, il n'est pas indifférent de cultiver quelques espèces précoces pour sa consommation personnelle ou pour la vente à la halle. Dans cette saison chaude, à l'époque des moissons, on croque avec plaisir une pomme juteuse et acidulée, en complète maturité.

Ordre de maturité des meilleures pommes d'été.

Astrakan rouge (*fig.* 284, p. 414). — Arbre trapu, très fertile; pour haute tige et basse tige. Résistant aux grands hivers.

Fruit assez gros, demi-aplati; rouge sang, lavé de carmin vif sur un fond verdâtre, et couvert d'une efflorescence bleuâtre. Chair demi-tendre, assez juteuse, sucrée, rafraîchissante.

Maturité, mi-juillet.

Ce fruit ne devient pas farineux comme certaines pommes précoces; c'est un avantage en cette saison.

Rose de Bohême. — Arbre d'une bonne vigueur,

très fertile ; pour haute tige, pyramide et basse tige. Résistant au froid.

Fruit assez gros, plat et côtelé ; rose cerise sur un fond blanc crémeux. Chair demi-cassante, juteuse, acidulée, aromatisée.

Maturité, juillet et août.

Joli fruit de dessert, agréable à manger.

Titovka. — Arbre robuste, d'une fertilité soutenue ; pour pyramide, palmette, cordon, vase, haute tige ; robuste aux gelées. Beau feuillage.

Fruit gros ou presque gros, conique tronqué ; beurré frais cendré ou glaucescent, strié de lilas à l'insolation. Chair demi-tendre, assez juteuse, enrichie d'une saveur qui plaît.

Maturité, fin juillet et août.

Beau et bon fruit, d'un bel effet au jardin.

Borovinka (*fig.* 285, p. 414). — Arbre de vigueur modérée, très fertile ; plus convenable en pyramide, vase, buisson, petit candélabre ou cordon. Synonyme, *Borovitski*.

Fruit assez gros, même gros, sphérique ou ovoïde déprimé ; blanc nacré strié rose et rouge. Chair assez ferme, bien juteuse, acidulée, rafraîchissante.

Maturité, août.

Arbre très fertile, même étant greffé sur franc ; résistant aux grands hivers (— 30°).

Transparente de Croncels (*fig.* 286). — Ce gain remarquable de notre établissement est très vigoureux et s'est montré le plus robuste des Pommiers. L'arbre est très fertile et propre à toutes les formes en haute tige ou en basse tige acceptées dans les jardins fruitiers et les vergers.

Fruit gros, parfois très gros, arrondi et aplati ; beau jaune d'ivoire fleuri ou luisant, éclairé de lilas rosé, avec une apparence diaphane de saumoné à l'intérieur.

Fig. 286. — Pomme Transparente de Croncels.

Chair assez ferme, peu compacte, teintée, juteuse, relevée d'un goût fort agréable.

Maturité, août et septembre.

Beau et bon fruit de dessert, pour la table, les gelées, etc.

Variété sans défaut sous tous les rapports, ayant, comme les précédentes, bravement supporté les rigueurs du grand hiver 1879-1880 dans tous les pays.

Le Gouvernement canadien la propage dans toutes les paroisses du Dominion.

Rambour d'été. — Arbre robuste, assez fertile ; plus spécial à la haute tige.

Fruit gros, aplati, parfois côtelé ; vert blanc lisse, strié et rubané rouge vif. Chair demi-tendre, remplie d'une eau vineuse, d'un bon goût.

Maturité, septembre.

Fruit employé à la cuisson. — Arbre demi-résistant aux gelées d'hiver.

Ordre de mérite des meilleures pommes d'été.

1° VERGER.
Variétés en haute tige.

2° JARDIN FRUITIER.
Variétés en basse tige.

Transparente de Cron-cels.	**Transparente de Cron-cels.**
Rambour d'été.	**Borovinka.**
Astrakan rouge.	**Titovka.**
Rose de Bohême.	**Astrakan rouge.**
Titovka.	**Rose de Bohême.**

B. — POMMES D'AUTOMNE.

L'avantage de la pomme d'automne est de permettre au consommateur d'attendre la maturité des espèces tardives, sans que sa table chôme de pommes de dessert. Plusieurs pommes dites d'automne prolongent leur maturité au delà de janvier, et la majeure partie se prête à la cuisson ou à la pâtisserie.

Ordre de maturité des meilleures pommes d'automne.

Ananas. — Arbre de vigueur modérée, très fertile ; plutôt pour pyramide et arbre nain.

Fruit moyen, tronqué, côtelé ; rouge luisant nuagé de cramoisi sur un fond vert. Chair assez fine, tendre, juteuse, sucrée, vineuse, hautement relevée du parfum de l'ananas et de la framboise.

Maturité, septembre et octobre.

Il existe, en outre, une **Reinette Ananas** à fruit petit ou moyen, de forme ovalaire, couleur citron et ananas, d'un goût parfumé très prononcé, mûrissant fin d'automne ; à cultiver sous forme naine.

Cellini. — Arbre assez vigoureux et excessivement fertile ; pour pyramide, buisson, cordon, demi-tige.

Fruit assez gros, conique, atténué aux extrémités : vert blanchâtre marginé et strié cerise et ponceau. Chair ferme, demi-cassante, bien juteuse, sucrée, acidulée.

Maturité, septembre et octobre.

Arbre trop précoce dans sa fertilité pour être greffé sur *paradis*. Bon fruit de dessert et d'économie ménagère.

Gravenstein (*fig.* 287). — Arbre très vigoureux et productif ; haute tige, pyramide, vase. Rustique en pays froid.

Fruit assez gros, demi-aplati, faiblement côtelé ; jaune pâle nuancé orange, léché de rose. Chair tendre, assez juteuse, sucrée, légèrement acidulée et parfumée.

Fig. 287. — Pomme Gravenstein.

Maturité, de septembre en novembre.

Variété répandue dans l'Allemagne et le Danemark.

Reinette Burchardt. — Arbre ramifié, droit, fertile ; pour toutes formes.

Fruit moyen et assez gros, plus large que haut ; jaune terne frotté de ponceau, bariolé, réticulé de fauve. Chair ferme, douce, sucrée, légèrement anisée.

Maturité, octobre et novembre.

Arbre bien pyramidal. Fruit assez curieux par ses mouchetures linéaires ; également bon à cuire.

Grand Alexandre (*fig.* 288, p. 414). — Arbre élancé, très fertile ; pour pyramide et basse tige. Résistant au froid.

Fruit gros, souvent énorme, conique, arrondi et ventru : blanc verdâtre, amplement nuancé rose et strié carmin fin. Chair fine, demi-cassante, juteuse, vineuse, relevée.

Maturité, d'octobre en décembre.

Une des meilleures parmi les pommes d'apparat.

Reinette grise d'automne. — Arbre robuste, très fertile ; pour toutes formes. Assez résistant au froid.

Fruit gros, ovoïde tronqué, parfois anguleux : ocre lavé rouge terreux, sur fond vert grisaille. Chair demi-tendre, assez juteuse, sucrée, aromatisée.

Maturité, d'octobre en décembre.

Calville de Saint-Sauveur. — Arbre robuste, très fertile ; préférable en basse tige taillée, en pyramide, cordon, vase, buisson.

Fruit gros, conique, tronqué ; jaune de Naples frappé de rouge vermillonné à l'insolation. Chair demi-fine, assez tendre, sucrée, acidulée, parfumée.

Maturité, novembre et décembre.

Beau et bon fruit de dessert ; quand de petites taches se montrent sur la peau, la maturité se termine.

Peasgood Nonsuch (*fig.* 289, p. 414). — Arbre vigoureux, fertile, préférable en basse tige.

Fruit gros ou très gros, arrondi et aplati ; vert clair

Fig. 284. — Astrakan rouge.   Fig. 288. — Grand Alexandre.

Fig. 292. — Doux d'argent.

Fig. 285. — Borovinka.

Fig. 289. — Peasgood Nonsuch.

passant au jaune pâle, strié et lavé de carmin. Chair fine, demi-tendre, juteuse, sucrée, relevée.

Maturité, d'octobre à décembre.

Superbe et excellente.

Belle-Fleur rouge (*fig.* 290). — Arbre robuste, productif; pour haute tige et basse tige.

Fruit assez gros, conique, déprimé, côtelé; blanc cireux nuagé carmin et maculé cramoisi. Chair assez fine, demi-cassante, juteuse, relevée d'un léger parfum de girofle.

Maturité, de novembre en janvier.

Fig. 290. — Pomme Belle-Fleur rouge.

Bon fruit, fort apprécié à la cuisson et en compotes. Il est tellement répandu que nous l'avons rencontré en France sous les noms de *Belle Femme* (Aube), *Auberive* (Haute-Marne), *Richarde* (Côte-d'Or), *Monsieur* (Isère), de *Croque* (Ain), *Moyeuvre* (Moselle), *Coutil* (Meuse), *Baldrange*, *Clairet* (Marne), etc.

Reine des Reinettes : syn. *Golden Winter Pearmain* (*fig.* 291). — Arbre droit, ramifié, très fertile; pour haute tige, pyramide, vase et buisson.

Fruit moyen, arrondi, aussi large que haut; lignes roses et bandes rouges sur fond crème et jaune paille. Chair fine, assez ferme, teintée, demi-tendre, sucrée, aromatisée, d'un bon goût.

Maturité, de novembre en janvier.

Joli arbre sous toutes les formes ; bon fruit de famille, de cuisine et de marché.

Ordre de mérite des meilleures pommes d'automne.

1° VERGER.	2° JARDIN FRUITIER.
Variétés en haute tige.	Variétés en basse tige.
Reinette grise d'automne.	**Reine des Reinettes.**
Belle-Fleur rouge.	**Reinette grise d'automne.**
Reine des Reinettes.	**Grand Alexandre.**
Gravenstein.	**Peasgood Nonsuch.**
Reinette Burchardt.	**Calville de Saint-Sauveur.**
Cellini.	**Cellini.**
Ananas.	**Ananas et Reinette Ananas.**
	Reinette Burchardt.
	Gravenstein.
	Belle-Fleur rouge.

C. — POMMES D'HIVER.

Nous voici arrivés à la véritable saison de la pomme ; le nombre de variétés d'hiver en est assez considérable. Il nous faudra donc passer sous silence des espèces reconnues méritantes, trop locales, et limiter notre choix aux variétés qui ont donné des gages suffisants à la production bien soutenue de nos jardins et vergers, dans nos climats tempérés.

Ordre de maturité des meilleures pommes d'hiver.

Doux d'Argent (*fig.* 292). — Arbre trapu, ramifié, très fertile ; pour haute tige, pyramide et basse tige.

Fruit au-dessus de la moyenne, demi-plat, côtelé ; vert gai passant au blanc de nacre avec un soupçon d'incarnat. Chair fine, neigeuse ; eau douce, sucrée, acidulée, agréable.

Maturité, de décembre en février.

Bon fruit employé dans les préparations culinaires.

Belle-Fleur jaune (*fig.* 293, page 420). — Arbre bien ramifié, d'un beau port, fertile ; pour haute tige libre, pyramide et basse tige. Assez résistant aux gelées d'hiver.

Fruit gros, conique allongé, voûté : jaune fin, nuancé safran, frappé rose lilacé. Chair fine, tendre, citrine, juteuse, sucrée, aromatisée.

Maturité, de décembre en février.

La belle forme et la bonne qualité de ce fruit auraient pu lui faire donner le nom de Calville-Reinette. Il a été répandu sous celui de « Linneous-Pippin ».

Bedfordshire Foundling. — Arbre très vigoureux, fertile ; pour basse tige taillée, et haute tige abritée du vent.

Fruit gros, conique obtus, renflé et côtelé ; vert franc passant au jaune paille, safrané. Chair demi-fine, neigeuse, juteuse ; saveur sucrée, parfumée.

Maturité, de décembre en février.

Il convient de déguster cette pomme quand le coloris jaunâtre est bien accusé, ainsi que le parfum.

Royale d'Angleterre. — Arbre très vigoureux, fertile ; pour haute tige et pour basse tige.

Fruit assez gros, plus haut que large ; blanc jaunâtre,

strié rouge pâle, parfois vermillonné. Chair assez fine, tendre, acidulée, sucrée, aromatisée.

Maturité, d'octobre en janvier.

Éviter de planter les hautes tiges dans les endroits battus du vent. Surveiller le fruit à la fruiterie.

Reinette de Demptézieu. — Arbre vigoureux, très fertile ; pour haute tige ou basse tige.

Fruit au-dessus de la moyenne, en forme de Calville allongé ; citron clair, ponctué brun. Chair assez fine, tendre, sucrée, relevée d'un bon goût acidulé ; parfumée.

Maturité, de novembre en février.

Belle et bonne pomme répandue dans la Bresse, le Lyonnais et le Dauphiné.

Reinette de Cuzy (*fig.* 294). — Arbre robuste, d'un beau port, fertile ; pour haute tige, pyramide et basse tige. Assez résistant aux gelées des hautes altitudes.

Fruit assez gros, conique tronqué ; vert fin ou jaune pâle, souvent

Fig. 294. — Reinette de Cuzy.

nuancé rose. Chair fine, demi-tendre, juteuse, douce, sucrée, parfois acidulée.

Maturité, de novembre en février.

Répandue dans la Côte-d'Or, l'Yonne et Saône-et-

Loire, sous les noms de *Reinette carrée* ou *à côtes*.

Pepin de Parker. — Arbre d'une vigueur retenue, et d'une très grande fertilité ; pour haute tige, pyramide, vase et buisson.

Fruit au-dessus de la moyenne, arrondi et tronqué ; gris mordoré sur un fond jaune terne. Chair fine, ferme, assez juteuse ; sucrée ; parfum agréable.

Maturité, de novembre en février.

Pour obtenir des hautes tiges robustes, il convient de greffer la variété sur une tige de race vigoureuse.

Pepin de Ribston (*fig.* 295. page 420). — Arbre vigoureux et productif, préférant une bonne situation abritée du vent ; pour haute tige et basse tige.

Fruit assez gros, plus large vers la queue ; jaune intense, flagellé de rouge terne, tavelé de roux. Chair compacte, fine, juteuse, bien sucrée et parfumée.

Maturité, de novembre en février.

La *Ribston Pippin* est la pomme classique des vergers de l'Angleterre.

Rambour d'Hiver. — Arbre très vigoureux, port divergent, assez fertile ; pour haute tige.

Fruit gros, presque globuleux, souvent allongé et tronqué ; jaune clair, lavé et strié de carmin vif. Chair blanc jaunâtre, mi-fine, mi-cassante, assez sucrée et acidulée.

Maturité, décembre à février.

Fruit estimé pour la cuisine et la pâtisserie.

Reinette du Canada (*fig.* 296). — Arbre d'un beau port ; très fertile sous toutes formes.

Fruit de première grosseur, large et aplati, souvent à côtes ; jaune herbacé, fouetté de gris et frappé de

Fig. 294. — Reine des Reinettes.   Fig. 295. — Pepin de Ribston.

Fig. 297. — Reinette Baumann.

Fig. 293. — Belle-Fleur jaune.   Fig. 302. — Reinette de Caux.

cinabre. Chair assez fine, tendre, assez juteuse, parfumée et acidulée agréablement.

Maturité, de décembre en mars.

Variété très cultivée, une des plus précieuses pour le
spéculateur et le consom-
mateur. Sa production
est plus sujette à l'al-
ternat. Éviter les sols
froids.

Belle de Pontoise. —
Arbre rustique, étalé, fertile.

Fruit gros, aplati, un
peu côtelé, verdâtre cou-
vert de ponceau brun.
Chair ferme, demi-fine,
juteuse, acidulée et su-
crée; bonne.

Maturité de décembre
en mars.

Fig. 296. — Pomme Reinette
du Canada.

Déguster à maturité complète.

Pigeon rouge. — Arbre de vigueur moyenne, port
étalé ; pour toutes formes, très fertile.

Fruit moyen, allongé, pyramidal tronqué, un peu
côtelé ; rouge vif, strié de carmin sur fond crème. Chair
blanche, fine, demi-cassante, sucrée, assez juteuse,
sucrée et acidulée, léger parfum.

Maturité, de décembre à mars.

Fruit de marché, populaire en Normandie.

Calville de Maussion. — Arbre bien vigoureux,
très fertile ; pour haute tige et basse tige.

Fruit moyen, semi-globuleux, déprimé ; nacré et

ivoire glacé de rose. Chair ferme, fine, juteuse, sucrée, bien parfumée.

Maturité, de janvier en mars.

Cette variété constitue un arbre de verger.

Reinette Baumann (*fig*. 297, page 420). — Arbre de bonne vigueur, d'une fertilité prompte ; pour haute tige et pyramide.

Fruit assez gros, demi-aplati ; ponceau nuancé sanguin pourpré, sur un fond vert et rouille. Chair ferme, fine, assez juteuse, d'un goût parfumé, sucré.

Maturité, de janvier en mars.

Beau et bon fruit de dessert et de cuisine. — Arbre assez résistant au froid, réussit en montagne.

Calville rouge d'hiver (*fig*. 298). — Arbre vigou-

Fig. 298. — Pomme Calville rouge d'hiver.

reux, fertile : pour toutes formes, surtout les basses tiges.

Fruit gros, conique, tronqué ; rouge sang sur fond verdâtre. Chair rosée sous la peau, fine, assez ferme, assez juteuse, et acidulée ; goût framboisé.

Maturité, de janvier en mars.

C'est une des rares variétés d'hiver qui ont suffisamment résisté aux grands froids.

De Châtaignier. — Arbre robuste, productif ; pour haute tige, vient en montagne. Floraison tardive.

Fruit moyen ou assez gros, arrondi et aplati : fond crémeux, couvert de stries, lignes et rubans carmin, avec marbrures, ton cramoisi. Chair ferme, croquante, juteuse, acidulée, relevée.

Maturité, de janvier en mars et avril.

On rencontre différentes formes de la pomme *de Châtaignier* qui rentrent toutes, ou à peu près, dans le type ici décrit.

Reinette grise. — Il existe plusieurs bonnes sortes de pommes qui portent ce nom. Les *Reinette grise du Canada, de Bretagne, de Saintonge, de Portugal, de Dieppedal, de Vitry,* etc., très bonnes à couteau et à cuire, sont recherchées dans la consommation. Leur épiderme rude en facilite le maniement pour les récoltes et les transactions commerciales.

Reinette dorée. — Les *Reinettes dorées* se rapprochent des Reinettes grises et sont dotées des mêmes qualités. Les plus recommandables sont *Reinette dorée de Versailles, Reinette dorée de Tournay, Reinette rousse de Boston, Reinette de Gaesdonk,* dont l'origine est française, belge, américaine ou allemande.

Quoique d'apparence modeste, les Reinettes dorées ont toujours du succès à la cuisine et au marché.

Teint-frais. — Arbre robuste et productif en haute tige abritée du vent, mieux en basse tige.

Fruit gros, arrondi, surbaissé ; épiderme lisse ; jaune nacré, éclairé de rose. Chair fine, pleine, assez juteuse, sucrée et relevée.

Maturité, de décembre à mars.

Beau et bon fruit de dessert et de marché.

Fenouillet. — Sous ce nom, plusieurs variétés de petites pommes à peau roussâtre, à chair ferme, douce, d'une saveur anisée, fenouillée, sont cultivées dans les vergers et les jardins, sous toutes formes. Le fruit est petit, mais d'un si bon goût que les maîtresses de maison l'apprécient favorablement.

Le *Petit Fenouillet anisé* est, de cette série, la variété que nous estimons le plus. L'**Azeroly anisé**, populaire dans le Médoc, bonne variété à cultiver, pourrait être rangée dans cette catégorie.

Court-pendu plat (*fig.* 299). — Arbre trapu, ramifié, fertile ; pour haute tige, fuseau, en pays froid ; cordon vertical, oblique ou horizontal. Floraison tardive.

Fruit moyen, arrondi et aplati ; vert rugueux nuagé de rose ou frappé rouge grisaille. Chair fine, ferme, sucrée, acidulée.

Fig. 299. — Pomme Court-pendu plat.

Maturité, de janvier en avril.

Fruit de table et d'économie ménagère. La pomme **Guelton**, avantageuse à la vente au poids, est une des meilleures variétés de la série des « Court-pendu ».

Pearmain d'Adam. — Arbre de vigueur modérée,

très fertile ; pour basse tige, pyramide, demi-tige et plein vent.

Fruit moyen, conique tronqué ; jaune terne, éclairé de rose laqueux, ombragé de gris noisette. Chair fine, serrée, douce, sucrée, souvent acidulée, parfumée.

Maturité, de janvier en avril.

Dans un sol médiocre, l'arbre en haute tige doit être greffé en tête, sur un sujet vigoureux.

Reinette franche (*fig.* 300). — Arbre d'une vigueur ordinaire, fertile ; pour toutes formes.

Fruit moyen, cylindrique, tronqué : vert passant au jaunâtre, moucheté fauve. Chair fine, ferme, devenant tendre sous les rides de la peau, assez ju-

Fig. 300. — Pomme Reinette franche.

teuse, sucrée et acidulée, aromatisée d'un goût délicat qui est le véritable « goût de la Reinette à tisane ».

Maturité, de janvier en avril.

Arbre sujet au chancre ; à cultiver dans les vergers abrités, comme en Suisse et en Savoie, ou dans un terrain généreux. Les ménagères savent transformer la *Reinette franche* en crêpes et en gelée de pommes.

Calville blanc (*fig.* 301). — Arbre vigoureux, très fertile ; pour toutes formes.

Fruit gros, ovoïde tronqué, bien côtelé ; coloris d'ivoire, souvent marqué de vermillon carminé à l'insolation. Chair fine, tendre, juteuse, sucrée, acidulée, relevée d'un parfum distingué, rappelant un peu celui de l'ananas.

Fig. 301. — Pomme Calville blanc.

Maturité, de janvier en avril.

La *Calville blanc* est la pomme supérieure par excellence, la plus recherchée dans la consommation de luxe. Son arbre se chancre en plein vent, sauf dans les situations exceptionnellement saines. Il est précieux en petite treille, ou en cordon horizontal, en avant d'un mur d'espalier, exposé du Sud à l'Est.

Gendreville. — Arbre assez vigoureux, port étalé, très fertile; pour haute tige, plein vent et buisson.

Fruit assez gros, presque sphérique, côtelé vers l'œil; carmin brillant sur fond jaune pâle.

Chair fine, blanc verdâtre, demi-cassante, juteuse, sucrée et acidulée.

Maturité, de janvier en mai.

Fruit de grande culture, pour le marché; populaire dans la Brie.

Api rose. — Arbre élancé, très fertile; pour toutes formes, particulièrement en basse tige.

Fruit petit, aplati, blanc nacré, artistement frotté de carmin brillant. Chair fine, ferme, croquante, juteuse, sucrée, rafraîchissante, avec un parfum des plus agréables.

Maturité, de janvier à mai.

Les gourmets mangent la pomme d'Api sans la peler.

Ce joli petit fruit est la ressource des desserts, et les délices des enfants. Les Anglais en raffolent.

Effeuiller huit jours avant la récolte pour accentuer le coloris du fruit.

Reinette des Carmes. — Arbre ramifié, très fertile ; pour haute tige, pyramide et nain.

Fruit moyen, cylindrique, obtus ; jaune herbacé truité de roux. Chair fine, serrée, juteuse, bien sucrée, parfumée et vineuse.

Maturité, de février en mai.

Bon fruit pour la consommation.

Reinette de Caux, dite *de Cassel* (*fig.* 302, page 420). — Arbre élancé, fertile ; pour toutes formes. Assez résistant aux grands hivers et aux altitudes élevées.

Fruit presque gros, arrondi, déprimé : vert jaunâtre heurté de gris et teinté rouge terreux.

Chair fine, tassée, demi-cassante, juteuse, acidulée, vineuse.

Maturité, de février en mai.

Fruit méritant, qui supporte les voyages et approvisionne les marchés.

Baldwin. — Arbre de bonne vigueur, généreux ; pour toutes formes, au verger ou au jardin fruitier.

Fruit presque gros, demi-aplati, légèrement côtelé vers l'œil ; rouge vineux assez intense. Chair ferme, juteuse, relevée d'un acidulé qui plaît.

Maturité, de février en mai.

Populaire en Amérique pour l'exportation, parce qu'elle est lourde au poids, rouge en couleur et lente à flétrir.

Pepin de Londres. — Arbre bien vigoureux, robuste, très fertile ; pour haute tige, pyramide, vase, cordon vertical, oblique ou horizontal.

Fruit gros ou presque gros, arrondi, demi-plat et côtelé vers l'œil ; vert fin devenant cire et beurre frais éclairé parfois d'un incarnat léger. Chair teintée, assez tendre, juteuse, sucrée, relevée agréablement.

Maturité, de février en mai.

Ce beau fruit, enveloppé de papier et placé dans un tiroir de meuble, se conserve jusqu'à l'arrière-saison.

Bon fruit de vente par son aspect, sa chair, son poids.

Synonymies : *Calville du roi, Citron d'hiver.*

Pepin de Sturmer. — Arbre de vigueur modérée, promptement fertile ; pour basse tige et haute tige.

Fruit moyen, arrondi, renflé ; vert d'eau fondu de rose foncé à l'insolation. Chair fine, ferme, juteuse, sucrée, parfumée, rafraîchissante.

Maturité, de mars en mai.

Pour le verger, il faut greffer la variété sur un sujet de race vigoureuse. Cueillir le fruit tardivement.

Pepin de Newtown. — Arbre robuste et productif ; pour haute tige, et quelquefois basse tige.

Fruit généralement assez gros, semi-globuleux et conique ; jaune pâle sur un fond verdâtre. Chair ferme, fine, bien juteuse, sucrée, parfumée.

Maturité, de février en juin.

La *Newtown Pippin* est pour ainsi dire la pomme nationale des États-Unis. Elle foisonne sur les marchés

américains et s'exporte par tonneaux (*fig.* 315 et 316),
sur navires frétés en partie pour Liverpool.

Reinette tardive. — Arbre élancé, ramifié, devenant fertile ; pour haute tige.

Fruit au-dessus de la moyenne, sphérique, demiplat ; vert de mer passant au blanc jaunâtre, fardé de
rose purpurin. Chair demi-fine, ferme, demi-cassante,
juteuse, acidulée.

Maturité, de mars en juin.

L'arbre, robuste, très vigoureux, à bois rude au
toucher, est sujet aux attaques du puceron lanigère.

Jacquin. — Arbre vigoureux, d'une grande fertilité ;
pour toutes formes. Floraison tardive.

Fruit assez gros, cylindrique, ventru, plus haut que
large ; vert terne jaunissant à l'arrière-saison, coloré
de lilas à l'insolation. Chair demi-fine, tassée, cassante,
juteuse, acidulée ; l'arome s'accentue avec le temps.
Maturité, d'une année à l'autre.

Enfin encore quelques pommes *locales* indiquées
plus loin.

Ordre de mérite des meilleures pommes d'hiver.

1° VERGER.

Variétés en haute tige.

Reinette du Canada.	**Belle-Fleur jaune.**
Les **Reinette grise.**	**Court-pendu plat.**
Les **Reinette dorée.**	**Pepin de Sturmer.**
Reinette de Caux.	**Pepin de Ribston.**
Reinette de Cuzy.	**Fenouillet anisé.**
Pepin de Londres.	**Calville rouge.**
Baldwin.	**Doux d'Argent.**

Reinette tardive.
Calville de Maussion.
Royale d'Angleterre.
De Châtaignier.
Reinette de Demptézieu.
Reinette Baumann.
Pepin de Newtow
Reinette des Carmes.
Belle de Pontoise.
Gendreville.
Pepin de Parker.
Bedfordshire Foundling.
Pigeon rouge.
Rambour d'hiver.
Pearmain d'Adam.
Teint frais.
Jacquin.
Reinette franche.
Calville blanc.
Api rose.

2° JARDIN FRUITIER.

Variétés en basse tige.

Calville blanc.
Reinette du Canada.
Api rose.
Pepin de Londres.
Belle-Fleur jaune.
Pepin de Parker.
Les Reinette grise.
Reinette de Caux.
Baldwin.
Belle de Pontoise.
Bedfordshire Foundling.
Fenouillet anisé.
Reinette Baumann.
Reinette de Demptézieu.
Reinette des Carmes.
Pearmain d'Adam.
Doux d'Argent.
Calville rouge d'hiver.
Reinette de Cuzy.
Jacquin.
Reinette franche.
Pepin de Ribston.
Teint-frais.
Court-pendu plat.
Guelton.
Calville de Maussion.
Les Reinette dorée.
Pepin de Sturmer.
Gendreville.
Royale d'Angleterre.
Pepin de Newtown.
Pigeon rouge.

IV. — PLANTATIONS COMMERCIALES DE POMMIERS.

Dans tous les pays où le Pommier peut réussir, il est l'objet de cultures spéculatives au jardin fruitier ou au verger. Les exemples de vergers à grand produit sont nombreux et connus dans tous les départements ; nous n'abuserons pas des citations.

Classons les variétés par catégories de saison.

A. — Pommes d'été pour les plantations commerciales.

Quelques variétés précoces suffiront :

1° EN HAUTE TIGE.	2° EN BASSE TIGE.
Transparente de Croncels.	Borovinka.
Rambour d'été.	Transparente de Croncels.
Astrakan rouge.	Titovka.

Ces variétés se sont montrées réfractaires au grand hiver. Dans le cas où le fruit aurait cessé de plaire, on pourrait le transformer par un surgreffage, la rusticité du sujet serait de bon augure pour l'avenir de l'arbre.

La pomme d'été convient aux terrains secs où la sève, plus prompte au repos, ne pourrait nourrir des fruits à cueillette tardive.

Il est bon de posséder quelques arbres de cette catégorie pour la consommation du propriétaire et pour la vente au marché ; mais il ne faut pas en abuser, car le verger a encore des pêches, et les poires commencent à mûrir.

On met trop souvent en vente des pommes précoces

à chair farineuse, c'est contraire aux intérêts du vendeur et de l'acheteur. En cette saison, le fruit juteux et acidulé plaît davantage.

La Russie du nord et la Suède, où le printemps et l'été sont presque éphémères, possèdent une assez belle collection de pommes hâtives. La majeure partie de leurs arbres résistent aux hivers froids.

Que l'on nous permette de donner quelques renseignements précis sur la culture du Pommier aux limites extrêmes de son habitat naturel.

En 1882, un planteur canadien voyageant dans le nord de la Russie, à la recherche d'arbres fruitiers qui réussissent dans les climats les plus rudes, a rencontré sur la rive ouest du Volga et au sud de Kazan, 12 villages où les Pommiers rapportent 50 000 dollars avec les marchés de Nijni-Novgorod et de Kazan.

Dans cette région à vergers, la plus froide du monde, écrit M. Charles Gibb d'Abbottsford, où le thermomètre descendit à 40° en 1877, les Pommiers sont tenus en buisson et plantés par groupe de trois sujets, avec 4 mètres d'intervalle d'un groupe à l'autre. Ce système est généralement adopté par les paysans russes et tartares.

En descendant le fleuve à Seratov, sur le 51°5′ de latitude où le mercure se solidifie quelquefois, notre explorateur signale un verger de 12 000 arbres, qui avait récemment requis l'emploi de 300 personnes pour cueillir les fruits, et de 80 autres pour les « paqueter » ; il avait fourni 1 000 tonnes de pommes au marché de Moscou.

La variété *Anisovka* est répandue de Seratov à Kazan ; à Voranesk et plus loin, c'est l'*Antonovka*, et dans les régions finlandaises, la *Titovka*.

§ B. — Pommes d'automne pour les plantations commerciales.

Les variétés préférables pour le spéculateur sont :

1º EN HAUTE TIGE.	2º EN BASSE TIGE.
Reinette grise d'automne.	**Grand Alexandre.**
Belle-Fleur rouge.	**Reine des Reinettes.**
Reine des Reinettes.	**Calville de Saint-Sauveur.**
Gravenstein.	**Sans-Pareille de Peasgood.**
Cellini.	

Le marchand qui voudrait faire de l'argent en vendant de grosses pommes pour les desserts de luxe trouverait, à l'automne, de quoi satisfaire son industrie. À notre avis, cette spéculation devrait être partielle et non générale. c'est-à-dire qu'elle porterait sur des arbres en basse tige, greffés sur paradis ou sur doucin, et n'entraverait pas l'exploitation des sujets en haute tige, composés de variétés d'élite plus propres à satisfaire la table du grand consommateur.

Nous donnerons plus loin une nomenclature de pommes recherchées pour les préparations ménagères ; elles sont appréciées. et la culture en est profitable.

La région de Montreuil-Fontenay-sous-Bois produit de grosses pommes illustrées de portraits et d'emblèmes par un procédé bien simple : c'est un article fructueux d'exportation.

C. — Pommes d'hiver pour les plantations commerciales.

Le verger et le jardin commerçant gagneront à être composés des variétés suivantes ; leur ordre de mérite est ici relatif à l'exploitation commerciale.

<table>
<tr><td>1º EN HAUTE TIGE.</td><td>2º EN BASSE TIGE.</td></tr>
<tr><td>Reinette du Canada.</td><td>Calville blanc.</td></tr>
<tr><td>Reinette de Cuzy.</td><td>Reinette du Canada.</td></tr>
<tr><td>Reinette de Caux.</td><td>Api rose.</td></tr>
<tr><td>Les Reinette grise.</td><td>Pepin de Londres.</td></tr>
<tr><td>Les Reinette dorée.</td><td>Belle-Fleur jaune.</td></tr>
<tr><td>Baldwin.</td><td>Bedfordshire Found-ling.</td></tr>
<tr><td>Teint-frais.</td><td>Pepin de Parker.</td></tr>
<tr><td>Belle-Fleur jaune.</td><td>Les Reinette grise.</td></tr>
<tr><td>Pepin de Londres.</td><td>Les Reinette dorée.</td></tr>
<tr><td>Gendreville.</td><td>Baldwin.</td></tr>
<tr><td>Pepin de Newtown.</td><td>Teint frais.</td></tr>
<tr><td>Reinette de Dempté-zieu.</td><td>Belle de Pontoise.</td></tr>
<tr><td>Royale d'Angleterre.</td><td>Pepin de Ribston.</td></tr>
<tr><td>De Châtaignier.</td><td>Pepin de Sturmer.</td></tr>
<tr><td>Calville de Maussion.</td><td>Pearmain d'Adam.</td></tr>
<tr><td>Pepin de Ribston.</td><td>Pigeon rouge.</td></tr>
<tr><td>Reinette de Cuzy.</td><td>Guelton.</td></tr>
</table>

Les Pommiers *Reinette franche* et *Calville blanc* ne sont admis au verger qu'avec une situation favorable permettant à leurs branches de rester saines, sans prendre le chancre ni la mousse.

La spéculation s'exerce encore avantageusement

avec certaines pommes d'hiver faisant partie du groupe de « fruits locaux », c'est-à-dire localisés ou cantonnés dans un rayon déterminé ; un certain nombre à floraison tardive, échappant aux gelées printanières, se sont répandues ou acclimatées sur divers points de notre territoire. En voici quelques-unes seulement :

Bonne de mai. — Très jolie par son coloris vermeil qui persiste ; répandue dans la Gironde.

Belle des Buits. — Spéciale au département de la Vienne, d'où elle est transportée par tombereaux.

Belle et Bonne de Huy. — Beau fruit. — Belgique.

Cusset. — Récolter à l'arrière-saison ; fruit acidulé. — Allées du Mont-d'Or et du Mont-Cindre.

De Flandre. — Beau fruit coloré, répandu entre Arcis, Bar-sur-Aube, Brienne et Doulevant.

De Jaune. — Fruit moyen, appelé encore pomme d'*Argent* ou *Jaune du Mans*, se gardant d'une année à l'autre. — Ouest.

De Vigne. — Fruit analogue aux *Reinette dorée* et *Fenouillet*. L'arbre a résisté au grand hiver. — Pays d'Othe (Aube, Yonne).

Jean Huré. — Les branches de l'arbre retombent sous le poids des fruits, petits, mais nombreux. — Vallée de Montmorency (Seine-et-Oise).

De Locard (Gros Locard : Petit Locard). — Assez beaux fruits de marché, de cuisine et de pressoir. — Aube, Yonne, Sarthe.

Michelotte rouge. — Petite pomme à compotes. — Environs de La Ferté-Gaucher.

Reinette Clochard. — Fruit moyen ; arbre ramifié. — Anjou, Vendée, Poitou.

Reinette à la longue queue (fig. 303). — Arbre

élancé et ramifié, dur au froid ; maturité, d'une année
à l'autre. Originaire de Varennes-les-Beaune.

Fig. 303. — Pomme Reinette
à la longue queue.

Saint - Bauzan. —
Arbre à branches dres-
sées ; fruit strié de carmin, agréable à manger
tout l'hiver ; genre de
Châtaignier musqué. —
Région Est.

Tendre Laborde. —
Branchage touffu ; fruit
petit, de maturité tardive
comme la *Reinette de
Pentecôte.* Ce sont deux
variétés de l'Aube ; mais
cette dernière a son arbre
bien élancé, fleurissant
en temps ordinaire et convenable aux plantations routières.

L'étude des Pommes locales ou localisées nous
donnerait, pour le marché : *Bouque Preuve* (Provence),
Bondy, Ravaillard (Région parisienne), *de Lestre*
(Limousin), *Patte-de-Loup, Groseille, de Messe*
(Anjou), *Gendreville, Têteau* (Brie), *Maltranche, Re-
dondelle, Rose de Benauge* (Médoc), etc.

Le pays de montagne est favorable au Pommier.

A l'est, au sud-est, les flancs alpins et jurassiens
produisent des Reinettes et des Calvilles. Les vallées
de l'Asse et de la Bléone, les collines du Chablais et du
Faucigny expédient leurs pommes vers les principaux
marchés de la France, de la Suisse, de l'Italie. Les
Cévennes se terminent ou commencent, dans le Gard,

par des vergers de *Reinette du Vigan*, eux-mêmes couronnés par de vastes châtaigneraies. La *Reinette du Canada* se complaît dans les vallées de la Limagne et de la Veyre, du Puy-de-Dôme. Les cantons d'Ambert, d'Arlanc, d'Issoire, de Saint-Dier, de Montaigne, etc., en tirent de jolis bénéfices. Clermont, Riom, Aigueperse, Saint-Amand-Tallende, sont des centres d'expédition; bon nombre de bateaux de pommes arrivant à Paris ont été chargés en vrac à Pont-du-Château.

Dans cette contrée, près de Marignac, le Pommier *Piochon de Vendère* produit jusqu'à 2 000 kilogrammes de fruits par arbre âgé de vingt-cinq à cinquante ans. Il en existe habituellement 70 par hectare. En 1902, la vente a été de 20 francs les 100 kilogrammes.

Au nord de l'Aveyron, région d'Entraygues, au confluent du Lot et de la Bruyère, des vergers de la pomme *Royale* (en patois « Régaille ») font l'objet d'un commerce important dans l'Aveyron et le Cantal. C'est un beau et bon fruit se conservant jusqu'en juillet.

On a remarqué que le pays de montagne procurait à la *Reinette du Canada* un aspect plus robuste et une plus longue conservation.

Le pays de plaine n'est pas moins propice au Pommier; témoin les Flandres, par exemple l'arrondissement d'Avesnes, où se donnent rendez-vous les négociants du Nord, de la Belgique et de l'Angleterre. On nous cite un propriétaire à Jolimetz, qui vend sur pied ou « en tas et en bloc » la récolte de ses vergers jusqu'à 10 000 francs, et un autre au Quesnoy, qui a expédié en Angleterre pour 20 000 francs de la pomme de *Bon Pommier*, variété ayant la réputation de rapporter là-bas 1 000 francs par hectare de verger.

Landrecies est un point central du nord, où converge d'abord la production et d'où elle part, ensuite, se dirigeant en presque totalité vers la Seine.

Mais cette jolie pomme locale ne serait-elle pas la *Double bonne Haute* des pâturages de la Picardie? La fertile Thiérache en est littéralement bondée.

Ne serait-ce pas encore cette même variété rougeaude qui est achetée à Sainte-Menehould par centaines de wagons, au profit des confitureries parisiennes? La *Belle-Fille* des uns, *Belle-Fleur rouge* des autres, n'en serait-elle pas le type?

La vallée de Liancourt fournit aux halles et aux pâtissiers un autre genre de pommes locales, rousses en peau, fermes en chair, la *Duret* ou *Cateau*, la *Duret salée* ou *Cateau d'oignon*. On les achète sous les arbres, à la hottée, et on les transporte en sacs, pour les vendre sous le nom de « petite reinette ». Un seul village de 300 âmes fait à ce sujet, pour 100 000 francs d'affaires.

Autour de Clermont (Oise), la **Clermontoise** dite « fausse reinette » est populaire dans les vergers (fig. 411) et s'expédie par wagons vers Paris et Londres.

La **Beuvrière** des environs d'Aumale commence à alimenter les confitureries picardes. Arbre rustique, floraison tardive.

Les départements de la Sarthe et de la Mayenne dirigent sur Paris, à l'arrière-saison, des convois de *Reinette dorée* et de pommes *de Jaune*, ou « du Mans ».

La gare d'Angers envoie 2 000 000 de kilogrammes de pommes vers Paris et l'Angleterre.

La ville de Nantes exporte 150 000 caisses dites

de 75 livres, sans compter les bateaux qu'elle charge concurremment avec Angers, Saumur, Orléans et autres cités riveraines de la Loire ; le fret débarque dans la grande ville par les canaux qui relient les deux fleuves.

En outre, il arrive des wagons pleins à la gare d'Ivry. Ainsi que le fait remarquer M. Husson dans ses recherches consciencieuses sur *Les Consommations de Paris*, on reverse le fruit sur des bateaux amarrés, au quai voisin, et on le conduit ainsi sur le marché du Mail, où viennent s'approvisionner les fruitiers, les pâtissiers, les confituriers, les revendeurs et les marchands ambulants.

De septembre en janvier, on a pu compter 130 bateaux contenant à peu près chacun 300 000 pommes, soit 40 millions de pommes amenées par eau à Paris.

La Normandie, la Bretagne, la Picardie, l'Artois et d'autres contrées font ainsi parvenir leurs marchandises à destination. Le trop plein pour les uns, le principal pour d'autres est dirigé vers l'Angleterre où arrivent en même temps les *Court-pendu*, les *Belle-Fleur*, *Rambour Mortier*, *Grise Bourgeoise*, *Gueule de mouton*, de la Belgique, la *Dubbele Gulden Reinet* des Pays-Bas, la *Borarde* de la Suisse, la *Newtown Pippin*, la *Baldwin* des États-Unis, etc.

Les bénéfices de la culture à tout vent sont d'autant plus appréciables que les frais de première mise et d'entretien sont relativement insignifiants.

La culture jardinière est l'objet de spéculations, particulièrement aux environs de la capitale. Des cordons ou des candélabres en plein air ou au mur produisent de beaux fruits. A Rosny, un espalier de 4 mètres de longueur sur $2^m,80$ de hauteur au midi, garni de 20 Pommiers *Calville blanc* âgés de vingt ans, a rapporté 1 500 fruits vendus 0 fr. 75 pièce. Un espalier voisin, à plantation rapprochée, a donné un produit supérieur.

L'arbre est greffé sur doucin ou sur paradis, soumis à la taille longue, et le fruit, mis en sac de papier, dès sa prime jeunesse, devient libre quelques semaines avant la récolte, par un temps couvert.

V. — CHOIX DES MEILLEURES POMMES A CUIRE.

Nous désignons, sous ce nom, les pommes qui ont un emploi spécial à la cuisson, aux compotes et marmelades, aux pâtisseries, au séchage.

Déjà, parmi les pommes de dessert, il en est qui sont de première qualité dans les diverses préparations ménagères. Telles sont les variétés ci-après :

Transparente de Croncels.	**Bedfordshire Foundling.**
Gravenstein.	**Royale d'Angleterre.**
Ananas.	**Pepin de Parker.**
Cellini.	**Reinette franche.**
Belle-Fleur rouge.	Les **Reinette grise.**
Belle-Fleur jaune.	Les **Reinette dorée.**
Les **Rambour.**	Les **Calville.**
Doux d'Argent.	Les **Court-pendu.**
Belle de Pontoise.	Les **Fenouillet.**

En voici d'autres dites pommes à deux fins, et d'un placement certain au marché, sur la table ou à l'office.

Monsieur Gladstone. — Arbre généreux et robuste

au froid. Fruit moyen, rouge sanguin ; pour marmelades fraîches. Juillet.

Transparente blanche. — Arbre généreux et robuste au froid. Fruit moyen ou assez gros, ivoire mat ; pour gelées de première saison. Juillet.

Hawthornden. — Arbre très fertile. Fruit assez gros, blanc nacré, juteux ; pour gelées et séchage.

Codlin de Keswick. — Arbre se formant bien, fertile. Beau fruit, abondant en Écosse. Les pommes « Codlin » sont des fruits de famille et d'économie ménagère.

Lord Suffield. — Très fertile. Fruit de première grosseur, d'un coloris blanc ivoire ; beau dessert, avec une chair substantielle ; apprécié de la ménagère.

Cox's Pomona. — Arbre d'une grande fertilité. Beau fruit coloré, utilisé sur la table et à l'office.

Calville rouge d'automne (*fig.* 304). — Fruit assez gros, carmin pourpre ; pour cuisson et compotes. D'octobre en décembre.

D'Éclat. — Très gros fruit, blanc jaunâtre nuancé ; bon pour marmelades et compotes. D'octobre en janvier.

De Cantorbéry. — Arbre très fertile. Fruit de première

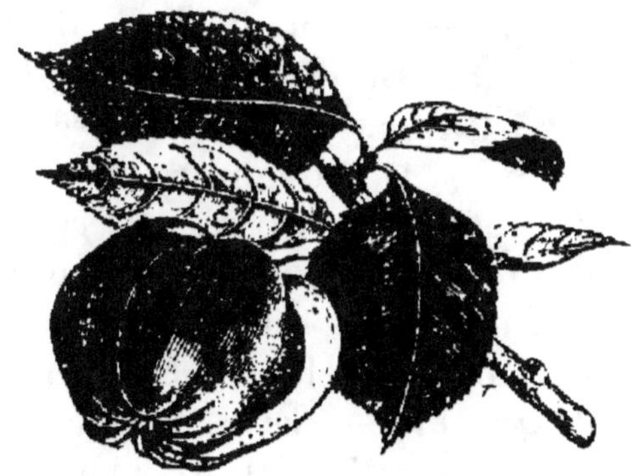

Fig. 304. — Pomme Calville rouge d'automne.

grosseur, blanc mat, nacré ; recherché pour pâtisseries, gelées et compotes.

Warner's King. — Arbre productif. Fruit de première grosseur et de première qualité, pour marmelades et pâtisseries.

Blenheim Orange. — Variété avantageuse par la générosité de l'arbre, la beauté du fruit et ses qualités sur la table et à l'office.

Calville Dantzick. — Arbre robuste au froid ; très fertile. Fruit assez gros, frappé de rouge ponceau ; pour cuisson et compotes. D'octobre en janvier.

Belle Dubois. — Fruit très gros, blanc verdâtre ; pour cuisson, pâtisserie. De novembre en février.

D'Ève. — Fruit gros, blanc crémeux strié carmin ; pour compotes et pâtisseries. De septembre en mars.

Reinette musquée. — Fruit moyen, jaune frotté rouge, réticulé fauve ; pour confiserie et sirops. De novembre en février.

Reinette de Willy. — Fruit assez gros, beurre frais ponctué ou poudré de brun ; pour gelées et pâtisseries. De novembre en février.

Drap d'or. — Fruit assez gros, jaune fin ; pour pâtisseries. De novembre en février.

Reinette luisante. — Fruit moyen, paille nuancé groseille ; à tous usages. De novembre en mars.

Francatu. — Fruit moyen, vert clair nuancé lilas ; pour cuisson, gelées. De décembre en mai.

Wagener. — Fruit assez gros, coloris beurre frais tartiné groseille ; apprécié pour marmelades fraîches et pâtisseries. De janvier en mars.

Reinette de Damason. — Fruit assez gros, gris lavé rouge ; pour cuisson. De janvier en mars.

Wellington, syn. **Dumelow's Seedling**. — Arbre très productif. Beau fruit lourd, coloré, juteux, acidulé ;

9 de bonne vente sur le marché ; recherché à l'office.

Reinette Thouin. — Fruit moyen, vert clair sablé
1: gris ; pour diverses préparations. De janvier en juin.

Amélie. — Végétation tardive. Fruit gros, vert lavé
2: cerise ; pour cuisson et compotes. De février en juin.

Reinette plate de Champagne. — Fruit moyen,
4: blanc nacré et teinté ; joli dessert pour tous usages.
4 Fin d'hiver. Vigueur modérée, fertilité grande.

VI. — CHOIX DES MEILLEURES POMMES A CIDRE.

La production moyenne du cidre, en France, dépasse
souvent 20 000 000 d'hectolitres par année. Près de
60 départements y contribuent ; mais l'exploitation de
l'arbre à cidre n'est réellement importante que dans
une trentaine d'entre eux.

Nous devons toutefois reconnaître que, depuis
l'invasion de tous les fléaux de la Vigne, les plantations
cidricoles particulières ou administratives se sont
développées, tout en profitant des méthodes perfec-
tionnées de la culture de l'arbre et des soins apportés
à la fabrication du cidre. En même temps, on s'est
préoccupé davantage du choix des variétés à livrer au
pressoir ; on a consulté les vergers d'étude, en s'inspi-
rant de l'œuvre des associations agricoles et pomologiques.

Désormais, toute pommeraie doit recéler dans ses
flancs abondance et qualité. Mais quelle routine encore
à vaincre !

En pressurant une pomme, elle fait du jus, alors
on la suppose bonne pour le cidre ; mais souvent,

quelle boisson! ni abondance, ni couleur, ni saveur, ni conservation.

Aux yeux des connaisseurs, le cidre n'est parfait que s'il se présente limpide, clair, d'une belle couleur ambrée, d'un goût piquant et agréable, sans mauvaise odeur ni acidité. Les praticiens expérimentés savent que, pour l'obtenir tel, il suffit de brasser ensemble des pommes parfumées, des pommes douces ou sucrées et des pommes amères, dans la proportion d'une partie des premières pour deux parties de chacune des deux autres.

Le mélange est basé sur cette observation que les pommes *douces* ou *sucrées* fournissent le sucre, qui se transforme en alcool et donne au liquide une de ses précieuses qualités, — les pommes *parfumées* rendent la boisson agréable au goût et à l'odorat, — enfin les pommes *amères* apportent le principe conservateur du cidre et de ses qualités hygiéniques.

Isolé, chaque cidre a les défauts inhérents à ses qualités. Le premier serait médiocre et brunirait hors du tonneau ; le second serait faible en couleur et de courte durée ; le troisième aurait le défaut d'être moins généreux et trop épais. Mélangés, au contraire, ils donnent une boisson abondante, agréable et de bonne garde.

Cette combinaison n'est pas absolument rigoureuse. Certaines variétés sucrées et amères, plus ou moins parfumées, suffisamment riches en alcool et en tannin, donnent à elles seules un breuvage de consommation ou de commerce. Telles seraient les pommes en renom chez les cultivateurs : *Argile, Bédan, Blanc-Mollet, Fréquin, Germaine, Marin-Onfroy, Martin-Fessard,*

s'Muscadet, Paradis, Peau-de-Vache, Rouge-Bruyère.
Ces variétés ont assez bien supporté les 25° de froid du
grand hiver ; mais, dans nos pépinières, les Pommiers
Amère Gautier et *Railé rouge* ont résisté jusqu'à
— 30°.

Dans certaines localités, le calcul des espèces combinées se fait en plantant des arbres d'espèces diffé-

Fig. 303. — Auge ou tour à piler les pommes.

rentes, et l'on n'a plus à s'en occuper. Ainsi, dans telle
localité normande, sur 7 Pommiers à planter, on
choisira 5 de *Gagnevin* pour 1 de *Coquet* et 1 de
Gros-Bois ; on pressurera toute la récolte ensemble,
et le résultat, s'il n'est pas mathématiquement exact,
n'en est pas moins raisonné.

Ces divisions de pommes douces, pommes amères,
pommes parfumées, se subdivisent en trois catégories
basées sur la maturité du fruit.

Dans chaque saison, se rencontrent des fruits doux,

des fruits amers, des fruits parfumés et même quelques fruits acides.

On combinera la récolte de manière à livrer au pressoir des variétés différentes de goût et égales, ou à peu près, quant au degré de maturation. L'élément acide sera le moins recherché; il entrera pour un

Fig. 306. — Moulin à pommes.

dixième, environ, dans le poids total des pommes à brasser.

Le cidre *de conserve* s'obtient par le mélange d'un tiers de fruits doux et de deux tiers de fruits amers. Le cidre *de ménage* est, au contraire, le résultat de la combinaison de deux tiers de fruits doux avec un tiers de fruits amers.

Nous n'avons pas besoin de recommander expressément l'emploi de fruits sains, biens mûrs, exempts de pourriture ; mis en tas, en plein air, ils auront jeté leur feu avant d'être livrés à l'auge, ou tour à piler, (*fig.* 305) et au moulin à pommes (*fig.* 306).

Un propriétaire du Calvados, lauréat du concours régional de 1883, M. Duhamel, préfère les auges en bois de chêne et les meules en bois de poirier, afin d'arriver à trois presses : il obtient ainsi le *petit cidre*, qui est la principale boisson du pays, et le *gros cidre* du commerce, plus doux et plus onctueux : tandis que l'outillage en granit communique une saveur âpre et dure à la boisson. Notre agriculteur emploie l'eau de rivière « battue », ni vive ni croupissante. Les variétés qu'il cultive sont : *Marin-Onfroy, Bédan, Gros et Petit-Railé, Bouteille, Chambrière, Rouge-Moisson, Aufriche, Gros-Bois*. A la récolte, les fruits sont placés au grenier, divisés en compartiments pour chaque sorte, de manière à combiner le cidre méthodiquement. Ces variétés ont donné d'excellents résultats dans la fabrication de l'eau-de-vie de cidre, étant donnés les soins minutieux de chauffe au bois, non au charbon, que le maître a su y apporter.

Au jury des concours agricoles de Paris, en 1882, nous avons goûté un excellent cidre de *Marin-Onfroy*, produit de l'Eure, avec cette mention : « Huit hectares de vergers. Récolte du fruit vers le 1er novembre, séchage à l'abri jusqu'au 15 décembre ; à ce moment, brasser le jus, le mettre en fût, laisser bouillir, puis bonder le fût. Le liquide au repos se clarifie jusqu'en avril, époque de la mise en bouteilles. »

Le lauréat du premier prix, au concours régional de Saint-Lô (1882), cultivateur de la Manche, fabrique son cidre avec la pomme *Doux-Évêque*, bon fruit de première saison, employée seule ou avec addition de *Cartigny*. Il prend des pommes mûres, jamais pourries, et préfère les espèces hâtives pour que la boisson soit clarifiée avant les gelées d'hiver ; 60 hectolitres de pommes lui fournissent habituellement 14 hectolitres de cidre.

D'après notre collègue Truelle, la variété (dite espèce) prime le sol pour la richesse saccharine ; et le sol prime la variété pour le cidre qui en résulte, d'où les bons et les mauvais cidres.

L'influence du sol sur la qualité du cidre est manifeste. Dans le Calvados, le cidre de la vallée d'Auge, craie et argiles de la Dive, est capiteux et de bonne garde, tandis que le cidre du Bessin et de la plaine de Bayeux, plus agréable à boire et se conservant moins longtemps, provient des marnes irisées. Il serait difficile d'y trouver, comme dans la vallée d'Auge, un excellent cidre enfermé depuis dix années dans un foudre de 25 000 litres. On estime que 30 hectolitres de pommes y donnent 1 000 litres de cidre.

L'Eure compte 24 000 hectares de Pommiers à cidre, en avenues et en vergers.

L'arrondissement de Pont-Audemer, très fertile, produit jusqu'à 75 hectolitres de cidre à l'hectare, d'une valeur moyenne de 7 francs l'hectolitre.

L'Orne envoie des wagons complets de fruits sur Paris. La pomme se vend de 1 franc à 1 fr. 50 la *barattée* de 50 litres.

Dans la Seine-Inférieure, 1 hectare de Pommiers en plein rapport donne 100 hectolitres de fruits ayant une valeur moyenne de 2 fr. 50 l'hectolitre. Là, toutes les fermes ont des vergers. Une *masure* ayant 50 hectares de terres possède 2 à 3 hectares de Pommiers pour le pressoir.

La gare de Gournay-en-Bray expédie, par an, 800 wagons de pommes à cidre.

Un autre département de la Normandie, qui produit un cidre dont nous avons bonne souvenance, c'est la Manche. Les vergers de Pommiers y occupent un cinquième de la surface des terres labourables. Le Bocage présente une plus belle végétation que les côtes. Les plantations y sont plus denses. Serait-ce pour s'abriter mutuellement ? Où les rafales de mer sont à redouter, on plante une espèce tenant bien son fruit, « malgré vent et marée », par exemple *Toro* ou *Dur-Écu*. Dans l'Ile-de-Ré, on choisit, en pareille circonstance, les Pommiers *Sabarot* ou *Étienne Pioux*, fruits à deux fins.

Çà et là, dans le Centre et l'Ouest, sur le bord des routes plantées par les administrations, on trouve des sujets de belle venue en variétés vigoureuses : *Doux-amer*, *Fertile de Falaise*, *Fréquin de Chartres*, *Noir de Vitry*, *de Barbarie*, *Gros blanc*, *Généreuse*, etc.

Pendant l'année 1902, les gares de Vernon et de Gaillon ont expédié près de 1 500 tonnes de fruits en Angleterre et en Russie.

Quelques années plus tard, le port de Honfleur transportait 95 000 quintaux de fruits à cidre évalués à 11 millions de francs.

La Sarthe adopte les Pommiers *Fréquin rouge* et *Fréquin blanc*. Ce département exporte, dans une année, 35 000 quintaux métriques de pommes et 15 000 hectolitres de cidre. Un arbre à cidre produit en moyenne 2 hectolitres de fruits par an. On a constaté la supériorité du cidre récolté sur les bonnes terres à sous-sol pierreux.

Il est admis qu'un Pommier en plein rapport donne 60 kilogrammes de fruits. Un hectare contenant 50 Pommiers fournira donc 3 000 kilogrammes de fruits, qui produiront, à leur tour, douze barriques de cidre de 225 litres chacune, soit une barrique de cidre pour 250 kilogrammes de pommes. Or, il peut entrer plus de 50 Pommiers dans un hectare. Cent arbres ne sont pas nuisibles aux herbages.

Les alluvions et les sables humifères des marais de Dol, en Bretagne, particulièrement le long de la baie de Cancale, procureraient au cidre, dit-on, la propriété de supporter les longs voyages maritimes et de s'y clarifier. La gare de La Fresnais, étant en plein marais, reçoit pour 1 million de francs de pommes.

Le département d'Ille-et-Vilaine est d'ailleurs le grand producteur de fruits à cidre. Les ports de Saint-Malo, de Saint-Servan, de Vivier en enlèvent plus de 50 000 tonnes, dont la valeur dépasse 4 millions de francs. Dans les six arrondissements, le chiffre de la production du cidre flotte entre 1 500 000 et 2 400 000 hectolitres par an.

L'arrondissement de Fougères a des fermes de 20 à 25 hectares qui récoltent jusqu'à 200 et 250 hectolitres de cidre.

Un lauréat 1ᵉʳ prix (Paris 1887), de Bretagne, mélange les pommes *Doux-Fréquin*, *Doux-Évêque* et *Roubillard*, par parties égales, en y ajoutant un peu de la *Cazot*, fruit au jus pétillant.

La Picardie offre de nombreuses preuves de ses richesses fruitières.

La production annuelle du département de l'Oise dépasse 350 000 et même 400 000 hectolitres de cidre, par an.

A Grandvilliers, les herbages d'un propriétaire fournissent jusqu'à 16 000 francs de pommes à cidre. Un autre verger dépassant 3 hectares produit pour 2 600 francs de pommes à cidre, non compris la valeur du pré.

Avant la catastrophe de 1879-1800, où 30 degrés de froid ont anéanti tant de richesses végétales, on citait, dans l'Aisne, les vergers de Suzy, de Cessières-sous-Laon, renommés pour leur cidre et pour les fruits de table, confiés à la gare de Chailvet, pour Saint-Quentin, Douai, Cambrai, Lille. Les vergers du Vervinois, du Saint-Quentinois, de la Thiérache, qui rapportaient jusqu'à 20 000 et 30 000 francs de pommes et de cidre à leurs propriétaires, ont aussi, par leur disparition, contribué momentanément à raréfier la marchandise.

Dans les Ardennes, où la production annuelle de cidre est évaluée à 80 000 hectolitres, la commune de Liart, qui possède 10 000 arbres à fruit de pressoir, a vendu, en 1888, pour 65 000 francs de fruits, en dehors des cuvées sur place.

En parcourant ces diverses contrées, on trouve de nombreux fruits locaux. N'avons-nous pas dans l'Aube, qui produit modestement 30 000 hectolitres de cidre par an, les pommiers *d'Avrolles, de Vigne, Nez-de-Chat* (densité 1 064, 1 065, 1 066), etc., à floraison tardive, et réfractaires aux gelées d'hiver, localisées dans les cantons d'Estissac et d'Aix-en-Othe ? Que serait-ce donc si l'on fouillait les départements qui produisent vingt ou trente fois plus ?

On y trouverait encore des espèces à deux fins, comme le *Gros Locard* qui, dans ce même pays d'Othe, rend une feuillette de 140 litres de cidre pour 18 doubles décalitres de fruits.

Voici d'ailleurs un choix de fruits admis par les Sociétés ou les Congrès, sur le rapport des Stations expérimentales et les Laboratoires d'analyse.

Nous diviserons cette nomenclature en deux groupes basés sur la disposition générale du branchage de l'arbre :

1° Les Pommiers à tête arrondie ou étalée, pour vergers, champs, herbages ;

2° Les Pommiers à tête dressée ou élevée, pour vergers, champs de culture, herbages, avenues et plantations routières.

Les variétés classées par saison et dans leur ordre de maturité ne comprendront que des fruits petits ou moyens, mais *excellents*, *très bons*, ou *bons* pour la fabrication du cidre.

1er *Groupe : Pommiers à cidre, à tête arrondie ou étalée.*

A. — Pommes à cidre, de 1re saison.

Les pommes de première saison mûrissent de fin août en octobre. Elles produisent un cidre assez sucré, quoique sensiblement acide et agréable au goût ; il supporte peu d'eau et doit être bu dans l'année. Faible en alcool, il ne pourrait se conserver longtemps et la clarification en est lente. Les fruits de saison précoce auront du succès dans les pays froids ou après une année de disette, leur cidre étant bon à boire de suite ou destiné au coupage des gros cidres.

Blanc-Mollet. — Arbre rustique à tête arrondie, un peu surbaissée ; fertile. Robuste au froid.

Fruit amer-doux, renfermant assez de sucre et de tannin pour produire un bon cidre de garde ; très bon. Maturité, fin septembre.

Jus coloré, sucré, parfumé ; densité 1 075.

La maturité précoce du fruit permet d'en mélanger la boisson aux vieux cidres devenus durs.

Saint-Laurent. — Arbre vigoureux, branchage divergent ; fertile.

Fruit doux, un peu d'amer ; floraison hâtive. Maturité, octobre.

Jus de belle couleur rouge, agréable au goût ; densité 1 079.

Doux à l'Aignel. — Arbre plus robuste et plus fertile dans les vallées que sur les plateaux.

Fruit doux, légèrement amer, cidre gracieux ; très bon. Maturité, octobre.

Jus très coloré, très parfumé ; densité 1 060 à 1 065.

Doux-Évêque. — Arbre vigoureux, à rameaux étalés ; fertile.

Fruit doux, riche en tannin ; très bon. Maturité, fin octobre.

Jus coloré, parfumé, droit en goût ; densité 1 075.

B. — Pommes à cidre, de 2ᵉ saison.

(*Arbres à tête arrondie.*)

Les pommes de deuxième saison mûrissent de fin octobre au commencement de décembre.

Elles fournissent un bon cidre, moelleux, agréable à boire et recherché pour la mise en bouteilles. Un certain nombre de localités préfèrent les variétés de pommes de saison moyenne ; c'est d'ailleurs la bonne époque de la récolte et du brassage du fruit.

Fréquin blanc. — Arbre assez vigoureux, sain, à tête arrondie ; fertile.

Fruit doux ; très bon. Maturité, novembre.

Jus coloré, parfumé, saveur agréable ; densité 1 079.

Du Temple. — Arbre assez vigoureux, robuste, productif.

Fruit très petit ; un kilogramme de fruits rend 465 grammes de jus. Maturité, novembre.

Jus foncé en couleur, doux, parfumé ; densité 1 080, tannin 2^{gr},70.

Gros Muscadet. — Arbre vigoureux, ramifié ; fertile. Floraison tardive.

Fruit doux, à fond d'amer, bon ; cidre gracieux. Maturité, fin novembre.

Jus coloré, bien parfumé, de saveur agréable ; densité 1 060 à 1 067.

Godard. — Arbre vigoureux, à tête arrondie ; très fertile. Floraison tardive.

Fruit doux, riche en tannin ; excellent. Maturité, fin novembre.

Jus très coloré, parfumé, de bon goût ; densité 1 080.

Vice-président Héron. — Arbre vigoureux ; très fertile. Floraison tardive. Branchage ascendant.

Fruit doux, riche en sucre, en tannin et en rendement alcoolique ; excellent. Maturité, fin novembre.

Jus ambré, très parfumé, de saveur agréable ; un peu d'amer ; densité 1 092.

En situation froide, avec des sujets vigoureux, les 2e saison peuvent passer à la 3e.

C. — **Pommes à cidre, de 3ᵉ saison.**

(*Arbres à tête arrondie.*)

Les pommes de troisième saison mûrissent dès les premiers jours de décembre jusque dans le cours de l'hiver : elles sont riches en matière mucilagineuse.

Ces fruits, à haute densité, sont précieux pour la fabrication de gros cidres. Moins délicate que les précédentes, la boisson se prête aux longs voyages et peut se conserver pendant plusieurs années ; en cas de disette, elle rendra des services.

Amer de Berthecourt. — Arbre sain, étalé ; très fertile. Robuste au froid ; redoute l'influence maritime.

Fruit amer, riche en sucre et en tannin ; excellent. Maturité, fin novembre et commencement de décembre.

Jus coloré, amer, parfumé, franc de goût ; densité 1 078.

Rouge Avenel. — Arbre bien élancé, très fertile. Floraison tardive.

Fruit doux, à fond d'amer, excellent ; cidre d'un goût agréable. Maturité, décembre et janvier.

Jus coloré, parfumé ; densité, 1 075.

Bédan (Saint-Hilaire). — Arbre rustique, vigoureux ; fertile. Floraison tardive.

Fruit doux-amer, pouvant donner, sans mélange, un bon cidre ; excellent. Maturité, décembre.

Jus très coloré, parfumé, droit en goût ; densité 1 075 à 1 080.

Hauchecorne. — Arbre sain, très vigoureux, à tête branchue ; très fertile. Floraison tardive.

Fruit doux, riche en tannin : excellent. Maturité, décembre.

Jus très coloré, parfumé, franc de goût : densité 1 075 à 1 086.

Binet rouge. — Arbre trapu, branchage résistant : fertile.

Fruit moyen, régulier. de bon goût, un peu amer. Maturité, décembre.

Jus assez coloré ; densité 1 075.

Marin-Onfroy (Eure). — Arbre assez vigoureux, à tête branchue ; très fertile. Floraison tardive.

Fruit doux-amer ; très bon. Maturité, décembre.

Jus coloré, parfumé, de bon goût : densité 1 075 à 1 086.

Or Milcent. — Arbre assez vigoureux, ramifié, tête ramifiée ; très fertile.

Fruit doux, d'un bon goût, à associer aux pommes amères de dernière saison : très bon. Maturité, fin décembre.

Jus coloré, parfumé, de saveur agréable ; densité 1 077.

2e *Groupe : Pommiers à cidre à branchage dressé.*

A. — **Pommes à cidre, de 1re saison.**

Reine des Hâtives. — Arbre sain, vigoureux, à branches semi-verticales ; fertile.

Fruit doux, riche en sucre alcoolisable, accompagné d'une suffisante quantité de tannin ; très bon. Maturité, septembre et octobre.

Jus coloré. parfumé, de saveur très agréable ; densité 1 075 à 1 092.

Précoce David. — Arbre très vigoureux, à tête élevée, à branchage dressé ; d'un grand produit.

Fruit doux-amer, bon pour mélanger aux pommes douces et peu tannifères de cette saison : bon. Maturité, deuxième quinzaine d'octobre.

Jus coloré, parfumé ; densité 1 070.

Doux-Joseph. — Arbre sain, vigoureux ; fertile.

Fruit sur-moyen, pointillé gris roux. Maturité, octobre et novembre.

Jus assez coloré, agréable à boire ; densité 1 076.

Launette. — Arbre vigoureux, branchage semi-vertical ; fertile.

Fruit moyen, jaune grisâtre ; amer, parfumé. Maturité, octobre et novembre.

Jus suffisamment coloré, de bonne qualité ; densité 1 078.

B. — Pommes à cidre, de 2ᵉ saison.

(Arbres à branchage dressé.)

Amer-doux. — Arbre sain, à tête arrondie, élevée ; bien fertile.

Fruit amer, produisant un bon cidre, d'une bonne conservation ; bon. Maturité, octobre et novembre.

Jus coloré, parfumé, saveur agréable ; densité 1 072.

Reine des Pommes. — Bel arbre robuste, trapu, dressé, ramifié, d'un beau port. Très fertile.

Fruit moyen, coloré, riche en principes qui constituent un bon cidre de garde. Maturité, novembre.

Jus très coloré, amer ; densité supérieure, 1 108.

Fréquin rouge. — Arbre sain, vigoureux, à branches charpentières verticales et à rameaux pendants ; d'une grande production.

Fruit amer, renfermant les éléments d'un cidre à la fois généreux, savoureux et salubre ; excellent. Maturité, première quinzaine de novembre.

Jus superbe de couleur, parfumé, franc de goût ; densité 1 080 à 1 087.

Rouge-Bruyère. — Arbre sain, à tête arrondie, élevée ; fertile. Résistant au froid.

Fruit légèrement amer, riche en tannin (7 grammes dans 1 kilogramme de jus), arome développé ; excellent. Maturité, courant de novembre.

Jus très coloré, de très bon goût ; densité 1 075 à 1080.

Bramtot. — Arbre très vigoureux, à tête étalée ; très fertile. Robuste au froid.

Fruit doux, légèrement amer, contenant dans 1 kilogramme de jus 226 grammes de sucre, 6 grammes de tannin, 1ᵍʳ,070 d'acidité et 13 à 14 p. 100 de rendement alcoolique, produisant un cidre de premier choix ; excellent. Maturité, deuxième quinzaine de novembre.

Jus coloré, parfumé, de très bon goût ; densité 1 092 à 1 105.

Médaille d'or. — Arbre très vigoureux, à branches redressées ; extrêmement fertile. Floraison tardive.

Fruit amer, juteux et relevé, renfermant dans 1 kilogramme de jus 238 grammes de sucre alcoolisable, de 14 à 15 p. 100 de rendement alcoolique, 5ᵍʳ,509 de tannin et 1ᵍʳ,428 d'acidité. Maturité, deuxième quinzaine de novembre.

Jus assez coloré, agréablement parfumé ; densité 1 102 — 14° à 15° Baumé.

C. — Pommes à cidre, de 3ᵉ saison.

(*Arbres à branchage dressé.*)

Doux-Normandie. — Arbre vigoureux, branchage ascendant; généreux. Floraison tardive.

Fruit moyen, juteux, sucré, parfumé. Maturité novembre-décembre.

Jus clair, doux, relevé; densité 1075.

Rosine. — Arbre robuste, branchage demi-vertical, rameaux flexibles; fertile.

Fruit moyen, fleurissant en deuxième époque, mûrissent en troisième. Bon cidre.

Jus un peu amer, titrant 129 grammes de sucre par litre; densité 1055.

Argile. — Arbre vigoureux, à branchage demi-vertical, formant boule; fertile. Robuste au froid.

Fruit légèrement amer, riche en tannin, réputé dans la Seine-Inférieure comme fournissant le meilleur des cidres; très bon. Maturité, première quinzaine de décembre.

Jus assez coloré, parfumé, de bon goût; densité 1075.

De Boutteville. — Arbre sain, assez vigoureux, à branches semi-verticales; très fertile.

Fruit doux, bien proportionné de sucre, de tannin, de richesse alcoolique; excellent. Maturité, courant de décembre.

Jus très coloré, très parfumé, de saveur relevée; densité 1083.

Fréquin tardif. — Arbre de bonne vigueur, rameaux obliques; productif. Floraison tardive.

Fruit titrant : acidité, 0^{gr},73 ; tannin, 1^{gr},79 ; sucre, 148 grammes. Maturité, décembre.

Jus assez coloré, agréable ; densité 1 065.

Marabot. — Arbre vigoureux, à branches verticales et à tête élevée, rustique ; très fertile.

Fruit doux, très riche en sucre et suffisamment fourni de tannin ; très bon. Maturité, deuxième quinzaine de décembre.

Jus extrêmement coloré, parfumé, de très bon goût ; densité 1 085.

Moulin à vent. — Arbre rustique, branchage régulier, généreux. Floraison à la mi-mai.

Fruit titrant : acidité, 3^{gr},35 ; tannin, 7^{gr},48 ; sucre, 138 grammes. Maturité, deuxième quinzaine de décembre.

Jus de belle coloration, de bon goût ; densité 1 094.

Galopin. — Arbre vigoureux, tête élevée ; fertile.

Fruit ferme, doux ; boisson agréable, quoique manquant un peu de tannin ; très bon. Maturité, fin décembre et au delà.

Jus très coloré, doux, parfumé, de bon goût ; densité 1 083.

Grise Dieppois. — Arbre vigoureux, élevé ; fertile.

Fruit doux, riche en sucre et en alcool ; très bon. Maturité, décembre et janvier.

Jus coloré, parfumé, franc de goût ; densité 1 101 à 1 105.

Groseiller (Seine-Inférieure). — Arbre sain, à tête arrondie ; fertile.

Fruit doux, donnant une boisson agréable ; très bon. Maturité, décembre et janvier.

Jus coloré, parfumé, de bon goût ; densité 1 075.

D'Armagnac. — Arbre vigoureux, rustique, branchage demi-vertical ; fertile.

Fruit petit, bien sucré, parfumé. Sucre par litre, 186^{gr},4 ; acidité, 9^{gr},9 ; tannin, 2^{gr},6.

Jus clair, de saveur agréable ; densité 1 077.

Pierson. — Arbre de belle prestance, branchage dressé, fertilité « proverbiale ». Floraison tardive.

Fruit moyen, gris frappé de carmin, doux ; bon. Maturité, décembre.

Jus limpide, sucré, parfumé, devient pétillant, mélangé à d'autres ; densité 1 070 à 1 075.

Rousse Latour. — Arbre sain, très vigoureux, à branches semi-verticales, ramifiées ; très fertile. Floraison tardive.

Fruit doux, riche en éléments d'un cidre distingué. Très bon. Maturité, novembre et décembre.

Jus coloré, sucre 220 grammes, tannin 2,31, matières pectiques 20,80 ; densité 1 107. Variété supérieure.

Rouge de Trèves. — Arbre très vigoureux, rustique, bien élancé, très fertile, recherché pour les plantations routières. Floraison tardive. Fruit coloré, résistant.

Le jus contient par litre 124 grammes de sucre, 0,54 de tannin, 7^{gr},44 d'acidité, et produit un cidre de longue garde.

La majeure partie des Pommiers à cidre du deuxième groupe, variétés rustiques, au branchage érigé, conviennent à la plantation des routes et chemins de la grande ou de la petite vicinalité.

Tout en rapprochant les sujets de la même variété, il est prudent de varier les espèces à planter ; la récolte offre plus de chances contre les intempéries.

VII. — CULTURE DU POMMIER.

Multiplication du Pommier. — Par le semis de ses pépins, le Pommier donne un arbre qui ne ressemble plus à son type originaire. Seul, le greffage peut reproduire les variétés que l'on désire propager : le Pommier se soumet aux divers modes de greffage.

Trois sujets différents sont employés pour recevoir la greffe du Pommier :

1° Le Pommier *franc*, ou sauvageon, pour former les hautes tiges, les arbres de verger ; on l'emploie à l'occasion de basses tiges à grande envergure, dans les mauvais terrains ;

2° Le Pommier *doucin*, pour les arbres dressés en pyramide, en vase, en buisson, en candélabre, en cordon, dans les bonnes terres, à cela près du sous-sol, puisque les racines ont un développement restreint.

3° Le Pommier *paradis*, pour les arbres nains, buissons, vases, cordons et autres petites formes, dans un sol riche, attendu que, partout ailleurs, il resterait rabougri.

Le Pommier *franc* se multiplie par le semis de pépins ou de marcs de cidre ; les Pommiers *doucin* et *paradis* se propagent par le marcottage en cépée.

Pommier en haute tige (*fig.* 307). — Le Pommier à haute tige se greffe sur le Pommier franc, en pied ou en tête, sur place ou en pépinière. Le greffage en tête est spécial aux variétés peu vigoureuses, d'une végétation trapue, à la condition que la tige du sauvageon soit droite et robuste. On peut former d'abord la tige avec une variété vigoureuse, rustique au froid ;

Amer doux gris et *Noir de Vitry* sont de ce nombre et supportent les coups de soleil.

La hauteur de la couronne sera suffisamment élevée pour les plantations bordant les routes et les pâturages. La direction à laisser prendre au branchage est celle que la nature lui donne. Le travail de l'homme est presque insignifiant, il se borne à seconder la nature et à réparer les écarts de végétation.

On peut dire que toutes les variétés de Pommier réussissent sous la forme en haute tige. Nous n'avons pas besoin d'ajouter qu'elle est indispensable aux Pommiers à cidre, si l'on désire une grande récolte.

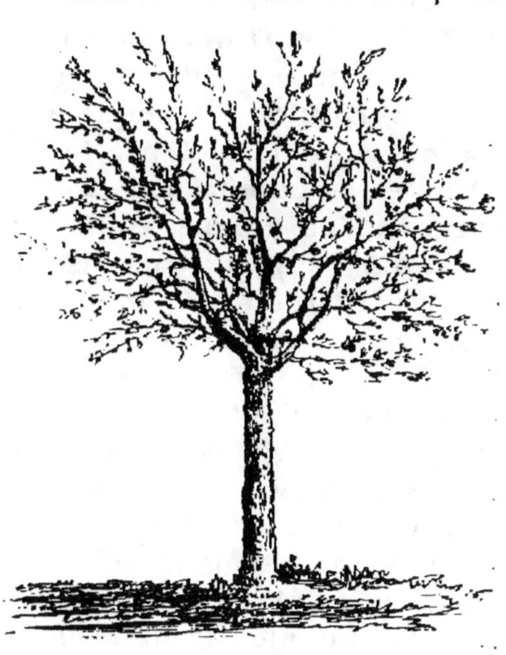

Fig. 307. — Pommier en haute tige.

La distance minimum est 6 mètres pour les sujets en ligne isolée ou en avenue simple, et 8 mètres pour les plantations plus compactes.

Pommier en basse tige. — Le Pommier en basse tige est conduit sous les formes dites pyramide, vase, buisson, éventail, palmette, candélabre, cordon. Il est greffé sur une race de vigueur modérée, promptement fructifiante ; sur *doucin* pour les grandes formes, en terre ordinaire ; sur *paradis* pour les formes naines, en bonne terre.

Avec un sol trop maigre, sec ou aride, on choisit le Pommier sur *franc* pour les grandes formes ; sur *doucin* pour les petites. Le *paradis* en est exclu.

La **pyramide** s'applique aux variétés qui s'y disposent naturellement par la direction verticale de la flèche et la ramification des branches. On plante les pyramides en groupes en ligne ou en plate-bande dans les jardins, ou, à titre provisoire, entre les hautes tiges du verger. La distance minimum est 3 mètres.

Le **vase** s'approprie aux végétations trapues, bien ramifiées à la base ; c'est un arbre à placer en plate-bande ou en ligne. On obtient instantanément un vase en groupant, dans le même trou, une douzaine de jeunes Pommiers d'espèces semblables et greffés sur doucin. On les cintre en même temps sur un lattis ou treillage représentant la silhouette d'un vase. Plus tard, les extrémités seront mariées par des contours gracieux qui ajouteront à l'élégance du groupe.

Sur un rang simple, la distance minimum d'un vase à un autre est 3 mètres.

L'**éventail** s'adapte à toutes les variétés vigoureuses soit en plate-bande, soit en espalier. L'exposition ombragée lui convient mieux que le soleil. En Hollande, où la chaleur est modérée et les brouillards sont fréquents, les formes aplaties ou évasées comme l'éventail et le vase sont plutôt employées que la pyramide ou le buisson, dans le but de faciliter la pénétration de l'air et de la lumière sur le branchage. La distance approximative des éventails est 5 mètres.

Le *petit éventail* composé de deux branches formant le Y se plante à un mètre de distance et commence à être utilisé sous forme de clôture fruitière pour border les propriétés et les voies ferrées.

La **palmette** et le **candélabre** sont pour les contre-espaliers et les murs. La distance des sujets se calcule d'après le nombre d'étages de branches ; les étages sont espacés entre eux de 0ᵐ,25 ou 0ᵐ,30, et leur nombre sera d'autant plus restreint que la vigueur de l'arbre sera incertaine.

Le *petit candélabre* à trois bras (*fig.* 308) ou à quatre bras, avec des sujets greffés sur paradis, constitue des treilles ou des contre-bordures de Pommiers productives et peu envahissantes. On distance les arbres à 1 mètre et on les palisse sur un treillage.

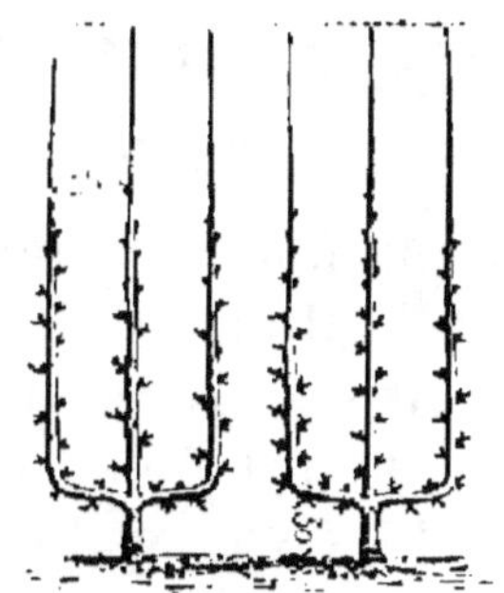

Fig. 308. — Petit candélabre à trois branches.

Le **buisson** est plutôt favorable au Pommier, tandis que les formes symétriques sont réservées au Poirier. Des groupes de Pommiers en buisson, par lignes ou par massifs, sont d'un bon effet dans le jardin fruitier ou dans le parc paysager. Distance : 2ᵐ,50 sur doucin, 1ᵐ,50 sur paradis.

Le **cordon horizontal** (*fig.* 309) est généralisé partout aujourd'hui pour border les allées et les plates-bandes du plein air ou du mur. Les sujets seront à 3 mètres sur doucin, ou à 2 mètres sur paradis, et inclinés à 0ᵐ,40 sur un fil de fer tendu parallèlement au sol. A la rencontre des sujets, on évitera de les souder par la greffe. Presque toutes les variétés de Pommiers se prêtent à cette forme simple, ornementale et productive.

TAILLE DU POMMIER.

Le Pommier à haute tige supporte la taille dans sa jeunesse ; le but de cette première taille est de donner aux branches une tournure régulière. Une fois en production, il suffira d'une visite, tous les deux ou trois

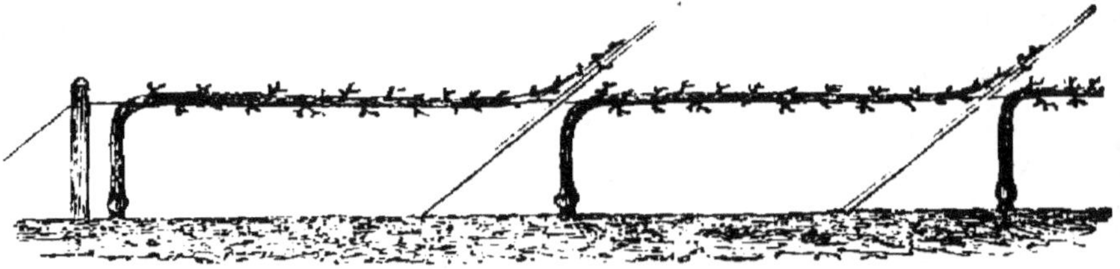

Fig. 309. — Pommier en cordon horizontal.

ans, pour retrancher les branches inutiles ou fatiguées, et faciliter la circulation de la lumière dans les parties diffuses. Ce travail se fait en hiver ; on y pratiquera l'échenillage en même temps.

Un vieux Pommier épuisé par la fructification pourrait être restauré au moyen d'un tronçonnement assez long pratiqué sur ses branches. S'il est de mauvaise espèce, il ne faut pas hésiter à le regreffer en couronne, en opérant au printemps sur un grand nombre de branches.

La taille du Pommier en basse tige doit viser d'abord à la forme de l'arbre, ensuite à sa fructification. Or, il ne convient pas de la pratiquer à outrance.

Les membres de charpente seront taillés assez long, les rameaux destinés à produire du fruit auront moins de dispositions à s'emporter. Le rameau de charpente ou de prolongement des membres principaux sera coupé aux deux tiers environ de son développement ; il est rare qu'on ait besoin de le pincer en été.

Le rameau à fruit (A, *fig.* 310) que nous appelons d'un seul nom, « brindille fruitière », sera taillé à 0ᵐ,20, et les jets qui s'y développeront subiront le pincement de juin, à trois ou quatre feuilles (B et C), ou le cassement d'août, à six feuilles : ce dernier moyen est surtout appliqué aux rameaux du sommet (D), ou qui se trouveraient oubliés au pincement.

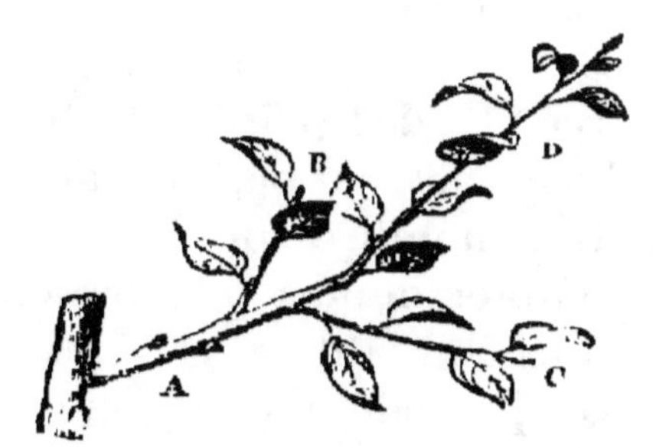

Fig. 310. — Pincement de la brindille fruitière.

Un rameau de charpente trapu ou faible se passe de taille et n'en remplit pas moins son rôle ; les brindilles fruitières qu'il produira seront généralement courtes et bien placées.

Il est indifférent de tailler ou de ne pas tailler le Pommier dès la première année de sa plantation. Si on ne le taille pas de suite, il sera nécessaire d'y revenir dès la seconde année, par une taille courte.

Le Pommier supporte le tronçonnement sur vieux bois ; cependant, il en redoute les excès, les nouvelles branches pourraient être chancrées, surtout dans un terrain froid ou avec une situation ombragée.

VIII. — RÉCOLTE ET CONSERVATION DES POMMES.

La Pomme est habituellement récoltée à la saison des vendanges, en septembre et octobre, à l'exception, bien entendu, des variétés précoces qui seront cueillies au temps de leur maturation, c'est-à-dire en juillet et en août.

La récolte des pommes est moins minutieuse que la récolte des poires, le fruit étant d'une nature plus robuste, et sa période de maturation plus large. Un grand nombre de variétés, en effet, sont bonnes à manger depuis le moment de leur cueillette jusqu'à l'année suivante.

On procède à la récolte au moyen d'échelles et de cueille-fruits. Le cueille-fruits le plus simple est un récipient composé de petites lames de bois en forme de volant ou petite corbeille et adapté au sommet d'une perche (Voy. *fig*. 276). Le panier (*fig*. 311)

Fig. 311. — Panier pour la récolte des pommes.

convient à la récolte des pommes et à leur transport à la maison ou au marché.

Les *Pommes d'été* ou *d'automne* réclament une cueillette au temps de leur maturité. On les place de suite dans les paniers ou *billots* de transport, si elles sont destinées à la vente. Quand la production est trop considérable, on les rentre dans un hangar, à l'ombre, sur un plancher, ou au grenier. Il est bien entendu qu'il faut consommer ou vendre tout d'abord les fruits les plus avancés en maturité : on reconnaît cette situation à la vue et à l'odorat.

Dans les prés-vergers, on se hâte moins de récolter les fruits ; le gazon en amortit la chute. D'un autre côté, on peut les grouper en tas au pied des arbres et les y laisser séjourner tant qu'il ne gèle pas.

Il est à remarquer que la pomme tendre, laissée sur l'arbre, se ride moins qu'au fruitier ; seulement, sa maturation est beaucoup plus rapide.

La *Pomme d'hiver*, au contraire, s'améliore en restant sur l'arbre, à la condition que le temps de la récolte ne dépasse pas la chute des feuilles. Une fois cueillies, les pommes pourront rester quelque temps dehors à l'abri des injures du temps. Quand elles sont bien *ressuyées*, on les place au grenier, ou plutôt à la cave ou dans une vinée, en raison de l'action des gelées et encore sur des clayons superposés (*fig.* 343). Les fruiteries situées dans les bâtiments d'habitation sont moins exposées au froid que les pavillons isolés.

Les plus beaux fruits seront placés sur les rayons de la fruiterie et aussi bien soignés que les poires ; la pomme d'hiver est une ressource d'arrière-saison, pour la consommation du maître ou pour le commerce des fruits.

Dans les années d'abondance, il faut éviter l'encombrement de l'emmagasinage, en vendant la récolte sur pied, soit à l'amiable à prix débattu, soit à la criée, au dernier enchérisseur. A proximité d'un centre de population, on peut vendre sa récolte avant l'hiver, au

Fig. 312. — Récolte des pommes à cidre.

poids ou à la mesure de capacité. Nous voyons beaucoup de ménages faire ainsi leur approvisionnement ;

dans ce cas, les pommes de conserve, petites ou
moyennes, sont plus recherchées que les grosses
pommes d'automne ; un kilogramme ou un hectolitre
de *Reinette franche* ou *dorée* fera plus de profit
dans une famille qu'un kilogramme ou un hectolitre de *Ménagère*, de *Belle Joséphine* ou de *Belle
Dubois*.

La récolte des fruits à cidre (*fig.* 312) se fait avec une

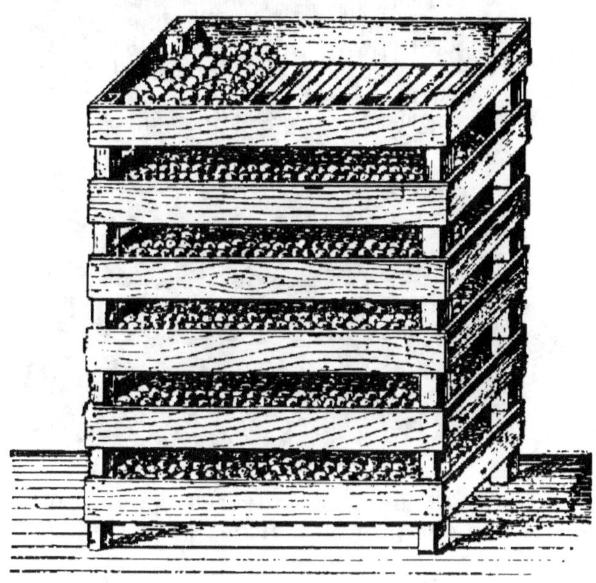

Fig. 313. — Clayons mobiles superposés.

gaule à crochet, et par secousses imprimées à la
branche. Les fruits sont mis en tas, couverts ou non,
en attendant leur transport au broyeur et au pressoir,
excepté les variétés d'arrière-saison, qui doivent être
rentrées à l'abri.

IX. — EMBALLAGE DES POMMES.

La pomme est le fruit le plus abondant et celui qu'on emballe le moins. Il en arrive dans les grandes villes par bateaux ou par wagons, et simplement en

Fig. 314. — Corbeille à couvercle, pour l'emballage des pommes et des poires.

vrac pour le fruit *commun* transporté à tarif réduit. L'*ordinaire* est en sac ou en grand panier recouvert de paille ; le *choix* est en panier fermé, de 18 ou 25 kilogrammes, et le *surchoix* en panier de 10 kilogrammes ou en caissette. Quant aux pommes destinées aux voyages à long cours, on emploie le tonneau, dans le genre des futailles dites américaines ou canadiennes, qui tiennent 108 litres (3 bushels).

Tous ces récipients peuvent être garnis intérieurement de papier, et les interstices emplis de balles

Fig. 315. — Emballage des pommes en tonneau.
(Système de presse à levier.)

d'avoine ou de sarrasin, de menues paille d'orge, de
frisures de papier ou de fins copeaux de bois blanc.

Emballage en panier. — Ce que nous venons de dire et les indications des chapitres précédents pourraient suffire.

Le panier-corbeille, dit *billot* à couvercle (*fig.* 314 et

Fig. 316. — Emballage des pommes en tonneau.
(Système de presse à vis.)

279), avec une couche de paille ou de regain autour des fruits, est le mode généralement employé.

Les pommes destinées aux préparations économiques doivent être aussi bien soignées que les autres; sans quoi, elles seraient vendues à meilleur marché, sauf commande ou convention.

Fig. 317. — Récolte et enfutaillage des pommes au Canada (Ontario).

On emploie du regain, des menues pailles, des feuilles de vigne comme pour les poires.

Emballage en tonneau. — Le tonneau se prête à l'emballage de la pomme, fruit robuste n'ayant pas, comme la poire, une peau fine ou un pédoncule à ménager. Les transports à court délai peuvent suffire aux tonneaux légers, analogues aux futailles de quincaillerie ; mais pour un trajet long ou nécessitant des transbordements, il faut un fût plus solide.

Les Américains ont recours à un procédé pour leurs expéditions lointaines. Le tonneau est dans un état de propreté parfaite à l'intérieur ; il est solidement cerclé et la fermeture s'obtient au moyen de presses dont les figures 315 et 316 donnent un aperçu. On fait en sorte que la futaille contienne la même variété ; le nom et le poids en sont marqués à l'extérieur du tonneau.

L'emballage est pratiqué par le fond *de dessous*, la futaille étant défoncée dans ce sens ; les premiers lits de fruits seront placés de telle façon qu'en ouvrant le fond *de dessus*, c'est leur belle face qui se présente aux yeux de l'acheteur, à l'ouverture du tonneau. L'emballeur sait éviter les vides en imprimant des secousses légères et réitérées à mesure qu'il emplit le *barrel*.

Le regain bien sec, la menue paille d'orge, la balle d'avoine conviennent à cet emballage. Si l'on craint la gelée, on ajoute des rognures de papier, bien tamponnées, ou des poussières de tourbe aux extrémités, et on enveloppe le « barrel » d'une seconde futaille.

Au Canada, la province d'Ontario enfutaille de grandes quantités de pommes pour les marchés de consommation, l'industrie du séchage, le pressoir et l'exportation (*fig.* 317).

Emballage en caisse. — Il s'agit de belles pommes de *Calville*, de *Reinette*, d'*Api*, recherchées pour les desserts. On peut y employer de petits paniers de 10 kilogrammes, le fruit étant assez ferme pour ne pas

Fig 318. — Emballage de pommes extra.

se détériorer, et d'assez bonne garde pour que la vente se fasse par plus grandes quantités ; mais la caissette de Sartrouville (*fig.* 318), tamponnée, ouatée, garnie de bourrelets séparatifs, affectée à un seul lit de fruits, est préférable pour les pommes « extra ».

Le fruit est enveloppé d'une feuille de papier, sauf les *Api* qui se contentent de papiers en feuilles, dessus et dessous. Des rognures seront placées au fond de la caisse, sous le couvercle, et entre deux lits de fruits.

X. — EMPLOI DES POMMES.

La pomme est le fruit populaire, de consommation, de commerce, de marché. Le travailleur, le voyageur, le chasseur, l'écolier qui emportent des provisions de bouche, choisiront la pomme de préférence. La ménagère la met en première ligne dans ses approvisionnements, et le spéculateur n'hésite pas à acheter une récolte complète ou un chargement considérable de ce genre de fruits.

Les plus jolies variétés sont dignes de figurer en jattes sur les tables de luxe ; les *Astrakan, Borovinka, Transparente de Croncels, Rambour, Grand Alexandre, Sans Pareille de Peasgood, Reine des Reinettes, Belle-Fleur jaune, Reinette du Canada, Calville blanc, Api rose* sont de cette catégorie.

Toutes les variétés, avec ou sans sucre, conviennent à la *pommée* ou confiture commune de pommes, de consommation immédiate.

On tire parti des pommes véreuses ou tombées prématurément en les faisant cuire au four ou en les accommodant en marmelades.

Les pommes à peau grise, les Reinettes grises, les Reinettes dorées, sont généralement les meilleures à cuire. Un épiderme rouge, une chair rosée, exemple : la *Belle-Fleur rouge*, le *Calville rouge*, dénotent également un bon goût à la cuisson.

La pâtisserie a ses préférences. Un village du canton de Noailles (Oise), comptant 300 habitants, vend annuellement, à Paris, pour une centaine de mille francs de la pomme *Salée*, employée dans la pâtisserie.

En bonne année, cette pomme locale valut 20 francs les 100 kilogrammes, soit environ 0 fr. 18 la douzaine.

Dans la Côte-d'Or, vallée de la Saône, la pomme *Glacière* sert à confectionner les « gaudis ».

Le Lot-et-Garonne a la *Reinette d'or*, au parfum de Reinette très prononcé : elle est connue pour faire des omelettes et ordonnée pour la tisane des malades.

La *Reinette franche* est bonne en tisane.

La pâte de pommes, la gelée de pommes et le véritable sucre de pommes, à la façon de Rouen, s'obtiennent avec le *Calville blanc* et la *Reinette du Canada*.

La Normandie raffole de la salade de harengs aux pommes ! C'est un mets original.

La compote de fruits entiers exige du fruit moyen ou petit, à chair dure. La marmelade de pommes est plus agréable avec le fruit à chair douce, et la salade de pommes et d'oranges avec le fruit tendre, à saveur acidulée.

Avec les variétés acides, on fabrique le sucre de pommes ; plus juteuses, elles fournissent le sirop de pommes et le sucre de pommes préparé par la méthode Appert. Dans le nord et l'est de la France, dans la Suisse, l'Allemagne, la Russie, l'Angleterre, on utilise la pomme en tartes, en beignets, en croquettes, en charlotte, en chartreuse, en chaussons, en crêpes, en pommes meringuées, en pommes au beurre.

Dans l'est de la Belgique, les cultivateurs fabriquent un sirop composé de moitié pommes douces et moitié poires sucrées. Si l'on n'a sous la main que des pommes acides, il conviendra de mettre, au fond de la chaudière, un tiers de betteraves à sucre, hachées. La moyenne du rendement est de 16 kilogrammes de sirop fabriqué pour 100 kilogrammes de fruits. Les variétés adoptées à cet effet sont les pommes *Court-pendu, Gricou,* de *Warsage* et la *Bonnate* qui se rapproche de notre *Belle-Fleur.* Ce sirop, qui économise l'emploi du beurre sur le pain des classes ouvrières et s'associe aux *beurrées* de la cuisine bourgeoise, a pris une telle importance dans la consommation locale et l'exportation en Allemagne, que des usines à vapeur se sont installées dans les pays de production, et des gens font métier de *siropiers* pour deux ou trois villages, comme les *branderiniers* du pays vignoble.

Cette contrée des pâturages et des vergers du pays de Herve confectionne encore du vinaigre de pommes; 150 kilogrammes de pommes sont nécessaires à la fabrication de 100 litres de vinaigre.

L'eau-de-vie de cidre est d'un bon rapport dans le nord-ouest de la France ; plus agréable que l'eau-de-vie de poiré, elle se conserve moins longtemps.

Après la fabrication du cidre, le **séchage de pommes** est, dans ce genre, l'industrie la plus importante.

Les espèces à chair ferme sont aptes à être tapées ou séchées. Le *séchon* approvisionne les compotes et les boissons de ménage ; c'est une ressource pour les saisons où l'on est privé de fruits frais. En temps de carême ou autre, on peut l'associer aux pruneaux.

Les fruits petits ou moyens, pelés et exposés immédiatement à une forte chaleur, conservent leur forme et leur couleur blanche, et sont plus recherchés.

L'Allemagne a les *Zwiebel Borsdorfer, Bohn Apfel, Luiken, Mat Apfel, Weisser, Wein Apfel,* propices au séchage de fruits entiers et aux beignets.

Les départements de la Sarthe et de la Somme ont des usines consacrées au séchage des pommes et des poires en fruits entiers, « ou sans cœur », ou par quar-

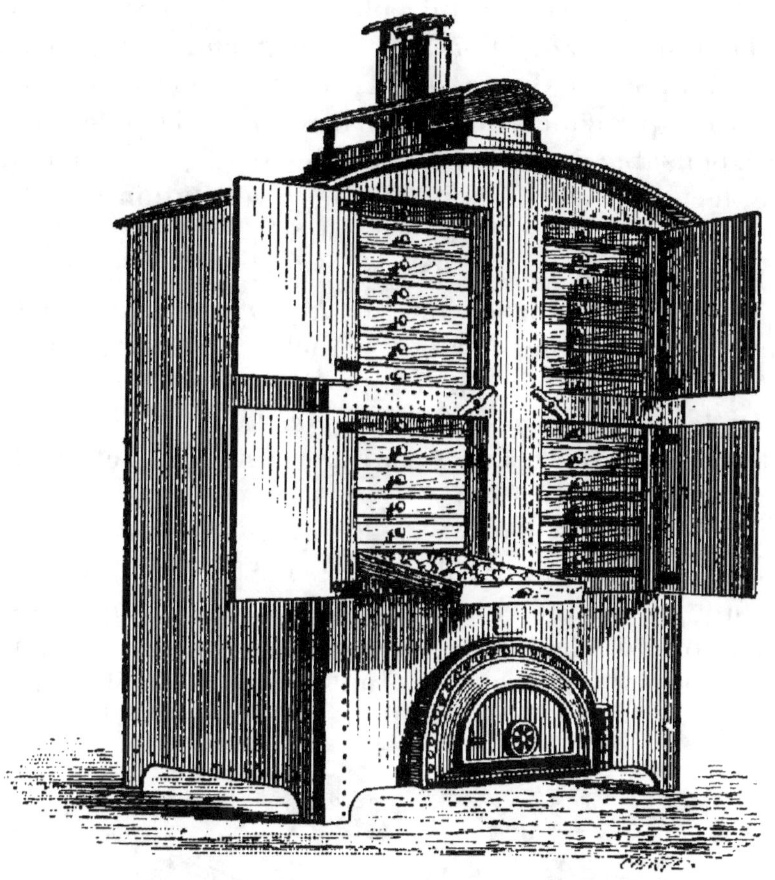

Fig. 319. — Étuve ou séchoir à pommes.

tiers, ou par pâtes coupées en petits carrés et utilisées dans les voyages au long cours.

Une importante confiturerie d'Abbeville emploie,

pour la confiture, la pomme commune, *douce*, telle que la *Roquet*, de ses environs. La pomme *sure* sert aux marmelades; si elle manque, on a recours aux pommes *acides*: elles procureront, plus que la pomme douce, de la fraîcheur, de la saveur et du parfum à la marmelade. La pomme douce serait trop fade pour cet usage.

En ce qui concerne la fabrication de la pâte, il est indispensable de ne traiter que les fruits à chair blanche, ferme, ayant le moins d'eau de végétation possible. La variété qui s'y prête le mieux est notre *Court-pendu plat* ou *Rosat*. Quand cette sorte fait défaut, on a recours à la pomme de *Locard*, de la Sarthe, fruit à peau jaune, à chair blanche, un peu tendre et peu parfumée. Les fabricants du Nord préfèrent alors la *Belle-Fleur rouge* et la *Bonne-ente*.

Cette industrie est à encourager ainsi que l'étude des variétés qui s'y prêtent.

Le séchage des fruits est pratiqué en France, en Belgique, en Suisse, en Allemagne. L'Amérique du Nord en fait une industrie dont on comprend l'importance lorsqu'on voit les États-Unis exporter, en 1904, pour 30 millions de francs de pommes conservées, blanchies, évaporées... et pour 20 millions de fruits frais!

PRUNIER

(Prunus domestica)

I. — TERRAINS QUI CONVIENNENT AU PRUNIER.

Le Prunier est un des arbres fruitiers les moins difficiles sur la qualité du sol. La plupart des terrains
cultivables lui conviennent, pourvu toutefois qu'ils ne
soient ni trop argileux, ni trop humides. L'argile compacte, en excès, entrave l'aoûtement de ses rameaux ;
la sécheresse brûlante des terrains légers, sablonneux,
lui donne la jaunisse. Cependant, la combinaison de
ces deux extrêmes produirait une bonne terre à Prunier ; le mélange du calcaire et de l'humus offrirait les
mêmes garanties.

Le Prunier a cela de commun avec les autres arbres
à noyau : il préfère, aux engrais, les amendements
légers, salins, salpêtreux.

Les terrains entretenus par une humidité modérée
plaisent au Prunier. Cette condition, jointe au climat,
est la principale cause de son succès dans le nord-est,
l'ouest et le sud-ouest de la France.

II. — SITUATIONS QUI CONVIENNENT AU PRUNIER.

Le climat du Prunier est celui du vignoble ; sa fleur
redoute les gelées printanières et les brouillards,

comme la fleur de la Vigne. Néanmoins, la culture du Prunier s'avance assez loin dans le Nord et réussit même où le raisin ne mûrit plus en treille. Dans les pays froids, les variétés délicates souffrent et réclament l'espalier; les espèces de plein vent ont besoin d'un sol calcaire et d'une bonne altitude.

Le Prunier est l'arbre de la plaine ; on peut également le planter sur le versant des collines, à bonne insolation et à l'abri du vent qui pourrait déraciner l'arbre. Dans les endroits concentrés, privés d'air, trop chauds ou trop froids, comme certaines gorges de montagnes et les cours entourées de bâtiments élevés, le Prunier végète mal ou noue son fruit avec difficulté; la fleur *coule*.

On rencontre cet arbre communément dans les jardins et les vergers, sur le bord des chemins ou au milieu des champs, en France, en Belgique, dans le Luxembourg, en Allemagne, dans les principautés Danubiennes, en Asie, aux États-Unis. Il y pousse, il y fructifie à merveille, à ce point qu'il est devenu un élément sérieux de la richesse agricole et commerciale.

III. — CHOIX DES MEILLEURES VARIÉTÉS DE PRUNES.

Le Prunier donne naissance, par la voie du semis, à d'assez bons sauvageons; le fruit, s'il n'est pas directement comestible, peut toujours être transformé à l'alambic ou à l'office; il en est résulté cet inconvénient d'une nomenclature grossie outre mesure. Nous avons donc procédé à une sélection sévère pour constituer le choix restreint des meilleures prunes.

A. — PRUNES DE DESSERT.

Les variétés que nous appelons ainsi, étant de première qualité, sont consommées à l'état frais ; mais la plupart d'entre elles trouvent encore leur emploi dans la confiserie, la pâtisserie, le séchage et la cuisson.

Ordre de maturité des meilleures prunes de table.

Jaune hâtive. — Arbre d'une bonne vigueur et d'une bonne fertilité.

Fruit au-dessus de la moyenne, ovoïde ; jaune fin, poudré glauque. Chair fine, bien juteuse, d'un goût agréable. Bon.

Maturité, mi-juillet.

Bon fruit frais de pâtisserie.

Favorite hâtive de Rivers. — Arbre vigoureux, assez robuste au froid ; très fertile.

Fruit moyen, arrondi ; noir bleuâtre. Chair bien juteuse, sucrée, acidulée. Bon.

Maturité, mi-juillet.

Fruit pour les tartes et le séchage.

Mirabelle précoce ; syn. *Précoce de Bergthold.* — Arbre de vigueur modérée ; très fertile.

Fruit petit, presque rond ; jaune pâle. Chair mielleuse, douce. Bon.

Maturité, deuxième quinzaine de juillet.

On consomme cette variété à l'état frais, la *Mirabelle* ordinaire étant réservée pour les conserves.

Précoce de Tours. — Arbre vigoureux, à rameaux fluets et élancés, assez robuste au froid ; fertile.

Fruit moyen, ovoïde ; noir, recouvert d'une *fleur*

glauque, cendrée, bleuâtre. Chair juteuse, acidulée, parfumée. Bon.

Maturité, fin juillet.

La pellicule acidulée du fruit le rend impropre aux marmelades et confitures, mais bon pour le pruneau médicinal.

Des Béjonnières (*fig.* 320). — Arbre trapu, ramifié; très fertile. Assez résistant au froid.

Fig. 320. — Des Béjonnières.

Fruit moyen, souvent mamelonné; jaune ambre picoté carmin, fleuri de blanc carné. Chair assez ferme, juteuse, sucrée; saveur abricotée. Très bon.

Maturité, commencement d'août.

Fruit rarement véreux, bon en confitures, en tartes, en conserves en pruneaux.

Monsieur hâtif (*fig*. 321). — Arbre vigoureux, ramifié ; très fertile ; pour plein vent ou espalier.

Fruit assez gros, assez arrondi ; rose violacé à fond vert, nuancé bleu, fleuri d'une poussière glauque. Chair juteuse, sucrée, parfumée. Bon et très bon.

Maturité, mi-août.

Bon fruit dans la pâtisserie et les marmelades.

Monsieur jaune (*fig*. 322). — D'une vigueur modérée, d'une fertilité excessive, assez robuste, l'arbre convient en haute tige, en pyramide, en candélabre.

Fruit assez gros, sphérique ; ambre coloré gorge de pigeon, poudré de nacre. Chair tendre, juteuse, d'un parfum distingué. Très bon.

Maturité, mi-août.

Bonne variété pour la confiture de fruits entiers, les pâtisseries, les gelées de prunes.

Reine-Claude (*fig*. 323). — Arbre robuste ; très fertile. Ayant suffisamment résisté aux grands hivers.

Fruit assez gros, sphéroïdal, aplati aux pôles ; vert d'eau passant au jaune, teinté rose, légèrement fleuri d'une poussière glauque. Chair très sucrée, rafraîchissante, avec une eau abondante. Fruit délicieux, supérieur.

Maturité, août.

La meilleure des prunes pour la table et la cuisine ; bonne en compote de fruits entiers, en confitures, en fruit glacé, en conserves au sucre. Récoltée avant sa maturité, elle approvisionne une industrie considérable, celle des prunes confites à l'eau-de-vie. Trop

Fig. 321. — Prune de Monsieur
hâtif.

Fig. 322. — Prune de Monsieur
jaune,

Fig. 323. — Prune Reine-Claude.

Fig. 324. — Prune Reine-
Claude hâtive.

mûre, elle fait de bonnes marmelades. Son pruneau, excellent, est un peu lâché.

Également méritantes, la *Reine-Claude hâtive* (*fig.* 324) mûrit fin juillet, et la *Reine-Claude tardive* (*fig.* 325), fin septembre.

Petite Mirabelle (*fig.* 326). — Arbre buissonneux; très fertile.

Fruit petit, oviforme, arrondi; jaune doré picoté carmin. Chair mielleuse, sucrée, parfumée. Très bon.

Maturité successive, courant d'août.

Excellent fruit en marmelade; en confiture or-

Fig. 325. — Prune Reine-Claude tardive.

dinaire ou de fruits entiers, son goût rappelle celui de l'abricot. La *Mirabelle* est recherchée pour les conserves, les confitures, les brochettes au candi et autres friandises.

Grosse Mirabelle. — Arbre de vigueur modérée, assez robuste au froid; bien fertile.

Fruit moyen, ovalaire, jaune soufre piqueté rose. Chair assez ferme, mielleuse, sucrée, relevée d'un parfum agréable. Très bon.

Maturité, deuxième quinzaine d'août.

Bon fruit en conserve Appert, en confiture, en tarte et en marmelade.

Il existe plusieurs types de *Grosse Mirabelle.*

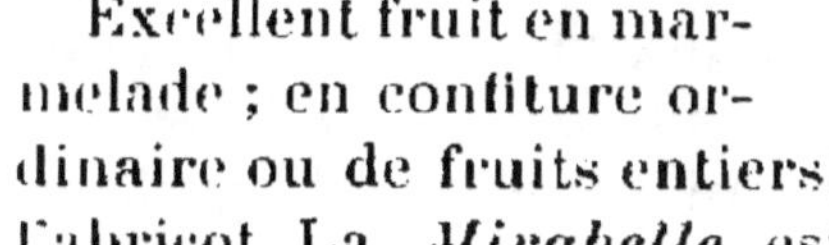

Damas violet. — Arbre vigoureux, élancé ; fertile.

Fruit moyen, ovalaire ; rose violacé, pruiné bleuâtre. Chair ferme, juteuse, acidulée, sucrée ; arome particulier. Bon.

Maturité, deuxième quinzaine d'août.

Bon fruit en pâtisseries et en grosse confiture de ménage.

L'arbre, robuste, pourrait être cultivé franc de pied.

Le *Damas rouge de Biondeck* est hâtif et bon.

Reine-Claude diaphane. — Arbre à bois fort ; fertile.

Fruit assez gros, plus renflé et aussi tronqué que la *Reine-Claude* ; jaune d'ambre teinté lilas, avec une poussière blanc carné. Chair ferme, juteuse, bien sucrée, parfumée. Très bon.

Maturité, août et septembre.

Délicieuse en conserves et même en pruneaux.

De Kirke (*fig.* 327). — Arbre vigoureux et d'une bonne production ; sujet à se fendiller.

Fruit gros, ovale ventru, presque rond ; pourpre noir, cendré glauque. Chair très juteuse, sucrée, bien parfumée. Très bon, même au séchage.

Maturité, fin août et commencement de septembre.

Bon fruit en marmelades.

Reine-Claude d'Althan (*fig.* 328). — Arbre bien vigoureux ; très fertile.

Fruit gros, sphéroïdal, déprimé aux extrémités ; violet clair, pruiné, sur fond vert rougeâtre. Chair jaune, juteuse, sucrée, d'un parfum délicat. Très bon.

Maturité, commencement de septembre.

Reine-Claude violette. — Arbre assez robuste et fertile ; en situation aérée, plutôt chaude.

Fruit moyen ou assez gros, presque arrondi ; rouge violacé, ombré de violet obscur, fleuri de gris cendré. Chair très juteuse, sucrée, rafraîchissante. Très bon.

Maturité, première quinzaine de septembre.

Bon fruit en compotes, en pruneaux, se prêtant à l'exportation.

Reine-Claude de Wazon. — Arbre élancé, se couronnant ensuite ; productif.

Fruit moyen ou assez gros, ovalaire tronqué ; vert glauque nuancé d'incarnat, poudré ambre. Chair juteuse, d'une saveur sucrée et acidulée. Très bon.

Maturité, mi-septembre.

Bon fruit frais et en conserves.

Tardive musquée (*fig.* 329). — Arbre d'un beau port ; d'une bonne production.

Fruit gros, ovalaire sphérique, violet pourpre, pruiné blanc. Chair très juteuse, sucrée, aromatisée. Très bon.

Maturité lente, de la mi-août à la fin de septembre.

Excellent fruit en pâtisseries et en pruneaux.

Gain de notre Pépinière de Croncels.

Jaune tardive. — Arbre très vigoureux, élancé ; très fertile.

Fruit moyen, ovoïde, renflé ; jaune ambré poudré de blanc nacré. Chair abricotée, sucrée. Bon.

Maturité, fin septembre.

Bonne variété pour la pâtisserie, les conserves, le séchage, la marmelade.

Goutte d'or de Coé (*fig.* 330). — Arbre assez robuste au froid, très fertile en plein vent ou espalier.

Fruit gros, ovoïde mamelonné : jaune doré moucheté carmin. Chair assez ferme, juteuse ; d'une saveur abricotée. Bon.

Fig. 326. — Petite Mirabelle.

Fig. 327. — De Kirke.

Fig. 328. — Reine-Claude
d'Althan.

Fig. 329. — Tardive musquée.

Maturité, fin septembre.

Cueillir tard et laisser flétrir avant la dégustation.

Fruit également bon en pruneau.

La sous variété **Coé à fruit violet** a les mêmes qualités pour la table et le séchage.

Mirabelle tardive. — Arbre élancé, ramifié, assez robuste au froid ; très fertile.

Fruit moyen, sphéroïdal ; vert d'eau frappé

Fig. 330. — Prune Goutte d'or de Coé.

lilas. Chair juteuse, acidulée, rafraîchissante. Bon.

Maturité, fin septembre et octobre.

Variété méritante par sa tardiveté. Un peu flétri, le fruit devient sucré, quoique étant acidulé. Bon en pâtisseries et en conserves au sucre ou à l'eau-de-vie.

Ordre de mérite des meilleures prunes de dessert

1° POUR LE JARDIN FRUITIER.

Variétés en basse tige.

Petite Mirabelle.	Favorite hâtive.
Reine-Claude.	Monsieur hâtif.
Monsieur jaune.	De Kirke.
Grosse Mirabelle.	Jaune hâtive.
Mirabelle précoce.	Mirabelle tardive.
Des Béjonnières.	Goutte d'or de Coé.

2° POUR LE VERGER.

Variétés en haute tige.

Reine-Claude.	**Reine-Claude d'Althan.**
Petite Mirabelle.	**— violette.**
Des Béjonnières.	**— de Wazon.**
Monsieur hâtif.	**— tardive.**
Reine-Claude hâtive.	**Goutte d'or de Coé.**
Monsieur jaune.	**Précoce de Tours.**
Grosse Mirabelle.	**Mirabelle précoce.**
Damas violet.	**Tardive musquée.**
Favorite hâtive.	**Jaune hâtive.**
De Kirke.	**Jaune tardive.**
Reine-Claude diaphane.	**Mirabelle tardive.**

B. — PRUNES DE SÉCHAGE.

Les Prunes de séchage sont plus spéciales à la confection de pruneaux et forment la base de plantations industrielles d'une certaine importance ; toutefois, ces fruits trouvent encore leur emploi dans la consommation directe et dans les préparations ménagères.

Ordre de maturité des meilleures prunes de séchage.

Quetsche hâtive. — Arbre vigoureux ; très fertile.

Fruit moyen, oviforme allongé ; violet noir, fleuri de gris bleuâtre. Bon.

Maturité, août.

Bon fruit en pruneaux, en tartes, en compotes.

Perdrigon. — Arbre de bonne vigueur et de bonne fertilité.

Fruit assez gros, sphéroïdal ; blanc terne sur fond

verdâtre, s'il s'agit du *Perdrigon blanc*, ou rouge violacé, s'il s'agit du *Perdrigon violet*. Bon.

Maturité, août.

Variétés pour le séchage et les conserves.

D'Agen (*fig.* 331). — Arbre robuste ; très fertile.

Fruit moyen, pyriforme ; rose violacé, recouvert d'une poussière cendrée. Chair juteuse sucrée. Très bon.

Maturité, fin août et septembre.

Bon fruit frais, excellent cuit, pruneau délicieux, le meilleur de tous, et l'objet d'un commerce qui se chiffre par millions de francs, dans l'Agenais et le sud-ouest de la France.

Fig. 331. — Prune d'Agen.

Sainte-Catherine. — Arbre élancé ; fertile.

Fruit moyen, ové ; jaune blême, légèrement nuancé. Chair mielleuse, assez juteuse. Bon.

Maturité, septembre.

Pruneau renommé dans l'ouest de la France, où l'arbre est cultivé par vergers étendus et complets. Bon fruit en confitures, en pâtisseries, en pruneaux.

Quetsche d'Allemagne. — Arbre assez robuste, ramifié ; très fertile.

Fruit assez gros, ovale renflé ; violet pourpre, cendré glauque. Chair ferme, assez juteuse. Bon.

Maturité, septembre.

La variété la plus répandue en France, dans l'Est, dans l'Alsace-Lorraine et en Allemagne, pour la confection des pruneaux et des tartes.

La **Quetsche de Millot** (*fig.* 332) est des plus méritantes.

La **Quetsche d'Italie** (*fig.* 333) fait un plus gros pruneau ; mais l'arbre produit moins de fruits.

Fig. 332. — Quetsche de Millot.

Fig. 333. — Prune Quetsche d'Italie.

Reine-Claude de Bavay. — Arbre assez robuste au froid, productif ; préférant les situations saines, aérées. — Fruit gros, sphérico-ovoïde : vert d'eau sur fond jaunâtre, quelquefois teinté lilas. Assez bon, mais bon dans un milieu favorable, comme un automne chaud.

Maturité, fin septembre.

Bon fruit en conserves, en tartes et en pruneaux.

Ordre de mérite des meilleures prunes de séchage.

D'Agen.
Quetsche d'Allemagne.
**   —   de Millot.**
Sainte-Catherine.
Quetsche hâtive.
**   —   d'Italie.**
Reine-Claude de Bavay.
Perdrigon.

Ces variétés seront préférablement élevées à haute tige. Toutefois, une plantation d'arbres en basse tige pourrait admettre les Pruniers d'*Agen* et *Quetsche hâtive*, moins élancés, plus fertiles.

Les jolies prunes d'apparat et de séchage : *Pêche, Jefferson, Washington, Dame-Aubert, Pond's Seedling*, s'utilisent en compotes. Les restaurateurs les recherchent pour leurs étalages.

IV. — PLANTATIONS COMMERCIALES DE PRUNIERS.

A. — PRUNES DE DESSERT POUR LES PLANTATIONS COMMERCIALES.

1° POUR LE VERGER.

Arbres en haute tige.

Reine-Claude.	Reine-Claude diaphane.
Mirabelle.	Reine-Claude d'Althan.
Des Béjonnières.	Reine-Claude de Wazon.
Reine-Claude hâtive.	
Favorite hâtive.	Précoce de Tours.
Monsieur jaune.	Goutte d'or de Coé.
Mirabelle précoce.	Mirabelle tardive.
Jaune hâtive.	De Kirke.
Monsieur hâtif.	Damas violet.
Reine-Claude tardive.	Jaune tardive.

2° POUR LE JARDIN FRUITIER.

Arbres en basse tige.

Mirabelle.	Monsieur hâtif.
Monsieur jaune.	Des Béjonnières.
Reine-Claude.	Jaune hâtive.
Mirabelle précoce.	De Kirke.

La *Reine-Claude* et la *Mirabelle* sont les variétés préférées pour les plantations commerciales ; aucune variété ne peut rivaliser avec elles pour la qualité du fruit à l'état frais et pour les préparations culinaires et industrielles, sauf au séchage ; d'autres sont préférées pour la confection des pruneaux. Dans les environs de la capitale, chez les cultivateurs maraîchers, on rencontre ces excellents fruits à chaque pas, principalement la *Reine-Claude*. Le même fait se présente autour des grands centres de population.

A Paris, il entre 2 500 000 kilogrammes de *Reine-Claude* et 1 500 000 kilogrammes de *Mirabelle* par an.

Les arrivages proviennent de sources nombreuses. Sur le territoire de plusieurs communes voisines de Bar-sur-Aube, les Reine-Claudiers dispersés dans les vignes ont produit pour 60 000 francs, d'une seule récolte. Près de Sainte-Menehould, le chiffre s'est élevé à 80 000 francs.

En bonne année, le bourg de Vitry-le-Brulé (Marne) a fait une vente de 100 000 francs de prunes.

La vallée de la Marne, sur les hauteurs entre Nesles et Condé, à 230 mètres d'altitude, est pour ainsi dire boisée de Pruniers. A la veille du grand hiver, les arbres étaient chargés de fruits à ce point que la récolte a atteint 75 francs par sujet, récolte à faire.

Quelques années plus tard, un cultivateur des environs de Meaux évaluait à 4000 francs le revenu d'un hectare de *Reine-Claude*, à la dixième année de plantation. Le quintal de prunes mûres a été vendu à Paris 45 francs, frais à défalquer.

En Picardie, la commune de Beaurieux (Aisne) est littéralement couverte de plantations de Pruniers *Reine-*

Claude, francs de pied ; les habitants trouvent un revenu extraordinaire dans la vente du fruit frais et par la distillation du fruit trop avancé en maturité.

Grâce à leur climat, la Drôme et les Pyrénées-Orientales arrivent en première saison. La Gironde les suit. Le domaine de Taillefer, à Montussan, possède 4 860 pruniers de *Reine-Claude* qui, jeunes en 1878, rapportent déjà 4 francs par arbre ; cinq ans après, ce verger alimente la gare de Saint-Loubès et fournit pour 7 000 francs de prunes à un seul confiseur parisien.

Un de ses confrères bordelais achète 2 000 kilogrammes de *Reine-Claude*, par jour. Dans les années de disette, le prix atteint jusqu'à 80 francs les 50 kilogrammes.

Béziers, Pézenas, Tarascon, Vallerange, Pont-d'Hérault, font commerce de *Reine-Claude* ; Carcassonne y ajoute la prune *Cœur de bœuf*.

De grandes pruneraies existant d'ailleurs entre la Méditerranée et l'Océan, fournissent l'Allemagne.

A propos de la Reine-Claude, nous devons consigner ici une observation faite par M. Gaston Bazille, dans l'Hérault. Sous l'influence des vents de mer, la fleur de la *Reine-Claude de Wazon* ne coule guère.

Malgré ses propres ressources, l'Angleterre reçoit de notre zone maritime et de la Belgique, des *Reine-Claude* et des *Mirabelle*. La Compagnie belge de transport fournit les paniers aux producteurs, et fait afficher le cours du jour, avec des conseils comme ceux-ci :

« Envoyer la Reine-Claude quand elle prend le jaune, et la Mirabelle, avec une légère teinte rougeâtre. »

Le nord-est de la France produit beaucoup de prunes : la *Mirabelle* s'y trouve assez souvent en majorité. La

Champagne et la Lorraine envoient le fruit à Paris, sans oublier les marchés du voisinage et les confiseurs de la région. Aux environs de Lunéville, on prépare le fruit avant sa sortie du pays : la *Mirabelle* est pelée et mise au sirop de sucre, sur place, et ensuite expédiée en flacons ou en boîtes.

Les villages d'Amagney, de Deluz, de Laissey (Doubs) produisent, année moyenne, pour 50 000 francs de Mirabelles, et les plantations continuent et s'étendent.

Sur la rive gauche de la Moselle, depuis Metz jusqu'à Thionville, la culture et le commerce de la *Mirabelle* dite « de Metz » sont très étendus à Lessy, à Lorry, et dans une suite de localités, Plappeville, Saulny-les-Metz, Woippy, Fèves, Semécourt, Marange-Sylvange, Pierrevilers, Fameck. Les confiseurs messins font leur acquisition sur place, et le moment de la récolte donne lieu à un grand mouvement d'affaires. Beaucoup de vergers produisent une moyenne de 30 francs de fruits par arbre.

En une seule saison, Lorry a vendu pour 250 000 francs de mirabelles. Après la récolte, on achetait jusqu'à 30 francs les 100 kilogrammes de prunes le droit de ramasser les fruits tombés, tachés, meurtris.

Près de Nancy, à Faulx, une plantation de 100 Mirabelliers sur 50 ares donnait, dès sa sixième année, 5 000 kilogrammes de fruits tous les ans.

La « Mirabelle de Nancy » et la « Mirabelle de Metz » sont également réputées.

Aujourd'hui, le point de centre de la culture spéculative du Mirabellier en Lorraine semble vouloir se fixer dans la Meuse, aux environs de Saint-Mihiel et de Verdun, entre Apremont et Damvilliers.

Par ses vergers en plaine ou en colline, dans les vignes, les enclos, — qui ont fourni jusqu'à plusieurs centaines de chariots de prunes à la même gare d'expédition, — le marché *meusien* jouit désormais d'une haute réputation auprès des négociants qui trafiquent sur la prune de *Mirabelle* et des industriels qui la transforment en préparations alimentaires.

La lettre suivante de notre collègue M. Louis Hast, agronome praticien qui habite la Meuse, donnera une idée de la valeur des vergers de Pruniers de *Mirabelle* dans cette partie de la Lorraine :

Dans le département de la Meuse, la culture du Mirabellier est surtout florissante sur le versant Est des Argonnes orientales, chaîne de collines qui sépare le bassin de la Meuse du bassin de la Moselle.

Les villages autour desquels cette culture est la plus répandue sont ceux de Woinville, Buxières, Heudicourt, Saint-Maurice, Thillot, Haudiomont, Châtillon-sous-les-Côtes, etc. Ces villages sont tous situés dans la zone viticole, parallèle au cours de la Meuse.

Tandis que les terres à seigle et les forêts de Hêtres couronnent les plateaux calcaires (coral-rag) des Argonnes orientales, les flancs arrondis de celles-ci, composés d'argile imprégnée de granules d'oxyde de fer (oolithe ferrugineuse), sont généralement voués à la culture de la Vigne, qui y donne parfois cent hectolitres à l'hectare.

Au-dessous de la zone viticole, au point où l'oolithe ferrugineuse touche à l'argile d'Oxford de la plaine de la Woëvre, sourdent des fontaines du fond de chaque repli des coteaux. C'est là surtout que les villages se sont élevés nombreux et prospères, et que la culture des vergers est florissante.

Enfin, au-dessous de ces vergers et de ces villages viticoles, c'est l'immense plaine argileuse de la Woëvre, entrecoupée de terres arables, de prairies, de fermes, de villages, d'étangs, de forêts, et s'étendant jusqu'à la nouvelle frontière allemande.

De cette structure géologique il résulte que les terrains

consacrés au Mirabellier sont de deux sortes. Tantôt le sol est argilo-calcaire, chargé d'oxyde de fer, de nuance rougeâtre : tantôt il est argileux, et plus ou moins brun, selon la proportion d'humus qu'il contient.

Comme ces terrains présentent au minimum une épaisseur de soixante centimètres de terre végétale ; comme ils sont abrités des vents froids du Nord-Ouest et visités du soleil levant ; comme ils jouissent en outre d'une atmosphère assez sèche et d'une chaude température estivale atteignant parfois + 37°, quoique situés sous le 49° de latitude et élevés de 250 à 270 mètres au-dessus du niveau de la mer, le Mirabellier y réussit admirablement en vergers purs, en prés-vergers, associé à l'arbre à fruit à pépin, ou disséminé dans les vignes.

Cette espèce donne dans nos pays des Trois-Évêchés un bénéfice plus grand qu'aucun autre arbre fruitier. Ses fruits sont exportés en masse, frais, dans toutes les directions et à de grandes distances.

On est en droit de calculer que, sur le pied de quinze francs le quintal de fruits, un Mirabellier peut donner :

1 franc à l'âge de six ans ;
8 francs à l'âge de douze ans;
12 francs à l'âge de seize ans ;
15 francs à l'âge de vingt ans et au delà.

Établissons notre calcul de rendement. À dix ans, un Mirabellier produit annuellement et en moyenne soixante kilogrammes de fruits. Entre vingt et quarante ans, il produira facilement un quintal de fruits. Or, avec un hectare de terrain renfermant deux cents Mirabelliers espacés de sept mètres, on obtient, à dix ans, cent vingt quintaux, et de vingt à quarante ans, deux cent quintaux métriques de Mirabelles. Ces fruits, vendus au prix moyen de quinze francs le quintal, donneront un total annuel de dix-huit cents francs dès l'âge de dix ans, et de trois mille francs dans la période de vingt à quarante ans.

Il faut, à la vérité, faire entrer en ligne de compte les pertes de récolte occasionnées par les intempéries.

D'un autre côté, il ne faut pas oublier que le prix de quinze francs le quintal est un minimum souvent dépassé.

Les chiffres ci-dessus ne sont pas très différents de ceux donnés par la *Maison rustique du XIX*ᵉ *siècle*.

En admettant que les frais d'installation, c'est-à-dire d'achat et de plantation des deux cents Pruniers par hectare, se soient élevés à mille francs, en admettant encore que les intempéries diminuent le revenu annuel d'un tiers, il n'en est pas moins vrai que, dans nos localités, un seul hectare de Mirabelliers en verger peut donner, avec moins de main-d'œuvre, plus de bénéfice *net* que dix hectares de blé semé dans les champs voisins, et médiocrement fumé.

Ici, les lignes isolées de Mirabelliers sont assez fréquentes: l'arbre y est plus fécond que s'il était perdu au milieu d'un verger de grands arbres.

Les variétés du Mirabellier les plus ordinairement plantées sont :

1° La *Petite Mirabelle* dite « Mirabelle de Metz ». Arbre très fertile; fruit petit, jaune doré à l'ombre, violet au soleil, à parfaite maturité. C'est la meilleure pour compote.

2° La *Mirabelle double* (Duhamel) ou *Drap-d'or* (même auteur) ou *Grosse Mirabelle* (Noisette) dite « Mirabelle de Nancy ». Arbre un peu moins fertile ; mais prenant plus de développement. Le fruit, un peu plus gros, a le coloris de la précédente et fait d'excellents pruneaux.

Ces arbres sont généralement francs de pied et proviennent de semis ou de drageons ou rejets de cépée.

Les fruits sont achetés par des commissionnaires qui les envoient à la Halle de Paris. Leur prix varie dans la même semaine, dans la même journée, suivant les lois de l'offre et de la demande, tout comme le cours du Suez à la Bourse de Paris!

Le tambour de la commune est l'officier ministériel chargé de proclamer *urbi et orbi* jusqu'aux dernières masures des hameaux les prix offerts par MM. les courtiers en *Mirabelles*. Cette proclamation fait plus de bruit au village que l'annonce d'un changement de ministère...

Au moment de la récolte, les fonctions de notre appariteur sont loin d'être une sinécure : à peine a-t-il fini sa tournée pour annoncer que M. X. offre quinze francs des cent kilos de *Mirabelles*, qu'il recommence une nouvelle pérégrination non moins assourdissante pour dire que M. Y. offre 15 fr. 50.

Deuxième révolution !

Enfin, survient un M. Z. qui fait annoncer par le même tambour, qu'il payera 16 francs le quintal de prunes. — Et nos bons villageois de se frotter les mains et de rire en leur barbe!

Une balance-bascule, une centaine de paniers d'osier faisant continuellement la navette du verger à Paris composent tout le matériel des courtiers, dont le comptoir est souvent installé dans une grange.

La récolte du fruit se fait dans des conditions aussi économiques que primitives (*fig.* 334).

Un homme secoue chaque grosse branche avec un crochet parfois garni de chiffons, afin de ne point meurtrir la branche;

les femmes ramassent les fruits aussitôt que l'homme a fini sa

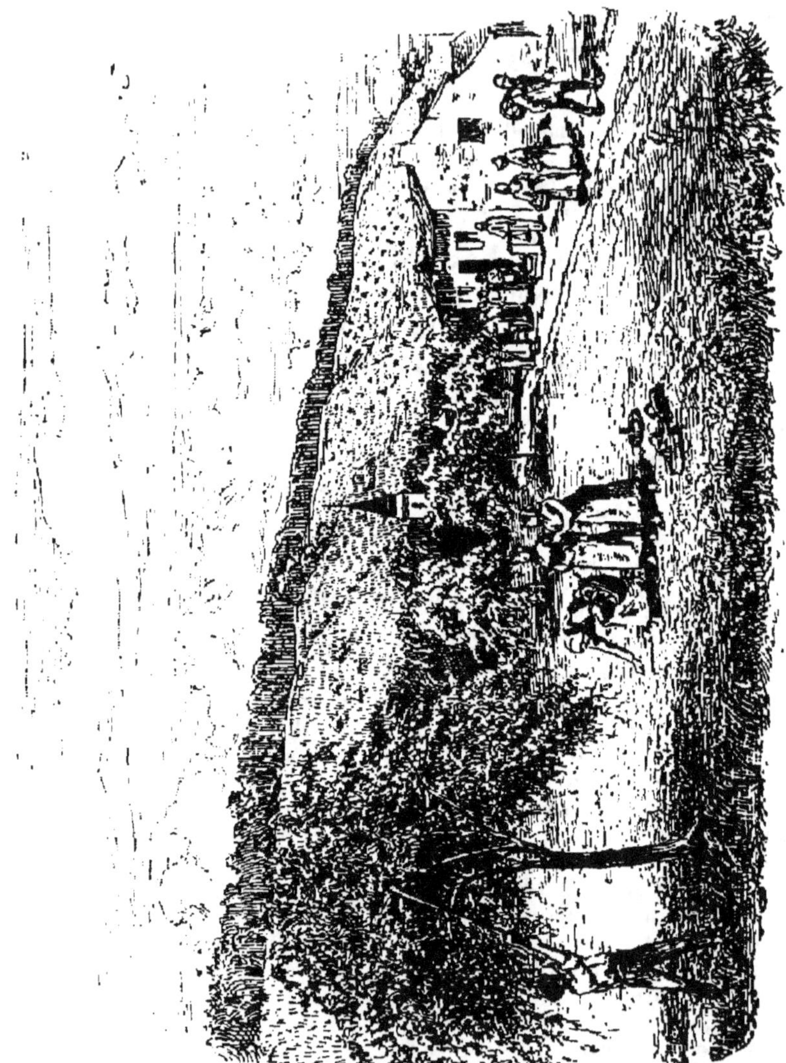

Fig. 334. — Récolte des prunes de Mirabelle, dans la vallée de la Woëvre (Meuse).

besogne. On verse les fruits dans des paniers quelconques, et
on les porte au courtier qui les emballe aussitôt. Il emploie à

cet effet des paniers rectangulaires, munis de couvercles, en gros osier pelé, hauts de $0^m.20$, larges de $0^m.30$, longs de $0^m.40$, pouvant contenir environ 12 kilogrammes 1/2 de mirabelles (*fig.* 335). Huit paniers de cette sorte renferment cent kilogrammes de fruits et peuvent être expédiés sans aucun danger, de Lorraine jusqu'en Angleterre, *via* Paris. — Il existe aussi un autre type de paniers, plus grands que les précédents ; mais ce type est moins répandu.

Le moment psychologique du pesage des fruits est bien inté-

Fig. 335. — Panier pour transporter les Prunes.

ressant. Les villageoises qui, en Lorraine, tiennent parfois la bourse, assistent à la pesée et couvent la balance des yeux pour ne pas laisser à l'acquéreur la velléité de se faire trop bonne mesure. Que de récriminations et combien d'histoires auprès de la balance-bascule ! réédition plus ou moins amplifiée des causeries du lavoir ou de la veillée.....

Notez que le personnel féminin est assez nombreux et se renouvelle dans « l'enceinte du pesage », les plus gros propriétaires du pays n'ayant guère plus de cent pieds d'arbres en *Mirabelle*.

Le transport à la gare se fait au moyen de chars à quatre

roues, attelés de un, deux, ou trois chevaux et munis de leurs brancards à foin.

Les principales gares expéditrices sont celles de Lérouville, ligne de Bar-le-Duc à Nancy, et Eix-Abaucourt, ligne de Verdun à Metz.

Somme toute, le paysan approvisionne nos marchés et nos tables. Il s'enrichit et agrandit son patrimoine ; car nos caisses d'épargne comptent d'autant plus de déposants que le village comporte davantage de vergers ou de prairies.....

La composition (*fig.* 334) donne un aperçu des coteaux lorrains plantés en Pruniers et du mouvement occasionné par la récolte des fruits.

B. — PRUNES DE SÉCHAGE POUR LES PLANTATIONS COMMERCIALES.

Le planteur qui vise à la spéculation des prunes à pruneau pourra borner son choix aux prunes d'*Agen*, de *Quetsche*, de *Sainte-Catherine*, dont le nom seul fait autorité sur le marché. Cependant, il ne faudrait pas abandonner les autres variétés décrites, ni les prunes *Datte*, *Diaprée*, de *Norbert*, *Perdrigon*, dans les localités où le consommateur, l'industriel ou le chef d'office les réclament pour la cuisson, le séchage ou la pâtisserie.

L'influence des milieux peut modifier la qualité d'un fruit, mais l'influence de sa réputation et l'habitude de l'exploiter dans la contrée sont les principales raisons des cultivateurs qui l'acceptent.

Ainsi la *Quetsche* est populaire en Lorraine, la *Sainte-Catherine*, en Touraine, pour la fabrication du pruneau de Tours, et la prune d'*Ente* ou d'*Agen*, dans le sud-ouest de la France. Leur réputation est solidement assise et ne redoute pas la concurrence des nouvelles venues pour lesquelles la grande culture n'a pas encore prononcé.

Notre première recommandation au planteur qui

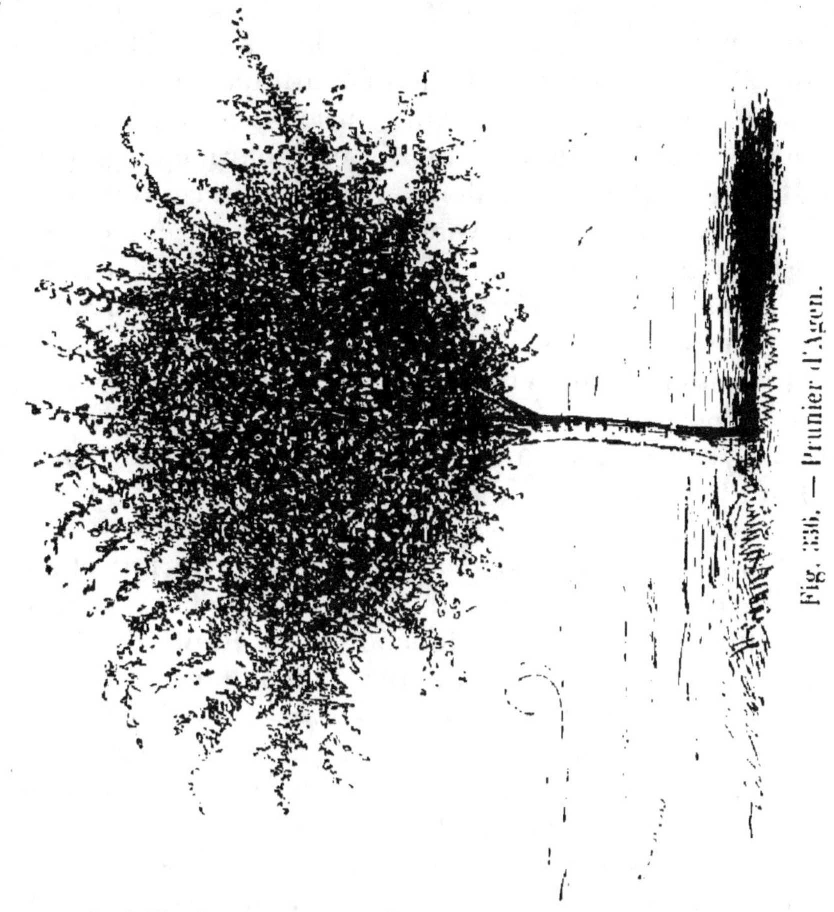

Fig. 336. — Prunier d'Agen.

veut établir des vergers de commerce, c'est d'adopter l'espèce de fruit qui se vendra le mieux, à la condition qu'elle soit bonne. Le pays agenais s'est enrichi par la culture du Prunier d'*Ente*, dit *Robe-Sergent* ou d'*Agen* (*fig*. 336) et par la transformation de son fruit en pruneaux. Les propriétaires exploitants bénéficient eux-mêmes à cette double opération ; ils sont à la fois cultivateurs et industriels. Les maisons de gros chiffrent leurs affaires par centaines de mille francs; la principale, à Cassaneuil, expédie pour 4 millions de pruneaux par an. La place de Bordeaux en exporte pour 15 millions de francs, dont la moitié est chargée au port, à destination : France, Allemagne, Belgique, Hollande, Russie, Angleterre ou Amérique.

En 1872, le département de Lot-et-Garonne a livré des pruneaux pour une somme de 25 millions de francs. Les relevés de la statistique prouvent que ce chiffre avait doublé depuis vingt ans. Actuellement, le pruneau d'*Ente* occasionne, à la succursale de la Banque de France à Agen, un mouvement de fonds supérieur à 20 millions de francs.

Le Prunier d'*Agen* est cultivé dans les sols légers, sablonneux ou argilo-calcaires du bassin du Lot et sur les coteaux qui bordent la Garonne, à Villeneuve-d'Agen, Castelmoron, Clairac, Monclar, le Temple, Sainte-Livrade, Aiguillon, Tonneins, Castellar, etc. Les arrondissements de Marmande, d'Agen, de Villeneuve-sur-Lot sont les plus fournis, surtout ce dernier ; celui de Nérac l'est moins. Les brouillards du printemps sont nuisibles à l'époque de sa floraison.

Ce sont les terrains argilo-calcaires constituant les collines de la mollasse de l'Agenais qui conviennent surtout au Prunier. Sa culture s'étend dans les départements voisins où se retrouve cette mollasse.

Les arbres sont plantés en lignes bordées de treilles de Vigne et séparées par des céréales (*fig*. 337). Un inter-

valle de 6 à 8 mètres suffit entre les arbres ; provisoirement, on plante un cep de Vigne dans cet intervalle,
nommé *joualle*, les rangs d'arbres sont à 8 ou 10 mètres
l'un de l'autre.

D'après M. Bruguière, auteur local des plus com-
pétents, un hectare de terre à blé qui vaudrait

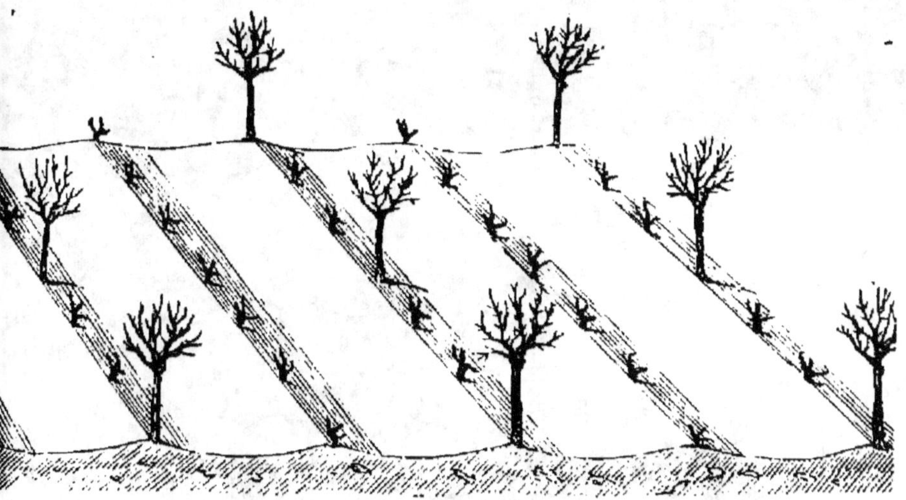

Fig. 337. — Pruniers d'*Ente* ou d'*Agen* ; plantation combinée
avec des ceps de Vigne, dans le sud-ouest de la France.

3 000 francs en circonstance ordinaire, sera vendu
4 000 francs s'il renferme des Pruniers d'*Ente*.

Un hectare de Pruniers plantés à trois mètres peut
facilement rapporter de 2 500 à 3 000 kilogrammes
de prunes, qui fourniront environ 800 kilogrammes de
pruneaux vendus 54 francs les 50 kilogrammes, en
moyenne. Produit net : 720 francs.

La production est évaluée habituellement sur cette

base : 100 arbres d'un verger rapportent 5 quintaux métriques de pruneaux.

Or, pour le Lot-et-Garonne, la récolte de 1885 est évaluée *officiellement* à 175 quintaux de prunes représentant une valeur totale de 12 millions de francs.

En 1906, dans ce même département, la production de 309 591 quintaux métriques représente, à 50 francs le quintal, une valeur de 15 479 550 francs.

Un arbre acquiert sa force de production à l'âge de quinze à vingt ans et rapporte jusqu'à 50 kilogrammes de fruits frais. Bien entretenu, il peut avoir cinquante années de bonne production ; plus il est âgé et vigoureux, plus son fruit est beau.

Les fruits véreux tombent les premiers : on les ramasse avant la récolte principale. On les fait sécher et on les vend pour faire de la boisson ou pour la distillerie. Souvent aussi, ils sont vendus pour la consommation. Avant la récolte, on couvre le sol de balles de blé pour éviter que les fruits s'abîment en tombant sur la terre nue.

La récolte des prunes se fait par un temps sec et chaud ; on secoue l'arbre, et le fruit tombe sur l'herbe ou sur une toile, ou une natte ; on a le soin de mettre à part les fruits véreux. Ce travail dure de cinq à six semaines.

La dessiccation du fruit est obtenue généralement par les propriétaires, les fermiers ou métayers. Le procédé le plus simple consiste à trier le fruit (*fig.* 338) et à l'exposer sur un paillis, sur une claie en osier blanchi (*fig.* 339) ou en roseau, pendant cinq ou six jours au soleil ; puis de le faire passer dans le four du boulanger en trois fois, à douze heures chacune avec un

intervalle semblable ; la première fois de 12° à 15° de
chaleur, la seconde de 15° à 20°, la troisième de 25° à 30°.
Après chaque fournée, on retourne le fruit sur la claie,
on le laisse refroidir en enlevant les échantillons qui se
montrent réfractaires. Le petit fruit, en général, cuit
plus vite ; de là, la nécessité du triage préalable. La
dessiccation s'achève au grenier, sur une toile.

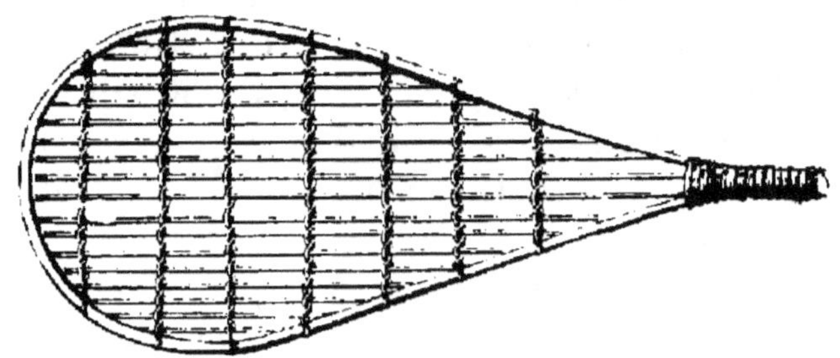

Fig. 339. — Claie raquette pour le séchage des Prunes.

Le point difficile de ce travail est de conserver à la
prune, desséchée ou confite « toute sa chair ». Il convient de suivre les conseils de M. Ad. Magen, secrétaire
perpétuel de la Société d'agriculture d'Agen. « Pour
conserver ce fruit avec ses qualités d'aspect brillant et
d'agréable saveur, il faut, par une cuisson bien ména-
gée, permettre aux sucs intérieurs de vaporiser le
superflu de leur eau, puis dessécher la peau par une
dernière chauffe, suffisamment prolongée et modérée ;
enfin, tenir le fruit dans des locaux élevés, susceptibles
d'être bien clos, et où l'air, pendant les temps secs,
puisse se renouveler librement et largement. »

Depuis quelque temps, on a recours à des appareils
analogues à ceux que les Américains emploient au
séchage des pommes (Voy. *fig.* 319, p. 481).

Il y a l'*étuve*, qui utilise toute la chaleur produite par le combustible et fait cuire la pulpe du fruit sans la dessécher; puis, le *séchoir*, qui perd une partie de la chaleur, cuit et dessèche la prune.

On a combiné des séchoirs qui cuisent d'emblée la prune, économiquement et parfaitement; avec 2 francs de combustible, une personne peut faire cuire elle-même, par vingt-quatre heures, environ 300 kilogrammes de prunes fraîches représentant 100 kilogrammes de pruneaux. On évite ainsi l'intermédiaire d'un industriel qui vient partager le bénéfice du cultivateur.

Des concours ont été ouverts pour le perfectionnement du matériel de dessiccation. On est arrivé à construire des appareils où les claies, chargées de prunes, sont placées sur des gradins roulants sur rails dans le séchoir (*fig.* 340). Ce système est plutôt applicable aux grandes exploitations ou aux industriels travaillant à façon.

Les petites exploitations en sont encore au four de boulanger. Les industriels repassent les pruneaux achetés à l'étuve portée à 110° pour égaliser le degré de dessiccation de tous les fruits provenant d'exploitations diverses et pour les stériliser. Les pruneaux sont emballés tout chauds dans les caisses, où ils se conservent plus d'une année.

En général, 100 kilogrammes de prunes fraîches produisent, au séchage, 25 kilogrammes de pruneaux dont 1/4 de premier choix, 1/4 de second choix, le surplus en ordinaire, et 1/20 en rebut.

La proportion de gros fruits dépend de l'abondance de la production. Une année de grande récolte, les pruneaux sont moyens ou petits. Les années de petite

production, les fruits sont gros et moyens : c'est d'ailleurs la règle de toute production fruitière.

On nous a cité des propriétaires pratiquant eux-mêmes le confisage du fruit et qui retiraient, année moyenne, 10000 francs de leurs pruneraies.

M. le député Georges Leygues estime à plus de 100000 le nombre des cultivateurs, secondés par un personnel considérable, se livrant à l'exploitation du prunier d'Agen.

La Commission de visites de la Prime d'honneur du Lot-et-Garonne, en 1885, a remarqué au domaine d'Espagne, à Beauville, une plantation de 4800 pruniers d'*Ente* ; son premier rapport, en 1872, a donné 900 francs, puis 6500 francs, en 1884, et ne devait pas tarder à atteindre son maximum de 15000 francs. — Détail à enregistrer. Quand les gelées printanières sont à craindre et si la rosée est déjà sur la fleur, dès le matin on secoue l'arbre pour éviter la congélation. L'évaluation de 15000 francs n'a rien d'exagéré, lorsqu'on voit à Saint-Genès-de-Lombaud (Gironde), un millier de pruniers de cette variété rapporter, à dix-huit ans, de 50 à 60 quintaux de prunes séchées sur place et vendues de 70 à 80 francs le quintal. Le déchet est distillé.

Ces prix sont actuellement bien inférieurs, nous déclare M. Albert Guy, le dévoué professeur d'agriculture de Marmande. La moyenne n'est guère que de 40 à 60 francs. Les très gros fruits seuls atteignent les prix indiqués précédemment : mais ils sont en petite proportion. Cette baisse serait-elle un effet de la concurrence américaine ou une conséquence de la fraude, qui introduit des prunes étrangères sous le nom de prunes d'Ente ?

De la riante vallée du Lot, depuis Aiguillon jusqu'à Fumel et Castelmoron, le Prunier a pénétré dans la Gironde par le canton de Monségur, et dans la Dordogne par Monpazier, Eymet et Monpont. La rive droite de la Garonne offre ses conditions de sol et de climat à des pruneraies fertiles, alors que la rive gauche, où domine la *grave*, leur est moins favorable.

Un propriétaire de la Dordogne nous déclarait que la récolte des prunes d'*Ente* ou d'*Agen* dans ses domaines lui avait rapporté, en 1882, une somme de 6 000 francs, sans préjudice d'un revenu semblable en faveur de ses métayers.

Le Tarn-et-Garonne a suivi le mouvement et vend le pruneau d'*Agen* jusqu'à 100 francs les 100 kilogrammes, — particulièrement le canton de Moissac.

Le département de la Gironde est riche en pruneraies d'*Ente* qui alimentent le marché de Bordeaux. La prune *Verdane*, moins intéressante, croît spontanément sur les coteaux de Latresne et de Bouillac.

La prune locale, dite *Prune commune*, d'*Albi* ou de *Saint-Antoine*, également bonne à pruneau, croît sur le bord des chemins, des fossés, des costières de l'arrondissement d'Agen, et des départements du Tarn, de Tarn-et-Garonne, de l'Aveyron et du Lot. Le fruit est étendu sur un lit de paille au soleil où il se sèche à moitié. Il suffit ensuite d'un léger chauffage au four ou à l'étuve pour compléter sa dessiccation.

Le négociant achète cette denrée de 30 à 45 francs les 100 kilogrammes suivant l'abondance, et l'expédie en Allemagne, où elle fait concurrence au pruneau de Turquie ou de Bosnie. En dehors du séchage, le fruit frais encore ferme, à peine violacé, est envoyé à

Londres au prix de 20 à 25 francs les 100 kilogrammes, en gros. La production totale du pruneau commun serait évaluée, dans une année, à 70 000 quintaux métriques.

Les Basses-Alpes ont les *Perdrigon blanc* et *violet* pour la confection des pruneaux *Brignole* et *Pistole*. Le *P. violet* est pelé au couteau, débarrassé de son noyau, enfilé sur une baguette, séché au soleil, puis aplati à la main et séché une dernière fois avant sa mise en boîte. Ce pruneau est la *Pistole* du commerce ; le cultivateur le fournit au prix de 2 francs le kilogramme ; il faut 4 ou 5 kilogrammes de prunes fraîches pour obtenir 1 kilogramme de *Pistoles*. L'autre variété de *Perdrigon*, vulgairement « Reine-Claude blanche », est ébouillantée et séchée à l'ombre, sans être pelée ni « désossée » ; 3 ou 4 kilogrammes de fruits frais produiront 1 kilogramme de pruneaux fleuris, *Brignole*.

La contrée comprise entre Digne, Mézel, Baremme, Estoublon, dans les vallées de la Bléone et de l'Asse, se livre à cette culture et à son industrie, ainsi que le Var où Brignoles est un centre commercial du pruneau qui porte son nom.

Plus au sud, l'île de Corse cultive le prunier *Basilicata*, fruit d'économie ménagère.

Plus au nord, la Savoie a le pruneau de *Charie*, et le Limousin confit le pruneau de *Saint-Léonard*.

Au Centre, les « forétins » de la forêt fruitière de Saint-Martin d'Auxigny transforment sur place la prune en pruneau et en font l'objet d'un commerce assez lucratif.

Partout, nous rencontrons des prunes à sécher.

Le « Pruneau de Tours » s'obtient avec la *Sainte-*

Catherine, particulièrement dans l'arrondissement de Chinon, de Huismes à Saumur, et dans un rayon de 10 kilomètres. Les propriétaires ou fermiers ont jusqu'à dix ou quinze fours et *cuisent* eux-mêmes la prune; de là, cette différence de qualité, suivant le talent du *cuisinier*. Le fruit est soumis de 6 à 8 fois à la cuisson; la dernière opération consiste à donner au pruneau le *blanc* ou la *fleur*. Certains amateurs raffinés se préparent un dessert délicat en mettant deux pruneaux l'un dans l'autre, et en substituant une amande douce au noyau. Déjà *Reine-Claude verte* et *Monsieur Jaune* y sont également utilisées.

Au Nord-Est, le Quetschier produit des pruneaux renommés, en Alsace et en Lorraine. Ceux de Thiaucourt, de Pont-à-Mousson, ont une grande réputation.

La *Quetsche* domine dans les vergers d'Outre-Rhin; à lui seul, le territoire de la Hesse compte 3 millions de Pruniers. Dans le pays de Souabe, le Prunier est l'arbre de fond des plantations de route et des places publiques. Une petite commune du Wurtemberg, Unterhausen, récolte par an de 40 000 à 50 000 doubles décalitres de Quetsches. Les variétés *Hâtive de Wangenheim* et *Hâtive d'Essling* y supportent les climats les plus rudes.

D'après un rapport officiel sur l'agriculture hongroise, « l'arbre fruitier le plus répandu en Hongrie est sans contredit le Prunier, surtout l'espèce connue dans le pays sous le nom de *Beesztercze*. Plaine ou colline, tout lui convient, il s'accommode même des hautes vallées, et partout son fruit est très estimé, à tel point même que dans certains villages roumains, il compose parfois, avec le maïs, la principale nourriture des habitants. Et ce n'est vraiment pas sans motifs que ces prunes sont si répandues, puisque celles que l'on ne mange pas fraîches ou séchées servent à faire une marmelade très estimée ou même d'excellente eau-de-vie.

En Roumanie (1), d'immenses vergers de Pruniers sont consacrés à la préparation de pâtes compactes et à la fabrication de l'eau-de-vie.

L'Angleterre a de beaux fruits, comme sa chérie *Reine-Victoria* ; d'excellents, comme ses *Reine-Claude* ; de bons à l'office, tels que les *Crittenden*, *Pershore*, rapportant 1 200 francs à l'hectare. Mais un économiste agronome, M. Ch. Whitehead, se plaint que les arrivages de petits fruits étrangers font baisser le prix de leurs propres prunes, absolument comme « l'abondance des sardines fait baisser les cours des harengs ».

Signalons enfin la prune *Bonne de Bry* qui couvre le plateau de Villiers-sur-Marne ; à Paris, les fabricants de confitures la retiennent à l'avance. On en vend pour 50 000 francs, et plus d'un cultivateur tire 3 000 francs nets de sa pruneraie, non compris la vente des fruits rouges et des légumes, en sous-œuvre.

(1) Nous nous sommes laissé dire que, dans les Principautés Danubiennes, le pope, ou prêtre orthodoxe, donne parfois à celui qui vient confesser ses fautes la pénitence temporelle de greffer plusieurs Pruniers sauvages, « pour apaiser la soif du voyageur ».

En France, un prêtre de la Bresse ne faisait-il pas planter un arbre fruitier aux familles, à la naissance d'un enfant ?

En Alsace, le pasteur Oberlin réservait la confirmation aux enfants du Ban de la Roche qui avaient planté au moins deux arbres fruitiers.

En Suisse, dans le même cas, on plantait un Peuplier...

Heureux pays où l'on plante, où l'on greffe à tout propos !

Prunellier. — L'exploitation de la prunelle pour la fabrication de l'eau-de-vie est d'autant plus avantageuse que l'on opère sur des terrains ayant peu de valeur et que les frais d'entretien sont nuls (fig. 341).

Dans la Haute-Saône, on plante le Prunellier en ligne sur le pied de 50 plants à l'are, et cette surface produira de 2 à 4 hectolitres de fruits. La récolte, faite à coups de bâton, arrive fin d'octobre, quand les travaux des champs pressent peu. Le droit à la récolte des friches banales est réglé par l'administration.

Le fruit est versé dans un tonneau à la cave, et l'on y remplit les vides produits par le tassement. Lors de la fermentation, la bonde sera bouchée et couverte de cendre froide.

Fig. 341. — Rameau fruitier du Prunellier.

La distillation se fait après l'hiver et produit, par hectolitre de fruits, de 5 à 6 litres d'eau-de-vie à 22°. Le liquide est mis en fût, en bonbonne ou en bouteille. La première année, son prix net est de 2 à 3 francs le litre.

La récolte d'une année peut rapporter de 1 200 à 1 500 francs l'hectare, mais il faut compter en moyenne une bonne année sur trois.

En 1884, des négociants de Vesoul ont expédié en Alsace une certaine quantité de prunelles fraîchement cueillies, au prix de 1 fr. 50 le double décalitre, sur place, — les droits de douane pour le fruit n'étant pas comparables à ceux que l'on applique aux alcools.

V. — CULTURE DU PRUNIER.

Multiplication du Prunier. — Il y a des races de Pruniers dans les *Reine-Claude*, les *Mirabelle*, les *Quetsche*, les *Damas* qui reproduisent leur espèce par semis ; alors on les voit souvent multipliées par noyaux ou par drageons ; mais la reproduction exacte du type est obtenue par le greffage.

Le sujet propre à recevoir la greffe, le plus en vogue dans les pépinières, est le Prunier *Saint-Julien*. On rencontre encore d'autres sauvageons vigoureux, sains, employés au greffage du Prunier ; on les élèvera par semis, ou par cépée. Une autre sorte, le Prunier *Mirobolan*, élevé par semis ou par bouture, se prête au même but et convient aux sols calcaires.

Le mode de greffage est l'écusson ou la greffe en fente, soit en pied, soit en tête du sujet. Le greffage en pied est appliqué aux sauvageons rachitiques ou tortueux. Le greffage en tête (*fig.* 342) est nécessaire aux variétés peu vigoureuses, comme la *Mirabelle*.

Pour l'écussonnage, on a la précaution de faire lignifier les rameaux greffons, en rognant leur extrémité quinze jours à l'avance.

Le greffage en fente se pratique au printemps : on choisit le moment où la sève commence à dilater les tissus et à gonfler les bourgeons. On réussit encore à l'automne, au déclin de la sève.

Quand le sauvageon est rabougri et l'espèce à propager, délicate, on a recours au greffage intermédiaire d'une espèce très vigoureuse, comme *Belle de Louvain*, *Mitchelson*, *Reine-Claude de Bavay*.

Au début de la végétation des jeunes greffes, on ne saurait trop surveiller et détruire les insectes et les colimaçons qui en sont très friands.

Prunier en haute tige. — Le Prunier en haute tige provient d'une greffe faite en pied ou en tête (*fig.* 342), à moins que ce soit un sujet de pied franc. La flèche ou tige centrale n'en sera pas moins coupée à la hauteur fixée pour la tête de l'arbre, et le développement des bourgeons du sommet sera le commencement du branchage.

Fig. 342. — Prunier à haute tige, greffé en tête (taille de première année).

Trois ou quatre rameaux, bien placés, sont conservés et taillés à 0^m,25 (A, *fig.* 342) : le nombre des branches se trouvera doublé ou à peu près par la pousse des bourgeons résultant de cette première taille ; cela devra suffire pour la charpente de la tête (*fig.* 343). Toutefois, si ces nouveaux rameaux étaient trop allongés, il conviendrait, à la taille suivante, de les arrêter à la moitié environ de leur longueur. L'essentiel est qu'ils se ramifient.

Au lieu d'une forme évasée, le branchage pourrait être disposé en pyramide plus ou moins régulière ; dans ce cas, les branches de la base seront taillées assez long, et la flèche également.

Nous verrons, dans un instant, que les opérations de la taille du Prunier sont peu importantes pour la mise à fruit ; quant à l'équilibre des branches, il s'obtient presque toujours naturellement.

La place du Prunier en haute tige est au jardin, au verger, dans le clos, en avenue, disséminé dans les vignes, sur le bord des chemins ruraux, au milieu des emblaves, ou par lignes à grandes distances.

Fig. 343. — Prunier à haute tige, tête de deux ans.

Au jardin, le Prunier à haute tige peut être planté au milieu de Groseilliers ou de Fraisiers.

Toutes les variétés de Pruniers réussissent à haute

tige ou en demi-tige. La distance entre deux arbres est 5 mètres, au minimum. Avec des cultures intercalaires, cette mesure pourrait être augmentée.

Prunier en basse tige. — Le prunier en basse tige, franc de pied ou greffé, s'obtient comme le précédent, à la différence que la couronne de branches commence à 0^m,20 ou 0^m,30 du sol ; le branchage prendra une tournure buissonneuse, évasée ou aplatie.

Le **buisson** est spécial à la *Mirabelle*, parce que cette variété se ramifie facilement et reste naine sans que la serpette l'y oblige. Le buisson se prête aux plantations commerciales, à titre de sujet définitif, en ligne, ou provisoire entre les grands arbres. Une distance de 3 mètres suffit aux buissons ordinaires.

La **pyramide** convient aux *Grosse Mirabelle, Mirabelle tardive, Reine-Claude, des Béjonnières, de Kirke, Monsieur hâtif, Monsieur jaune, Favorite de Rivers, Coe.* Elle a sa place au jardin, en plate-bande ou en groupe. On peut distancer les arbres de 3 mètres.

Les **palmettes** et **candélabres** conviennent à ces mêmes variétés. Au mur, nous avons vu, à Lyon, des prunes de *Reine-Claude* superbes et exquises. En Belgique, climat plus froid, on élève à l'espalier les Prunes d'apparat, recherchées pour les desserts.

L'intervalle des arbres est subordonné au développement qui leur est réservé, les étages des branches étant écartés de 0^m,25.

Les **éventails** seront à 4 mètres l'un de l'autre. Si le mur est bas, on porte la distance à 5 mètres.

En haie ou en rideau, un espacement de 1 à 2 mètres sera suffisant.

Taille du Prunier. — Le Prunier est un des arbres fruitiers qui réclament le moins de taille.

Nous avons dit comment on obtenait le commencement de la couronne de la **haute tige**. En même temps que l'on taille les rameaux de la charpente, on écourte les ramilles latérales destinées à porter fruits.

À la quatrième année, on peut abandonner l'arbre à lui-même. La fructification devant ralentir l'allongement des membres de charpente, on se bornera à écimer, dans l'été ou avant la chute des feuilles, ou même après l'hiver, les rameaux qui se jettent mal ou qui s'allongent au détriment de leurs voisins.

Quelques coups de sécateur — à la main ou au bout d'une perche — donnés dans l'intérieur, aèrent les parties diffuses et excitent la végétation des brindilles sans nuire à leur fructification.

Les branchages disposés en pyramide plus ou moins conique demandent quelques soins de dressage ou de taille des branches. On pourrait se borner à des pincements ou rognages d'été sur les branches secondaires, la flèche et les quelques rameaux principaux plus forts étant soumis à une taille suivie, pendant les premières années. Plus tard, un écimage assez allongé, d'été ou d'hiver, suffira.

Les Pruniers en **basse tige**, surtout quand ils sont en buisson ou disposés en haie, ne réclament pas plus de soins que les grands arbres.

Quant aux formes symétriques de palmette, de candélabre et de pyramide, le point essentiel est d'éclairer le branchage, d'obtenir un nombre suffisant de brindilles fluettes, propices à la fructification. On y parvient **au** moyen de l'espacement et de la *taille* *longue* des rameaux de charpente, de l'*ébourgeonne-ment* des pousses latérales qui menacent de devenir trop fortes, et du *pincement renouvelé* des scions destinés à devenir des ramilles fructifères.

Par le palissage des branches et des rameaux, et avec quelques pincements en vert, on dresse facilement un *éventail* et on arrive à le mettre à fruits, sans lui faire sentir trop souvent le fer de la serpette.

Le Prunier accepte la taille lors de la plantation et souffre toujours lorsqu'une mutilation douloureuse coupe ses grosses branches.

VI. — RÉCOLTE DES PRUNES.

La Prune annonce sa maturité par un parfum prononcé et par la chute des fruits lorsqu'on ébranle légèrement l'arbre. On ramasse les prunes avec soin, en séparant les fruits détériorés. Le panier (*fig.* 344), la manette (*fig.* 345), le panier à vendange conviennent à cet usage. Garnir de feuillage ou de papier les parois du récipient.

Nous avons indiqué et figuré (p. 504) comment on récoltait la prune en Lorraine.

La belle prune sera cueillie à la main, en évitant le froissement de la peau et la rupture de la queue.

En supposant une seule variété de prune ou des variétés différentes mûrissant en même temps, voici quel serait l'ordre de récolte du fruit, suivant son emploi, ou plutôt voici l'ordre de l'emploi du fruit, suivant son état de maturité.

Il faudrait récolter d'abord la prune à l'eau-de-vie,

puis la prune à conserve Appert, celle à glacer au
sucre, le fruit à confiture, la prune à faire cuire en

Fig. 344. — Panier à récolter les Prunes.

marmelade ou en pâtisserie, enfin le fruit à pruneau.
La récolte de la prune à consommer à l'état naturel

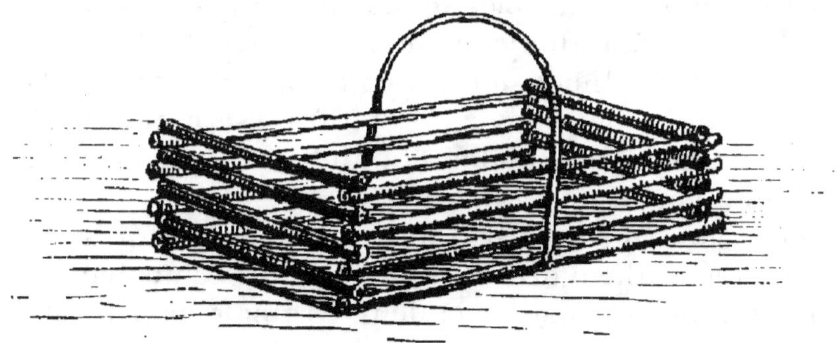

Fig. 345. — Manette à récolter les Prunes.

représente la moyenne de cette période qui com-
mencerait encore par le fruit destiné aux voyages.

Il est préférable de cueillir la prune au moment de son emploi. En séjournant trop longtemps mis en tas, des fruits à chair molle comme les prunes entreraient en fermentation. Un degré de température trop élevé en précipiterait la maturation ; une atmosphère froide dérangerait l'élaboration de leurs sucs.

Les prunes destinées aux conserves et au séchage sont récoltées avec d'autant plus de soins que le fruit doit rester entier. Dans l'Agenais, tout en secouant l'arbre pour aider à la chute du fruit, on laboure préalablement le champ s'il y reste debout les chaumes des céréales, ou bien l'on y étend des toiles ou une couche de feuillage.

VII. — EMBALLAGE DES PRUNES.

La prune destinée aux distillations, confitures, marmelades, pâtisseries, où elle n'a pas besoin d'arriver entière et florée, réclame moins de soins que l'autre ; cependant, il faut toujours tenir compte de la durée du trajet, de la dimension du colis, de l'état des fruits.

La prune à consommer à l'état frais sera manipulée avec soin. On saura éviter l'humidité autour du fruit et le déflorement de l'épiderme.

Une prune déflorée ou lavée perd beaucoup de sa valeur. La feuille d'ortie, employée dans l'emballage, a la réputation de respecter la fleur virginale de la prune.

Emballage en panier. — Les prunes qui arrivent sur nos marchés par voiture ou par chemin de fer sont en paniers de moyenne dimension, emballées avec de la belle paille séparée des fruits par un tapis de feuilles d'orties (le revers sur la prune), ou autre feuillage qui ne puisse ternir le fruit. Avec la prune, un couvercle (Voy. *fig.* 314) est préférable au lit de paille bagué à la ficelle.

La belle *Reine-Claude* « 16 à la livre » est emballée en paniers de 10 à 20 kilogrammes (*fig.* 346).

Fig. 346. — Panier pour Prunes de choix.

La *Mirabelle*, plus ferme, moins fleurie, peut être expédiée dans les mêmes conditions ; les plus grands paniers sont réservés aux fruits encore verts destinés aux conserves au sucre ou à l'eau-de-vie.

Emballage en caisse. — Nous ne voyons guère que la très belle Reine - Claude « quatorze à la livre », mais chaudement colorée, qui soit envoyée en caisse. Ici surtout, il faut soigner sa marchandise, la far-

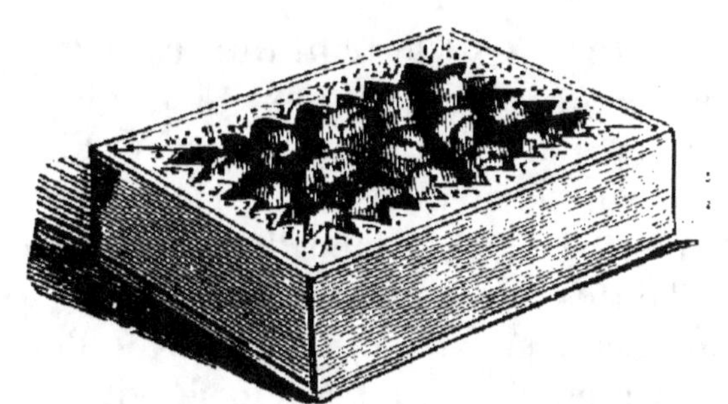

Fig. 347. — Caissette de Prunes.

der en la plaçant sa belle face à l'ouverture, la queue en dessous, les fruits étant régulièrement alignés et le coloris rouge laissant voir le vert de l'épiderme (*fig.* 347).

Les fruits de choix, prunes, abricots, etc., s'expédient en caissettes de bois blanc garnies de papier, le bord de l'ouverture en papier brodé, mais l'emballage se fait par le fond de la caisse ; le couvercle est fixé à la boîte de telle sorte que, étant fermée, clouée, lorsqu'on l'ouvrira, c'est le lit de fruits qu'on a placé dans le fond de la caisse qui paraîtra le premier.

On place donc les fruits en conséquence, le côté coloré en dessous, puisqu'il sera dessus. Un seul lit est préférable et donne plus de prix au fruit. Les vides sont tamponnés avec du papier Joseph et des rognures de papier ; puis on cloue le fond, la caisse est terminée.

C'est ainsi que le port de Bordeaux embarque des milliers de kilogrammes de prunes et d'abricots pour l'Angleterre.

VIII. — EMPLOI DES PRUNES.

La Prune est le fruit qui trouve le plus d'emploi dans les usages domestiques. Si quelques variétés plaisent moins par leur goût, il est bien rare qu'elles ne puissent être utilisées à la cuisine, à la pâtisserie, à la confiserie, à la distillation, au séchage.

Toutes les variétés que nous avons décrites sont bonnes à servir sur la table, à l'état frais ; elles flatteront l'œil et le goût à leur époque de maturité.

Les prunes douces ont de meilleures dispositions pour être accommodées en marmelades, et les prunes acides en pâtes de prunes.

La confiture de fruits entiers est préférable avec les *Reine-Claude, Mirabelle, des Béjonnières, Datte,* variétés également bonnes pour les prunes confites et glacées, pour la soupe aux prunes, pour les conserves Appert.

Les prunes à l'eau-de-vie et à conserves, renommées, sont la *Reine-Claude* et la *Mirabelle*; leurs sous-variétés tardives conviennent à ces usages, les *Reine-Claude diaphane, de Wazon, de Bavay,* la *Mirabelle tardive,* et les américaines *Mac Laughlin, Columbia.*

Les prunes jaunes très mûres peuvent servir à fabriquer un vin de prunes liquoreux, de dessert.

La tarte aux prunes est excellente avec les *Reine-Claude, Mirabelle, des Béjonnières, Sainte-Catherine, Jaune tardive, Quetsche, Reine-Claude de Bavay.*

La *Reine-Claude d'Oullins* est bonne en pâtisseries; la *Norbert* en tartes et en confitures de conserve.

Par leur saison de maturité, les *Reine-Claude hâtive* et *tardive* sont appréciées à la consommation et, par le fait, au marché.

Les *Quetsches* et les *Mirabelles,* pelées et mises au sirop de sucre, constituent un entremets délicat.

La *Diaprée violette,* la *Quetsche jaune de Hartwik* façonnées en « cerises sèches », dites prunelles, font les délices des Allemands.

Les confiseurs de Paris préfèrent, pour les conserves au sirop, la *Reine-Claude* et la *Mirabelle* récoltées à Vaux, à Triel, aux environs de la capitale, parce qu'elles y arrivent en état plus frais. Certains négociants prétendent que la *Mirabelle* de Metz se détériore plus facilement en voyage que la *Mirabelle* de Nancy ; celle-ci ayant la peau plus ferme se prête à la fabrication de confitures et de conserves destinées aux pâtisseries. La *Mirabelle* de Triel et de Vaux, ayant la peau fine, est recherchée pour les confitures et les marmelades.

La brochette au candi, à la mode de Toul, se façonne avec la *Mirabelle*, variétés *petite*, *grosse* ou *précoce*.

La *Mirabelle* est encore précieuse au séchage sans noyau ; avec la *Mirabelle double*, on fait d'excellentes confitures, des compotes et des pruneaux délicats.

A Riom, des usines préparent, en fruit confit, la *Mirabelle* de Verdun et la *Reine-Claude* d'Avignon.

Une des plus grandes manufactures de fruits, à Londres, reçoit chaque année, du comté de Kent, une quantité de 24000 quintaux de fruits à confire, fraises, framboises, groseilles, cerises et prunes. Les fruits sont cuits le jour même de leur arrivée, et le sucre blanc le plus raffiné est employé aux confitures pour leur garder le goût distinct et la fraîcheur du fruit. Les prunes préférées pour les confitures et compotes de fruits entiers sont : *Reine-Claude*, *Gisborne*, *Damas*, *Crittenden*, *Prune d'Orléans*.

Nous avons indiqué les variétés renommées pour la confection des pruneaux, les *Quetsche*, *Sainte-Catherine*, *d'Agen*, *Jaune tardive*, *Diaprée*, *Perdrigon*, *de Coé*. La *Quetsche* fait de bons pruneaux à l'eau-de-vie ; la *Sainte-Catherine*, du vin de prunes ; l'*Agen*, des marmelades ; la *Jaune tardive*, des conserves ; la *Précoce de Tours*, la *Norbert* et la *Tardive musquée* fournissent des pruneaux à médecine pour les tisanes. Le pruneau de *Datte* ou *Verdache*, dite *Montmirail*, a l'aspect du gros raisin de Malaga, passerillé.

On obtient une excellente marmelade par le mélange de *Quetsche* et de *Drap-d'or Esperen* ou de *Damas de Septembre*, celle-ci fournit le jus, celle-là la pulpe. On produit également une bonne confiture en combinant les fruits de *Perdrigon* et de *Damas*. La confiture de *Norbert* rappelle la groseille.

Quand la prune est encombrante, on en fait des confitures de ménage, sans sucre, à consommation immédiate, ou bien on la soumet à la distillation. Il est bien rare qu'un tonneau de 2 hectolitres de prunes ne rende pas au moins 12 litres d'eau-de-vie à 50°.

Un de nos voisins a tiré par pièce de 228 litres de prunes, 24 litres d'eau-de-vie avec la *Quetsche*, 20 avec la *Reine-Claude*, et 18 litres d'un mélange de variétés.

La prune d'*Agen* rend moins, mais son véritable emploi lui suffit, en outre des confitures, des compotes et des confiseries. Les pruneaux passent aux cylindres presseurs, aux trieurs et aux paqueuses dont on devine l'usage ; le commerce de gros les classe ensuite par catégories au nombre de 8 ou 10 suivant leur aspect et leur poids, depuis le *Fretin* de 250 à 280 fruits au kilogramme, jusqu'à l'*Extra* ou « Impériale fleurie » où 60 à 90 pruneaux suffisent au kilogramme.

Quand le prix du *Fretin* flottait de 40 à 44 francs le quintal, l'*Extra* atteignait 200 à 220 francs.

Les qualités ordinaires sont expédiées en petits barils de bois blanc ; les « choix, surchoix et extra » ont le double privilège de la feuille de Laurier à sauce qui les parfume dans l'emballage, et de la boîte de ferblanc, surtout quand il s'agit d'exportation lointaine.

Le pruneau de « Tours » emballé froid, en corbeille d'osier blanchi, de 1 à 5 kilogrammes, est pressé l'un contre l'autre et se garde mieux.

En général, le pruneau doit être consommé dans les deux années qui suivent sa confection. Cependant, les entrepositaires savent en prolonger la durée...

VIGNE

(*Vitis vinifera*)

I. — TERRAINS QUI CONVIENNENT A LA VIGNE.

On peut dire que la Vigne est plus indifférente à la composition du sol qu'aux conditions climatériques. Cet arbrisseau des contrées méridionales passerait moins l'hiver sur les falaises du nord que sur les rochers du midi.

Les bruyères de l'Ardenne, les marais des Flandres, les pâturages de la Normandie lui plaisent moins que les plaines dénudées de la Crau, les garrigues des Pyrénées, les palus du Médoc.

Les terrains légers, perméables, siliceux, sablonneux, caillouteux, calcaires, schisteux, jurassiques, granitiques, volcaniques, enfin tous ceux qui s'égouttent bien, qui s'échauffent promptement et qui conservent facilement leur chaleur, se prêtent à la culture de la Vigne.

Les terres rouges lui conviennent mieux que les terres jaunes ou blanches. La Vigne redoute les sols argileux et froids, les terrains pourrissants, les terres crétacées. Les sols profonds lui sont préférables, quand même le sous-sol serait composé de roches fendillées, de bancs de cailloux ou de galets.

Les amendements sont donc tout indiqués par la nature même des terrains que la Vigne préfère.

On peut en stimuler la végétation avec un compost dans lequel sont entrés des gazons, des alluvions, des boues de rue, des ràclures d'étable, des débris d'animaux et de végétaux, des résidus de cuisine, etc., stratifiés, pourris et manipulés à l'avance, brassés avec des lits de terre végétale.

11. — SITUATIONS QUI CONVIENNENT A LA VIGNE.

La chaleur est nécessaire à la culture de la Vigne; sans elle, le bois gèle en hiver, le raisin mûrit mal à l'automne. La région du vignoble indique suffisamment les plaines, les coteaux, les plateaux où la Vigne peut prospérer. Les sites privés de l'action directe du soleil ne lui sont favorables que sous une température élevée.

Comme climat et température, la Vigne prospère dans la région de l'Olivier et, plus au nord, dans les endroits où l'Amandier réussit en plein air, ainsi que le Pêcher. Notre région de l'Épicéa et le climat vosgien lui fournissent encore des situations favorables.

Dans le Nord, il faut combattre les influences contraires par la construction de murs qui serviront en même temps d'abri contre les vents froids, et de réflecteurs de la chaleur solaire.

Nous avons rencontré, dans plusieurs localités montagneuses du Sud-Est, des ceps de Vigne grimpant sur des arbres, ou montés sur des treilles à 2 et 3 mètres de hauteur. Dans ces parages, une altitude de quelques mètres est moins exposée aux gelées blanches, le voisinage du sol serait plus dangereux.

Il sera toujours préférable de cultiver des cépages à végétation robuste et à raisins précoces dans une situation qui n'offrirait pas toutes les garanties désirables, en ce qui concerne le climat.

La Vigne se plaît dans les jardins, à l'air libre ou adossée contre un mur, et dans les champs, accompagnant des lignes d'arbres fruitiers, enfin dans les gorges de montagne, sur les crêtes et dans les vallées.

En France, les conditions climatériques les plus favorables à la Vigne se trouvent, dit-on, dans les départements de la Corse et des Pyrénées-Orientales ; les moins avantageuses de la région viticole sont dans l'Ain (Gex), dans la Lozère (Mende), dans les Hautes-Alpes (Gap).

La Vigne est une richesse présente et future de notre colonie algérienne ; même réflexion pour la Tunisie.

III. — CHOIX DES MEILLEURES VARIÉTÉS DE RAISINS.

Il faudrait écrire un gros volume pour examiner tous les bons raisins cultivés. Une pareille étude ampélographique nous ferait sortir du cadre restreint de cet ouvrage ; nous bornerons notre liste aux raisins de table les meilleurs pour la moyenne de notre climat. Parmi ceux que nous passerons sous silence, les uns sont utilisés au pressoir, quoiqu'ils puissent devenir en même temps des raisins de marché ; le cultivateur appréciera sur place cette transformation possible. Les autres variétés réclament une somme de chaleur que la première situation venue ne peut leur fournir; c'est une question locale bien facile à résoudre.

Ordre de maturité des meilleurs raisins de table.

Gamay de Juillet. — Grappe assez grosse et compacte, cylindrique ou ailée. Grain moyen, rond; noir fleuri. Bon.

Maturité, fin juillet, dans le Midi; août, dans le Centre.

Cépage vigoureux et très fertile.

Si les gelées du printemps détruisent ses bourgeons, il en poussera d'autres également productifs.

Précoce Malingre. — Grappe assez grosse, ramifiée. Grain moyen, ovalaire; vert d'eau s'éclaircissant au soleil. Bon.

Maturité, mi-août.

Cépage vigoureux et fertile, pour le plein air et pour l'espalier.

Le fruit annonce faiblement sa maturation par la transparence du grain, et se gâterait si l'on tardait à le récolter.

Morillon hâtif (*fig.* 348). — Grappe moyenne, et au-dessus, assez compacte. Grain moyen, rond; noir. Bon.

Maturité, août.

Cépage robuste, à cultiver en treille, à l'air libre ou au mur, principalement dans une

Fig. 348. — Raisin Morillon hâtif (Madeleine noire).

situation chaude, afin de hâter encore la maturité du fruit.

Précoce de Courtiller. — Grappe moyenne, peu serrée. Grain moyen, arrondi ; ambré, musqué. Bon.

Maturité, mi-août.

Cépage assez vigoureux et fécond, en plein air et en espalier. La saveur du fruit, faiblement musquée, plaît généralement au consommateur.

Variété connue sous le nom de *Précoce de Saumur.*

Madeleine royale. — Grappe assez forte, assez compacte. Grain moyen, sphérique ; blanc nacré. Très bon.

Maturité, fin août.

Cépage vigoureux et de grande production, même sous un climat froid. Il convient de le tailler long en plein air, assez court à l'espalier.

Soufrer contre l'oïdium et soumettre la grappe au ciselage.

La **Madeleine angevine**, à fruit blanc, est plus hâtive en maturité. La pellicule épaisse et ferme de son grain classe cette variété précoce et méritante parmi les raisins de commerce. Taille demi-longue.

Lignan blanc. — Grappe assez grosse, assez compacte. Grain moyen ou assez gros, ovoïde obtus ; vert translucide passant au nacré vif ou mat, souvent doré à l'insolation. Bon et très bon, dans sa région.

Maturité, fin août et commencement de septembre.

Cépage de grande vigueur ; fertile, s'il est soumis à la taille longue sur des bras allongés, en situation chaude. Son fruit est docile aux voyages.

C'est le *Kientsheim* de la vallée du Rhin, le *Joannenc* de la vallée du Rhône, le *Luglienga bianca* de l'Italie, le *San Jacopo* de l'Espagne, le *Bona in casa* du Tyrol, l'*Augustauer* de la Transylvanie, etc.

Chasselas Vibert. — Grappe assez grosse, souvent grosse, parfois lâchée. Grain gros, sphérique ; ambré, sur fond vert jaunâtre, transparent. Très bon.

Maturité, août et septembre.

Cépage trapu, bien fertile, en espalier et en plein air.

Cette variété, étant greffée, sera moins exposée à la coulure. Elle est très avantageuse dans le Midi, en plein air.

Le **Chasselas gros Coulard** réclame le greffage, l'incision annulaire et la pollinisation.

Portugais bleu. — Grappe moyenne, plus ou moins serrée. Grain assez gros, sphérique : noir bleuâtre pruiné de glauque. Bon et très bon, dans sa région.

Maturité, commencement de septembre.

Cépage vigoureux et productif, préférant un terrain sec et caillouteux, recommandé dans la zone nord de la région de la Vigne.

Sous le climat de la Champagne, la maturité ne précède guère celle du *Chasselas doré*.

Chasselas doré (*fig.* 349). — Grappe grosse, bien proportionnée. Grain assez gros : rond ; blanc nacré, ambré au soleil ; délicieux, d'un goût distingué. Très bon.

Maturité, commencement de septembre.

Cépage extra par sa robusticité, sa fertilité, la beauté et la qualité de son fruit, en plein air ou en espalier ; cultivé dans le Lyonnais sous le nom de *Mornen blanc*, et en Suisse, sous le nom de *Fendant roux*. Un bon nombre de sous-variétés ont été propagées ; quoique bonnes, elles ne rivalisent pas avec leur type.

Le ciselage de la grappe est à recommander.

Le Chasselas *musqué* est exquis. Dans les Charentes, on vante le Chasselas *Marvaud*, précoce et fertile. En Picardie, le Chasselas *Charlerie* reste précoce, beau de coloris et de première qualité.

Chasselas rose. — Grappe assez grosse, suffisamment éclaircie. Grain assez gros, arrondi ; rose incarnat. Très bon ; saveur exquise.

Maturité, septembre.

Cépage d'une bonne vigueur et d'une bonne production, en treille

Fig. 349. — Raisin Chasselas doré.

de jardin ou contre un mur.

Chasselas de Falloux. — Grappe assez forte, peu serrée. Grain assez gros ; rose clair. Très bon.

Maturité, septembre.

Plant vigoureux, très productif ; à tailler court.

Ce raisin, moins fin de coloris que le précédent, ne lui cède guère sous le rapport de la qualité.

Chasselas violet. — Grappe grosse, allongée, peu serrée. Grain assez gros ou moyen, rond ; rouge violet. Très bon.

Maturité, septembre.

Cépage bien vigoureux et fertile, à toute situation.

On reconnaît ce cépage à son jeune sarment coloré de pourpre et à son fruit déjà violet au sortir de la fleur.

Pineau noir. — Grappe moyenne, compacte. Grain moyen, presque rond ; noir pruiné. Très bon.

Maturité, deuxième quinzaine de septembre.

Cépage vigoureux ; fertile avec la taille à long bois.

Le *Pineau noir* est la base des grands vins de Bourgogne et des vins de Champagne.

Muscat noir ; syn. *Caillaba*. — Grappe moyenne, assez compacte. Grain moyen, à peu près rond ; noir pruiné : saveur musquée. Bon.

Maturité, septembre.

Cépage de vigueur ordinaire ; très fertile, à planter au soleil.

Plusieurs variétés portent ce nom ; il faut choisir celles qui coulent moins et qui mûrissent régulièrement leur fruit ; tel le *Muscat Hambourg*.

Fig. 350. — Raisin Muscat blanc.

Muscat blanc (*fig.* 350). — Grappe grosse, assez compacte. Grain gros, rond, blanc nacré, d'un arome particulier ; musqué. Bon et très bon, surtout en terrain sec.

Maturité, septembre et octobre.

Cépage très vigoureux, fertile, aimant la chaleur.

Dans le groupe des Muscats, le *Muscat blanc* est préféré pour la table et les conserves à l'eau-de-vie.

Les *Muscats gris. rouge, précoce, bifère,* peuvent être acceptés par les amateurs du goût musqué.

Le *Muscat d'Alexandrie* réclame une exposition très chaude pour lignifier son sarment et mûrir son fruit; celui-ci, très gros, est recherché pour l'ornement des desserts, pour les conserves, la pâtisserie et la confection des raisins passerillés, dits « de Malaga ».

Boudalès; syn. *Cinsau*, par erreur *Ulliade*. — Dans les villages du Gard, arrondissement de Nîmes, les vignerons disent « des Œillades ». Grappe grosse, bien paniculée. Grain gros, ovoïde; noir violacé, croquant. Bon.

Maturité, septembre et octobre.

Cépage bien vigoureux, très fertile en plein air et en espalier; également connu sous le nom de *Prunelas* ou *Prunella*.

La grappe étant peu serrée, et le grain ayant la peau ferme, la conservation du fruit y gagne.

Frankenthal; syn. *Black Hamburgh* (*fig. 351*). — Grappe magnifique par son développement. Grain très gros, de forme arrondie, faiblement ovoïde; noir bleuâtre. Très bon.

Maturité, octobre.

Fig. 351. — Raisin Frankenthal.

Cépage très vigoureux et fertile en espalier et en

plein air. réclamant le soufrage contre l'oïdium qui l'envahit particulièrement.

Variété précieuse pour les desserts de luxe et pour la culture forcée.

Nous parlerons. plus loin, des principales variétés de Vigne à cultiver sous verre.

Ordre de mérite des meilleurs raisins de table.

Chasselas doré.	**Chasselas Vibert.**
— rose.	— Gros Coulard.
— violet.	**Portugais bleu.**
— de Falloux.	**Morillon hâtif.**
Frankenthal.	**Muscat noir.**
Pineau noir.	**Madeleine angevine.**
Madeleine royale.	**Boudalès.**
Gamay de Juillet.	**Précoce Malingre.**
Muscat blanc.	— de Courtiller.
Lignan blanc.	**Muscat d'Alexandrie.**

IV. — PLANTATIONS COMMERCIALES DE VIGNES.

Ainsi que nous le verrons plus loin, la culture commerciale de la Vigne peut s'exercer avec une seule variété : le *Chasselas doré*, vulgairement « Chasselas de Fontainebleau ».

Cependant, nous admettrons quelques catégories basées sur l'époque de maturité :

Raisins hâtifs. — *Morillon hâtif, Gamay de Juillet, Madeleine royale, Lignan blanc, Madeleine angevine.*

Raisins de seconde saison. — *Chasselas doré, Chas-*

selas rose, *Pineau noir, Chasselas violet, Portugais bleu.*

Raisins de dernière saison. — *Frankenthal, Boudalès, Muscat blanc.*

Il y aurait encore les catégories de variétés locales qui doivent être d'une réussite assez certaine dans leur région.

Plusieurs variétés désignées ci-après sont admises sur la table et recherchées pour la cuve.

Le *Gamay*, du Centre ; les *Mondeuse* et *Persan*, du Sud-Est ; les *Aramon, Carignane, Olivette, Spiran*, du Sud ; les *Malbec* et *Sémillon*, du Sud-Ouest ; les *Melon, Poulsard, Chardonnay, Savagnin, Aligoté*, de la région jurassienne ; les *Mourvèdre* et *Clairette* ou *Blanquette*, de la région de l'Olivier ; même l'*Aramon* qui fournit jusqu'à 40 000 kilogrammes de grappes à l'hectare, soit plus de 4 kilogrammes par mètre carré.

Quand les circonstances le permettront, le cultivateur pourra se livrer à cette production « à deux fins » lui garantissant, deux fois pour une, le débouché de sa récolte. C'est ainsi que se vulgariseront en France, nous avons lieu de l'espérer, quelques cépages exotiques, tels que le *Lignan* et le *Portugais*. Le *Lignan blanc* ou *Luglienga*, populaire en Italie, a été importé lors de l'occupation du Comtat Venaissin par les papes. Jadis, les cultivateurs du Vaucluse le nommaient *Jouannen* et l'expédiaient à Paris sous le nom de « Chasselas précoce ». Sa précocité, la facilité de conservation et de transport du raisin le désignent au planteur, marchand de fruits, dans les milieux qui conviennent à son expansion ligneuse. Le *Portugais bleu*, importé du Portugal en Allemagne, sous Charles-Quint, est cultivé en Hongrie sous le non d'*Oporto*, et sur les coteaux de la Transylvanie, sous celui de *Früh Portugieser* (Précoce de Portugal). Dans les vignobles renommés de l'Autriche, le *Blauer Portugieser* est lucratif à la cuve et sur le marché de Vienne. Plus prompt à la production que le précédent, il sera plus généreux dans notre région variable.

Déjà les vignerons de la plaine d'Ampuis, aux pieds de la Côte-Rôtie, exploitent le *Lignan blanc*; il y mûrit avant le *Chasselas*, tandis que les cultivateurs de l'Hérault propagent le *Portugais bleu*.

Dans nos pépinières, nous propageons un **Gamai de juillet**, trouvé dans une vigne des environs de Landreville, riche vignoble de l'Aube bien connu des consommateurs de la région et des négociants de Bordeaux. La maturité de cette variété précède celle des divers *Morillon*, *Madeleine* et *Ischia*; elle conviendra donc aux pays froids ou exposés prématurément aux brouillards de l'automne.

En dehors de la vinification, beaucoup de vignobles sont travaillés pour l'industrie ou la consommation.

Sans parler de la culture industrielle des gros raisins dans le Midi, le raisin *Panse*, pour les conserves, le *Muscat d'Alexandrie*, pour le passerillage, il nous suffira de rappeler entre autres le chiffre de vingt mille francs réalisé récemment par un propriétaire de Meyreuil, en Provence, avec la *Clairette* et l'*Olivette*, expédiées à Paris. Les marchés de Bordeaux sont inondés de raisins *Malbec*, fin cépage du Médoc, et ceux de Toulouse ont le *Boudalès* ou *Prunelas*, raisin fort estimé dans le Languedoc, où il porte le nom de *Cinsau*. Un autre cépage avec lequel le Boudalès est confondu, l'*Ulliade*, arrive également des vignes sur la table du consommateur, à la suite des précoces *Agostenga*, *Sicilien* blancs et *Bellino* noir.

La Corse envoie à la rade de Nice, en septembre et en octobre, 200 000 kilogrammes de raisins chaque semaine, par bateau à vapeur. La première qualité s'est vendue de 22 à 24 francs les 100 kilogrammes au débarquement, alors que les marchands de vin de Nice sont allés faire leur vin dans l'île, en payant le raisin, sur place, 10 francs les 100 kilogrammes.

L'Italie exporte en Allemagne et en France des wagons exclusivement chargés de raisins pour être livrés au pressoir. Il y a sans doute là un calcul basé sur la différence des droits d'entrée. Les raisins de table, particulièrement le *Luglienga* ou *Lignan*, le *Salamana* ou *Muscat d'Alexandrie*, ne sont pas exclus de ces expéditions ; déjà, nos producteurs nationaux y trouvent une sérieuse concurrence. En tout cas, une seule maison de Turin remue des millions de francs dans ses envois de fruits d'Italie en Europe.

Au pied des Pyrénées, un raisin blanc hâtif, espèce locale, arrive à Paris en toute première saison, avec l'étiquette de *Chasselas* ; le raisin de ce nom récolté en plein air dans le Centre de la France n'est pas encore signalé. A cette époque, la spéculation commence autour de Paris, de Montreuil à Argenteuil, avec le *Morillon hâtif* ; dans cette région fertile, le *Chasselas* lui succédera, sans désemparer.

De tous les raisins de consommation ou de spéculation, aucun ne rivalise avec le *Chasselas doré*. N'aurait-on qu'un seul arbre ou arbrisseau à planter dans le plus modeste jardin, région de la Vigne, neuf fois sur dix, on choisira le *Chasselas*. Que la production en soit considérable ou minime, qu'elle soit forcée, normale ou de conserve, elle rencontrera toujours des acquéreurs. Du Chasselas, encore du Chasselas, toujours du Chasselas, telle est la conclusion du restaurateur, du négociant, du marchand à la Halle, du crieur de la rue et du consommateur.

Une corbeille de Chasselas trouve toujours acquéreur, en toute saison et à tout prix. Aussi, les viticulteurs de Thomery, où la culture du *Chasselas* est traditionnelle dans toutes les familles, ont-ils perfectionné leur travail de manière à pouvoir offrir chaque jour du raisin frais : d'une part, le chauffage au thermosiphon et l'abri vitré ; d'autre part, la conservation à sec ou à l'eau leur en fournissent les moyens.

Le Chasselas occupe à Thomery 125 hectares exposés au Nord-Est, sur un versant qui domine la Seine, abrité des vents du Nord et de l'Ouest par de hautes collines ; le terrain est sablonneux, profond, frais, ayant la propriété de s'échauffer facilement et de conserver tardivement en automne une grande partie de la chaleur qu'il a acquise pendant l'été ; ce sont des conditions excellentes pour le développement du raisin et sa maturation régulière.

Tous les jardins sont entourés de murs hauts de 3 mètres, et les terrains quelque peu spacieux sont entre-coupés de murs « de refend ».

Une statistique évalue à 350 hectares la superficie cultivée de la commune, tout le tiers, en vigne. 250 ménages auraient cette seule ressource; plusieurs familles vivent de la vigne avec dix ares, tandis que les forts cultivateurs possèdent jusqu'à 5 hectares de vignes enclos et une chambre à raisin pouvant recevoir de 30 à 40 000 flacons destinés à la conservation du raisin frais.

Le rapport sur la Prime d'honneur de Seine-et-Marne en 1887 porte à 200 kilomètres la longueur des murs de clôture, et à un kilogramme de raisins la production d'un mètre d'espalier. Or, on évalue à un million de mètres la longueur des Vignes qui y sont palissées. La figure 352 représente une allée d'un clos de Thomery, des plus en renom.

Dans ce village fortuné qui confine à la forêt de Fontainebleau, un hectare bien planté, y compris les murs, vaut environ 80 000 francs. Les plus forts propriétaires ne possèdent pas au delà de 2 hectares. Un hectare bien conduit produit, en moyenne, de 9 à 10 000 kilogrammes de raisins, soit 8 000 francs de Chasselas, et procure facilement à son propriétaire un bénéfice de 2 500 à 3 000 francs.

Les raisins sont emballés dans de petits paniers tapissés de fougère ou dans des boîtes garnies de papier blanc ou rose. L'expédition se fait par wagons qui contiennent jusqu'à 2 000 petits paniers de raisins.

En bonne année, Paris reçoit de Thomery environ 600 wagons, portant chacun 2 000 kilogrammes de Chasselas qui seront vendus, 1er choix, d'octobre à décembre 3 fr. 70 le kilogramme ; de janvier à avril 5 fr. 50 ; d'avril à juin, 8 francs.

Par terre, il en est amené, dans une saison, 270 voitures, à 500 kilogrammes chacune, aux Halles de Paris·

Le chiffre annuel de la production de Thomery est évalué à 2 millions de kilogrammes de Chasselas. Nous y comprenons le produit des communes voisines :

Veneux, By. Montfort, Champagne, Sablons, Moret...
où le Chasselas est en pleine prospérité.

Un pareil résultat a suscité des rivaux au pays de
Thomery ; déjà deux localités marchent sur ses traces :

Fig. 352. — Treilles de Vignes en espalier et en plein air,
à Thomery.

Conflans-Sainte-Honorine (Seine-et-Oise), avec son sol
calcaire, déclive, — Beaune (Côte-d'Or), où le nerf des
crus célèbres de la Haute-Bourgogne viendra donner
au raisin de table un œil et un bouquet capables de
délecter les gourmets les plus difficiles ; leurs bannettes
sont appréciées avantageusement dans ce gouffre parisien qui absorbe un million de kilogrammes de Chasselas, du commencement à la fin de l'année.

Une concurrence d'un autre genre a surgi. Quelques vignobles de raisin blanc, jusqu'alors affectés à la fabrication du vin, abandonnent le pressoir pour le carreau de la halle aux fruits. Les vignerons de l'Est, du Centre et du Midi ont donné l'élan. Bar-sur-Aube, Baroville et leurs environs envoient à Troyes, à Chaumont, à Paris, leur Chasselas dit « Muscadet ». Le cultivateur trouve qu'il est avantageux de livrer les raisins à la gare, tout emballés, plutôt que de courir les risques du pressurage, de la mise en cave et des fluctuations du commerce des vins blancs.

La gare de Pouilly-sur-Loire (Nièvre) est encombrée de paniers de Chasselas au moment de la récolte ; chaque jour, dans les bonnes années, 25 ou 30 wagons de *Chasselas* sont dirigés sur Paris. Le va-et-vient commercial transforme le pays en une véritable foire, et on compte dans ces parages jusqu'à 900 courtiers et expéditeurs.

La même révolution dans la culture du Chasselas s'est opérée en Suisse et en Allemagne. Notre cépage favori occupe la moitié des jolis vignobles qui bordent le lac de Genève, jusque dans le Valais, dans les cantons de Neuchâtel et de Fribourg. Il y porte le nom de *Fendant roux*, et celui de *Gut-Edel* dans la haute vallée du Rhin, principalement sur la rive droite, depuis Bâle jusqu'à Carlsruhe. Le vin blanc si agréable que l'on boit dans ces parages est le produit du *Chasselas doré* pur ou combiné avec le *Riesling* (il en est de même en Australie). Le canton de Vaud a déjà commencé avec profit l'expédition du raisin au delà des frontières ; le sol planté du cépage populaire, en plein rapport, se vend jusqu'à 80 000 francs l'hectare. La municipalité de Lausanne nous l'a déclaré en nous offrant *son vin d'honneur*, lors du Congrès pomologique de Genève, en 1899.

Dans une région plus froide, le Westland néerlanlandais comprend huit communes, sorte d'agglomération fruitière favorisée par le Gul-Stream, sur lesquelles on compte 180 000 mètres de longueur de murs consacrés à la Vigne, particulièrement au *Chasselas*. La récolte expédiée en Angleterre donne un chiffre de 370 000 florins, près de 770 000 francs.

La précocité dans la maturité des raisins méridionaux est devenue une sérieuse concurrence à nos raisins de primeur de seconde saison. Dès le mois d'août, l'Algérie commence sa récolte de *Chasselas*. Des femmes de Villeneuve-les-Maguelonne (Hérault) viennent aider à la cueillette et à l'emballage du raisin, moyennant 2 fr. 50 par jour et nourries. A Guyotville, où le Chasselas croît à merveille, cette exploitation s'est généralisée à ce point que les terrains communaux ont décuplé leur prix de location.

Les *Chasselas ordinaire* et *Gros Coulard*, très répandus dans le Tarn-et-Garonne, y mûrissent à bonne heure ; la coulure de la grappe y est excessivement rare. En 1877, on comptait dans ce département 137 hectares de *Chasselas*. Chaque hectare donne un produit moyen de 3 000 kilogrammes de raisins, soit un total dépassant 400 000 kilogrammes. La vente se fait au marché de Montauban ; prix moyen, 0 fr. 30 le kilogramme ; total, 123 300 francs. Ce sont des commissionnaires qui achètent sur place et font suivre directement sur la capitale.

Depuis la reconstitution du vignoble, l'arrondissement de Vienne, en Dauphiné, expédie vers Paris et Lyon, du 25 août au 30 septembre, pour 100000 francs de raisins Chasselas et autres cépages de marché.

Les coteaux du pays agenais cultivent de délicieux Chasselas, destinés à Paris ou à Bordeaux. Là aussi croît la *Petite Malvoisie*, à petit grain ovale, fin et doré, à chair bien sucrée, qui se vend à Bordeaux.

Plus à l'Est, les montagnes de l'Ardèche sont favorables à la production du *Chasselas*. Les environs de Saint-Péray et la vallée de l'Erieux fournissent un raisin qui atteint un haut prix, à ce point que la majorité des vignerons ont voulu cultiver le Chasselas. On reconnaît au vignoble de Toulaud, de cette contrée, une qualité supérieure à tous les Chasselas du Midi ; ses raisins sont toujours majorés de 10 à 20 francs par 100 kilogrammes sur ceux de Valence.

Le raisin de Toulaud, *Chasselas* et *Boudalès*, fait prime sur les marchés de l'Angleterre et de la Russie. A la récolte, les gares de Valence et de la Voulte sont encombrées par des avalanches de petits paniers rectangulaires, en osier blanchi, remplis de raisins destinés à la capitale.

Il en était de même dans cette période fructueuse de 1867 à 1877, pour les vignobles de l'Hérault et du Gard ; celui-ci expédiant par chemin de fer, dès le 20 juillet, 800000 kilogrammes de raisins vendus 22 francs les 100 kilogrammes, en gare ; celui-là chargeant 1500000 kilogrammes de raisins de table, la majeure partie en *Chasselas*, au prix de 20 francs les 100 kilogrammes, livré sur place.

Dans le Gard, on nous a signalé un hectare de *Chas-*

selas rapportant, bon an, mal an, 10 000 francs à son propriétaire, prix tarifé à l'avance.

La Drôme a eu, comme les autres, son époque de splendeur, alors que la gare de Valence recevait 800 000 kilogrammes de raisins frais. Là encore, le *Chasselas* est abondant : c'est le favori du planteur.

Les départements, Aude, Drôme, Hérault, Pyrénées-Orientales, qui depuis ont souffert de la mévente des vins, se reprennent au raisin de table. Au cours de 1907, ils ont expédié 8 158 270 kilogrammes de raisins de table.

Le tonnage — qu'il ne faut pas confondre avec celui des raisins de vendange — comprend raisin blanc et raisin noir ; il a été dirigé sur Paris et au delà, vers l'Allemagne, l'Angleterre, la Suisse et la Hollande. L'augmentation, qui dépasse 1 million de kilogrammes sur l'année précédente, provient, paraît-il, de la consommation des villes d'Allemagne et de Hollande.

D'après le prix moyen de vente, évalué à 50 francs les 100 kilogrammes, le bénéfice net pour cette opération qui revient aux producteurs est évalué à 2 millions de francs.

Voilà un résultat qui engagera les plantations nouvelles en beaux raisins de consommation directe, et au besoin provoquera le greffage de plants moins lucratifs.

Vignes greffées, contre le phylloxéra. — Nous avons visité le Midi avant la destruction du vignoble par le phylloxéra, et, plus récemment, alors qu'on le reconstituait par les insecticides, la submersion ou la greffe de nos excellents cépages sur plant résistant à l'ennemi souterrain. La greffe a déjà transformé de vastes surfaces ; le commerce de raisins pour la table a recommencé. Le *Chasselas* greffé sur le plant américain, *Vitis Riparia*, ou autre espèce indemne, semble avoir repris une forme nouvelle de vigueur, de fertilité, d'aspect et de qualité, tout à l'avantage de l'exploitant et du consommateur (Voir l'ART DE GREFFER).

En 1882, M. Judian, à Villeneuve-les-Maguelonne

Fig. 333. — Végétation de Vignes américaines.

(Hérault), récoltait 15 000 kilogrammes de raisins avec trois hectares de *Chasselas* greffés sur *Taylor*, et en même temps 112 hectolitres de vin avec deux hectares de *Jacquez* et un hectare de *Petit Bouschet*, greffés sur *Taylor* et sur *Riparia*. Il retrouve ainsi ses anciens revenus, arrêtés momentanément par le phylloxéra

Dans ce même département, avec trois hectares de Vignes françaises, greffes de trois à quatre ans sur plant américain, on a fait 600 hectolitres de vin. Ailleurs, nous avons remarqué une récolte de 42 hectolitres de vin par mille souches d'*Aramon*,

Fig. 354. — Atelier de Greffage.

greffes de quatre ans. Partout, la coulure du raisin disparaît sous l'influence de la greffe.

Les cépages américains (*fig*. 353) qui semblent être plus réfractaires à l'ennemi sont les *Riparia*, *Solonis*, *Vialla*, *York's Madeira*, variétés du *Vitis cordifolia*, assez rustiques au froid, et le *Rupestris*, variété de l'espèce *Vitis monticola*, robuste dans les sols arides

Ces types ont fourni des hybrides, des formes, des dérivés également propres au rôle de porte-greffes.

Désormais, raisins de table et raisins de cuve gagnent en beauté et en qualité par le greffage du cep sur plant résistant et d'adaptation sérieuse.

La préparation des plants, des greffons et l'opération

Fig. 355. — Pressoir.

du greffage s'accomplissent à l'avance dans un atelier spécial (*fig.* 354).

L'École nationale d'Agriculture, les champs d'expériences des administrations, des sociétés, des syndicats, et les travaux d'hommes intelligents fournissent des arguments concluants en faveur du greffage. Chaque année, d'ailleurs, paraissent dans la région contaminée de nouveaux champs de vignes greffées pour la table ou le pressoir, avec le concours de sujets résistants.

Une autre expérience que nous avons remarquée consiste dans la transformation d'une vigne ordinaire, déjà soumise à la submersion, par son greffage avec le *Chasselas*; à deux ans de greffe, cinq mille souches produisaient 20 000 kilogrammes de raisins.

Nous pourrions citer de nombreux exemples, de Dijon à Marseille, de Nice à Cognac.

Désormais, le vieux pressoir (*fig.* 355) n'est plus au repos, et la renommée de nos vins et de nos eaux-de-vie a gagné encore par le canal de la greffe.

Raisins secs pour la vinification. — En 1881, la France, malgré la récolte de 34 millions d'hectolitres de vins sur ses 2 millions d'hectares de vignes, vit encore la production normale réduite d'un tiers; aussi la fabrication de vins de marcs combinés avec du sucre ou de vins de *raisins secs* augmente-t-elle chaque année. A elle seule, la Grèce produit 130 000 tonnes de raisins secs évaluées 60 millions de francs. — La moitié est dirigée sur l'Angleterre.

Les principales espèces portent les noms de *Corinthe*, du Péloponèse, dont le vin rappelle le Graves, de *Samos*, vin alcoolique, *Vouria* pour vins de liqueur, façon Madère, *Thyra*, de Smyrne, spécial aux vins de coupage. Leur importation est dans une période croissante : de 8 millions de kilogrammes en 1875, elle atteint 95 millions, dix ans après.

Les pays producteurs sont la Turquie et la Grèce. L'Espagne en fournit beaucoup moins ; elle préfère le raisin sec pour approvisionner les desserts.

La ville de Malaga (Espagne) expédie actuellement à l'étranger, outre ses vins, 1 300 000 caisses de raisins secs évalués 20 millions de francs. La variété principale est le *Muscat d'Alexandrie*, beau fruit qui réclame l'espalier sous le climat de Paris. — A Bordeaux, elle réussit bien au passerillage.

La Corse et l'Algérie pratiquent avec de beaux bénéfices cette opération du séchage des raisins.

La Tunisie expérimente des cépages tardifs : le blanc *Bid-el-Hamam* (œuf de pigeon) et le violet *Besoul-el-Khadem* (téton de négresse).

Raisins d'apparat, cultivés sous verre. — Les raisins d'apparat sont l'objet de cultures commerciales, pratiquées sous verre, au nord de la région de la Vigne.

On connaît la réputation du *Frankenthal* ou *Black Hamburgh* dans les palais vitrés de Windsor et de Hampton Court, en Angleterre; le cep y atteint plus de 3 pieds de tour et produit plus de 2 000 livres de raisins. L'Écosse possède un plant de cette sorte, âgé de cinquante ans, occupant une surface de 4 275 pieds superficiels, ayant produit 3 000 grappes en 1888.

En Belgique, nous avons parcouru le village de Hooilaert et ses 40 hectares de vignes *Frankenthal*, sous abri vitré. Un seul établissement absorbe, par an, 150 wagons de 10 000 kilogrammes de houille et produit 50 000 kilogrammes de raisins, en toute saison. Il occupe 200 serres de 25 mètres sur 8, construites sans aucun luxe.

Combien de fois n'avons-nous pas admiré les superbes treilles de l'ancien Potager de Versailles, confiées à des mains habiles (*fig.* 356)?

Aux environs de Paris, les forceries dans l'Aisne, dans le Nord, — même un peu partout, — les serres à raisins d'amateurs distingués sont curieuses à visiter... quand les portes vous sont ouvertes.

Le domaine de Ferrières-en-Brie a, sous la direction
de praticiens émérites, développé la culture « tardive »

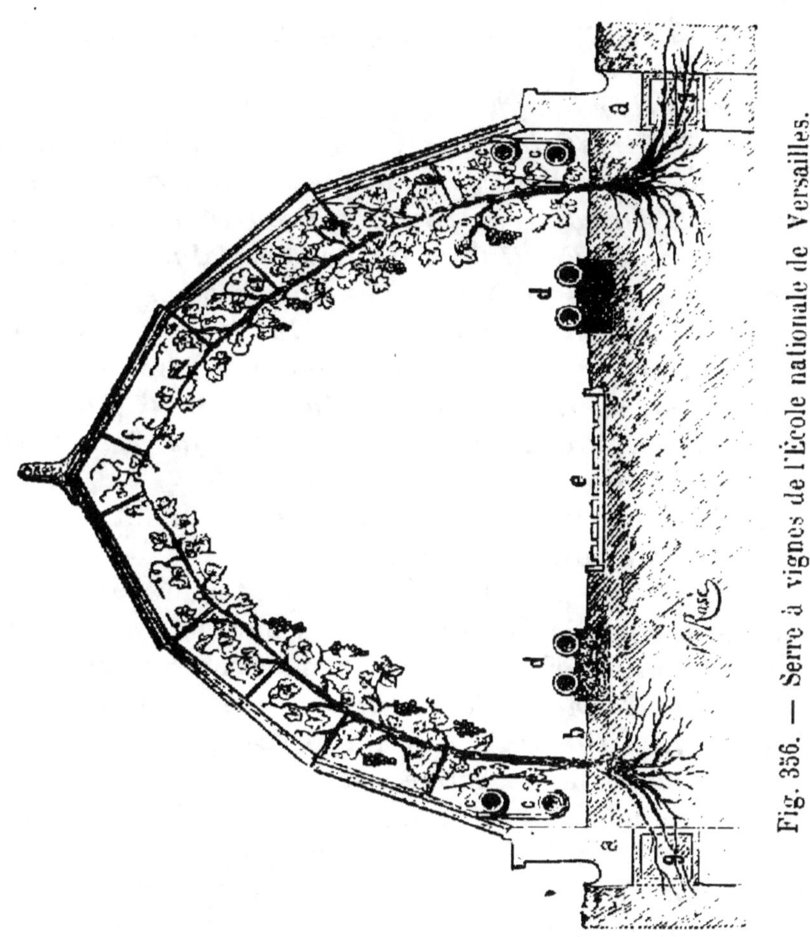

Fig. 356. — Serre à vignes de l'École nationale de Versailles.

sous verre et sans chauffage des raisins blancs,
*Muscat d'Alexandrie, Royal Vineyrard, Grosse
Panse,* et des raisins noirs, *Black Alicante, West's*

Saint-Pierre, Lady Downe's Seedling ; ces plants se soumettent en outre aux procédés de conservation habituelle,

D'après un spécialiste anglais, les variétés préférables à cultiver en pot, sous verre, seraient :

Black Hamburgh, Royal Muscadine, Foster's White, Madresfield Court, Royal Ascot, Black Alicante ; et à l'espalier vitré, choisir : *Chasselas musqué, Muscat d'Alexandrie, Grizzly Frontignan, Duchess of Buccleugh, Ferdinand de Lesseps, Muscat Champion, Duke of Buccleugh.* Les plus grosses grappes : *Trebbiano, White Nice, Gros Guillaume, Syrian, Black Hamburgh* ; et les raisins aux grains les plus gros : *Gros Colman, Canon Hall Muscat, Duke of Buccleugh, Waltham Cross, Hamburgh Mil Hill, Muscat Champion.*

Au forçage, les raisins musqués réclamant plus de chaleur, sont cultivés à part.

Les raisins à peau ferme se vendent le mieux sur le marché anglais ; tels sont parmi les blancs : *Muscat d'Alexandrie, Foster's White*, et parmi les noirs : *Frankenthal, Gros Colman, Madresfield Court, Lady Downes Seedling*, et *Black Alicante*, qui voyage le mieux.

La coulure de la grappe est un vice que l'on peut combattre ici, d'abord par le fait d'une température élevée (de $+ 28°$ à $+ 35°$), ensuite par le greffage sur plant vigoureux, le *Frankenthal* par exemple, soit encore par la fécondation artificielle pure, c'est-à-dire par l'attouchement des organes de la même fleur, — ou adultérine, avec le concours d'un pollen d'espèce prolifique, comme *Frankenthal* ou la fleur mâle de l'*Aramon* $\times$ *Rupestris Ganzin* n° 1.

V. — CULTURE DE LA VIGNE.

La Vigne est l'arbre fruitier soumis aux méthodes de culture les plus variées. En parcourant nos régions viticoles, on rencontre les souches libres (*fig.* 357) du Languedoc, la culture à pied ou en foule de la Bourgogne, les cordons du Bordelais, les buissons du Beaujolais, les courgées de la Franche-Comté, les hautains du Dauphiné (*fig.* 358), les pyramides dressées sur perches en Alsace (*fig.* 359), les jouelles de la Provence, les treillons provignés de la Champagne, le cuveau de Lorraine, les chaintres du Centre, les buissons de l'Ouest, l'arquet des rives de la Loire, la vinouse de l'Auvergne, les ceps pittoresques à grande arborescence, non loin des Alpes et des Pyrénées, grimpant sur des arbres plantés exprès, des Érables champêtres, des Pruniers, des Merisiers (*fig.* 360), etc.

Dans un même département, souvent dans une même commune, la méthode de culture diffère suivant le cépage, le climat, la situation et plus encore l'habitude traditionnelle.

Quant à notre culture jardinière, nous préférons les systèmes de treilles basses ou de treilles élevées.

La culture de la Vigne en treille, en plein air ou en espalier, est la plus facile à opérer, et celle qui procure au cep un sarment mieux constitué, une fructification généreuse et soutenue, et qui donne aux raisins un coloris et une saveur plus accentués par l'effet de la pénétration directe des agents atmosphériques.

La plantation s'opère au moyen de jeunes plants

d'un an ou de simples rameaux-boutures mis en place définitive.

Fig. 357. — Vignes à souches libres, dans le Languedoc.

Les sujets marcottés en panier souffrent moins de la transplantation et peuvent produire plus tôt ; mais dans une plantation importante, il convient de sim-

Fig. 358. — Treille de Vignes en hautain.

plifier les frais, le plant à racine nue est suffisant.

Fig. 359. — Vignes en pyramide, système alsacien.

Avec des sarments non racinés, on rapproche les plants

sur la ligne, parce que la réussite en est moins cer-

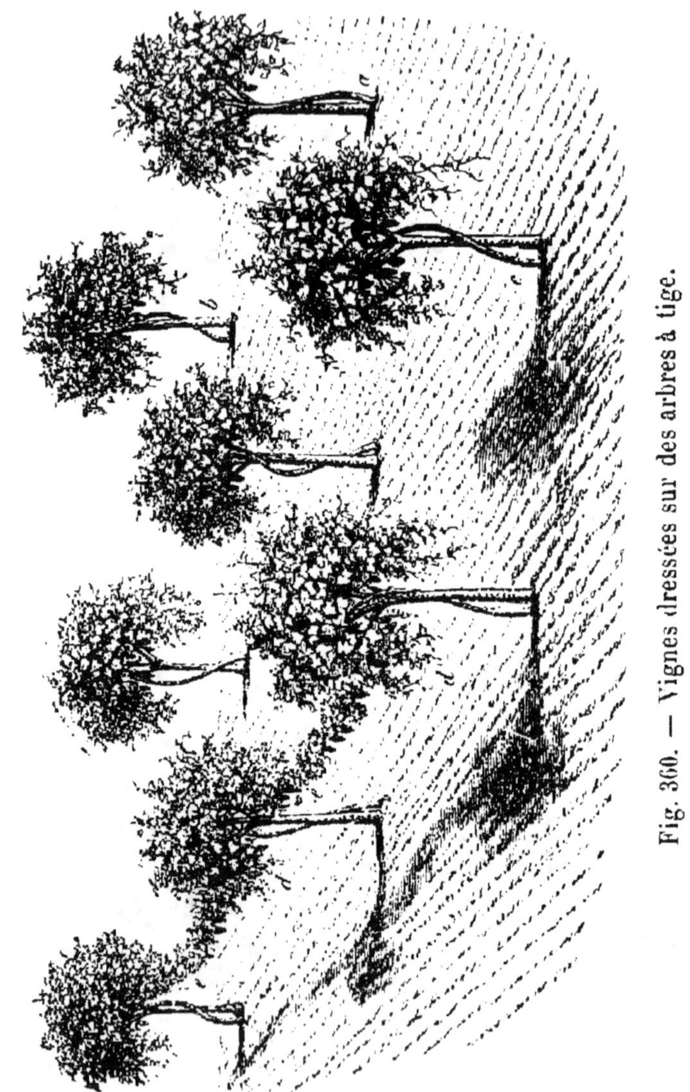

Fig. 360. — Vignes dressées sur des arbres à tige.

taine ; plus tard, on enlèvera les plants superflus.

Dans le pays vignoble où domine la plantation *en foule*, un sujet de dépenses et de surcroît de travail est l'emploi de l'échalas de palissage ; s'il n'est pas totalement supprimé dans la culture *en treille*, il offre toujours cet avantage que, restant fixé, il n'entraînera plus aux inconvénients du paisselage et du dépaisselage répétés chaque année.

Multiplication de la Vigne. — Pour reproduire

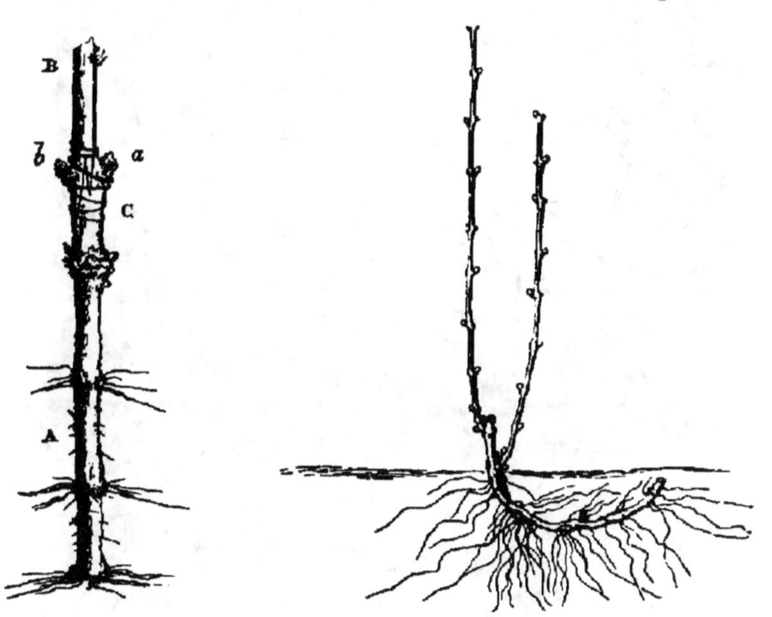

Fig. 361. — Plant de Vigne greffé.

Fig. 362. — Marcotte simple de la Vigne.

un plant de Vigne, il faut employer le bouturage ou le marcottage ; le semis donne des variétés incertaines.

Le *greffage* sur cep américain, en pépinière, produit des plants (*fig.* 361) résistants au phylloxéra, à planter jusqu'au niveau de la greffe.

Les souches sur lesquelles on s'approvisionne de
boutures et de greffons doivent être d'une nature vigoureuse et fertile; le fruit en sera beau, bon et d'une
maturation facile, relativement à son espèce.

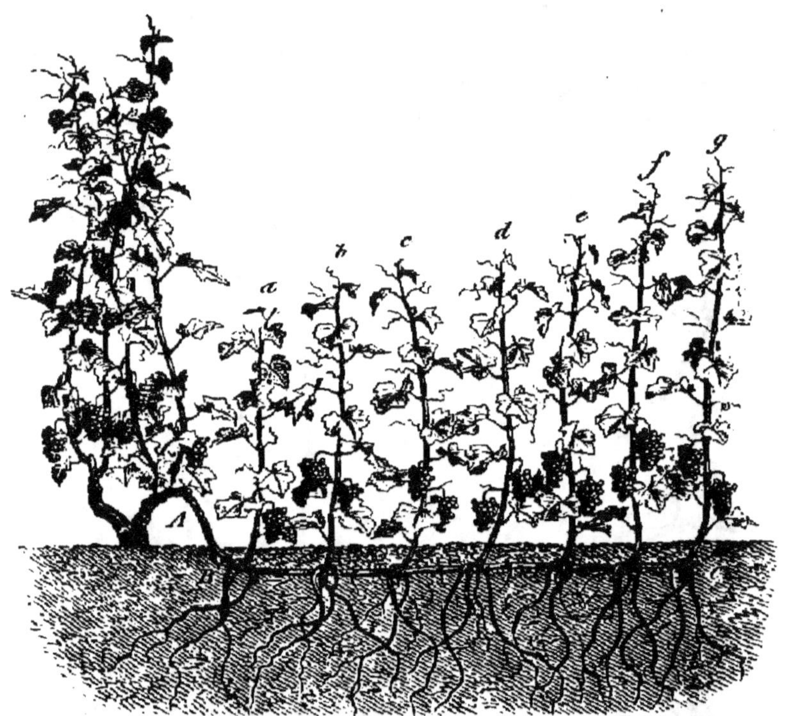

Fig. 363. — Marcottage à long bois, de la Vigne.

La *marcotte* est le résultat du couchage en terre d'un
sarment adhérent à la souche et taillé à deux yeux
hors terre (*fig.* 362). On le sèvre après une année de
végétation. Le plant sera arraché et mis en jauge dans
du sable, en attendant sa plantation.

Le brin couché nu dans le sol ou dans un petit panier
en osier est préféré par la culture jardinière.

Le *couchage à long bois* ou *multiple* (*fig.* 363) s'obtient de la manière suivante : au printemps, alors que le sarment de la Vigne bourgeonne, on couche dans une rigole le brin (A) conservé à cet effet, et on le retient dans cette position au moyen d'un crochet (en B). A mesure que les bourgeons s'allongent, on les entoure de terre ; ils prennent racine et peuvent, au sevrage d'hiver, constituer autant de plants racinés.

On remarque que les jeunes pousses (*f*, *g*) du sommet (C) sont plus développées que celles (*a*, *b*) de la base (B) de la branche-mère. Il suffira de pincer les jets qui s'allongeraient trop, de manière qu'ils aient une longueur à peu près semblable, comme ceux du centre (*c*, *d*, *e*).

Fig. 364. — Rameau - bouture simple.

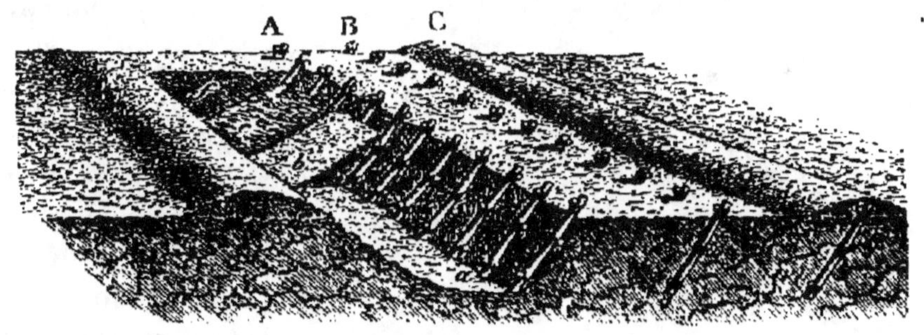

Fig. 365. — Pépinière de boutures de Vignes, plantées et buttées.

La *bouture* (*fig.* 364) est un fragment de rameau de 0^m,20 à 0^m,30, avec ou sans le talon de son empâte-

ment. Pour faciliter la sortie des jeunes chevelus, on o
prépare les boutures en hiver, et on les enterre au nord

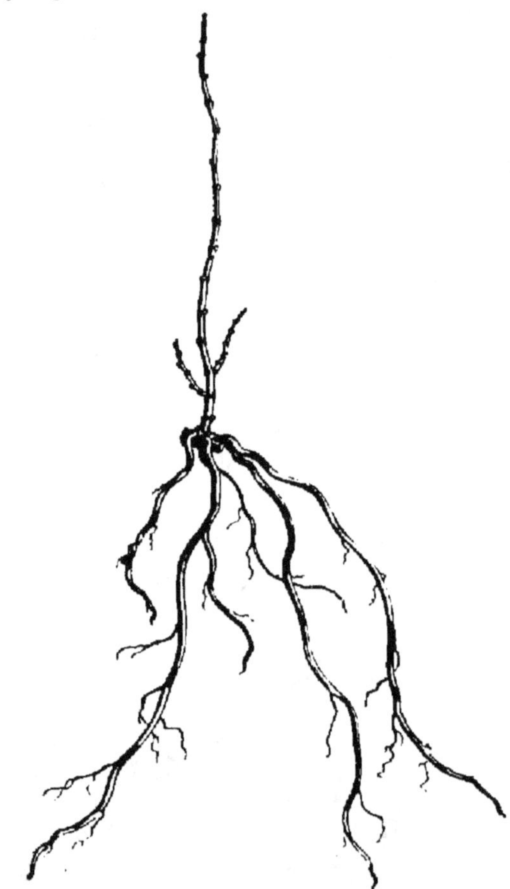

Fig. 366. — Plant de Vigne, par le
bouturage d'un œil.

d'un bâtiment, cou-
chées horizontale-
ment dans une pe-
tite fosse. Un autre
moyen consiste à
les faire tremper
dans l'eau pendant
huit jours, avant
leur plantation ; la
cuirasse corticale,
étant assouplie, se
prêtera mieux au
percement des ma-
melons radicicoles.

La plantation des
brins de sarment se
fait en place ou en
pépinière (*fig*. 365).
Le terrain, bien
préparé, sera scellé,
ou légèrement tassé
et affermi ; la bou
ture (A) peut y être
enfoncée complète-
ment ou maintenue
avec un œil dehors
(B), ensuite buttée

jusqu'au sommet (C) ; on paille le sol et on arrose.

Les espèces rares sont quelquefois propagées par la
bouture « d'yeux ». Le bourgeon, ou œil, semé sous

verre et repiqué ensuite sur couche froide, ou dans un
sol bien préparé et amendé, donnera, dès l'automne
suivant, le plant (*fig.* 366) suffisamment robuste pour
être mis en place.

Quel que soit le sys-
tème adopté, on ne con-
servera, par l'ébour-
geonnement en vert,
qu'un seul rameau à
chaque plant de Vigne
(*fig.* 367).

L'arrachage du plant
se fait en hiver, après
la chute des feuilles et
au moment de la plan-
tation définitive.

Ainsi que la figure
368 le démontre, la
plantation rationnelle
du cep (A) lui donne
force et vigueur, tandis
que la plantation pro-
fonde du cep (B, *fig.*
369) le rend chétif,
étiolé et nuit à son ren-
dement.

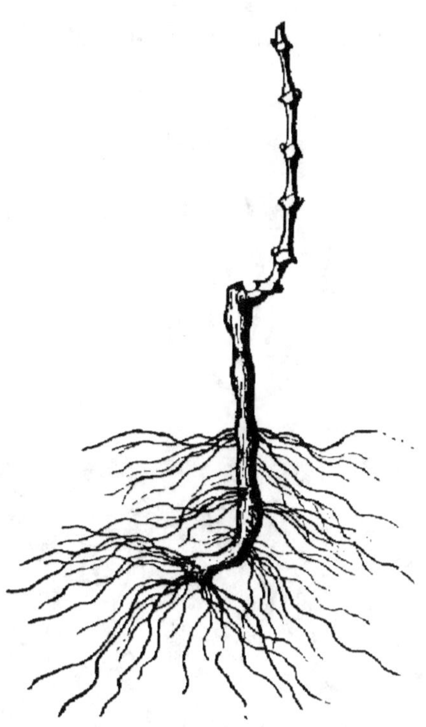

Fig. 367. — Plant de Vigne préparé
pour la plantation.

Cette observation a surtout son importance dans
les terrains susceptibles de conserver une humidité
stagnante. Dans ce cas, il faut ouvrir des rigoles qui
serviront en même temps de sentiers, et planter par
quatre ou cinq lignes sur le terrain ainsi surélevé et
égoutté (*fig.* 370).

Treilles en plein air. — La plantation de la Vigne *en treille* est préférable à la plantation *en foule* ou « en désordre » ; le soleil, l'air, la lumière frappent mieux le sarment et le raisin, et les travaux de culture, d'entretien ou de récolte s'y pratiquent plus librement.

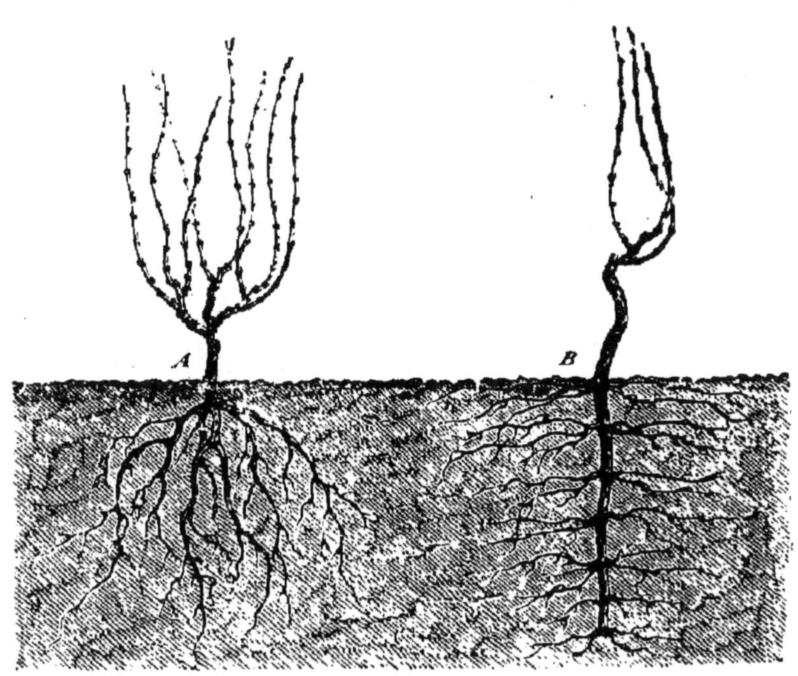

Fig. 368. — Plantation rationnelle de la Vigne.

Fig. 369. — Plantation profonde de la Vigne.

La distance d'une treille à l'autre doit être suffisante pour qu'elles ne s'ombragent pas entre elles ; c'est la hauteur présumée des ceps qui devra guider le planteur, quant à l'espacement des treilles.

Lorsque la distance doit être assez grande, il n'y a

ui aucun inconvénient à les espacer davantage encore, le

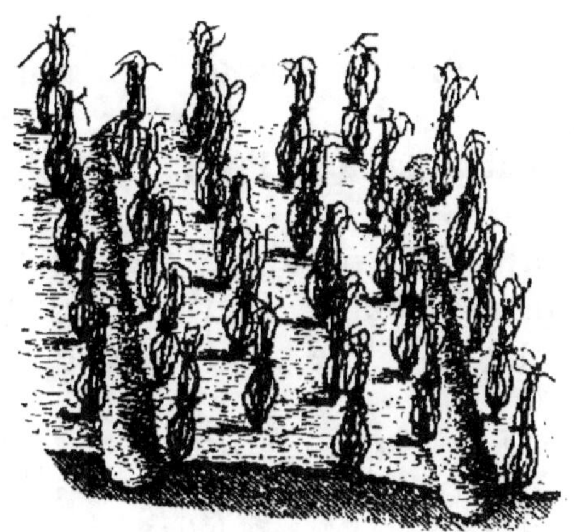

Fig. 370. — Plantation de Vignes en terrain surélevé et égoutté.

terrain pourrait être alors consacré à des cultures de plantes basses, peu envahissantes.

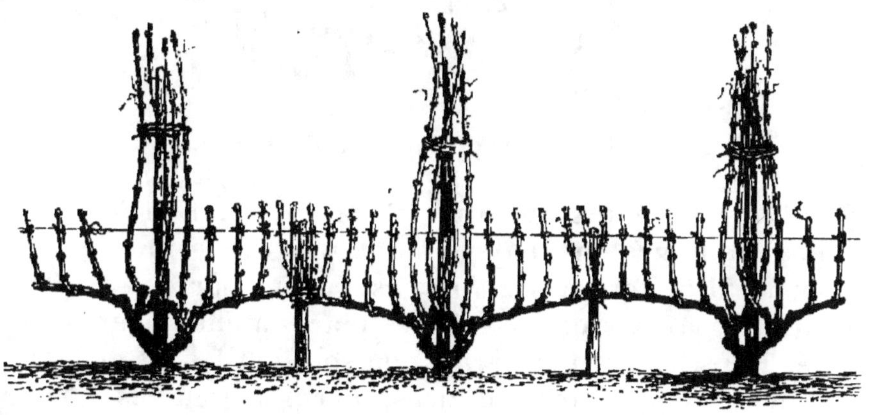

Fig. 371. — Vigne en treille basse.

La direction des treilles est du Nord au Sud, autant que possible ; si le terrain est en pente, elles pourront suivre la déclivité du sol, à moins de terrasses transversales.

Les treilles de Vignes en plein air sont isolées ou groupées :

Isolées, en plates-bandes, le long des allées du jardin ou du verger (*fig.* 371) ;

Groupées, par lignes parallèles (*fig.* 372).

Sous un climat brûlant, il n'y aurait pas d'inconvénient à doubler la treille par les rangs de ceps (*a*, *b*,

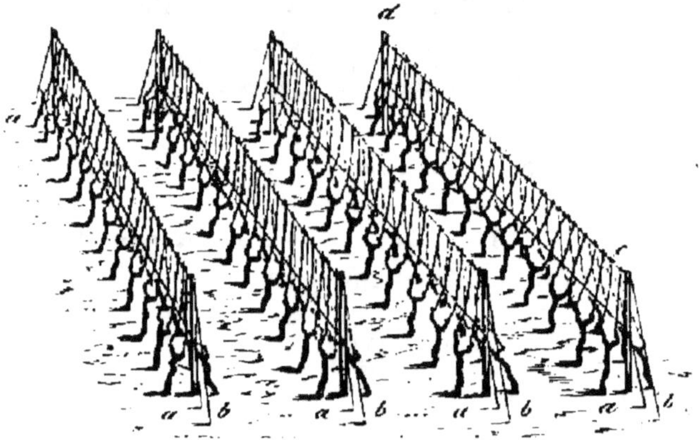

Fig. 372. — Treilles de Vigne, à double rang.

fig. 372), se réunissant à un fil de fer commun (*c*, *d*).

Les treillages en fil de fer ont une durée plus longue ; le fil de fer, assez fort, est retenu par des tiges en fer ou par des pieux sulfatés placés à chaque extrémité. Dans les grandes lignes, on soutient les fils de fer par des échalas intermédiaires, placés à tous les 3 ou 4 mètres, ou entre deux ceps (*fig.* 371).

Plus le terrain est froid ou gélif, plus la treille doit être élevée au-dessus du sol. Les hautains du Dauphiné (*fig.* 358, p. 563) en fournissent l'exemple.

Les treilles en hautain sont assez souvent supportées par des arbres à feuillage clair, comme l'Amandier, le Mirabellier, l'Érable champêtre. Lorsque la végétation de la Vigne est luxuriante, on peut tirer en avant des

Fig. 373. — Vignes en hautes treilles avec longs bois en avant.

sarments vigoureux et les attacher à une série de pieux, placés à cet effet, reliés entre eux par un fil de fer à leur tête (*fig.* 373). Il en résultera une sorte de berceau très productif, comme on en rencontre dans la Lombardie et la Suisse italienne.

Près de Grasse, à Saint-Jeannet, un système analogue, mais plus élevé, est adopté à l'occasion d'un cépage blanc, tardif, de bon rapport. Plusieurs treilles parallèles, en contre-espalier, se rattachent entre elles par un plan incliné formant voute. L'action solaire, tempérée par le feuillage, dore la grappe ; celle-ci se gardera plus longtemps, et sera vendue plus cher.

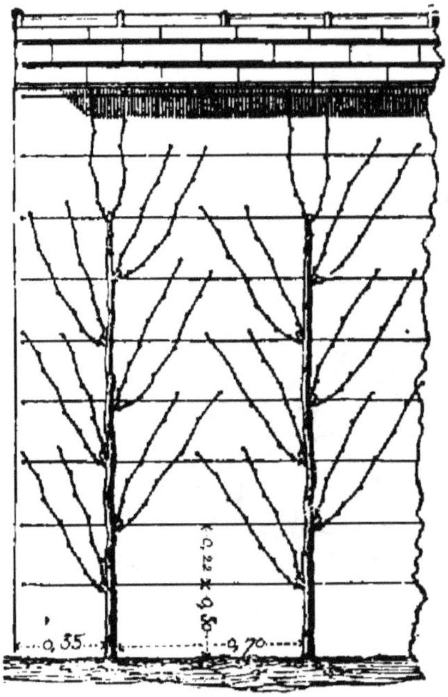

La direction à imprimer aux ceps de plein air ne comporte guère une charpente symétrique ; *l'éventail, le cordon horizontal*, fixe ou renouvelable, sont plutôt acceptés. L'espacement des ceps est basé sur la richesse du sol et l'envergure projetée du branchage. Une distance de 1 à 2 mètres est la moyenne adoptée.

Fig. 374. — Vignes en cordon vertical simple.

Treilles en espalier. — La treille en espalier comprend un treillage en bois ou en fer adossé contre un mur, un bâtiment, une construction quelconque.

La forme appliquée aux ceps est subordonnée à la hauteur de l'espalier. Les plus bas sont disposés en *éventail*. La forme en éventail plus ou moins irrégulier est la plus simple ; aussi est-elle très répandue.

Les treilles horizontales et superposées dites « à la

>d' Thomery » sont applicables aux vastes surfaces, aux
>un murs élevés, aux grands pignons de bâtiments.

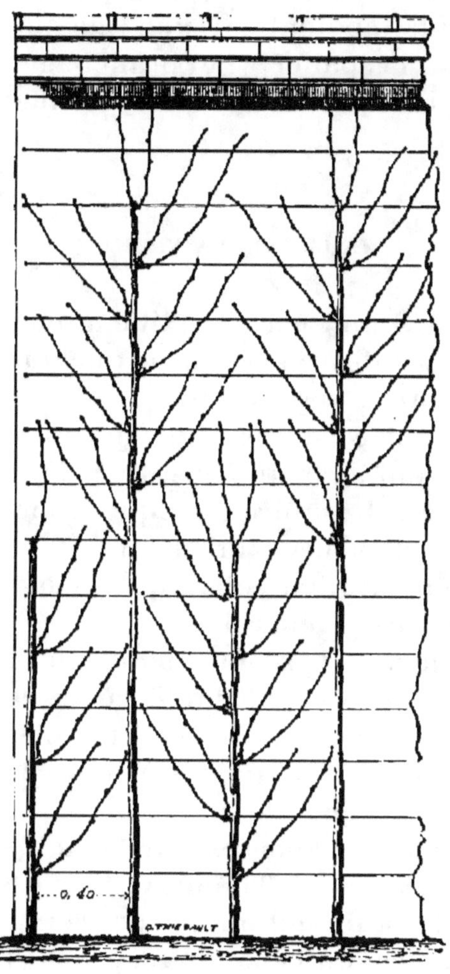

Fig. 375. — Vignes en cordon vertical combiné.

Les hauteurs moyennes permettent le *cordon ver-
tical*, avec $0^m,70$ ou 1 mètre d'un plant à l'autre (*fig.* 374).

Les espaliers élevés exigent une double série de cordons verticaux espacés à $0^m,40$ (*fig.* 375). La moitié des ceps — de deux l'un — garnit la base, tandis que les autres plants montent sur une tige nue pour garnir le sommet de l'espalier. Le branchage des cordons verticaux est charpenté et dressé en manière d'arête de poisson.

TAILLE DE LA VIGNE.

La Vigne est soumise à une taille annuelle pratiquée pendant le repos de la sève, et à quelques opérations en vert, pendant la végétation.

Le jeune plant est taillé court jusqu'à ce qu'il soit assez fort et ramifié pour constituer la charpente du cep et fructifier. Il subira, chaque année, les opérations de taille, d'ébourgeonnement, de pincement, de palissage, d'épamprage, etc., que nous indiquerons ci-après d'une façon générale.

Taille d'hiver. — Les rameaux destinés à constituer la charpente du cep seront taillés assez long; dès que leur parcours est atteint, ils seront taillés plus court, et même remplacés quelquefois à leur sommet par un nouveau sarment bien aoûté.

Quant aux autres rameaux, on les taille assez court pour la fructification. A Thomery, tous les rameaux à fruit sont taillés à un œil ou à deux yeux.

Cependant, avec un cépage vigoureux, et lorsque la forme du sujet le permet, on conservera un long bois sur le crochet du courson. Après la fructification, lors de la taille suivante, on retranchera net le long bois avec ses sarments, tandis que les deux nouveaux jets du courson seront, à leur tour, l'un taillé long, l'autre taillé court.

Cette méthode appliquée à la Vigne en treille (*fig.* 376) devient la base du système du docteur Jules

Fig. 376. — Vigne en treille, soumise à la taille à long bois, avec courson de remplacement.

Guyot (de l'Aube). La branche fruitière taillée long, palissée horizontalement (A, B, *fig.* 377), ou parallèlement au sol, développera ses pampres fructifères qui seront accolés au fil de fer placé au-dessus. A la base de cette branche, une coursonne (D) donnera naissance à deux bourgeons, dits rameaux de remplacement. Pendant l'été, ces deux scions seront dressés verticalement et palissés au tuteur (*d*, *fig.* 376).

Lors de la taille suivante, l'un d'eux sera taillé long (B, *fig.* 377), pour remplacer la branche fruitière primitive qui a été retranchée complètement, tandis que l'autre scion, taillé à deux yeux, fournira la nouvelle coursonne (D) de prévision.

Baltet. — Culture fruitière. 19

Nous devons faire observer que, si le courson (D, *fig.* 377) ne fournissait pas de sarments assez forts pour le remplacement, on les prendrait à la base de la branche fruitière (A), et l'on aurait eu le soin, pendant l'été, de les pincer long dans ce but. D'ailleurs, le long

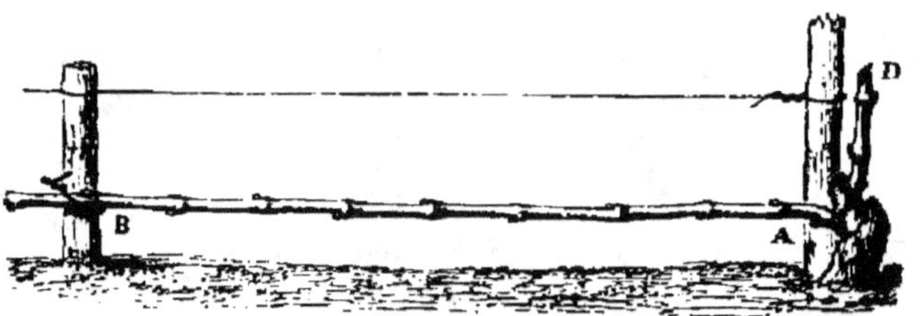

Fig. 377. — Taille combinée de la Vigne.

bois n'est pas indispensable, surtout lorsqu'on préfère la beauté du fruit à la quantité. Il est des circonstances où ce *long bois* peut être réduit à une longueur double de la *coursonne*.

Dans les formes symétriques, la combinaison de la taille longue et de la taille courte n'est pas toujours réalisable : on y supplée facilement, la Vigne se prêtant à l'inexpérience de l'apprenti ou aux combinaisons du jardinier expert.

Avec le système mixte, on peut tailler les coursons en février ou mars, et les longs bois en avril ou mai.

Une taille tardive *partielle*, appliquée aux longs sarments à fruits, ne saurait fatiguer le cep. Il n'en serait pas de même si elle était *complète* et renouvelée tous les ans. Nous avons comparé les résultats dans le vignoble de M. Fleury-Lacoste, en Savoie, traité au système Jules Guyot, lors d'une visite officielle.

La figure 378 donne l'aspect d'un champ de Vignes en treilles basses, parallèles, distancées de 0^m,90, soumises à ce traitement.

Il est nécessaire de palisser les longs bois, au moment

Fig. 378. — Aspect d'un champ de Vignes dressées en treilles basses.

de la taille, en leur imprimant une direction horizontale, inclinée, arquée ou sinueuse, suivant le caprice de l'amateur ou les conseils de l'expérience. On pourrait même en piquer le sommet en terre, au moment de la taille ; elle fructifiera (*fig.* 380) et sera retranchée l'année suivante. Ces arquets peuvent supporter l'incision annulaire ; avec la pince (*fig.* 379) : on pratique une légère entaille circulaire tranchant l'écorce à la base du sarment ; cette opération se fait au début de la floraison de la Vigne et entrave la coulure du raisin. Nous l'avons expérimentée sur nos treilles, et nous en avons encore reconnu l'efficacité dans le vignoble de Trarieux, en Auvergne, dans les forceries de cépages exotiques, à Thomery, à Bailleul, à Quessy et chez Victor Pulliat, à Chiroubles.

En cultivateur prévoyant, on conservera un sarment près du sol, toutes les fois que ce sera possible ; ce

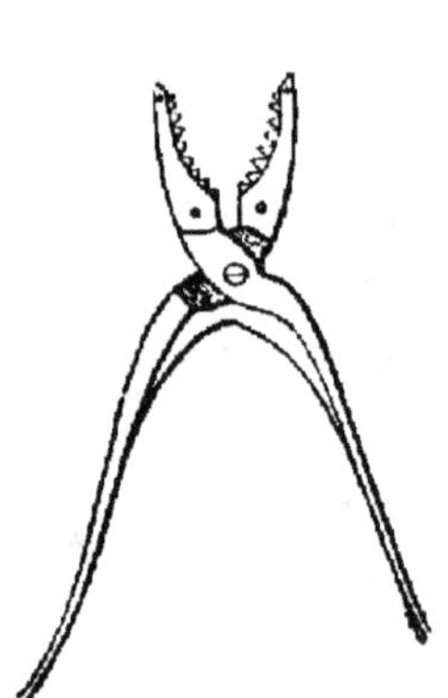

Fig. 379. — Pince à inciser la Vigne.

Fig. 380. — Long bois piqué en terre.

brin, dit *sarment de précaution*, laissé en liberté ou couché en terre, sera utilisé si les bourgeons des autres sarments étaient gelés à la première sève. C'est avec des sarments semblables et recouchés en terre que l'on renouvelle les treilles qui s'épuisent.

Ébourgeonnement. — Au début de la végétation, on supprime les bourgeons qui semblent inutiles à la charpente du cep. Retrancher préférablement les bourgeons stériles ou peu fructifères, sans enlever le tout à la fois ; l'opération pourrait être définitive lorsqu'il n'y aurait plus de gelées à craindre ; et encore conviendrait-il de couper le jet superflu à un œil de son point de naissance, au lieu de l'arracher jusque dans son empattement.

Pincement. — Le pincement se pratique au moment de la floraison, plutôt avant qu'après : on coupe la sommité du brin à 0^m,50 environ au-dessus de la grappe supérieure (*fig.* 381) ; les scions plus trapus sont

Fig. 381. — Cep de Vigne en buisson, soumis au pincement.

réservés pour être pincés, quelque temps après, lorsque les 0^m,50 seront atteints. Un rognage plus court ne laisserait pas assez de feuilles pour le mouvement de la sève et amènerait une irrégularité dans la maturation du fruit.

Le bourgeon terminal du sarment pincé sera lui-même soumis à un nouveau rognage en septembre, s'il avait une tendance à s'emporter.

Les scions destinés à continuer la charpente du cep ne sont point pincés. Toutefois, un rognage assez long ne saurait leur être nuisible, à partir du mois d'août, pour aider à la lignification des tissus.

Soufrage. — La Vigne est exposée aux dégâts causés

par divers champignons parasites qui s'implantent et pullulent sur ses tissus herbacés, rameaux, bourgeons, feuilles, grappes et grains. Le moyen d'en arrêter la propagation et d'en combattre les effets est le soufrage répété des ceps, au début de la végétation, au moment de la floraison et à la véraison du fruit.

Il y a des soufflets projecteurs à manches longs qui conviennent à cet usage ; on emploie le soufre sublimé et l'on opère dès le matin ou dans la journée, par un beau temps.

Nous donnerons, au dernier chapitre, quelques indications sur les traitements applicables à la Vigne, contre ses parasites végétaux ou animaux.

Épamprage. — Les bourgeons anticipés, dits entre-cœurs, qui se développent sur les jeunes scions, seront coupés à une ou à deux feuilles et non arrachés. A l'épamprage d'été, on coupera plus long le jet supérieur des rameaux pincés antérieurement.

La suppression des vrilles se fait en même temps ; ces appendices du rameau et de la grappe sont inutiles et nuisent au développement du raisin.

Palissage. — On attache les brins au fur et à mesure de leur élongation, en évitant de les *botteler*. On profite de ce travail pour réparer les oublis de l'ébourgeonnement et du pincement, en supprimant les rameaux superflus et en rognant l'extrémité des rameaux qui s'emportent.

Il est prudent d'éviter le palissage au moment de la floraison ; plus tard, il faudra avoir le soin de ne pas exposer brusquement au plein soleil les grappes qui se trouveraient ombragées.

Ciselage du raisin. — Ciseler le raisin, c'est éclaircir avec des ciseaux sécateurs (*fig.* 382) les grappes trop compactes ; on choisit le moment où le grain a déjà la grosseur du chènevis ou du plomb à lièvre. Si la grappe est longue, on en retranche la sommité dont la présence retarde souvent la maturation ; puis, on

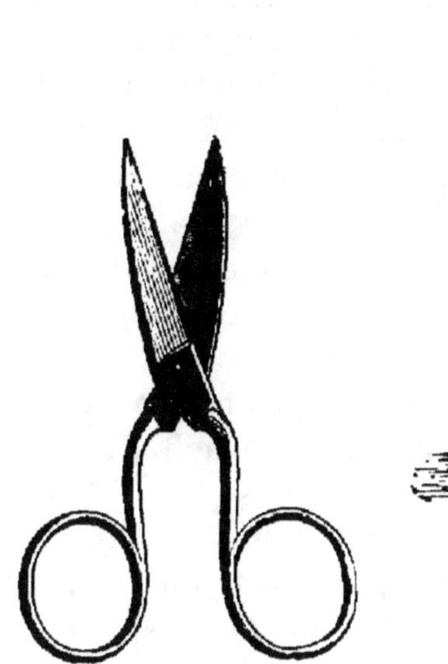

Fig. 382. — Ciseaux à ciseler les raisins.

Fig. 383. — Abri pour les ciseleuses de raisins.

dégage le raisin où les grains forment confusion, en coupant les plus petits ou ceux qui sont trop serrés. La grappe y gagnera en beauté, en poids, en qualité.

A Thomery, cette opération est assez importante pour nécessiter un appareil comportant un siège au travailleur, et un rideau contre l'ardeur du soleil, quand la treille est en espalier en plein midi (*fig.* 383).

Effeuillage et bassinage du raisin. — Dès que la véraison commence, c'est-à-dire aussitôt que le grain s'éclaircit et se dispose à *prendre couleur*, on peut retrancher quelques feuilles autour de la grappe, lorsqu'elles y sont assez nombreuses. On commencera par les feuilles placées au-dessous de la grappe ou repliées contre le mur; plus tard, on supprimera celles qui touchent au fruit, mais il convient de conserver toujours une ou deux belles feuilles au-dessus de la grappe, formant parasol sur le raisin. Il faut opérer graduellement, avec précaution, et par un temps couvert; la feuille sera coupée sur son pétiole.

Aussitôt l'effeuillage terminé et à chacune de ses phases, on bassinera la treille avec un arrosoir ou une pompe à main. — Effeuiller peu le raisin noir.

Ensachage du raisin. — Nous avons parlé au chapitre Poirier, de l'ensachage des poires et des pommes (V. p. 389).

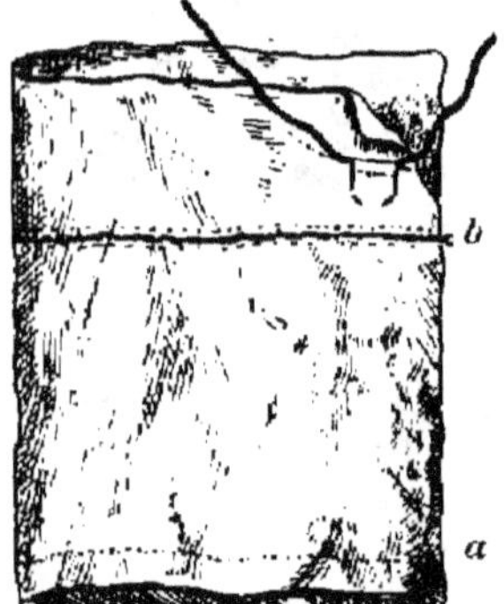

Fig. 384. — Sac ouvert pour l'ensachage du raisin.

Avec le raisin, les conditions sont à peu près les mêmes, à l'exception du sac (*fig.* 384) qui, ouvert aux deux bouts, après la ligature qui rattache l'appareil au sarment, prend la forme d'une cloche, de là le mot *enclochage* du raisin. Une bande cartonnée (*a*) collée au sommet extérieur et intérieur, et un laiton (*b*) enveloppé de soie verte à l'autre bout en facilitent l'ouverture par une simple pression des doigts, lorsqu'il fait trop chaud, ou la fermeture quand le temps est humide et pluvieux; donc le sac reste ouvert et ballonné.

M. Opoix, l'intelligent et sympathique directeur des jardins du Luxembourg, l'a imaginé et perfectionné dans tous ses détails. En outre, il l'a démontré à ses

Fig. 385. — Mise en sac du raisin, ou enclochage.

auditeurs, aux Sociétés et aux Congrès d'arboriculture.

La mise en sachet de la grappe (*fig.* 385) est pratiquée lorsqu'elle est bien formée avant sa floraison.

L'épanouissement de la fleur à l'abri, entrave la

coulure ; plus tard, la maturité du raisin en sera hâtée, les grains plus gros, la saveur plus sucrée et la conservation prolongée sur le cep ou dans la chambre à raisin.

Faut-il ajouter que la pourriture est évitée ainsi que l'attaque des guêpes et des oiseaux ?

Une commission nommée par la Société nationale d'Horticulture de France, composée de spécialistes tels que MM. Salomon, Charmeux, Loiseau, Crapotte, Chevillot, Rivière, Sadron, Balochard, Abbé Meuley, Dupont, a approuvé hautement l'application de ce système et formule les préceptes suivants :

« 1º Ensacher huit à dix jours avant la floraison (du 2 au 12 juin), alors que les grappes sont suffisamment dressées sur les bourgeons qui ne craignent pas le décollement ; en ensachant trop tôt, les grappes sont encore trop petites pour supporter toutes les manipulations, elles s'atrophient alors et se vrillent au fond du sac.

« 2º Donner à la cloche une forme cylindrique et l'orienter de telle façon que la grappe, bien ferme en son centre et pointant vers la sortie, repose le moins possible sur les parois.

« 3º Éviter autant que possible d'opérer au grand soleil.

« 4º Si les nuits sont trop fraîches, fermer les sacs en rapprochant le cercle de laiton de la base.

« 5º Choisir des sacs plutôt longs que larges pour éviter le bullage de l'extrémité de la manne sur leurs parois. Ces sacs au moment du ciselage, si on se trouve en présence de grappes épaulées, sont remplacés par d'autres plus larges.

« 6º Attacher sur sarments et non sur pédoncule ; celui-ci pourrait geler au-dessous de son point de lignification s'il était laissé à l'air libre. »

M. Opoix « enclochant » fin de mai, enlève les sacs pour le ciselage, les replaçant aussitôt l'opération terminée ; ou bien alors il n'ensache qu'après le ciselement ou au début de la maturité ; dans ce dernier cas il faut éviter de froisser les grains qui perdraient leur finesse et leur fraîcheur de coloris. A la vivacité des rayons solaires, on opposera la feuille verte du cep amenée sur le sac.

Ce procédé, si favorable au *Chasselas*, ne semble pas avoir le même succès avec le raisin noir.

Cependant l'expérience augmentera ou simplifiera les formules d'après la nature du sol et du climat ; le caractère du cépage, normal ou coulard, précoce ou tardif, ou sujet à la pourriture, aura également son influence dans les résultats. Déjà, ne peut-on dire qu'un plant qui se féconde correctement, pourrait attendre l'ensachage au moment du ciselement du raisin.

VI. — RÉCOLTE ET CONSERVATION DU RAISIN.

Tout le monde connaît les vendanges, comme plaisir, comme travail ou comme profit. La nature de cet ouvrage ne nous permet pas de nous y arrêter. Toutefois, la Viticulture touche tellement à l'Arboriculture que, fort souvent, le vigneron préfère vendre son raisin pour la consommation directe, réservant le second choix pour en faire de la boisson. Nous avons cité un exemple à l'appui (page 551).

La figure 386 donne un aperçu du mouvement occasionné par la vendange. La récolte se fait avec des paniers à la main ; une fois le panier rempli, on le vide dans une corbeille portée à bras (*fig.* 387) ou dans une hotte portée à dos d'homme (*fig.* 388) ; celles-ci sont ensuite survidées dans les tonneaux ou transportées par voiture à la maison.

Mais revenons au jardin ou au verger, procéder à

la récolte de nos raisins de treilles, à l'air libre ou
à l'espalier.

Fig. 386. — Récolte des raisins, en plein champ.

La maturation du raisin peut s'achever en plein air,
si on a la précaution de le mettre en sac sur le cep,

ou de couvrir l'espalier avec une toile canevas qui

Fig. 387. — Corbeille à transporter les raisins.

Fig. 388. — Hotte à transporter les raisins.

l'isole de l'approche des oiseaux et des insectes. Le

Fig. 389. — Treilles de Vigne, abritées en plein air.

sac de papier, non fermé en dessous, est un moyen efficace et économique ; en plein air, lorsque l'on redoute encore les rosées froides et les givres, on couvrira la treille d'un abri en paille, claie de bruyères ou de roseaux (*fig.* 389).

En principe, quand le raisin est mûr, il faut le cueillir. On distingue facilement le point de maturité du raisin ; il doit être d'autant plus mûr que la situation de la Vigne est plus chaude. En général, les grappes de tête venues au sommet du cep sont plus belles ; on les cueille à part pour les rentrer à la fruiterie, dans le but de les vendre ou de les consommer à la fin de la saison.

La récolte se fait à la main, à la serpette, ou avec de petites cisailles, par un beau temps et après la rosée. Il est utile de rappeler ici que le raisin effeuillé brusquement aux approches de la cueillette, et bassiné aussitôt, prendra une teinte colorée — le *Chasselas* particulièrement — qui séduira l'acheteur ; tandis que la grappe à laquelle on a toujours laissé un parasol de feuillage,

Fig. 390. — Panier à récolter les raisins.

tout en la dégageant successivement des feuilles qui l'environnent, se colore moins, mais se garde plus longtemps.

Le panier employé à la récolte du raisin varie suivant les localités : les modèles plus larges que profonds sont à préférer. Le panier de Bourgogne (*fig.* 390) remplit assez bien ces conditions.

Les paniers à pêches (*fig.* 163 et 168) conviennent à la cueillette du raisin de choix et à son transport à la fruiterie ou à l'atelier destiné aux emballages.

Le raisin plus ordinaire est placé dans de petites corbeilles dites maniveaux, avec un simple emballage de feuilles de vigne recouvertes d'une toile; ces corbeilles, rangées par douze, sur un crochet de transport

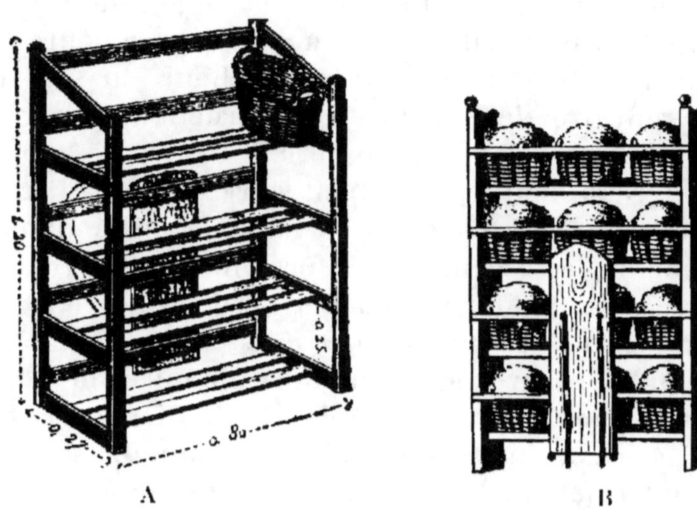

Fig. 391. — Crochets servant à transporter les corbeilles de raisins. — A. Crochet nu. — B. Crochet garni.

(*fig.* 391), porté à dos d'homme, sont conduites directement à la voiture, au chemin de fer ou au bateau.

Conservation du raisin. — Le raisin destiné à la conservation est choisi le plus beau, le mieux venu, ayant été « travaillé » et arrivé à point de maturité. On a constaté une supériorité aux grappes récoltées sur des ceps plus âgés ou plantés en sol argilo-calcaire, sinon composé d'éléments riches en potasse et en acide phosphorique.

A l'exception des raisins à maturité précoce, toutes les variétés que nous avons décrites sont de conserva_

tion facile. La même observation s'applique aux variétés de grande culture : *Pineau, Gamay, Olivette, Calabre, Clairette, Panse, Alicante, Muscat d'Alexandrie*, etc.

Ainsi que nous l'avons dit, le beau temps calme, plutôt chaud et sec, est indispensable le jour de la cueillette. En travaillant de onze heures à quatre heures, on évite la rosée du matin et la fraîcheur du soir qui engendrent trop de ferments de destruction, une fois le raisin rentré à l'abri et à l'ombre.

Le degré de maturité du fruit se reconnaît à l'aspect diaphane, au coloris doré ou jaune ambré dans le raisin blanc, à la couleur uniformément sombre dans le raisin noir. Éviter de toucher ou de froisser la pellicule du grain, *fleurie* ou *pruinée*.

On peut conserver le raisin dans une pièce de l'habitation, à température modérée et régulière ; on l'accroche à des cerceaux suspendus au plafond.

Un autre mode, moins primitif, consiste à placer le raisin dans des tiroirs superposés, complètement remplis de poussière de liège ou de son bien fin et placés dans une chambre ordinaire.

Mais voyons comment on opère dans les pays renommés pour leur culture perfectionnée.

Il y a deux systèmes principaux de conservation : 1° à rafle sèche ; 2° à rafle verte.

La conservation à *rafle sèche* offre plus de garantie dans une chambre spéciale, saine, d'une aération facile, ni froide, ni humide, lambrissée de bas en haut avec des planches à parquet. Les tablettes ou claies, superposées à $0^m,30$ d'intervalle, sont tapissées d'un lit de paille bien nettoyée, sèche, ou de fougère.

La figure 392 donne l'aspect de la fruiterie.

Le raisin coupé au ras du sarment, c'est-à-dire muni de son pédoncule en entier, est placé sur cette couche, côte à côte, sans toucher à son voisin : les principes sucrés s'y développeront encore. — On pourrait même étendre le raisin sur un clayon, ou dans une sorte de

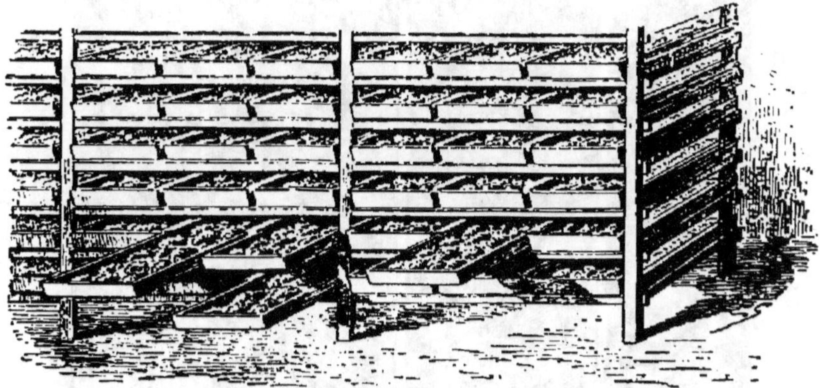

Fig. 392. — Conservation du raisin à rafle sèche, ou sur tablette.

tiroir de 0^m,60 ou 0^m,80 avec 0^m,12 de profondeur qui serait placé sur le rayonnage.

Il suffira d'aérer pendant le premier mois, de tenir ensuite la chambre close, demi-obscure, et de surveiller les grappes en enlevant minutieusement les grains avariés, sans froisser les autres.

Brûler quelques mèches à soufrer les tonneaux, c'est prévenir les cas de cryptogamie, de « moisi ».

Le raisin conservé à *rafle verte* réclame plus d'attention. D'abord la température de la chambre doit être régulière, de + 4° à 6°. La pénétration du froid est combattue s'il le faut par des bouches de chaleur ; on l'éviterait encore par de doubles cloisons en bois, séparées de 0ᵐ,15, l'intervalle étant bourré de sable fin, de sciure de bois ou autre matière isolante. Une porte et une fenêtre suffisent, — au nord, autant que possible — mais avec double volet et capitonnage. Le

Fig. 393. — Conservation des raisins à rafle verte ou fraîche.

plafond et le plancher seront matelassés, s'ils présentent quelque défectuosité.

Pas de variation atmosphérique ; pas de lumière, pas de courants d'air, ni de chaleur, ni d'humidité. Ce dernier facteur des moisissures sera détourné par l'emploi, dans une caissette ouverte, de chlorure de calcium en morceaux secs ou de chaux vive en poudre, déposés dans la fruiterie et renouvelés dès qu'ils seront saturés d'eau. L'hygromètre ne doit pas marquer plus de 67° à 72° d'humidité.

L'aménagement intérieur comprend un rayonnage de tringles parallèles espacées de 0^m,30 à 0^m,35, horizontalement, et un peu inclinées en avant, formant râtelier sur toutes les parois de la pièce.

Si la chambre est large (*fig.* 393), on l'entrecoupe de cloisons longitudinales ou de bâtis composés de tringles-râteliers semblables, pour le support des flacons de raisins.

Ces flacons (*fig.* 394) ou godets, à large goulot, ont à peu près 0^m,15 de profondeur sur 0^m,05 de diamètre ; un bourrelet facilite leur attachement au râtelier par un fil de fer. Ils sont espacés de 0^m,12 à 0^m,15, et préalablement remplis d'eau ordinaire, eau de pluie.

Le raisin est cueilli avec son sarment, c'est-à-dire que le bois de vigne portant une ou deux grappes sera coupé par un temps sec, le raisin étant bien sain. La section se pratique à 0^m,12 au-dessous de la grappe inférieure et à un œil au-dessus de la grappe supérieure ; les feuilles sont retranchées.

Le sarment soumis à l'incision annulaire baignera jusqu'au-dessus de l'incision.

Le jour même, on transporte les sarments à la fruiterie, couchés sur des claies tapissées de feuillage, ou debout dans un panier, et on place chaque sarment dans un flacon. Deux ou trois sarments peuvent y être introduits, si la place manque ; il suffira que les grappes ne soient pas agglomérées et que la visite en soit facile. Cette inspection, hebdomadaire au moins, se fait avec une lumière portative, et il est bien rare que les étrangers aient accès à la fruiterie. Armé de ciseaux courts (*fig.* 382), on coupe et on détruit tout grain atteint ou menacé de pourriture. On remplit en même temps les flacons où l'eau a baissé.

De temps à autre, brûler de la fleur de soufre contre le champignon cryptogame de la moisissure.

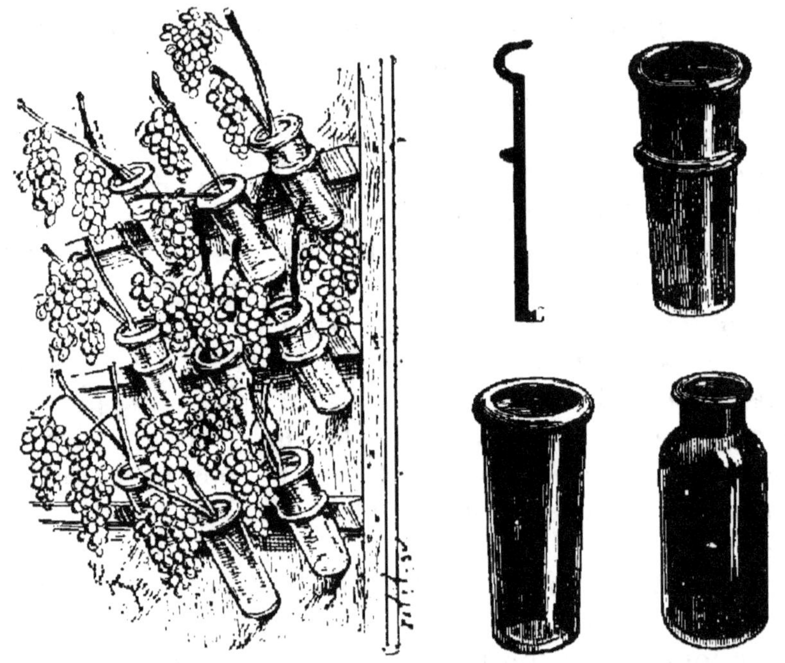

Fig. 394. — Conservation du raisin à rafle verte, en godets alternés.

Les raisins rouges ou noirs sont conservés par les mêmes procédés. En général, le raisin noir doit être à peine effeuillé au jardin et se conservera plus longtemps que le raisin blanc.

La plus importante maison de Thomery occupe

10 000 clayons ou caissettes pour la conservation *sèche*, et 30 000 flacons pour la conservation *fraîche*.

A la récolte du Chasselas à Thomery, à Conflans-Sainte-Honorine, à Beaune, etc., le raisin ordinaire est vendu 0 fr. 50 le kilogramme au marché, tandis que les grappes de choix sont cotées 2 fr. 50. Mais une fois rentrées dans la chambre aux raisins, elles seront vendues, en février ou mars, de 8 à 10 francs et atteindront même au mois de mai le prix de 20 francs ; c'est alors une concurrence sérieuse aux raisins forcés, dont le prix est plus élevé. L'industrie du primeuriste s'exercera donc plutôt sur des cépages à gros fruit ou sur des plants de Chasselas élevés en pot et vendus tels.

VII. — EMBALLAGE DES RAISINS.

Emballage en panier. — Les petits paniers rectangulaires en osier blanchi, avec un couvercle semblable, sont d'un bon usage, sauf quand la marchandise est encombrante. Au moment de la récolte, l'emballage se fait dans un panier plus grand, par exemple une corbeille de 8 ou 10 kilogrammes (*fig*. 395). Une couche de fougère ou de paille tapisse le

Fig. 395. — Corbeille.

fond, et un papier souple ou du regain sépare chaque lit de raisins.

Quelque temps après la récolte. le fruit est plus rare, son prix devient plus élevé, on se contente alors du panier « d'une livre ».

Le fond du panier sera garni de paille brisée ou de rognures de papier ; les côtés recevront une feuille de papier de largeur égale à celle du panier, la base étant placée sur le paillis du fond, le sommet en dehors pour recouvrir en entier le lit supérieur de raisins.

On fait dépasser la grappe de $0^m,02$ au-dessus du bord supérieur : pour finir, on rabat sur le raisin le papier des bouts fortement, et on dégage ainsi les côtés en le serrant afin qu'il n'y ait point de grains écrasés. Enfin, on place sur le papier (qui doit être croisé en tous sens, régulièrement, dans la forme d'une enveloppe à lettre). une poignée de paille de seigle, ou de fougère sèche, ou de rognures fines de papier.

Les cultivateurs de Montreuil emballent le raisin ordinaire comme nous l'avons dit pour les pêches.

Le fruit forme pyramide dans un petit panier rond et on l'entoure d'un papier, puis d'une toile tenue fortement avec des épingles spéciales. Le beau raisin est placé sur une banquette plate. bien étalé et recouvert d'une toile. Le transport se fait à Paris dans le grand cageot à trois étages (*fig.* 166), directement ou par les courtiers qui parcourent le pays en cette saison.

Fermer avec deux grosses ficelles ou par des liens adhérant au panier.

M. Étienne Salomon, le viticulteur renommé de Thomery, a imaginé un panier à double ouverture

) (*fig.* 396) ; cette disposition permet d'emballer par le
t fond, comme s'il s'agissait d'une caissette.

Fig. 396. — Panier à double ouverture, pour l'emballage
du raisin de choix.

Les raisins y sont installés de telle sorte que leur
beau côté sera en évidence à l'ouverture du panier.

La manette (*fig.* 397) destinée à la cueillette du

Fig. 397. — Manette à cueillir le raisin.

raisin, garnie de gros papier ou de fougère, peut
servir au transport, par cageot ou au titre de colis
perdu.

D'autres maisons de cette région fertile et renommée
placent le raisin en petites corbeilles en osier, plates et

Fig. 398 à 400. — Emballages de raisins à Thomery.

rectangulaires, et le font voyager sur tablettes étagères dans un cageot ou caisse légère ; les châssis en bois blanc retiennent une toile canevas. Une anse facilite le transport de ces dispositifs (*fig.* 398 à 400).

Il faut apporter la plus grande attention à ne point déflorer le raisin ; quand il a perdu son velouté, il devient brillant, ce qu'en d'autres termes on appelle lavé, et perd beaucoup de sa valeur pour la vente.

Emballage en caisse (*fig.* 401). — Ainsi que nous l'avons dit aux fruits à noyau, on emploie de petites caisses en bois blanc pouvant contenir un lit de fruits : le fond est ouvert. Elles sont garnies de papier blanc avec bord dentelle ; du papier joseph formera une couche dessous, et une autre couche dessus les grappes.

Le fond de la caisse étant ouvert, on y place les raisins en attirant à soi la rafle et, chassant les grains en dessous, on remplira les vides avec des grapillons. Quand, plus tard, on ouvrira la caisse par le couvercle de dessus, c'est le beau côté du raisin qui se trouvera ainsi placé à première vue.

Avant de fermer la caisse, il faut que le raisin dépasse au moins de 0^m,01 le bord supérieur de la caisse ; on le couvre de papier joseph ou de papier paraffiné et on ferme le couvercle en le clouant.

Lorsqu'on procède à l'emballage de plusieurs caissettes, on ne les cloue qu'en dernier lieu. Elles seront toutes empilées, ayant chacune leur couvercle non cloué, le poids des caisses fera déjà pression et tassera légèrement les grappes de sorte que le clouage en sera rendu plus facile.

Toutefois, avant de clore définitivement chaque caisse, on coupera les grains qui s'y seraient trouvés écrasés par la pression ; on rabat le papier, on ajuste

Fig. 401. — Emballage en caisse du raisin extra.

le couvercle et on commence à le clouer par l'un de

Fig. 402. — Cageot clos contenant plusieurs caissettes.

ses bouts, puis on glisse la main en l'appuyant dessus
jusqu'à l'autre bout que l'on cloue également ; on termine en clouant les côtés. A l'ouverture de la caisse
(*fig.* 402), le raisin ne doit présenter qu'une surface
plane.

Des caissettes plus petites pour un long voyage pourraient être groupées dans un cageot solidement fermé
(*fig.* 402), de dimensions facultatives.

Les expéditions lointaines emploient des tonnelets

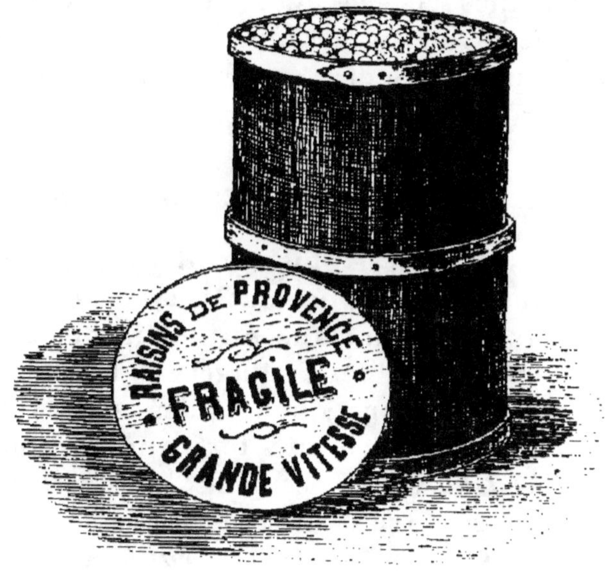

Fig. 403. — Tonnelet pour expéditions lointaines.

en carton durci et de la poussière de liège (*fig.* 403), le
tout bien sec, raisins, barils, liège.

Ce système, employé en Espagne et en Afrique, a été
perfectionné au château de Bouffan, près d'Aix-en-
Provence, par M. Granel, qui nous a fourni le modèle

ci-contre (*fig.* 403). Il a été fort remarqué au Concours général agricole de 1908.

Les emballages pratiqués lorsque les gelées sont à craindre, ou quand on manipule des raisins extra, nécessitent l'emploi de ouate en feuilles ou en tampons, dessus et dessous les grappes, avec papier opaque.

Il est toujours bon d'indiquer, sur la caisse, le poids et la nature du raisin.

Le marché anglais réclame des grappes bien ciselées, régulières, saines (ciselées deux ou trois fois avec beaucoup d'attention) et livrées avec une fraction du sarment qui les porte. Le prix de vente en général atteint de 60 à 80 francs les 100 kilogrammes.

VIII. — EMPLOI DES RAISINS.

Le raisin est le fruit le plus agréable à manger. L'hygiène en défend l'abus ; en tout cas, on ne rencontre guère de personnes qui refusent une grappe de raisin.

Les surtouts de table à étagères, les compotiers garnis de beaux raisins quelle qu'en soit la variété, sont d'un bel effet décoratif fort apprécié dans les desserts. Les *Chasselas* occupent le premier rang ; cependant les gros fruits attirent les regards par leur physionomie appétissante : les *Frankenthal, Black Alicante, Boudalès, Romain* ou *Gros Colman*, de Transylvanie, à grain noir velouté ; et les *Bicane, Panse, Muscat d'Alexandrie*, au coloris blanc nacré. Avec une ménagère pour qui l'apparat n'est pas un mérite suffisant, ces beaux grains pénétreront ensuite dans la dame-jeanne, pour fruits à l'eau-de-vie.

Ainsi que nous l'avons déjà dit, le *Chasselas* pressuré

fait un vin agréable à boire, se conservant assez bien.

Le *Muscat* donne son nom au vin qu'il produit ; avec le fruit de ces deux espèces, on obtient de la confiture de raisins et du vin cuit.

Le *Muscat* est en outre employé à la confection de ratafias et de conserves à l'eau-de-vie.

Fig. 404. — Passerillage ou séchage des fruits au soleil, en Californie.

Le verjus est utilisé en sirop et en suc conservé par le procédé Appert.

Le raisiné et le séchage au four du raisin à épiderme assez ferme sont connus dans les pays vignobles.

Le **séchage** ou passerillage des gros raisins, dits *Malaga*, est l'objet d'une exploitation qui prend chaque jour du développement. La France rivalise déjà avec l'Espagne, l'Égypte et l'Italie pour la confection des raisins secs de dessert ; les *Muscat d'Alexandrie, Malvoisie, Panse, Kaminada, Passerille, San Antoni, Rosaki*, ont réussi dans le Bordelais et en Provence.

La Corse fait sécher les raisins *Malvoisia* et *Vermentino*. Le canton de Sari pratique cette opération depuis longtemps. L'Algérie commence à l'imiter.

Le raisin de *Corinthe*, qui arrive par cargaisons complètes de l'Orient, est employé dans les pâtisseries. La Grèce compte 125 000 hectares de vignes et en affecte la dixième partie à cette espèce.

Les vins rouges, les vins blancs, les vins rosés, les vins mousseux, produits directs de la Vigne, sont une des richesses de l'agriculture française.

Le « cognac » est un produit de la *Folle blanche*, l'Armagnac, du *Terre bourret*. Quant au vinaigre d'Orléans, sa « mère » est un ferment du *Meslier*.

Les eaux-de-vie et les vinaigres deviennent, à leur tour, la base de nombreuses combinaisons.

Le marc de presse fournit de l'eau-de-vie et des tourteaux qui sont recherchés par les agriculteurs.

En Californie et dans tous les pays où la chaleur est active et persistante, fin de l'été et commencement de l'automne, le séchage des fruits à chair molle : raisins, prunes, figues, dattes,... est pratiqué sur claie, en plein soleil (*fig.* 404), et achevé dans un séchoir-abri bien aéré.

Malgré la fabrication de vins de raisins secs ou de marcs sucrés, les celliers vénérables restent affectés aux vins de haut cru ou de première goutte.

OBSERVATIONS GÉNÉRALES

I. — ORGANISATION ET EXPLOITATION DES PLANTATIONS FRUITIÈRES.

Choix de l'emplacement. — Les plantations d'arbres fruitiers doivent être faites dans un sol qui se prête à la végétation soutenue des espèces que l'on se propose d'y planter.

On peut améliorer la terre dans sa couche superficielle ou extérieure, dite couche arable ; mais si le sol et le sous-sol sont d'une nature défectueuse, il vaut mieux y renoncer et chercher ailleurs un emplacement situé dans de meilleures conditions.

L'étude de l'emplacement doit toujours commencer par l'examen de la végétation arborescente de la contrée ; l'avis des hommes expérimentés du pays doit être invoqué à l'occasion.

Là, en effet, on n'expose pas son temps et son argent pour une emblave à courte échéance, tel qu'un champ de blé ou un potager. On travaille, au contraire, pour deux générations au moins. Le revenu n'est pas immédiat, il faut donc ménager son capital et lui épargner l'aléa des fluctuations qui pourraient l'entraîner à le faire sombrer sans profit. Ainsi donc, nous choisirons un bon sol, profond, substantiel, ni trop compact et froid, ni trop léger et brûlant, reposant sur un sous-sol perméable, favorable lui-même à la végétation des arbres.

Il faudra rechercher également les situations qui ne sont pas trop exposées aux inondations, aux sécheresses prolongées, aux vents violents, aux brouillards fréquents, aux gelées printanières ou autres, tout en évitant les milieux qui seraient contraires au développement de l'arbre et de son fruit.

Il est bien entendu que si l'on ne peut changer l'emplacement et si l'amélioration du sol est impossible, on plantera une essence qui s'adapte à la situation.

Une plantation créée dans un but commercial gagnera au voisinage des routes, des chemins de fer et canaux pour le transport des produits, et auprès des marchés, des centres de population qui en en assurent l'écoulement. La proximité d'une usine de séchage ou de toute autre préparation des fruits est la presque certitude du débouché de la matière première.

Lorsque plusieurs vergers analogues s'organisent dans la contrée, il en résulte une station fruitière qui attire les négociants habitués à opérer sur de larges bases.

Amener de force l'acheteur sur place, c'est, suivant une expression vulgaire, « avoir l'atout dans son jeu ».

Agencement de la plantation. — Il est assez difficile de préciser à l'avance l'agencement d'une plantation, sans connaître l'importance qu'on veut lui donner, les milieux où elle doit être établie et le commerce de fruits qui pourrait en résulter.

Chacun des chapitres précédents contient des données générales qu'il conviendra de consulter.

Cependant, nous donnerons quelques indications qui pourront guider, dans une certaine mesure, le planteur amateur ou commerçant.

Jardin fruitier. — Ayant un terrain nu qui puisse être exclusivement consacré à la production fruitière, voici comment nous comprenons son organisation.

La figure 405 représente un jardin fruitier, d'une étendue indéterminée. Il est facile d'en modifier les détails et les proportions.

Dans les carrés G, G, des contre-espaliers de Poiriers avec bordure de Pommiers en cordon.

Carré H, H, treilles de vignes.

— I, I, Pommiers en vase ou en petit candélabre, à double rang.

— L, L, Poiriers en pyramide fuseau.

— M, Groseilliers, en lignes, avec Abricotiers en plein vent, disséminés.

— N, Fraisiers, en *planches*, avec Pêchers demi-tige, disséminés.

— O, Framboisiers, en petits carrés, avec Cerisiers à tige, disséminés.

— P, Groseilliers cassis, en lignes, avec Pruniers en haute tige, disséminés.

Les carrés sont encadrés par des plates-bandes complantées de Poiriers en fuseau ou en candélabre, avec bordures de Pommiers sur l'allée, bordure de Fraisiers sur le carré.

L'orientation est calculée de façon que la chaleur se concentre vers le mur, dirigé en ligne brisée qui sépare le jardin du verger (A, A).

Alors des bâches et des serres à fruits peuvent être installées en B et en C.

BALTET. — Culture fruitière.   20

Une collection de Fraisiers en D, ou semis, etc.

L'allée, qui relie les pavillons E, F (hangar, fruiterie), est bordée de Poiriers ou de Vignes en colonne.

En ce qui concerne les murs d'espalier, leur construction faite à l'intérieur même du clos permet d'en utiliser les deux façades de la manière suivante :

Exposition Nord : Poiriers, Pommiers.

— Est : Pêchers, Abricotiers.

— Sud : Pêchers, Vignes.

— Ouest : Vignes.

Quelques Cerisiers et Pruniers à fruit de maturité hâtive et tardive viendront en hors-d'œuvre aux expositions chaudes ou froides.

Le Figuier, le Plaqueminier se plaisent dans les angles où le calorique abonde sous un climat modéré.

La plate-bande de tous les espaliers sera bordée de Pommiers en cordon, si elle est étroite, de Vignes en treille basse, si elle est spacieuse et ensoleillée.

Quand le terrain le permet, on annexe le verger au jardin fruitier.

Les parties A, A en fournissent l'exemple.

Il s'agit ici d'arbres en haute tige à grand produit : Poiriers, Pommiers, Pruniers, Cerisiers, par lignes homogènes, autant que possible.

Les Abricotiers et les Amandiers formeront l'avenue centrale la plus aérée.

Quant aux Noyers et aux Châtaigniers, leur place est au fond, sinon en dehors : peut-être constitueront-ils un abri contre les bourrasques.

Le bord de la rivière sera consacré aux Noisetiers, aux Cognassiers, aux Néfliers ; une haie fruitière d'arbres en basse tige complétera la clôture du verger.

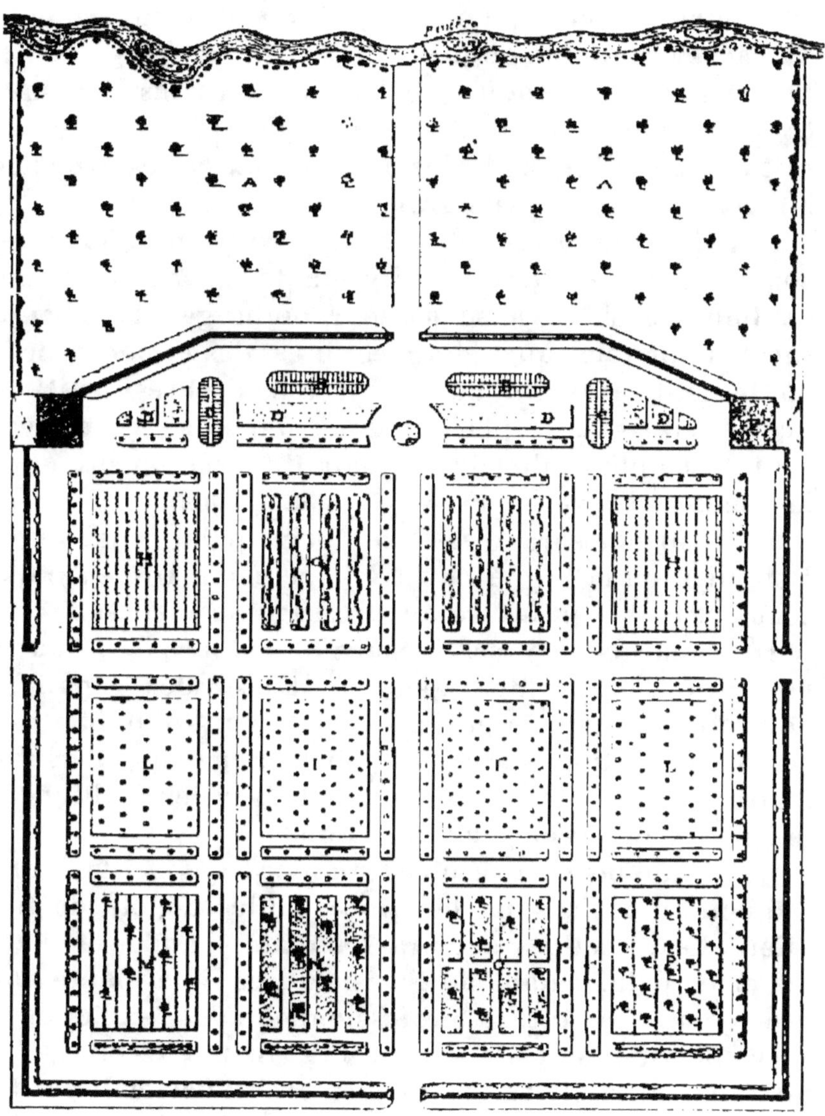

Fig. 405. — Jardin fruitier et Verger.

Le mode de clôture générale devra être subordonné au caractère public ou privé du voisinage.

Il est bien entendu que les fleurs et les légumes trouveront asile au jardin. Le verger lui-même pourrait être *combiné* avec des arbrisseaux et des arbustes à fruits ; nous y reviendrons.

Jardins maraîchers. — Si le jardin maraîcher ne comporte guère d'arbres en pyramide, en vase, et même en haute tige, à cause de leur ombrage et de leurs racines nuisibles aux légumes, il est des circonstances où de petits rideaux ou brise-vents d'arbres fruitiers dressés en lignes, aplatis comme dans une haie vive, sont utiles pour adoucir l'ardeur du soleil ou atténuer la violence des vents. (Voy. *fig.* 268, p. 385.)

Le Poirier sera l'essence principale, ensuite le Pommier ou la Vigne ; un treillage sommaire en paisseaux et fil de fer suffira au dressage des arbres.

Le « marais » est assez souvent entouré d'un mur ; le jardinier en profitera pour y planter des espaliers de Pêchers ou de Vignes ; ses bâtiments d'habitation ou d'exploitation seront eux-mêmes garnis d'arbres fruitiers en espalier. L'Abricotier, le Cerisier, le Pêcher, le Poirier, la Vigne y seront admis.

Le Framboisier a sa place au nord des petits murs qui entourent les silos, les vinées ou les dépôts de fumiers. Le Groseillier garnira les plates-bandes de l'allée principale. Quant au Fraisier, c'est une plante qui rentre dans la culture professionnelle de l'exploitant.

Quelle que soit la nature des fruits récoltés, la vente ne nécessitera aucune démarche particulière, le jardinier les portera au marché avec les légumes de son potager.

Petits jardins. — Le petit jardin de ville ou de campagne, le jardin de l'école ou du presbytère doit

Fig. 406. — Avenue d'arbres fruitiers, dans un petit jardin.

être pris comme il est : c'est-à-dire que, ne se prêtant guère aux plantations spéciales, il sera utilisé d'après sa forme et sa position.

Son propriétaire — ou le locataire — veut avoir « un peu de tout ». Il plantera des Poiriers en pyramide fuseau dans les plates-bandes, des Pommiers en cordon horizontal ou en treille basse, des Pêchers à l'espalier, de la Vigne à la crête d'un mur ou à la façade de la maison, ou en berceau ; enfin, çà et là, au centre des carrés ou à la rencontre des allées, un Prunier ou un Cerisier en haute tige.

De petites planches de Framboisiers, de Groseilliers, de Fraisiers, en carré, en ligne simple ou double, ou simplement en bordure, agrémenteront le jardin.

La figure 406 indique l'utilisation d'un couloir resserré entre des murailles ou des habitations riveraines. Une allée de Poiriers en fuseau, un espalier de Pêchers au sud, de Poiriers au nord ont donné de la vie à cette entrée de l'habitation.

Le jardin d'une école est susceptible, surtout à la campagne, d'être agrandi. Étant donné que les travaux du jardin doivent servir de leçon aux élèves de l'école et aux habitants du pays, nous recommanderons les essais de plantations commerciales, en réduction bien entendu. Nous en donnerons, plus loin, la description et le dessin.

Voici deux exemples qui nous sont fournis par notre École nationale d'horticulture, installée dans le Potager de Versailles, créé en 1679 par le célèbre La Quintinye.

La figure 407 représente des contre-espaliers de Poiriers en candélabre à cinq bras, séparés par des lignes de Pommiers en cordons horizontaux. Les mêmes lignes sont répétées avec des sujets qui viennent d'être taillés. L'autre exemple est une plantation de Pruniers soumis à la forme palmette candélabre, en espalier,

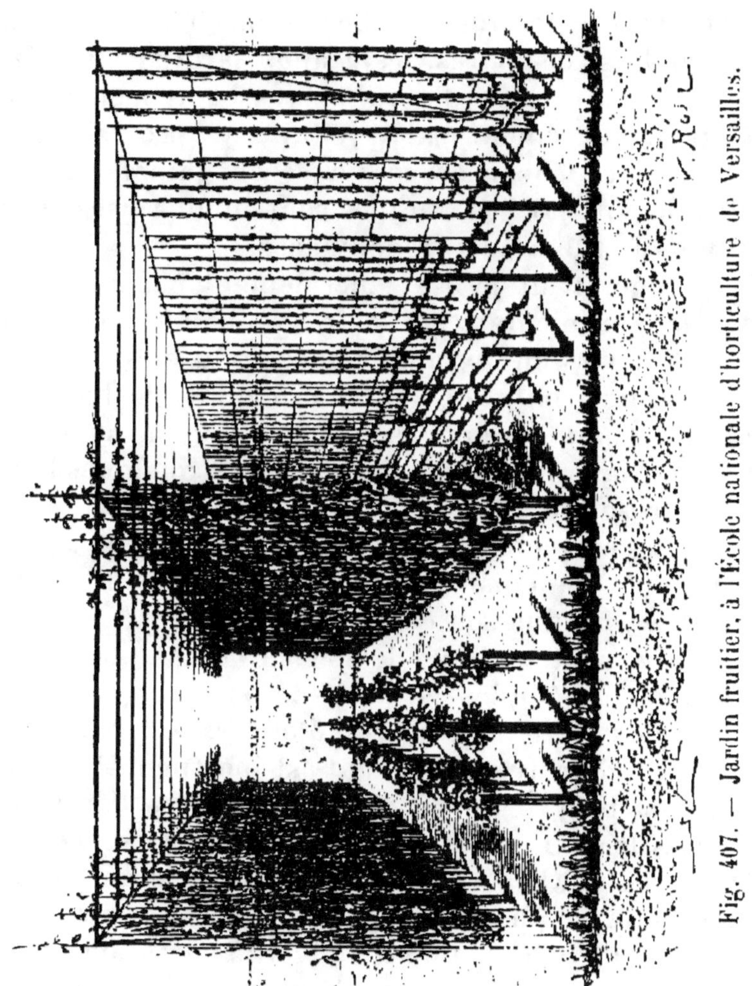

Fig. 407. — Jardin fruitier, à l'École nationale d'horticulture de Versailles.

entre les fenêtres de la façade de l'Orangerie (*fig.* 408).
Les nombreux établissements publics ou particuliers

devraient s'inspirer auprès de ces beaux modèles et les imiter.

Grandes propriétés. — Les propriétés d'une certaine étendue, les parcs, les grands jardins ont toute facilité de réunir nos divers arbres et arbustes fruitiers ; pour l'agrément et le produit, les provisions de fruits frais et de conserves ne seront jamais encombrantes, là, quand les familles sont nombreuses et les réceptions fréquemment renouvelées.

Un potager fruitier est généralement consacré aux productions alimentaires. Les plates-bandes sont garnies de Poiriers en pyramide fuseau ou en palmette ; un cordon horizontal de Pommiers limite le bord des allées. Le Pommier en vase, le Cerisier en pyramide sont admis dans les allées latérales, avec quelques buissons de Groseilliers.

Çà et là, en plein air, une treille de Chasselas, une planche de Framboisiers, un carré de Groseilliers, des Fraisiers en bordure ou en plate-bande.

Les murs sont tapissés de Pêchers en palmette candélabre, ou de Vignes en arête-de-poisson, parallèlement à des contre-espaliers de Poiriers, en plein air.

Le verger d'arbres à tout vent est indispensable dans une grande propriété. Le Pommier en sera l'arbre de fond, puis le Poirier ; viendront ensuite les Cerisiers et les Pruniers. L'Abricotier aura les bonnes situations où son bois ne gèle pas, où sa production est assurée. En choisissant les variétés de ces divers genres, on accordera une place aux fruits d'économie ménagère ou industrielle. La maîtresse de maison le demandera et... leur cause sera gagnée.

L'arbre à cidre peut d'ailleurs border les avenues, les

chemins extérieurs. Les Noyers, les Châtaigniers, les

Fig. 408. — Pruniers en candélabre, à l'École nationale
d'horticulture de Versailles.

Amandiers seront disséminés en lignes ou en groupes,
intra ou extra-muros.

Quant aux Noisetiers et aux Cognassiers, ils ont leur place sur la banquette du fossé de ceinture ; ceux-là, en buisson, réussiraient en sous-bois ; ceux-ci, en demi-tige, pourraient être intercalés dans les grands arbres du verger, avec des Pêchers en plein vent.

Le Pêcher à demi-tige, l'Abricotier, l'Amandier, le Cerisier, le Prunier en espèces peu envahissantes, se plaisent dans une vigne et sympathisent avec les ceps.

Si maintenant nous pénétrons dans les méandres du parc d'ornement, il nous semble que l'art du paysagiste affecte une tendance trop accusée d'y négliger l'introduction de l'arbre fruitier, qui est presque toujours un arbre d'ornement.

Le Poirier, par son port svelte et son fruit varié de forme et de coloris, le Pommier avec sa floraison nuancée et sa fructification qui persiste jusqu'aux gelées, le Cerisier tout blanc au printemps, tout rouge en été, etc., ne fourniraient-ils pas des éléments utiles et agréables à la composition ou au décor des massifs, des futaies, des salles de repos? Le Merisier, le Châtaignier, le Noyer, l'Amandier ne pourraient-ils entrer dans les fonds, les dômes, dans les bosquets et les groupes, ou comme sujets isolés qui profilent les perspectives et dessinent les horizons?

Une ceinture de *Ribes rubrum* cédera-t-elle le pas à une corbeille de *Ribes sterilis ?*

Sans vouloir rejeter au dernier plan les arbustes et les arbrisseaux d'ornement dont l'aspect d'ensemble ou de détail constitue une *great attraction* des villas, des cottages et maisons de plaisance, nous croyons qu'il serait possible de concilier les deux ordres d'idées.

Par les mêmes raisons, les bâtiments de maître ou

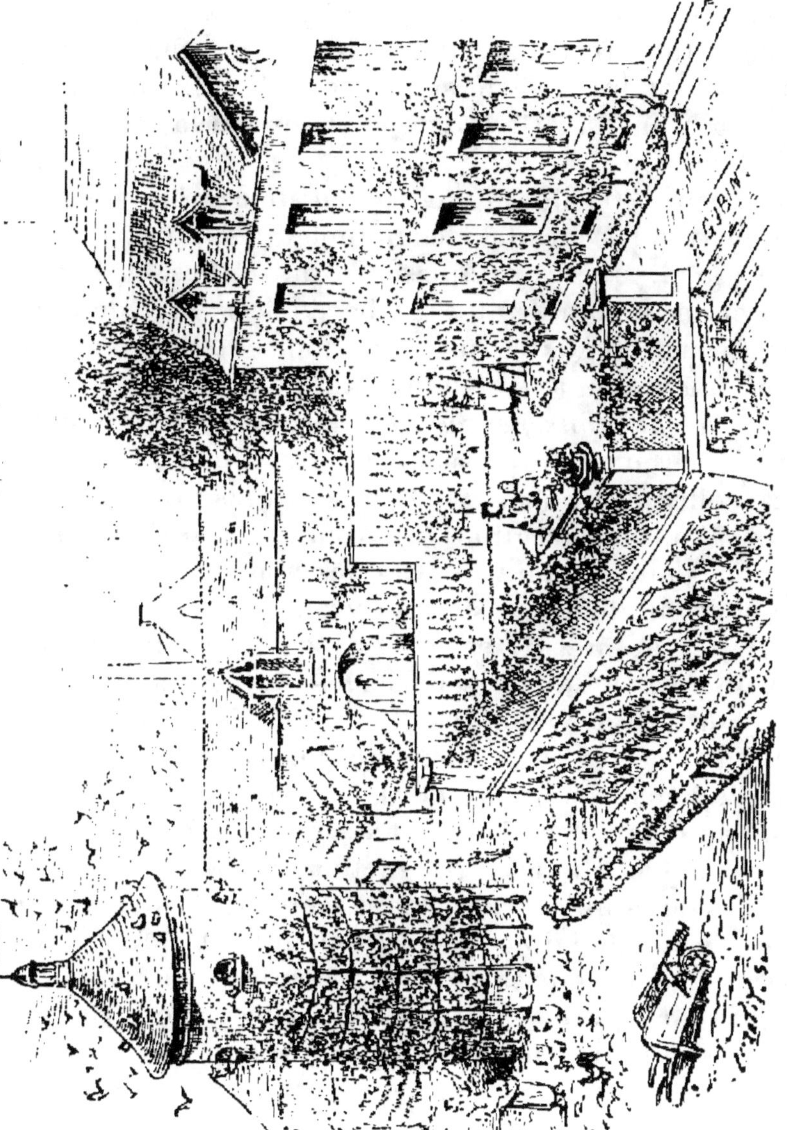

Fig. 409. — Plantation d'arbres fruitiers contre les bâtiments et les murs d'une propriété rurale.

de l'exploitation rurale ne doivent pas rester en dehors de la culture fruitière. Il y a là une surface étroite, quant au sol, mais vaste si l'on considère le développement du branchage favorisé par l'abri ou la chaleur de l'espalier.

La figure 409 donne un aperçu de ce que l'on peut obtenir avec les façades, les pignons, les murs, les terrasses, etc., que l'on tapisserait de treilles et d'espaliers, et en introduisant aux abords de la maison quelques formes coquettes qui s'harmonisent avec la ligne des bâtiments ou avec leur installation.

Plus de pignons perdus ! s'est écrié dans un mouvement généreux le professeur Fr. Burvenich, de Gand. Notre collègue a raison. On doublerait les provisions de fruits si l'on consacrait à l'arboriculture fruitière toutes les places ainsi négligées. Que les hommes d'initiative commencent, les autres les suivront.

Fermes et métairies. — Le fermier ou le métayer veut un verger dans ses herbages, autour de la ferme et en bordure des chemins.

Il a un nombreux personnel à nourrir, et la vente du fruit aux marchands viendra adoucir ses charges. Il n'est pas jusqu'à son bétail et à ses volailles qui ne profitent des déchets de la production fruitière.

Fruits de famille, fruits de pressoir, fruits de marché, fruits d'économie domestique, tout lui est bon. Ici, les ouvriers sont nourris, et leur nombre s'accroît aux époques des grands travaux agricoles ; les fruits y deviennent indispensables. Le trop-plein sera conduit à la ville, en même temps que les denrées de la ferme.

Le pressoir, l'alambic, le four transformeront en provisions d'hiver les fruits surabondants ou spéciaux à l'industrie alimentaire.

Toutes ces combinaisons réclament le concours actif de la fermière; c'est un chapitre important du *Rôle de la Femme en Agriculture* qui fut si ingénieusement traité par un maître en agriculture populaire, par notre ami Pierre Joigneaux.

Les **Fermes fruitières**, les jardins et les vergers à grand produit ont séduit de nombreux amateurs.

Les progrès de la Pomologie, l'extension des relations commerciales et la facilité plus grande des transports à longue portée ont secondé ce mouvement heureux de notre époque.

Nous citerons, comme exemple, la Ferme fruitière de Clermont (Oise), créée de toutes pièces par M. Jules Labitte.

L'ayant visitée, nous pouvons en parler. Commencée vers 1885, elle occupe, vingt ans plus tard, une superficie de cinq hectares. La vue panoramique ci-contre (*fig.* 410) donne une idée sommaire de son organisation générale. Des lignes d'arbres fruitiers à haute tige, Pommiers et Poiriers, sont à 10 mètres d'intervalle, comme les sujets. Entre ces arbres, des pyramides, des gobelets, des palmettes en treille double garnissent le sol d'une façon régulière.

Des bandes de gazon servent au va-et-vient et amortissent la chute des fruits qui viennent tomber naturellement.

Les murs d'espaliers sont consacrés aux Pêchers et aux Poiriers *Doyenné d'hiver, Beurré d'Hardenpont, Passe-Crassane, Saint-Germain*, etc., réclamant l'abri, pour la beauté et la santé du fruit.

Le sol, froid, silico-argileux, reçoit des engrais phosphatés : un chaulage annuel alterne avec le plâtre et les scories de déphosphoration.

Pendant l'hiver, les écorces sont grattées et badigeonnées aux solutions cupriques. Des bassinages à la bouillie bordelaise entravent la tavelure, tandis que l'ensachage favorise les fruits de choix.

La récolte se fait avec beaucoup de soin. Une fois cueillies, les poires et les pommes sont rentrées à la fruiterie, — rayonnée par gradins, — et classées par espèces et par grosseur, en trois catégories : beau, moyen, petit; les fruits avariés en dehors.

Les paniers à emballage sont garnis avec du papier et du foin. Les caissettes ou boîtes sont à tiroirs tamponnés de ouate, les fruits enveloppés de papier de soie. Poids maximum 5 kilogrammes, tarif des colis postaux.

Une fois la récolte finie, fourchetage général du sol.

Quant au choix des variétés, le propriétaire se tient au courant des collections sélectionnées, tout en conservant, pour la grosse vente, des espèces locales renommées aux marchés du Nord et de Paris ; par exemple, le Pommier *Reinette Clermontoise*, dite « Pomme reinette » (*fig.* 411) ; à l'âge de vingt-cinq à trente ans, cette variété peut donner 250 kilogrammes de fruits vendus de 25 à 30 francs les 100 kilogrammes.

Les Groseilliers cassis ont constitué, de suite, un revenu appréciable. Groupés en lignes aérées entre les rangs d'arbres (*fig.* 116, p. 204), ils fournissent des milliers de kilogrammes qui vont alimenter l'usine et le marché.

M. Jules Labitte a prêché d'exemple et trouvé des

Fig. 410. — Vue panoramique de la ferme fruitière, à Clermont (Oise).

imitateurs. Désormais, les marchés de Clermont sont approvisionnés de 20000 kilogrammes de fruits vendus sur place ou exportés, et les terrains propices aux ver-

Fig. 411. — Pommier haute tige Reinette Clermontoise.

gers, vendus 4000 francs l'hectare, ont atteint le chiffre de 25000 francs, une fois plantés.

Routes ; chemins. — Les routes offrent un terrain tout disposé aux plantations fruitières. Le sol est amélioré — ou pourrait l'être —. L'air, la lumière ne leur feront pas défaut.

Les arbres sont plantés sur la banquette de la route, comme les Pommiers de la figure 412, ou à la lisière des champs riverains, comme les Poiriers du même dessin.

Quant à la surveillance, elle est moins rigoureuse qu'on ne le suppose ; les cantonniers sont les gardiens tout désignés de la plantation.

Nous avons visité les routes fruitières du Hanovre, du Wurtemberg, de la Hesse, du Nassau, contrées qui en possèdent le plus ; l'entretien et la surveillance en sont confiés aux cantonniers dans un parcours de 1 kilomètre pour chacun d'eux.

D'ailleurs, depuis les chemins de fer, le va-et-vient est moins fréquent sur les routes, et nous ne voyons aucun inconvénient à ce que les voyageurs y goûtent un fruit. Il y aurait un service rendu que n'atteint pas la plantation d'Ormes, d'Érables ou de Frênes nourrissant des galéruques, des hannetons, des cantharides.

Lorsque le public sera habitué à ce voisinage si utile des arbres fruitiers, et quand le fruit jonchera les routes, on n'y touchera pas plus qu'aux raisins des vignes sur le bord des chemins.

Toutefois, si l'on ne veut pas exciter le maraudage, nous conseillons, à proximité des centres de population, d'accorder la préférence aux essences purement forestières ou ornementales. Mais partout ailleurs, on planterait des arbres fruitiers, des Poiriers et Pommiers en espèces à cidre ou d'économie domestique ou industrielle, dans les bonnes terres ordinaires, climat moyen ; des Merisiers à kirsch, dans le climat vosgien ; des Amandiers, dans les terrains caillouteux du Midi ; des Noyers dans les montagnes du Centre ; des Châtaigniers, indiquant les laies ou voies forestières des sols granitiques ou sablo-ferrugineux.

Nous n'avons pas besoin de recommander des arbres à tige élevée (*fig.* 413), couronnée par un branchage plutôt dressé que retombant ; les sujets seront plantés à chaque décamètre, et les mêmes essences de chaque côté de la route. Le coup d'œil y gagne et l'exploitation aussi.

Plusieurs de nos départements, la Lorraine, l'Alsace, une grande partie des États allemands offrent l'exemple de routes fruitières. La vente du produit se fait par lots, chaque année, dès que le fruit est noué. L'acheteur surveille lui-même ou fait surveiller son lot. Les Ponts-et-chaussées ont ainsi un revenu annuel qui n'est pas comparable avec la vente décennale des tontes et élagages des anciennes plantations sylvicoles plus ou moins routinières.

Il nous suffirait de citer le Wurtemberg dont la récolte des fruits à pépin ou à noyau, sur les routes, a produit, en 1878, une somme de 10 millions de francs.

Canaux et rivières. — Par les raisons que nous venons d'émettre, les canaux et rivières devraient être bordés d'arbres fruitiers à tige élevée, à branchage érigé, autant que possible ; par exemple des Cerisiers Merisiers à kirschenwasser, des Bigarreautiers. Leur fruit ne tombe pas, et le bois est employé dans l'ébénisterie.

Le sujet, enveloppé d'une chemise d'épines, sera préservé de l'action du vent par un tuteur en arc-boutant, fiché en arrière, s'il occupe l'arête de la banquette ou le sommet d'un talus. Avec un terrain plat, si l'on redoute le passage des voitures ou du bétail, on pourra choisir

' l'armature en bois (*fig.* 414) ou le système plus simple
du corset épineux (*fig.* 413), ou le trépied (*fig.* 416), ou

le pied courbé (*fig.* 438).

La vente du fruit se fait aux enchères, chaque année

ou par périodes plus étendues. Les riverains et les

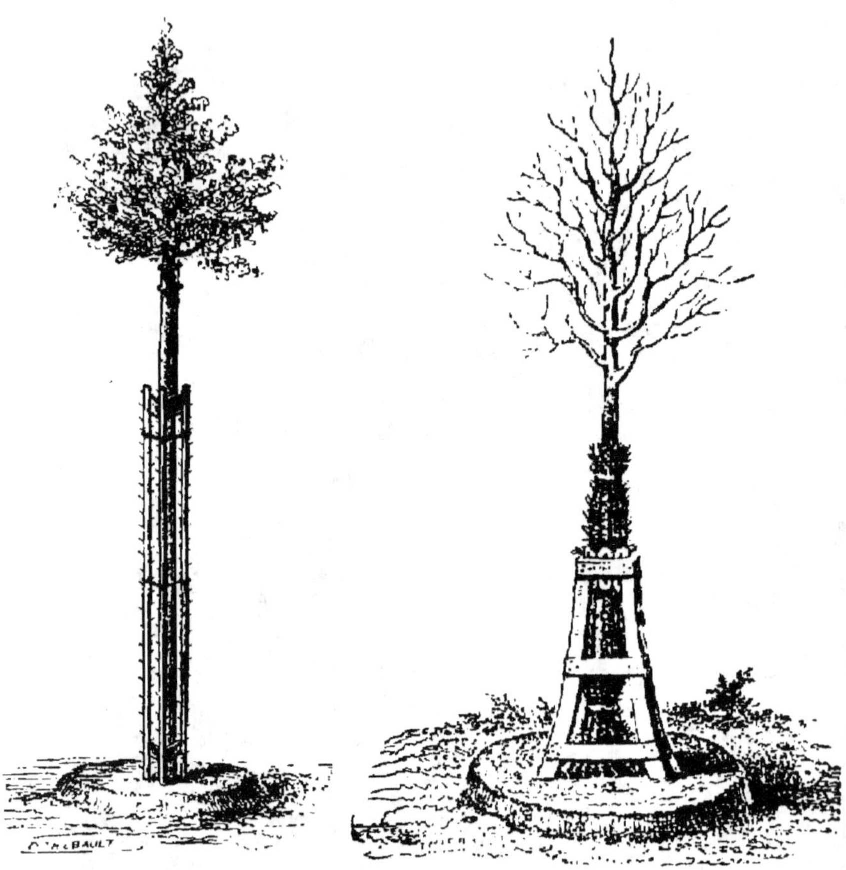

Fig. 413. — Arbre à tige
élevée, pour plantation
routière.

Fig. 414. — Arbre planté sur le bord
des chemins et des canaux.

gardes de la rivière sont les premiers intéressés à
prendre part à l'adjudication.

Chemins de fer. — Les voies ferrées offrent de nombreuses situations favorables aux plantations d'arbres et arbustes fruitiers.

En première ligne, la haie vive pourrait être une clôture fruitière de Poiriers à basse tige, et dressés en petite palmette (*fig.* 268), ou de Pommiers en V simple, à tiges entre-croisées.

La Vigne en treille y trouverait également sa place.

Çà et là, sur cette ligne fruitière, on planterait un arbre en demi-tige, le Cerisier, par exemple (*fig.* 415).

Les talus produits par les déblais ou les remblais seraient garnis de Vignes allongées en cordon ou en chaintre, ou ramassées en buisson ; les Pommiers et les Cerisiers en vase à basse tige y fructifieraient ; les Groseilliers en touffe y seraient prospères.

Quant aux parcelles de terrain inoccupées, résultant d'acquisitions forcées pour l'exécution de la voie ou d'emprunts pour les remblais, leur isolement ne peut

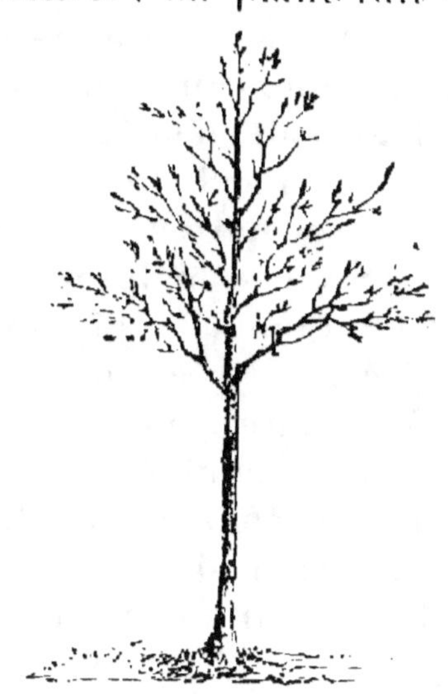

Fig. 415. — Cerisier Merisier pour border les routes, les rivières et les voies ferrées.

guère être affecté qu'au service de pépinières destinées au remplacement ou à l'extension des plantations fruitières de la voie.

La vente du fruit sera faite en gros, aux enchères publiques et renouvelée tous les ans. Un autre système tendant à dégager la Compagnie des soucis de l'installation des plantations, de leur entretien et de leur exploitation, consisterait à en accorder la concession à un tiers responsable et garant, ainsi qu'on l'a déjà pratiqué en France, en Belgique, en Hollande.

Friches; Terrains vagues. — Les administrations départementales, communales, hospitalières et autres possèdent des terres stériles complètement négligées; le sol est laissé à la vaine pâture et le plus souvent abandonné aux ardeurs du soleil et au lavage des pluies. Depuis un temps immémorial, ces biens incultes sont légués de génération à génération sans que l'on ose y porter la pioche ou y semer une graine.

Quelques hardis pionniers, des défricheurs tenaces, sont parvenus, malgré tout, à s'insurger contre la routine et ont tenté des plantations qui ont réalisé de beaux bénéfices, en suscitant des imitateurs. Mais les traditions invétérées ne prêtent pas toujours l'oreille aux novateurs. Combien d'entre eux ont été considérés comme des fous ou montrés au doigt comme des sorciers! Un peu de bonne volonté, un peu de raisonnement auraient dû cependant laisser entrevoir aux intéressés des mines à exploiter, des trésors à découvrir, une source de richesses à faire jaillir, enfin une conquête humanitaire par la voie fruitière ou forestière.

Parmi tous les exemples qui viendraient à l'appui de notre raisonnement, il nous suffira de citer une commune du Luxembourg. qui a fait planter 3000 arbres fruitiers sur un terrain vague. Pendant vingt années consécutives. le rapport total a été de 70000 francs.

Il n'est guère possible de déterminer le mode de plantation à suivre dans les friches et les terrains vagues.

Procéder par essais, par tâtonnements, en tenant compte des habitudes locales, sera faire acte de prudence, et préparera dans la suite de plus vastes entreprises. Toute fausse manœuvre retarderait de plusieurs siècles cette révolution pacifique et rurale. Planter par lignes à grandes distances ; choisir des fruits facilement exploitables : noix, châtaignes ou amandes, d'après la situation, poires et pommes à cidre ou à cuire, cerises à kirsch, prunes à sécher, etc. Affermer la récolte ou vendre à l'adjudication chaque année, assez tôt pour diminuer les frais de surveillance et de responsabilité.

En assimilant les espèces au sol, on évitera, par exemple, de planter, dans une terre où la sève s'arrête à bonne heure, des Poiriers à fruits d'hiver qui réclament une alimentation soutenue jusqu'à l'automne ; tandis que le Cerisier et l'Abricotier auraient le temps d'y mûrir leurs fruits.

Les plantations sur friches qui se trouvent exposées au passage des voitures, au parcours du bétail, nécessiteront un tuteur aux arbres. S'il est insuffisant, on le doublera d'une chemise d'épines. En général, dans nos campagnes, on enveloppe la tige du sujet avec de la grande paille, et on l'entoure avec une armature simple, comme la figure 416 nous l'indique, et souvent encore d'une façon plus rudimentaire.

Si l'on avait la précaution de sulfater le bois et la paille, on éloignerait ainsi de l'arbre les rongeurs, les insectes et les escargots.

La majeure partie des friches communales sont en terrain montagneux ; bien que le quinconce soit une méthode rationnelle, la régularité n'en est pas toujours praticable. Des ravins, des carrières, des mamelons peuvent provoquer des déviations, des groupements ; il n'y aura pas d'inconvénient à le faire. La plantation à grande distance, surtout au début de l'opération, aura sa raison d'être pour l'économie du travail, pour les éventualités de l'avenir et la fréquentation du verger.

Outre les friches en montagne, il existe des terrains vagues d'une nature marécageuse, des tourbières abandonnées, etc., qui ne peuvent être exploités qu'après des travaux d'assainissement qui dégagent leur humidité surabondante ; l'ouverture de canaux et de rigoles s'y impose tout d'abord, puis la plantation sur banquette ou sur butte.

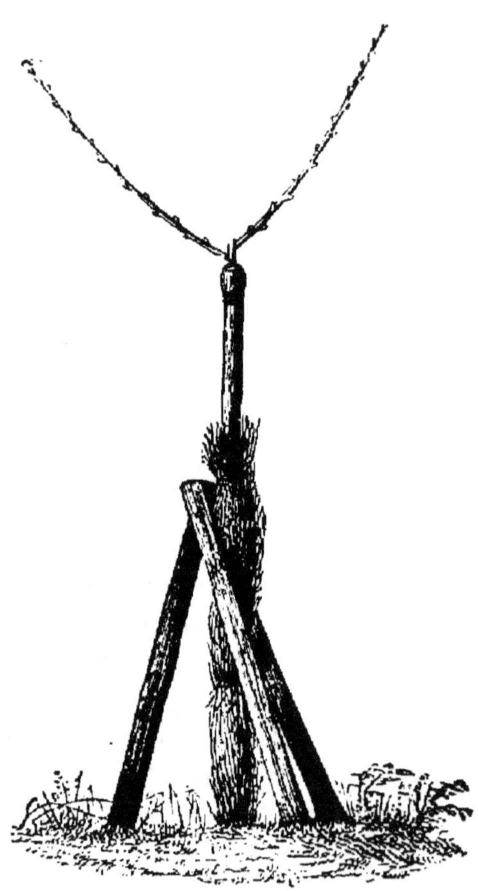

Fig. 416. — Armature contre les approches du bétail et des voitures.

L'hortillonnage d'Amiens (*fig.* 417) s'exerce depuis

longtemps sur des terrains de cette nature ; les légumes
y sont en majorité, mais nous !y avons visité de nom-

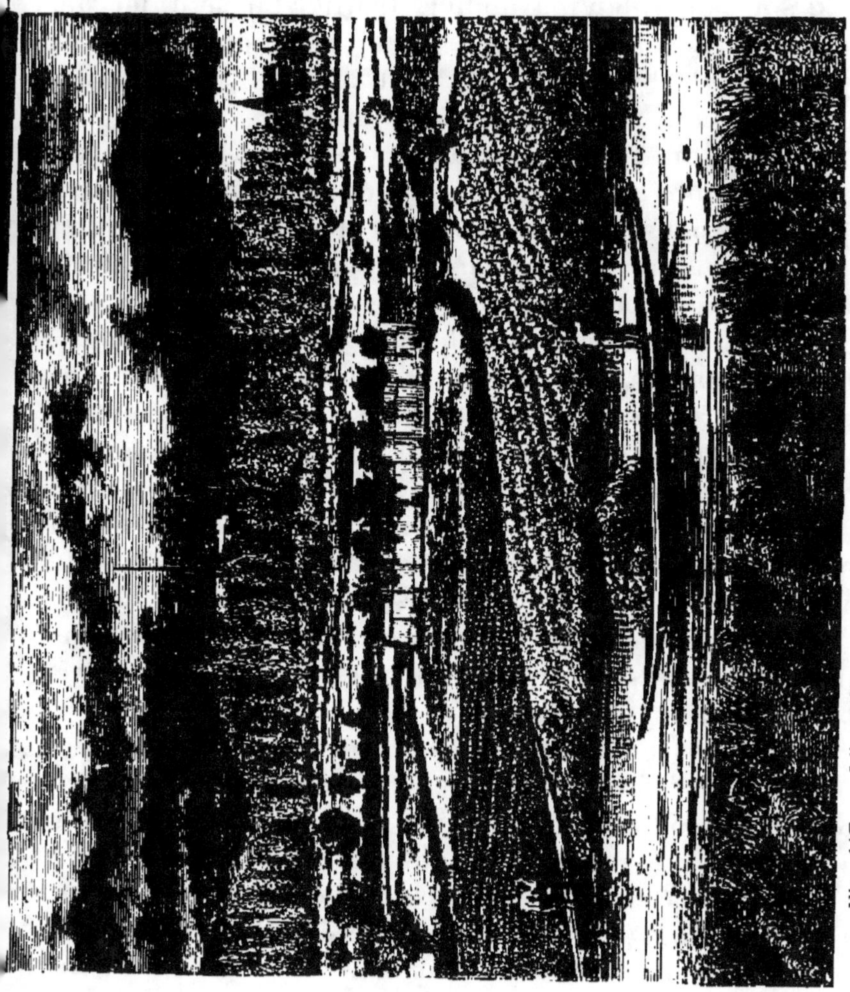

Fig. 417. — L'hortillonnage à Amiens. Cultures en terrain marécageux.

breuses parcelles consacrées aux arbres fruitiers à
pépin ou à noyau et aux petits fruits rouges, groseilles,
framboises et fraises.

Boskoop, en Hollande, est dans les mêmes conditions ; le bateau est le premier auxiliaire de l'exploitant, qu'il soit jardinier maraîcher, fruitier ou pépiniériste. Les produits sont emmenés comme à Amiens (*fig.* 418), par eau, et débarqués au port où des voitures les attendent pour les conduire au marché.

Plantations commerciales ; Vergers. — Chacun de nos chapitres précédents a donné quelques indications générales sur l'importance des plantations fruitières au point de vue commercial, sur les résultats obtenus et la forme qui conviendrait aux sujets.

Il nous reste à organiser des vergers à grand produit, en combinant nos diverses essences fruitières. Nous supposons, bien entendu, que nous avons suffisamment étudié la valeur de l'emplacement et que nous sommes certain du succès.

En principe, toute plantation commerciale devra comprendre un assez grand nombre d'arbres de la même espèce, groupés en carrés ou en lignes.

Avec une étendue restreinte ou dans des conditions spéciales, une seule espèce ou un seul genre pourrait être admis.

Les plantations combinées offrent cet avantage que les éléments constitutifs du sol, de nature différente, trouveront mieux à s'assimiler aux espèces de genres distincts, leurs appétits n'étant pas les mêmes.

Nous pourrons donc rapprocher deux carrés, deux groupes, deux lignes d'espèces dissemblables, tout en conservant une certaine harmonie à l'ensemble du verger.

Dans le but d'augmenter la production sur la même surface, nous planterons, à titre provisoire, des arbres à basse tige, intercalés dans les autres ; ils seront d'une nature promptement fructifiante et disparaîtront quand

Fig. 418. — L'hortillonnage à Amiens. Arrivée des fruits et des légumes.

les arbres de fond auront acquis leur développement, et dès qu'ils seront en bonne production.

Voici des exemples de vergers mixtes ou combinés.

La figure 419 représente un verger d'arbres en haute tige, permanents, avec des lignes intercalées et temporaires de sujets en basse tige.

A est une ligne de Pruniers.
B — Poiriers.
C — Pommiers.
D — Cerisiers.

Les rangs d'arbres temporaires sont ainsi composés : *b*, Cerisiers en touffes ; *c*, Poiriers en pyramides ; *d*, Pommiers en buisson. La ceinture *a* pourrait être en Vignes, en Groseilliers, ou en Noisetiers et Cognassiers.

Dans la figure 420, les arbres provisoires sont intercalés dans le rang d'arbres permanents, au lieu de former des lignes spéciales ; alors tout le sol disponible pourrait être livré à la grande culture de céréales, de fourrages ou de légumes.

A est une ligne de Cerisiers en haute tige, séparés par des Cerisiers en touffe.

Fig. 419. — Verger combiné d'arbres à haute tige avec des lignes provisoires d'arbres à basse tige.

B, ligne de Pommiers en haute tige, séparés par des Pommiers en buisson.

C, ligne de Poiriers en haute tige, séparés par des Poiriers en pyramide fuseau.

D, ligne d'Abricotiers à haute tige, séparés par des Pêchers à demi-tige.

E, ligne de Pruniers à haute tige, séparés par des Mirabelliers en touffe.

F, ligne d'Amandiers à haute tige, séparés par des Vignes à basse tige.

La ceinture est composée de Vignes, de Noisetiers et de Cognassiers.

Les deux projets (*fig.* 419 et 420) pourraient être combinés de manière à comprendre des buissons provisoires entre les arbres de fond, et en plus, des lignes temporaires au milieu des lignes permanentes.

Fig. 420. — Verger combiné d'arbres à haute tige et d'arbres à basse tige dans la même ligne.

Dans le Gloucestershire, une ferme de 200 hectares a été ainsi récemment transformée.

Si l'on veut affecter à une culture quelconque les terrains laissés entre les rangs d'arbres, il conviendra de les en isoler par un rang de Vignes (*fig.* 421), ainsi qu'on le remarque dans le Midi où les céréales, les Vignes, les Oliviers ou les Amandiers se rencontrent souvent dans des plantations de ce genre.

Les jardins destinés à l'agrément de la famille ou au commerce des fruits pourraient se contenter d'une

Pomone restreinte, quoique variée dans les espèces qui la composent.

La figure 422 nous montre une combinaison dans

Fig. 421. — Plantation d'arbres fruitiers en haute tige avec bordure de Vignes dans les *oulières* de céréales, de légumes ou de fraisiers.

ce but. Les arbres et arbustes sont des têtes de ligne où les sujets d'une même plate-bande se répètent ainsi

Fig. 422. — Plantation fruitière combinée.

jusqu'à son extrémité : Poirier et Pommier en haute tige, Poirier ou Pommier en pyramide. Au centre, le

vase gobelet de Pommier ou de Cerisier ; enfin des
buissons de Groseilliers et de Cassissiers.

Fig. 423. — Verger combiné, avec bordure simple.

Nous comprenons l'agencement d'une plantation
commerciale suivant les figures 423 et 424 : 1° une

ligne de Poiriers définitifs, en haute tige, intercalés de sujets temporaires en pyramide ; un rang de Vignes de chaque côté dessine la plate-bande ; 2° une autre ligne de Pommiers permanents, en haute tige, intercalés de Pommiers provisoires en buisson ; un rang de Groseilliers formant bordure ; 3° une autre ligne de Cerisiers à tige avec des sujets de même espèce, en basse tige, qui les séparent d'une façon temporaire ; bordure simple ou double de Cassissiers, etc.

Les arbres permanents sont à **8** mètres d'intervalle, comme les lignes entre elles ; les sujets provisoires sont à moitié distance. Les lignes de bordure étant à **2** mètres de l'axe, l'allée conservera 4 mètres de largeur, ce qui la rendra propre à quelque culture potagère ou autre, provisoirement.

Nos deux dessins sont établis sur les mêmes bases. Les plates-bandes de la figure 424 comportent, en plus, un rang de Fraisiers parallèle à la ligne de bordure.

Une plantation régulière pourrait être basée sur les distances suivantes : 8 mètres entre les arbres à haute tige, et 4 mètres pour le diamètre ou axe transversal des plates-bandes.

Les arbres intercalaires, à basse tige, seront à 2 ou à 4 mètres, les Vignes à **2** mètres, les Groseilliers à 1 mètre. Ceux-ci pourraient même former des doubles lignes à 1 mètre, avec touffes en quinconce.

La meilleure orientation des lignes du verger est du nord-est au sud-ouest. Souvent, la configuration des lieux s'oppose à ce qu'on les établisse ainsi.

S'il est possible de parer aux grands vents au moyen de plantations de grands arbres, on emploierait à cet usage les Noyers et les Châtaigniers.

Les terrains en montagne offrent plus d'avantages lorsqu'on peut en rectifier la déclivité au moyen de

Fig. 424. — Verger combiné, avec bordure double.

terrasses (*fig.* 425). Les arbres à tige sont plantés au milieu de la banquette, tandis que la Vigne pourra l'encadrer et garnir les talus: si le climat ne s'y prête pas, le Pommier nain, le Groseillier seront préférés.

On voit de nombreux exemples de travaux de ce genre dans les vergers du Sud, du Sud-Ouest et du

Fig. 425. — Plantation d'arbres fruitiers en terrasses régulières, avec bordure de Vignes ou de buissons fruitiers.

Centre, comme dans les plantations de Mûriers, du Vivarais, en terrasses irrégulières (*fig.* 426).

Les **Plantations en montagne** réclament une étude préalable — à part l'altitude, — étude basée sur la nature du sol, du sous-sol et du climat, la situation abritée ou à tout vent, l'action du soleil, de la neige, des pluies, les courants de froid ou de chaleur, l'influence des montagnes voisines, la présence et l'orientation des forêts, enfin tous les facteurs qui peuvent influencer la réussite des arbres ou arbustes, leur production, leur avenir.

Ici, l'expérience d'autrui et les essais tentés en condi-

Fig. 426. — Plantations en terrasses irrégulières sur les terrains
déclives.

tions analogues sont toujours utiles à consulter; à

chaque chapitre, nous avons indiqué les espèces robustes, par exemple :

L'Abricotier *commun*, dit « Blanc d'Auvergne, » etc.

Une terre végétale agglomérée, ou dispersée dans les hautes vallées, sur les hauts plateaux et les crêtes abritées de l'aquilon permettent d'espérer, sous les conditions énoncées, de récolter des fruits de cuisine, de séchage ou de pressoir, à une altitude de 1 500 mètres, même 2 000 mètres, en pleines Pyrénées, Alpes et Cévennes, sur les monts d'Auvergne, du Limousin, du Morvan, de la Corse, du Jura, des Vosges, aux sommets bourguignons et comtois, et combien au delà de nos frontières ?

Au-dessous de l'habitat des cerises, des poires et des pommes, nous rencontrons des prunes, des noix, des châtaignes, et plus bas encore, à quelques centaines de mètres, des abricots, des pêches, des brugnons, des raisins accompagnés de groseilles, de framboises, de cassis et de fraises.

Il ne s'agit pas ici d'entreprises spéculatives; c'est une occasion de rendre fructueux des emplacements stériles ou abandonnés et de procurer quelque agrément aux populations montagnardes.

Il conviendra de planter à la chute des feuilles, plutôt de jeunes sujets, sains, bien racinés et de bonnes espèces.

Un temps couvert ou pluvieux n'est pas à dédaigner.

Une fois planté, répandre autour du collet un paillis de litière ou d'herbages, d'argile ou de pierrailles.

Entourer l'arbre et préserver le tronc de l'action du verglas et du dégel par une chemise de paille, de genêt ou de ramilles.

En 1903, au Congrès des Sociétés savantes, à Bordeaux, il a été reconnu que les fruits récoltés en montagne étaient moins véreux et leur maturation plus lente et plus tardive.

Exploitation de la récolte des fruits. — Quant au mode d'exploitation de la récolte, il y a la vente directe aux consommateurs ou aux marchands et la vente de la récolte sur pied à des intermédiaires. Quoi qu'il arrive, il conviendra d'éviter les transactions à long terme.

Nous ne parlons pas du revenu parce qu'il varie d'après les milieux où l'on opère. Un maître de l'arboriculture fruitière, M. Hardy, a publié la note suivante sur la production moyenne d'un arbre fruitier en plein vent, à sa vingtième année de plantation :

Le Cerisier rapporte environ 70 kilogrammes de cerises, à 0 fr. 20 le kilogramme; total, 14 francs.

Le Prunier rapporte environ 80 kilogrammes de prunes, à 0 fr. 15 le kilogramme; total, 12 francs.

Le Poirier rapporte 10 doubles décalitres de poires, à 1 fr. 25 l'un; total, 12 fr. 50.

Le Pommier rapporte 20 doubles décalitres de pommes, à 0 fr. 80 l'un; total, 16 francs.

Voici une autre communication de ce genre, faite par un arboriculteur du Luxembourg :

Un arbre fruitier peut rapporter, de sa quinzième à sa vingt-cinquième année, en moyenne 4 francs, soit, en dix ans, la somme de 40 francs. A partir de sa vingt-cinquième jusqu'à sa quarantième année, l'âge auquel la plupart de nos arbres forestiers sont abattus, l'arbre fruitier rapporte en moyenne 12 à 16 francs (souvent de 25 à 30 francs), soit, pour quinze années, la somme de 144 à 180 francs. Total, 184 à 220 francs.

Ces arbres peuvent rapporter en abondance jusqu'à la soixante-dixième année. A l'âge de quinze ans, ils auront déjà rapporté plus de quatre fois les frais de plantation et d'entretien.

Les syndicats de producteurs sont favorables à la vente des fruits comme aux achats de matériel, de plants, d'engrais. Nous avons signalé celui des fraisiéristes de Carpentras, organisé sous l'impulsion du professeur départemental d'agriculture, M. Zacharewicz, animé d'un dévouement infatigable en vue d'accroître les productions potagères et fruitières et d'en faciliter la vente aux meilleures conditions possibles.

Appelons aussi l'attention sur le syndicat de Quincy-Ségy, commune de 1 500 habitants sise aux portes de Meaux :

Ce sont des petits cultivateurs travaillant eux-mêmes avec leur famille.

En 1804, au lendemain de sa création, le Syndicat vendait pour 36 118 francs de fruits ; les frais généraux ont dépassé 7 000 francs.

Il s'agissait de poires, pommes, prunes, cerises, groseilles, noix, cassis, pêches, coings, soit un total de 180 950 kilogrammes.

Débouchés principaux, Paris et Londres.

Le matériel se compose de 2 000 cageots et de 3 800 *sièves.*

Pour ces achats du début, le Syndicat a contracté un emprunt de 1 000 francs à la Caisse de Crédit mutuel de Meaux.

Aujourd'hui, la vente des fruits augmente, les moyens de transport ayant donné satisfaction au producteur.

Déjà nos compagnies de chemin de fer réduisent, autant que possible, les tarifs internationaux de transport et secondent ainsi nos exportations. Elles construisent des wagons spéciaux (10 tonnes environ) pourvus de systèmes rationnels ou frigorifiques, ou d'aération, ou de chauffage, pour les services d'été et d'hiver. D'ailleurs, elles encouragent les producteurs par leurs agents commerciaux qui les renseignent sur les tarifs, le cours des denrées, les formalités de douanes, les modes d'emballage et de vente et leur procurent aussi une clientèle sérieuse.

II. — PLANTATION DES ARBRES.

Préparation du sol. — La bonne terre à blé, alliée à la terre de prairie, constitue un bon sol pour le verger. Si la couche végétale est d'une épaisseur suffisante, l'engrais est superflu ; une bonne culture préalable suffira avec un mélange de terres au moment de la plantation.

Pour une plantation d'arbres à faible distance, on défonce le sol par tranchées dirigées dans le sens des lignes à planter (*fig.* 433, p. 651) ; mais dans le verger à haute futaie, les sujets étant trop espacés, on se contentera d'ouvrir de bons trous, larges de 2 mètres, profonds de 75 centimètres.

Plus les racines du sujet sont développées, plus grand doit être le trou. On l'ouvre avec un outil, et l'on entame le fond et les parois latérales afin que les racines ne soient pas encaissées dans une terre dure. Il vaut mieux forcer en largeur la dimension du trou, les racines seront ainsi engagées à pénétrer dans les couches supérieures du sol.

Si le sous-sol est défectueux, on l'extrait; mais si par la nature ou les dimensions du sous-sol, cette extraction présente des difficultés, on le laisse et l'on surcharge la couche arable avec un apport de bonnes terres et d'amendements.

L'outillage du défoncement comprend principalement un pic-pioche (*fig.* 427), pour entamer la couche

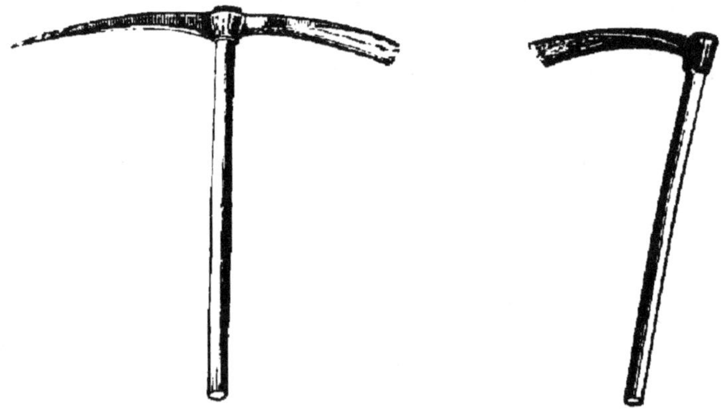

Fig. 427. — Pic-pioche.   Fig. 428. — Pioche.

supérieure et celles qui offrent le plus de ténacité, la pioche simple (*fig.* 428), pour attaquer les couches de terre moins fermes, à moins que l'on ne soit habitué à manier la bêche (*fig.* 429).

Les meilleurs amendements sont les terres végétales, les sols d'alluvion, les gazons, les curages de rivière, les raclures de cour, d'étable, l'humus de forêt, les boues de rue, les terres brûlées, les poussières de route, la suie, les cendres, les plâtras, les phosphates, la marne, l'enfouissement préalable de plantes herbacées, les matières fécales chaulées, les débris végétaux ou animaux, etc., mélangés, manipulés, façonnés, arrosés préalablement avec du purin, des eaux de ménage ou des rinçures de tonneau, de manière à produire un compost favorable aux végétations arborescentes. On tâche de donner au sol les éléments qui lui manquent.

Nous recommandons encore le fumier de ferme : s'il est employé à titre d'engrais préparatoire, on l'enterre en labourant le champ ; si c'est un engrais combiné, il sera stratifié avec des lits de terre et des substances comme celles que nous venons d'indiquer.

Les engrais sont mélangés à la terre, environ un mois avant la plantation, à l'époque de l'ouverture des trous. La bêche (*fig.* 429) et la fourche trident (*fig.* 430) conviennent à ce travail.

L'ouverture préalable d'un trou contribue à l'amélioration du sol par l'action des agents atmosphériques.

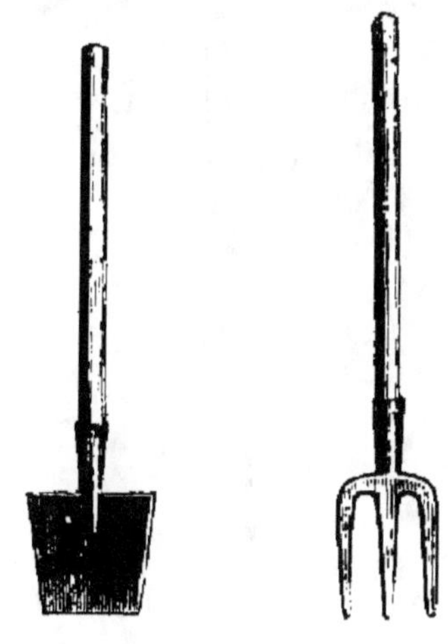

Fig. 429.
Bêche.

Fig. 430.
Fourche trident.

Lorsque le terrain est trop chargé d'humidité, on l'assainit par le drainage ou par l'ouverture de rigoles qui fourniront des terres pour élever le sol. On pourrait encore placer des fascines, des pierrailles, des scories au fond des trous et des tranchées, puis les recouvrir de gazons et de terre : les arbres y développeraient alors leurs racines, sans obstruer la canalisation souterraine des drains en terre cuite ; cette obstruction est un inconvénient de l'autre système.

Huit jours avant la plantation, on pourra niveler le sol et briser les mottes, avec le crochet-pioche (*fig.* 431). ou la griffe de fer, dite grappin (*fig.* 432).

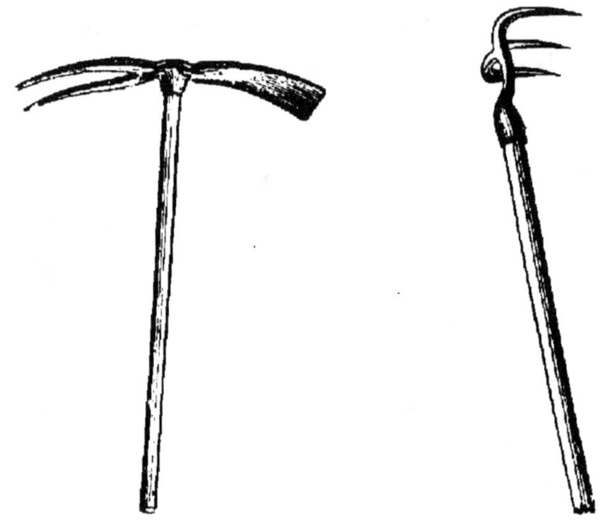

Fig. 431. — Crochet-pioche.   Fig. 432. — Grappin.

Quand, au contraire, le terrain est ferme et garni de pierres dures, roches, silex, laves, cailloux, il convient d'employer la pioche, soit complètement, soit par tranchées (*fig.* 433) en ayant le soin d'extraire tous les corps étrangers à la bonne végétation. Les pierres serviront à recharger les chemins et allées, ou remplaceront de la bonne terre enlevée pour combler les tranchées et recharger les couches de terre végétale.

Alors plantations sur butte, scellement au pied, tuteurage. arrosage, pour éviter l'affaissement du sol.

Clôtures. — Il serait assez difficile de spécifier le mode de clôture et la nature de l'abri d'une plantation,

Fig. 433. — Défoncement par tranchées, dans un terrain pierreux.

ce sont les circonstances qui dictent la marche à suivre ; la plupart du temps, on n'a besoin d'aucune de ces précautions.

La clôture d'une grande plantation est quelquefois un fossé. L'eau est avantageuse au verger et devient un obstacle au maraudage. La rive intérieure du fossé sera bordée de Noisetiers, de Cognassiers, de Cerisiers, de Mirabelliers en buissons ou en demi-tige.

La clôture en haie vive la plus défensive est la haie d'Aubépine blanche (*Cratægus oxyacantha* ou *monogyna*, plus robuste au froid). Lorsque l'on veut se séparer d'un jardin voisin où le maraudage n'est pas à craindre, la clôture fruitière (*fig.* 268) suffira.

Le système de clôture qui peut être utilisé au profit de l'arboriculture fruitière, c'est le mur en pisé, en briques, en pierres, en composition quelconque, et recouvert d'un crépi. La cloison pleine en planches sulfatées, le brise-vent en roseaux n'offrent pas les mêmes avantages à l'arboriculteur. Le mur a l'inconvénient d'être plus coûteux; mais lorsqu'on peut utiliser les deux façades, c'est un capital à gros intérêts. le bénéfice de l'espalier est doublé.

Le mur sera assez élevé; le chaperon qui le couvre formera une saillie proportionnée à la hauteur du mur; cette saillie augmentée d'un abri, au moyen d'une planche sulfatée ou d'un paillasson étroit (*fig.* 434), préservera l'arbre des gelées printanières et des pluies froides.

En construisant le mur, on y scelle des clous à crochet (souvent des os), qui serviront à accrocher le treillage (A. *fig.* 435).

Treillages. — Le treillage destiné au palissage des arbres est un lattis en bois, en fer ou mixte.

La figure 435 représente un panneau de treillage en bois composé de baguettes de Chêne, de Châtaignier,

de Sapin, de Peuplier sulfaté, croisées régulièrement
et reliées par des pointes ou par des fils de fer, de
manière à produire des mailles de 0^m,20 sur 0^m,25.

Fig. 434. — Paillasson-abri pour les espaliers.

Des mailles plus grandes pourraient être réduites
au moyen de fils de fer qui se croisent à leur intérieur
(*fig.* 436); c'est un treillage mixte.

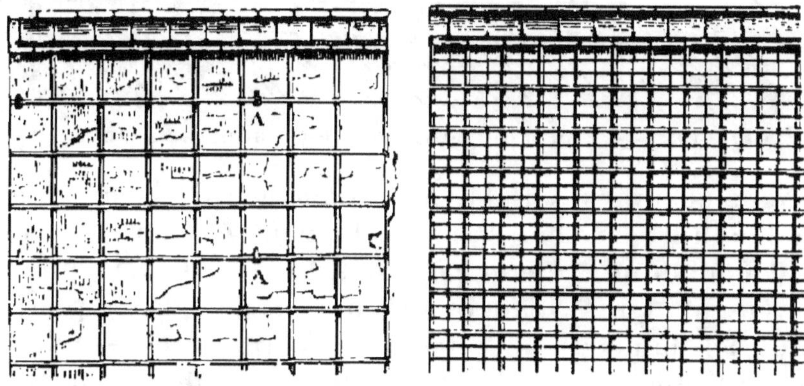

Fig. 435. — Treillage en bois
pour les espaliers.

Fig. 436. — Treillage mixte, bois
et fer, pour les espaliers.

La Vigne ne réclame pas un treillage aussi minutieux :
les lattes verticales seront espacées de 0^m,25, et les fils
de fer en lignes horizontales à tous les 0^m,50.

Les treillages en fer sont plutôt appliqués en plein air, aux contre-espaliers. Les poteaux sont à chaque extrémité, les fils de fer les relient à tous les 30, 40 ou 50 centimètres. Si la portée est grande, on placera quelques pieux intermédiaires. L'industrie livre des tiges en fer toutes préparées et disposées à cet usage.

La tension des fils de fer s'obtient à la force des bras ou au moyen de raidisseurs. Il y a plusieurs genres de raidisseurs, les plus simples sont les meilleurs.

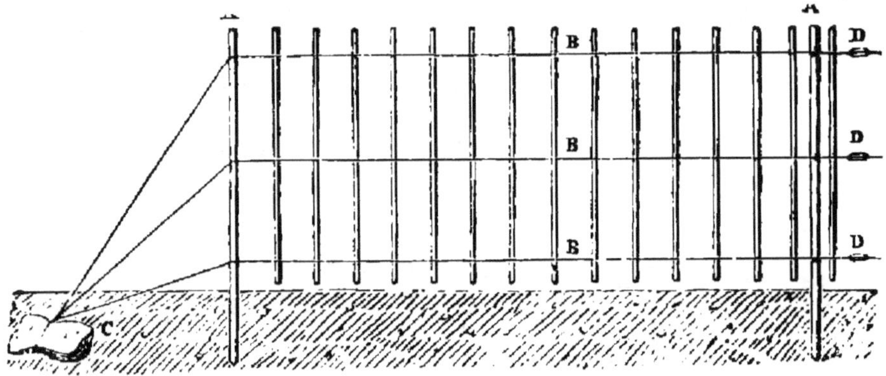

Fig. 437. — Treillage pour contre-espalier peu élevé.

Nous sommes satisfait du poteau raidisseur avec arc-boutant en fer, sans scellement souterrain. Le poteau oblique, retenu par tous les fils de fer qui le traversent et qui viennent se souder à une grosse pierre enfoncée dans le sol, offre toute garantie de solidité.

Une treille basse, fatiguant peu (*fig.* 437), n'aurait pas besoin d'arc-boutant. Les supports (A) étant suffisamment forts et rapprochés, les fils de fer (B), réunis et retenus par une pierre (C), resteront d'autant mieux tendus que des raidisseurs (D), galvanisés, seront placés dans leur parcours.

Nous employons également avec succès un système mixte, les poteaux et les arc-boutants étant en bois sulfaté, et les fils de fer tendus à la force des bras. Le fil de fer câblé est assez avantageux.

Les treilles de Vigne seront palissées sur un treillage semblable ; sa hauteur est calculée sur le développement des ceps. Deux ou trois fils de fer suffiront pour une hauteur de treille de 1 mètre à 1^m,50.

Le cordon de Pommiers, dit horizontal ou parallèle au sol, s'obtient avec un fil de fer retenu, à chaque extrémité, à une petite tige de fer trouée à la tête, la pointe étant enfoncée en terre dans un bloc de bois ou de pierre.

La conservation des treillages s'accroît par l'emploi de bois brut sulfaté, la peinture ou le goudronnage du bois ouvré, l'emploi du fil de fer galvanisé et la peinture au minium des tiges et des poteaux en fer.

Armatures. — Les arbres à haute tige des vergers, des plantations routières, etc., seront tuteurés aussitôt leur plantation faite, afin d'être protégés contre les vents et d'autres causes d'ébranlement.

Si l'on craint les accidents résultant du parcours du public, des voitures et du bétail, il faudra envelopper la tige d'une chemise d'épines jusqu'à la hauteur d'homme. Toutes les fois que l'on jugera indispensable la présence d'un corset ou armature, il ne faudra pas hésiter à l'employer.

Nous avons donné (*fig*. 413, 414, 416) quelques exemples d'armatures préservatrices. Voici un autre modèle (*fig*. 438) dont on comprendra facilement la construction primitive et suffisante.

L'arbre sera rendu libre dès qu'il pourra se défendre

lui-même par sa force végétative et son développement.

Quand l'arbre est exposé aux crues d'eau et à la retraite des glaces qui déchirent son écorce, il sera prudent d'enrouler à la base de la tige, et pendant l'hiver, une corde de foin à spires très rapprochées.

Abris. — A l'époque de l'entrée en sève, de la floraison et de la formation du fruit, la variation de la température nécessite quelques précautions pour sauver les prémices de la récolte. C'est pourquoi la recherche d'une situation favorable doit être une des premières préoccupations du planteur.

En plein vent, il n'y a guère que les abris naturels, les montagnes, les bois, les grands arbres qui puissent s'opposer à certains courants.

Fig. 438. — Armature à pied courbé.

Les Provençaux, avons-nous dit, évitent le mistral au moyen du rideau de Cyprès de haute taille (*fig.* 439) et de claies en Arundo ; les jardiniers des environs de Dunkerque atténuent les vents de mer sur les plantes basses avec des lignes fruitières qui en subissent les

Fig. 439. — Abri de Cyprès en rideau.

effets (*fig.* 440), et ceux du Westland néerlandais y parviennent avec des murs en brique creuse qui, à leur tour, concentrent la chaleur en faveur d'espaliers.

Nous avons également cité des exemples de résultats acquis par les nuages artificiels. De grand matin, quand on redoute les gelées blanches, et avant le lever du soleil, on brûle des herbages, des broussailles, des huiles lourdes à proximité des vergers et des vignes. Il se produit des nuages de fumée qui forment écran

Fig. 440. — Abris-ombrelles en arbres fruitiers.

au rayonnement nocturne, toujours funeste aux jeunes végétations.

Enfin, nous avons parlé des cultivateurs de Triel qui accrochent les fanes de pois et haricots dans le branchage des Abricotiers de plein vent. Chacun peut employer un procédé analogue en éparpillant des ramilles de Genêt, de Bruyère, de Sapin ou autres brindilles sèches sur les arbres dressés en pyramide, palmette, cordon, demi-tige, à l'air libre ou en espalier ; ces ramilles n'ont pas l'inconvénient d'étioler la végétation et d'anihiler la fleur, comme le produirait

un large paillasson appliqué immédiatement contre
l'arbre.

Le petit paillasson étroit (*fig.* 434 et 442) est d'un
bon usage ; on le place sur les treilles en plein air et à

Fig. 441. — Fabrique de paillassons et leur emploi dans
les jardins.

la crête des murs pour augmenter la saillie de leur
chaperon. En opérant au printemps, à l'époque du
bourgeonnement et du nouage de la fleur, ou à l'automne
quand les nuits froides nuisent au développement du
fruit, on sauve la récolte et on la conduit à bonne fin.

La figure 441 représente une fabrique de paillaissons ;
le métier est réglé sur la dimension à donner à l'abri.

On voit, au jardin, les applications du paillasson, non seulement sur les châssis et les rangs de cloches, mais sur les espaliers, l'abri étant placé dans une position oblique par rapport au mur, de haut en bas ou en travers, les paillassons restant parallèles entre eux.

Le paillasson est empilé tout enroulé (*fig.* 442); il

Fig. 442. — Paillasson roulé.

suffira de le développer au moment de son emploi. Souvent, on est obligé de le tenir dans cette position au moyen de baguettes de treillage avec lesquelles il sera cousu (*fig.* 434); son usage en sera rendu plus facile, dans la majorité des cas.

Pour augmenter la durée des paillassons et leur éviter les attaques des animaux rongeurs, on les trempe dans un bain de sulfate de cuivre (2 kilogrammes de sulfate pour 100 litres d'eau); ils y baigneront pendant deux jours, puis on les laissera sécher à l'ombre.

Le sulfatage offre les mêmes avantages à l'égard des toiles et des bois employés dans les jardins. Le bois vert s'imprègne mieux; en tout cas, il conviendra de le préparer, de le façonner, avant de le tremper dans le bain; l'immersion dure huit jours.

Nous n'avons point parlé de l'action de la gelée sur les arbres. Dès que le thermomètre atteint — 25°, nos arbres fruitiers sont compromis. Il est difficile de

Fig. 443. — Abri toile pour espalier et contre-espalier.

parer au désastre, sauf en plantant des espèces résistantes au froid. Nous les avons indiquées.

Cependant aujourd'hui les exploitations fruitières qui visent à une production certaine de beaux fruits, les espaliers et contre-espaliers et autres plantations en ligne, n'hésitent pas à employer au printemps des abris en toiles rendues imputrescibles (*fig.* 443).

Choix des sujets. — Les arbres à planter auront été élevés préalablement en pépinière; les essais d'élevage direct, sur place, ne donnent qu'exceptionnellement des résultats satisfaisants quant à la qualité de l'arbre et au choix de son espèce, c'est souvent du temps perdu.

Il n'y a jamais d'inconvénients à faire passer les arbres en nourrice, par quelques années de pépinière; le propriétaire exploitant peut y consacrer à l'avance un carré spécial de son terrain ; sinon, il s'adressera à un horticulteur consciencieux.

Quel que soit le mode adopté, on devra planter des arbres d'une bonne constitution, jeunes, robustes, bien lignifiés, d'une belle venue, à écorce saine, trapus au collet, et garnis de racines chevelues. Les sujets à haute tige seront à tige droite, forte au pied, et assez haute pour faciliter le va-et-vient du travailleur; la couronne du sujet se composera de quelques branches vigoureuses, convenablement placées.

Les sujets destinés à rester en basse tige sont francs de pied ou greffés au collet, la jeune tige étant âgée d'un an ou de deux ans.

Les assortiments sont toujours plus réalisables avec des sujets d'un an de greffe ou de pépinière. La culture commerciale les préfère, mais la culture bourgeoise qui veut hâter ses jouissances pourra adopter un certain nombre d'arbres formés en pépinière. Il importe que les sujets soient bien constitués, réussis dans leur membrure et bien racinés. Quoique étant tout formés, ils doivent être encore jeunes et vivaces. Ils ont été contre-plantés ou élevés en plein champ. Le Poirier en palmette (*fig.* 444) en fournit l'exemple.

La figure 445 reproduit un carré d'arbres fruitiers

Fig. 444. — Poirier en palmette à trois étages de branches.

de nos pépinières visitées par le Jury de la Prime d'honneur de l'Aube : en 1867 (grande médaille d'or), en 1875 (objet d'art), en 1892 (Prime d'honneur), en 1905 (Rappel de la Prime d'Honneur). d'après les rapports et les dessins publiés par le Ministère de l'Agriculture.

Les anciens auteurs se plaignaient souvent des « marchands d'arbres » et les traitaient de la belle manière. Aujourd'hui, grâce aux travaux des Sociétés d'horticulture, des Congrès pomologiques et d'auteurs de mérite, les bons fruits sont connus et propagés avec une ponctualité remarquable. Les chemins de fer facilitent les exportations de végétaux, et il n'est plus nécessaire de s'adresser à la seule « pépinière des Chartreux » qui, dans son temps, faisait autorité.

Distance des arbres. — Chacun de nos chapitres répond à ce paragraphe ; la distance à réserver entre deux sujets semblables est indiquée à l'occasion de leur multiplication. Mais la formule n'est certes pas invariable : on peut l'augmenter dans un sol généreux ou dans un verger mixte couvrant une emblave quelconque, ou lorsque les arbres seront plantés en massifs et non en lignes isolées.

La disposition en échiquier est préférable. La plantation en carré pourrait être acceptée quand les sujets définitifs sont séparés par des arbustes provisoires ou de courte durée.

En général, les plantations à grande distance donnent un beau produit et durent longtemps. Les plantations rapprochées ont quelquefois un produit plus prompt, mais elles devront être plus tôt renouvelées. Le planteur étudiera les milieux dans lesquels il opère, en faisant entrer dans la balance l'état de la propriété, à bail ou non, et la situation financière de l'exploitant, plus ou moins pressé de récolter.

Plantation. — La plantation s'effectue pendant le repos de la sève ; l'époque la plus favorable est l'automne, ou plutôt la période comprise entre la chute des feuilles et les grandes gelées. Plus le terrain est sec, plus tôt on devra planter ; s'il restait encore des feuilles aux arbres à déplanter, on les couperait, sur

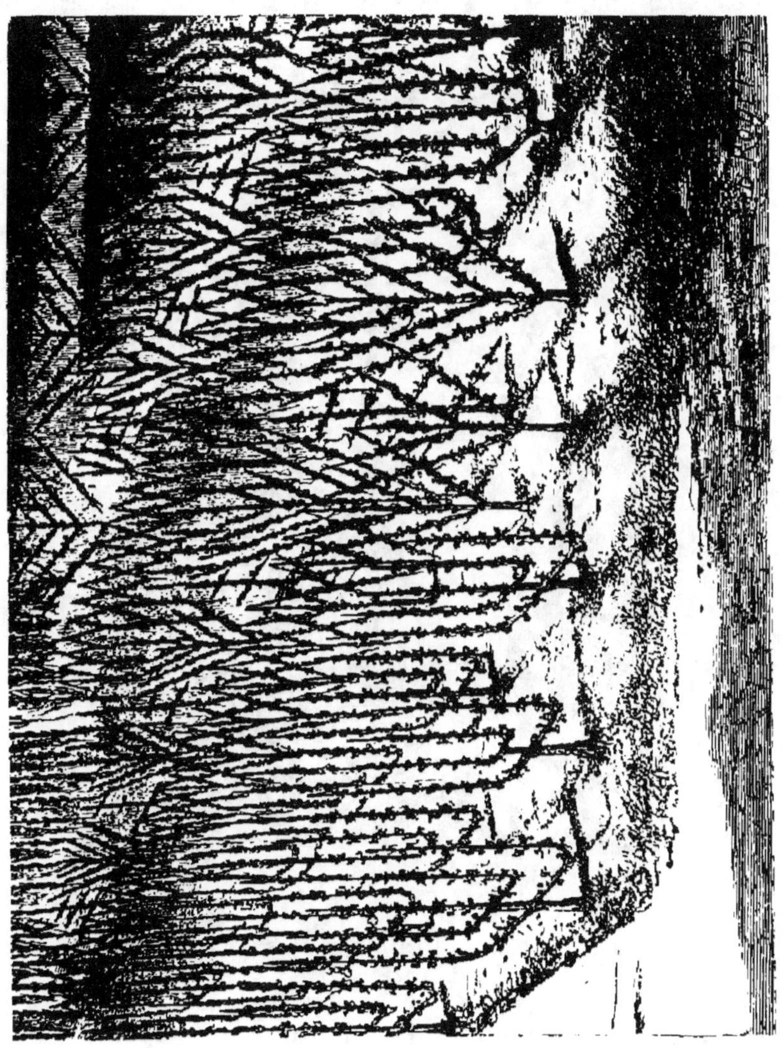

Fig. 445. — Pépinière d'arbres fruitiers formés.

leur pétiole, avant qu'elles soient fanées. On évitera
d'arracher et de planter un arbre par les temps de

gelée, de givre, de grande chaleur, de dégel, de boue.
Les sujets étant extraits avec soin de la pépinière

Fig. 446. — Pralinage des arbres.

(*fig.* 447) devront être mis en jauge à proximité de la
plantation. S'ils ont souffert dans le trajet, on trempera
la racine dans une bouillie d'argile, de bouse de vache

et d'eau de mare (*fig.* 446). Il n'y a jamais d'inconvé-

Fig. 447. — Déplantation d'un arbre.

nient à praliner ainsi les racines, principalement par

un temps de hâle, à l'époque du printemps. ou dans un terrain sec.

Avant de mettre l'arbre en terre, définitivement ou en jauge, on *l'habille*, c'est-à-dire on recoupe les racines mutilées ou dénudées et les chevelus fatigués. En même temps, on raccourcit un peu le branchage par la taille des rameaux les plus vigoureux et par la

Fig. 448. — Plantation des arbres.

suppression de ceux qui sont inutiles ou mal placés.

La besogne se fait mieux entre deux ou trois personnes. Tandis que l'une tient l'arbre (*fig.* 448), une autre l'aligne et jette, avec précaution. de la terre entre les racines : la troisième achève de combler le trou et nivelle le sol. puis elle place un tuteur et des épines ou toute autre armature autour de la tige. s'il y a lieu.

En plaçant l'arbre dans le trou. il faut le mettre à plomb, l'aligner, et tenir compte du tassement du sol. Élever le collet des racines au-dessus du niveau du sol. c'est assurer au sujet une végétation et une fécondité soutenues. Cette précaution est indispensable dans un terrain humide ; on bombe la terre au fond du trou de telle sorte que l'arbre, étant planté, soit plutôt sur un mamelon. Les espèces fruitières à noyau viennent mieux dans tout terrain où les sujets ont été plantés assez haut. greffe hors terre.

On saupoudre de la terre meuble entre les racines : les bonnes terres amendées, les alluvions, la terre raclée à la surface du champ, ou sous les futaies. sont favorables à l'émission des chevelus. Quand le terrain est desséchant, on jette des gazons à l'intérieur du trou avant de planter. S'il est humide, au contraire, on assainit le fond, on l'aère au moyen de drains, de scories, de silex, de pierrailles ou de fascines vertes.

Tasser légèrement le sol, surtout quand il est poreux ; tuteurer l'arbre et arroser la terre s'il ne gèle pas. On maintient l'arbre en l'arrosant et on recharge de terre le collet déchaussé par l'arrosage.

Au lieu de disséminer les arbres de même espèce, nous préférons les grouper par massifs ou par ligne ; les soins d'entretien, de récolte, de vente sur place en sont plus faciles.

III. — ENTRETIEN DES PLANTATIONS.

Entretien du sol. — Une fois l'arbre planté et tuteuré, le sol est nivelé avec l'aide des outils (*fig.* 427

à 432) dont il a été question au défoncement et à la préparation du terrain.

Un paillis d'herbages, de fougères, de fumier, de mousse, de gravois, de tan ou de pierrailles, même de sable ou de cailloux, sera étendu au pied de l'arbre, avant le mois d'avril, dans le but de conserver la fraîcheur au sol. Quand le terrain est en pente, on relève

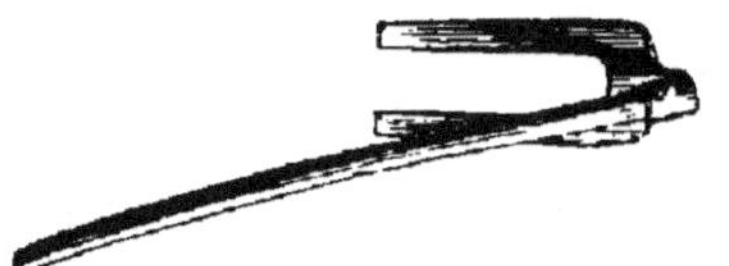

Fig. 449. — Pioche-crochet.

Fig. 450. — Pioche carrée.

le contre-bas du paillis avec des gazons, de la terre ou des pierres.

Pendant les premières années, on laboure le sol au pied des arbres ; le crochet (*fig.* 449) et la pioche

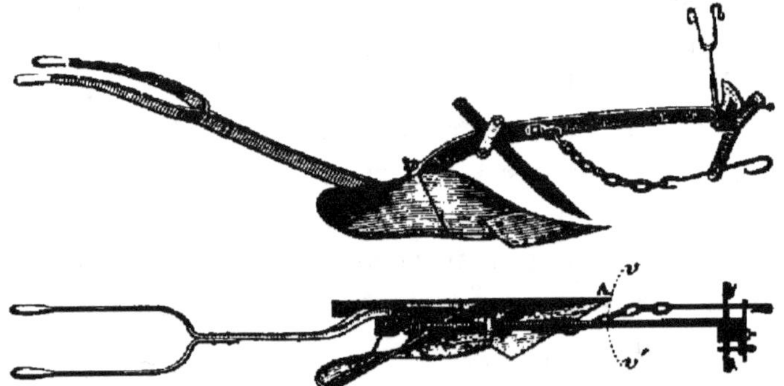

Fig. 451. — Charrue vigneronne à âge mobile et à double régulateur (la pointe du soc (A) peut tracer sa voie sur tous les points de la ligne *vv'*).

(*fig.* 450) conviennent à cet usage. Avant l'hiver, on pourrait enterrer le paillis, non pierreux, en employant

la fourche ou trident (*fig.* 430), et non la bêche (*fig.* 429)
qui endommagerait les racines ; on pratique le *fourchetage* à l'automne, le *piochage* au printemps, le
binage en été. La charrue vigneronne (*fig.* 451),
à bras ou attelée, trouverait ici son emploi ; une
bineuse suffirait aux labours d'été (*fig.* 452).

Fig. 452. — Labour à la charrue-bineuse.

Les engrais et les amendements sont applicables à
l'automne ; seuls, les engrais liquides pourraient être
versés à la montée de la sève.

Quand l'arbre a acquis un certain développement, il
n'y a pas d'inconvénient à laisser pousser l'herbe au
pied, ainsi qu'on le remarque dans les herbages et les
prés-vergers.

Dans les plantations en montagne, on est parfois obligé de remonter la terre qui descend par l'effet des grandes pluies. On se sert de la hotte du vigneron (*fig.* 453). Les paysans de l'Ardèche (*fig.* 454) ont un

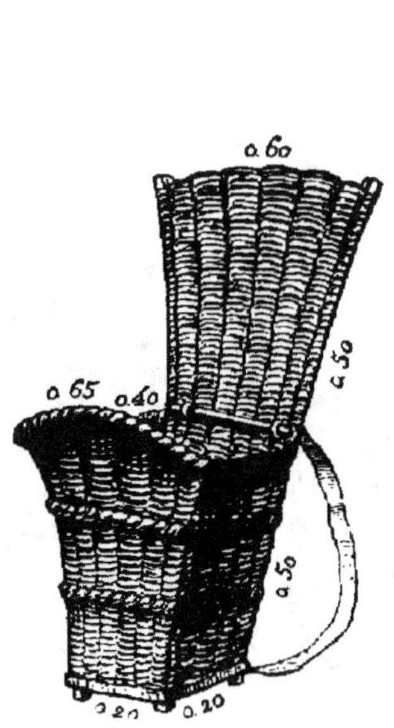

Fig. 453. — Hotte pour le transport des terres.

Fig. 454. — Montagnard de l'Ardèche transportant les terres et engrais.

système de transport des terres, des engrais, souvent des récoltes, sur les épaules, dans la montagne.

Entretien des arbres. — Nous avons parlé de la taille des arbres suivant leur espèce et leur nature, nous n'y reviendrons pas. Ajoutons seulement qu'il faut toujours opérer avec des outils bien tranchants, serpette (*fig.* 455) et sécateur (*fig.* 456).

Nous avons également figuré les divers systèmes d'armature et de corsets capables de les isoler des animaux et des voitures qui viendraient les meurtrir ; on les enlèvera quand tout danger sera passé.

Les arbres à tige, ayant été quelque peu ombragés dans la pépinière d'élevage, pourraient souffrir passage subit à l'action du soleil ; on y obviera en les badigeonnant avec un mélange de terre grasse, de crottin, de chaux et de purin.

Il faut avoir le soin, en tout temps, de nettoyer les écorces des mousses et lichens, des

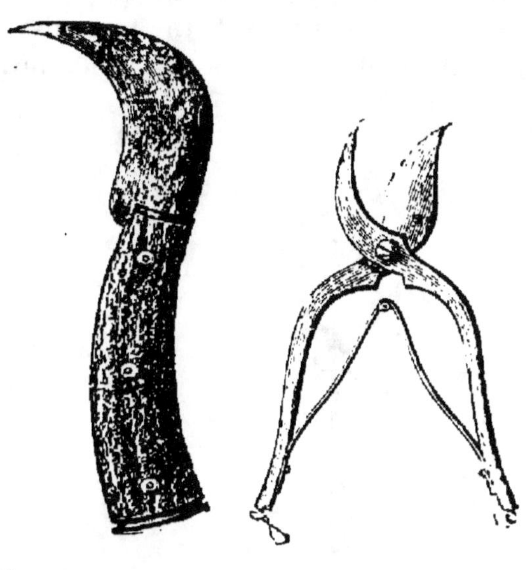

Fig. 455. — Serpette.

Fig. 456. — Sécateur.

guis et autres parasites ; il en sera question plus loin.

Quand l'arbre se fatigue, il faut rechercher à le restaurer, à le *rajeunir*, avant de le sacrifier. A cet effet, on déchausse le tronc et les racines principales, et l'on rechausse avec des terres végétales amendées ; en même temps, les branches charpentières seront taillées, les autres, raccourcies, et l'on couvrira les plaies avec un engluement.

Si la variété ne convient pas, on lui en substitue une autre par le greffage.

Les arbres dont le branchage est buissonneux sont tronçonnés (*fig.* 457) sur un nombre suffisant de grosses branches, de façon qu'elles puissent recevoir chacune une greffe de l'espèce nouvelle.

Les sujets qui ont un branchage plutôt pyramidal seront greffés sur les branches latérales (*fig.* 458).

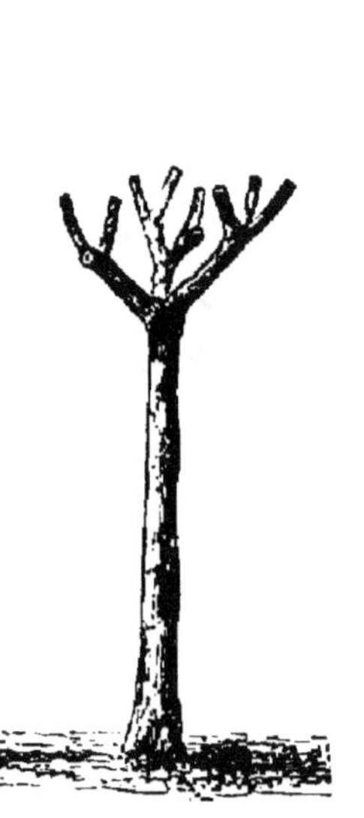

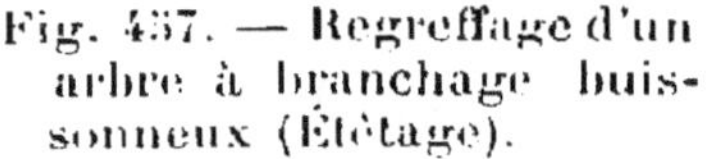

Fig. 457. — Regreffage d'un arbre à branchage buissonneux (Étêtage).

Fig. 458. — Regreffage d'un arbre à branchage pyramidal.

Les procédés de greffe en fente (*fig.* 459), de greffe en couronne (*fig.* 460) sont à préférer, dans la circonstance.

La greffe en fente se fait en hiver quand la végétation est au repos, et la greffe en couronne à la montée de la sève; les sujets sont étêtés à l'avance. Avec une tige de moyenne grosseur, on peut opérer au moyen du greffage de côté sous écorce (*fig.* 461), en avril-mai ou en juillet-août.

Les branches greffées seront immédiatement luteu-

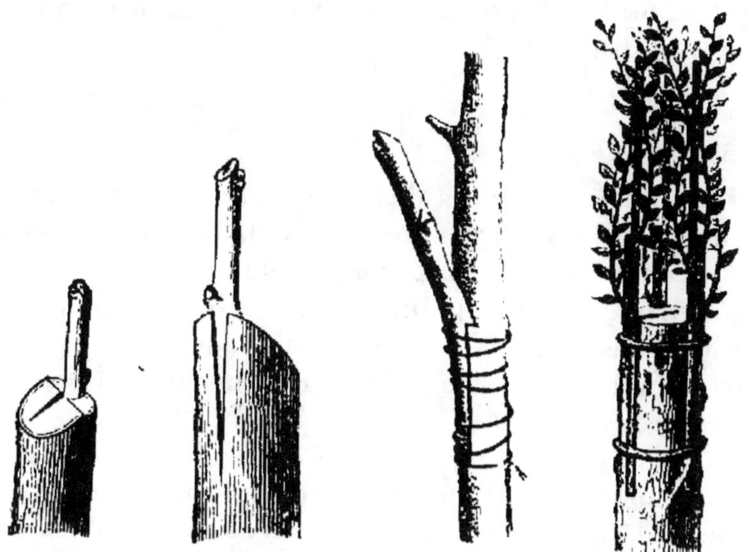

Fig. 459. — Greffe en fente.

Fig. 460. — Greffe en couronne.

Fig. 461. — Greffe de côté sous écorce.

Fig. 462. — Palissage de la greffe.

rées (*fig.* 462) pour le palissage des nouvelles pousses. Ces pousses doivent être assez nombreuses pendant les premières années, pour absorber et élaborer la sève fournie par les racines ; plus tard, on les réduira insensiblement au nécessaire.

IV. — MALADIES; PARASITES; ANIMAUX NUISIBLES.

Lorsque le terrain est de bonne qualité, avec des arbres sains, la végétation est meilleure, et quand les soins d'entretien se font dans des conditions normales, la santé règne au verger ; mais d'après les lois générales de la nature, la plantation n'en est pas moins exposée aux maladies et à une série d'ennemis que l'on peut combattre ou prévenir. Nous examinerons ces diverses situations.

MALADIES DES ARBRES.

Les maladies générales qui peuvent atteindre les arbres fruitiers sont nommées vulgairement jaunisse, brûle, chancre, gomme, cloque, etc.

Jaunisse. — La jaunisse, qui tire son nom de la couleur des feuilles de l'arbre malade, est provoquée partiellement par un excès d'humidité ou par un excès de sécheresse.

On combattra l'excès d'humidité par le drainage du sol au moyen de pierrailles, de fascines, de drains placés dans des tranchées reliées entre elles, par exemple dans les allées, la tranchée étant comblée avec des platras, des scories, des terres sèches ou caillouteuses. En même temps, on appliquera une taille modérée aux rameaux des branches fatiguées.

Quant à l'excès de sécheresse, on y obviera par l'amélioration du sol.

La couche superficielle de terre pourrait être enlevée autour du collet de l'arbre et remplacée par une terre forte, compacte, argileuse ou tourbeuse, des gazons préalablement mis en tas et mélangés de boues de rue, de chiffons de laine, de débris d'animaux, le tout arrosé d'eaux ménagères.

L'adjonction de sable de rivières, de cendres de bois

ou de houille, de ferrailles, est toujours préférable aux fumiers ou autres substances fermentescibles.

Le sol, au pied des arbres, sera couvert d'un paillis ou litière. En y employant la tannée, le sable-gravier, même les cailloux ou le silex, on ne s'astreint pas à un renouvellement fréquent.

Brûle. — La brûle est peut-être une conséquence de la jaunisse, les jeunes pousses deviennent brunes et paraissent roussies : c'est la nature du sol qui en est la cause principale. Il conviendra d'agir comme nous venons de l'indiquer.

Une plantation profonde est encore une cause de brûle ; on ne saurait trop l'éviter.

Si les arbres sont jeunes, il faudra dégager la terre autour d'eux, les soulever de telle sorte que leur collet soit à 0^m,20 au-dessus du niveau du sol. Cette opération permettra d'ajouter au terrain les éléments qui lui manquent. Enfin, une taille modérée des branches principales complétera le traitement.

Chancre. — Le chancre de la tige ou des branches, occasionné par le champignon *Nectria ditissima* sera cerné à la serpette, raclé au vif, puis recouvert d'un liniment onctueux, ni siccatif, ni brûlant, par exemple l'onguent de Saint-Fiacre, le mastic à greffer.

Gomme. — La gomme, extravasation de la sève chez les espèces à noyau, s'enlève facilement avec une spatule, par un temps humide ; on frotte ensuite la plaie avec des feuilles d'oseille, on pourrait même la couvrir d'une chapelure de mie de pain.

Cloque. — La cloque (*Exoascus deformans*) du Pêcher est la conséquence d'une température froide succédant à la chaleur. Les abris, le chaperon des murs en atténuent les effets. Il n'en faut pas moins couper totalement ou partiellement les feuilles boursouflées, en évitant de les arracher, et jeter au feu les débris ainsi avariés, souvent garnis d'insectes.

PARASITES DES ARBRES FRUITIERS.

Nous ne parlons que des végétaux parasites ; les insectes parasitaires sont au paragraphe suivant.

Gui. — Le Gui (*Viscum album*), qui se développe principalement sur le Pommier, sera extirpé minutieusement ou coupé radicalement à sa naissance.

Mousses. Lichens. — Les mousses et les lichens qui s'implantent sur l'écorce de la tige et des branches doivent être impitoyablement détruits.

On racle l'écorce par un temps humide, avec une râpe quelconque ; une fois asséchée, la tige sera badigeonnée avec un lait de chaux additionné de fleur de soufre ou un mélange de glaise et de chaux.

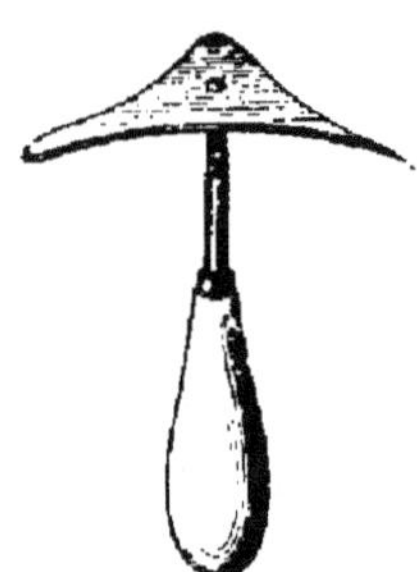

Fig. 463. — Racloir.

Un gant de mailles d'acier, une brosse métallique peuvent suffire à cette opération ; mais avec un instrument plus fort, un racloir (*fig. 463*), on détache en même temps les vieilles écorces, les écailles inutiles qui sont le repaire des insectes et qui entravent les fonctions respiratoires de l'arbre.

Blanc. — Le blanc est un *Érysiphé* qui s'attache de préférence aux rameaux et aux feuilles. On le combat par des projections de fleur de soufre faites, au début

ob de la végétation, sur les jeunes pousses, avec un
œ soufflet spécial (*fig.* 464). Le soufre, introduit par une

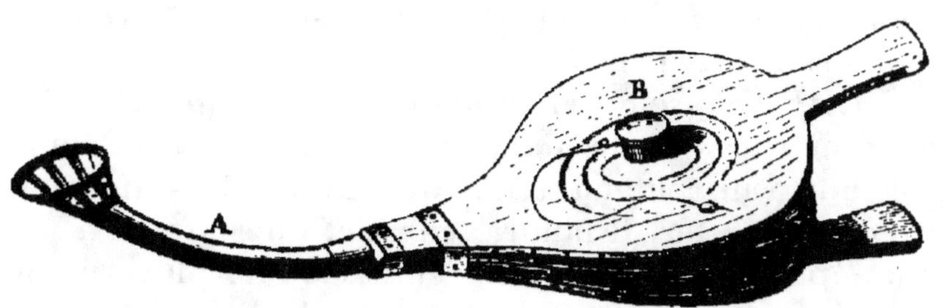

Fig. 464. —Soufflet pour les projections de fleur de soufre.

ouverture centrale. puis bouchée (en B), est projeté par
le canon (A) de l'instrument.

Le Champignon qui se forme aux racines a le soufre
comme antidote. Le meilleur re-
mède est la plantation sur butte et
l'addition au sol de terres légères,
de poussières de route, de cendres,
de suie ou de matières sulfureuses.

L'*Oïdium Tuckeri* attaque les
sarments herbacés et le raisin
(*fig.* 465) ; on l'arrêtera par le
soufrage au moment de la foliation
et de la floraison de la Vigne, et
lors des premiers grossissements
du fruit.

Fig. 465. — Grappe de
raisin atteinte de
l'oïdium.

Le *Mildew (Peronospora viti-
cola)*, sorte de moisissure de la
feuille, sera combattu préventive-
ment par le soufrage des bourgeons, le soufre étant
mélangé de plâtre et de sulfate de fer en poudre.

Sur les jeunes pousses, les projections répétées de solutions cupriques (sulfate de cuivre et chaux ou ammoniaque, ou sel de soude, dissous dans l'eau) arrêtent le mal sans attaquer le raisin.

L'*Anthracnose* ou champignon noir (*Phoma vitis*) qui pénètre les tissus ligneux sera frotté, à son début, avec une eau contenant une dissolution de sulfate de protoxyde de fer. Il faudra, ensuite, un soufrage *à sec* et un épandage à la volée de sulfate de fer pulvérulent et de chaux fusée. Les tiges seront badigeonnées, en hiver, avec une solution de sulfate de fer, 1 kilogramme pour 2 litres d'eau.

Quant au *Pourridié* de la Vigne (*Roesleria* ou *Vibrissea hypogea*), qui gagne les ceps voisins et peut anéantir un vignoble, on l'évitera par la plantation de cépages qui lui résistent, par exemple, *le Gouai*. On le greffera alors avec l'espèce à cultiver. Les matières sulfureuses dans le sol, le lavage de la souche et l'arrosage avec une solution de sulfate de fer ou de sulfure de potassium à 40 p. 100 sont à recommander.

Les primeuristes de Jersey entretiennent la santé de la vigne sous verre par un chaulage annuel de la serre, par des fumigations fréquentes, par l'écorçage des ceps et leur pralinage avec la terre glaise additionnée de soufre, de savon noir, de suie, cette préparation étant arrosée avec une infusion de tabac ou une teinture romique.

La tavelure des poires (*Fusicladium pirinum*) est arrêtée par trois bassinages au sulfate de fer étendu d'eau sur le fruit, à trois semaines d'intervalle, le degré s'accentuant de 2 à 6 grammes par litre ; le premier lavage est pratiqué vers la mi-juin.

QUADRUPÈDES NUISIBLES.

Les petits quadrupèdes qui commettent des dégâts dans les jardins et les vergers sont les suivants :

Lièvres et **Lapins**. — Ces deux espèces viennent en hiver se réfugier dans les jardins, brouter les rameaux et ronger l'écorce des arbres. On les prend avec des lacets tendus dans les lacunes de la clôture.

Les arbres dont le pied sera entouré d'une corde de foin seront à l'abri de ces ravageurs.

Loirs et **Lérots** (*fig.* 466). — Les loirs et les lérots

Fig. 466. — Lérot.

courent, la nuit, sur la crête des murailles et dévorent les poires, les pêches et les raisins. On peut les empoisonner en plaçant sur leur passage des croûtes de pain tartinées de pâte phosphorée, ou des pièges dont l'appât serait une figue sèche, du lard grillé, etc.

Rats, souris et **mulots**. — Ces petits animaux sont surtout nuisibles dans la fruiterie où l'on conserve les fruits. Le piège vulgaire à bascule, à trou, à épichon, etc., est l'arme de guerre la plus efficace.

Des récipients remplis d'eau aux trois quarts,

enterrés dans le jardin ou logés dans les fruiteries produiront plus d'une noyade dans la gent trotte-menu.

MOLLUSQUES NUISIBLES.

Escargots et **Limaces.** — Les escargots et les limaces (*Helix*) lèchent les jeunes pousses des végétaux et détériorent les fruits qu'ils ont touchés. La chasse en est facile en temps de pluie ; mais on ne doit pas attendre, le colimaçon accomplirait son œuvre de destruction.

Le repaire des escargots et des limaces étant l'ombrage et la fraîcheur, on leur préparera des gîtes dans ces conditions. Des tas d'herbe, des feuilles de chou simples ou beurrées, des paillassons jetés au rebut, de vieilles planches pourries, des *calottes* d'oranges, des feuillages de Cytise, de Robinier, de Baguenaudier, des fagots, etc., conviennent à cet usage.

Nous avons dit que les bois, les paillassons et les toiles imprégnés de sulfate de cuivre, pour leur conservation, n'attirent jamais sur eux les limaces et les escargots. Les poussières de chaux et de plâtre sur le sol sont défavorables aux mouvements des Mollusques.

INSECTES NUISIBLES.

Guêpes (*Vespa*). — La vie de famille de ces Hyménoptères permet de les combattre avec succès.

Le guêpier souterrain sera anéanti au moyen de l'introduction, le soir, de quelques gouttes de sulfure de carbone étendu d'eau. On évitera le danger du maniement de cette substance en employant les capsules gélatineuses au sulfure de carbone.

L'eau bouillante versée dans le nid des guêpes est un moyen usité, mais qui nécessite certaines précautions.

Le guêpier aérien est facilement saisissable quand

Fig. 467. — Larves de la Tenthrède à écusson.

l'ennemi est rentré dans la place ; on sait qu'il faut l'écraser rapidement.

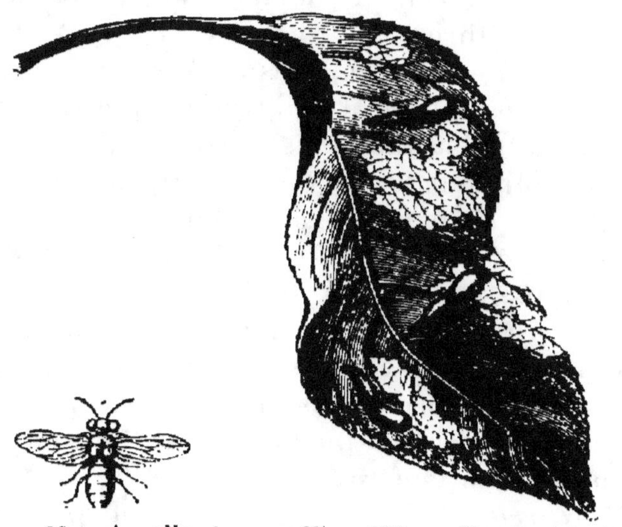

Fig. 468. — Mouche allante
ou Tenthrède limace.

Fig. 469. — Tenthrède limace
(larve).

Quant aux guêpes isolées, on les attire avec des fioles

contenant de l'eau miellée, que l'on accroche aux branches de l'arbre : les guêpes viendront s'y noyer.

Fourmis (*Formica*). — Nous sommes en présence d'un Hyménoptère non ailé.

La fourmilière a cela de bon qu'elle rassemble l'ennemi et en facilite la destruction.

L'arrosage à l'eau bouillante, assez efficace, n'est pas toujours facile à pratiquer. On préfère enfouir dans la fourmilière un poisson mort, une écrevisse en putréfaction, un pied de bête de boucherie écorché. Le lendemain, on retire l'appât couvert de fourmis et on le plonge dans un baquet d'eau bouillante.

Une feuille de ouate repliée et saupoudrée de sucre à l'intérieur attire les fourmis ; de même les godets remplis d'eau légèrement miellée, ou sucrée ou additionnée de confitures.

Tenthrèdes. — Plusieurs espèces de Tenthrèdes ou mouches à scie de l'ordre des Hyménoptères, commettent des dégâts d'autant plus sensibles qu'on les constate sans avoir rencontré l'insecte qui les accomplit. La lutte doit donc s'engager avec sa larve.

La *Tenthrède du Groseillier* (*Nematus ribis*) ronge, au printemps, toutes les feuilles des Groseilliers à grappe ou à maquereau, et d'une façon aussi rapide qu'inattendue ; la chrysalide s'enfonce dans le sol pour y subir ses transformations. En changeant la couche superficielle de terre au pied du Groseillier, on lui évite les attaques de la génération suivante.

La *Tenthrède à écusson* (*fig.* 467) qui préfère l'Aubépine, est une espèce voisine de la précédente.

La *Tenthrède allante* (*fig.* 468), à larve limace ou sangsue (*Tenthredo Sclandria*), est ainsi nommée par l'aspect de la larve oblongue, noirâtre, gluante qui se colle sur les feuilles de Poirier (*fig.* 469), de Cerisier, de Saule, et en ronge le parenchyme. La cendre, la poussière de chaux saupoudrées sur la larve peuvent la tuer; mais il est plus simple de mettre un gant et de l'écraser à la main, sauf à laver les feuilles ensuite par un seringage vigoureux à l'eau claire ou alcaline.

La Tenthrède comprimée ou Pique-Bourgeon (*Cephus compressus*) pond ses œufs à l'extrémité des jeunes rameaux herbacés du Poirier; la larve descend dans l'étui médullaire, le rameau sèche et disparaît. On reconnaît la piqûre de l'insecte à la flétrissure immédiate de la sommité herbacée; il faut la couper aussitôt et l'écraser ou la brûler, l'œuf est ainsi anéanti.

Pucerons (*Aphis*). — Les pucerons verts, bruns ou noirs, qui sont de petits Hémiptères, se groupent par légions sur les jeunes rameaux des arbres fruitiers à pépin ou à noyau; ils ne résisteront pas aux lavages à l'eau de savon gras, ni aux projections d'eau de tabac et d'eau de savon noir, dans la proportion de 1 kilogramme de poussières de tabac pour 20 litres d'eau.

Au début de l'invasion, il est facile d'écraser l'ennemi avec un gant et de seringuer, de bassiner ou de passer à l'eau les bourgeons *puceronnés*.

La poudre de pyrèthre, et d'autres plantes à odeur forte, projetée au soufflet, fait tomber les pucerons.

La poussière de tabac répandue sur les jeunes bourgeons empêchera les pucerons de s'y installer.

Le *Puceron lanigère* (*fig.* 470), l'ennemi du Pommier, sera détruit par les frictions répétées de la branche infestée (*fig.* 472), avec un tampon imbibé d'huile, d'alcool dénaturé, d'ammoniaque, de nicotine, d'une macération de feuillages à odeur forte. Une fois l'arbre atteint, aussitôt on dégagera la terre autour du collet et on y enfouira, à l'automne, de la chaux éteinte, de la suie ; la période hivernale de l'insecte sera enrayée.

Fig. 470. — Puceron lanigère du Pommier. A. Insecte femelle. — B. Insecte mâle.

Le *Phylloxera vastatrix*, puceron des racines de la Vigne (*fig. 471*), sera combattu par les injections souterraines de sulfure de carbone ou de sulfo-

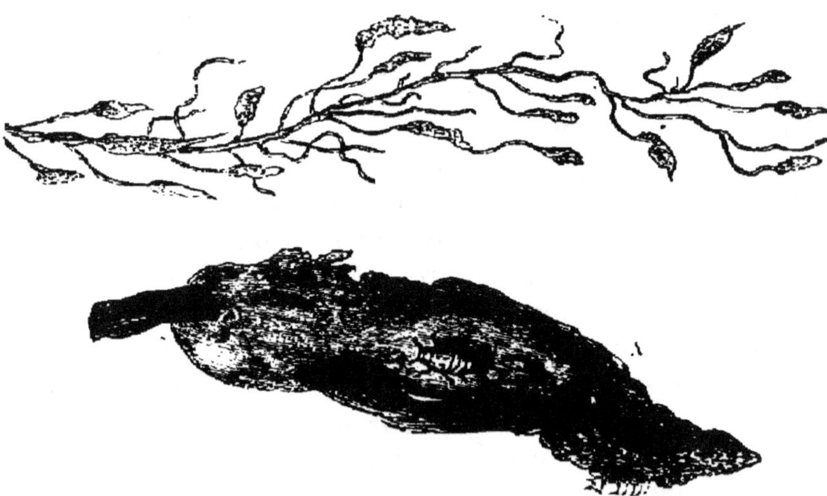

Fig. 471. — Racine de Vigne phylloxérée. — A. Boursouflure grossie.

carbonate de potassium, au moyen d'un outillage spécial.

La submersion des vignes pendant quarante jours à l'automne et dans des conditions déterminées, le noie, sans cependant empêcher la réapparition de nouvelles colonies de l'aphidien.

Enfin quelques cépages américains (*Riparia. Solonis. Jacquez, Rupestris.* etc., ou leurs hybrides, p. 555) étant réfractaires au puceron souterrain. sont employés

Fig. 472. — Effet du Puceron lanigère sur le Pommier.

Fig. 473. — Gros Kermès de la Vigne et du Pêcher.

Fig. 474. — Petit Kermès du Poirier et du Pommier.

comme porte-greffes de nos cépages vinifères ou à raisins de dessert.

Tigre. — Le petit Hémiptère connu sous le nom de Tigre (*Tigris pyri*) ravage les feuilles des Poiriers plantés à l'abri d'un bâtiment ou en espalier.

Dès que le feuillage est attaqué. il faut le laver fortement avec une éponge mouillée ou l'asperger avec une infusion de tabac (1 kilogramme pour 20 litres d'eau). A l'automne, on brûlera les feuilles infestées.

Pendant l'hiver, on raclera les branches atteintes, avec une spatule ou une brosse dure ; on les badigeonnera ensuite avec une eau rendue alcaline par la potasse ou l'eau de lessive.

Kermès. — Les Kermès sont des Hémiptères qui se collent pour ainsi dire sur les branches des arbres fruitiers, particulièrement abrités ou en espalier, et en sucent la sève jusqu'à les épuiser complètement.

Le gros Kermès (*Lecanum*) s'attaque au Pêcher et à la Vigne (*fig.* 473), et forme une sorte de galle roussâtre qui semblerait être une nodosité du rameau. On le remarque surtout au dépalissage, l'insecte s'étant appliqué au revers de la branche, face au mur.

Sous cette carapace de l'insecte femelle, les larves se trouvent abritées, passent l'hiver et font leur éclosion aux premiers beaux jours.

Le petit Kermès (*Aspidiotus*) préfère le Poirier ou le Pommier (*fig.* 474) et ressemble à une coquille minuscule grisaille ou à une pellicule de son. On rencontre des arbres qui en sont littéralement couverts.

La destruction de l'insecte est facile en hiver, dès la chute des feuilles, avant la montée de la sève. On racle les parties couvertes de Kermès avec une spatule en bois ou le dos de la serpette ; puis on badigeonne avec une eau de lessive ou une dissolution de nicotine dans un lait de chaux.

Hannetons et **Vers blancs.** — Tous les trois ans, à peu près, les Hannetons (*Melalontha*) s'abattent par nuées sur les arbres et en dissèquent les feuilles. L'insecte coléoptère s'enfonce ensuite dans le sol, la femelle fait sa ponte avant de mourir; sa larve reste trois ans en terre et ronge les racines végétales, en attendant le moment de se transformer en insecte parfait. La figure 473 représente l'insecte parfait ou hanneton, ses œufs et le ver blanc à chaque période.

Le hannetonnage ou ramassage des hannetons, suivi

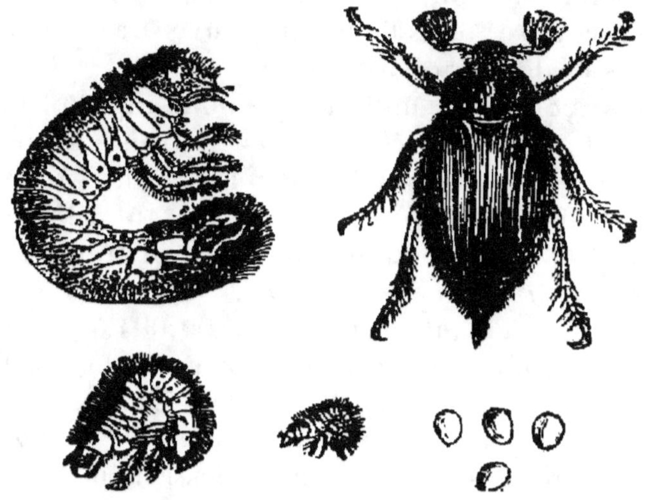

Fig. 473. — Hanneton, ses œufs et sa larve aux trois âges : un an, deux ans, trois ans.

rigoureusement, contribuera à la diminution des ravages aériens et souterrains de l'ennemi.

Au moment de son invasion, on pourrait disséminer dans le verger ou dans les endroits où il se fait remarquer des tonneaux défoncés d'un bout, goudronnés à l'intérieur, avec une lumière au fond. Les hannetons arrivent en bourdonnant et se collent par les ailes aux parois poisseuses de la futaille.

Le ver blanc, ou man, est la larve du hanneton; il

ronge la racine des arbres et des Fraisiers. Dans les terrains nus, on le recherche en fourchetant le sol ; on le recueille dans un panier et on l'écrase.

Les jardiniers sèment des laitues sur les terrains infestés de vers blancs : quand la feuille de la plante se fane, on l'arrache et on trouve le ver aux racines.

Une litière de tannée éloigne les vers blancs du sol qu'elle recouvre ; nous l'avons éprouvé sur des carrés de Fraisiers et de Framboisiers.

Charançons. — On donne ce nom aux Coléoptères de petite taille. Nous les divisons en trois groupes.

Eumolpe. — L'Eumolpe ou Écrivain (*Eumolpus vitis*) est un des fléaux de la Vigne, tant à l'état d'insecte parfait qu'à l'état de larve. On l'appelle encore *gribouri, diablotin, grippe-vin.*

L'Écrivain, à l'état parfait, a de 0^m,004 à 0^m,005 de longueur (A, *fig.* 476). Du mois de mai à la fin d'août, cet insecte perfore les feuilles de la Vigne en y traçant des lignes ouvertes simulant des caractères (B, *fig.* 476) ; il attaque aussi les bourgeons et les raisins qu'il atrophie. Le mal le plus grave est causé par la larve qui trace sur la racine des sillons longitudinaux, ce qui cause le dépérissement et parfois la mort du cep.

Les larves de l'Eumolpe sont le résultat de la ponte dans le sol faite par l'insecte femelle en juin ou juillet. La larve file ensuite un cocon, et s'y transforme en nymphe qui deviendra insecte parfait aux premiers développements des bourgeons.

Le moyen de détruire l'*Écrivain*, nous écrit-on de Beaune, consiste dans l'emploi de la volaille. Les poulets, les pintades, les jeunes canards, les dindonneaux, conduits dans les vignes au moyen d'un poutailler roulant, en détruisent des quantités énormes.

Certains vignerons lui font la chasse en pénétrant dans la vigne, armés de vases entonnoirs garnis d'une toile intérieurement. On approche avec précaution du

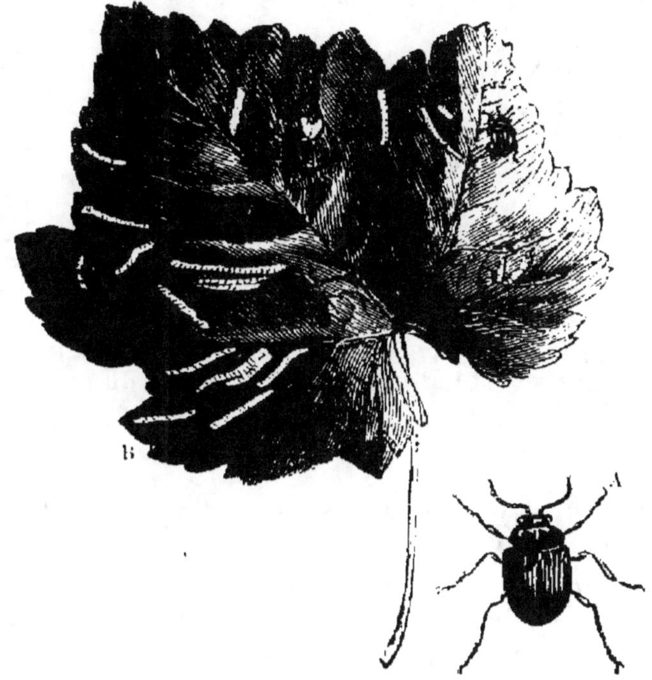

Fig. 476. — A, Eumolpe dit *Écrivain* de la Vigne (grossi quatre fois). — B, feuille de Vigne ravagée par l'Eumolpe.

cep attaqué par l'insecte ; on secoue les branches au-dessus du récipient communiquant à un sac en toile dans lequel l'Eumolpe tombe. Il n'y a plus qu'à l'écraser ou à le brûler.

Charançons des bourgeons. — Voici les principaux :

Le *Phyllobie oblong* (*Phyllobius oblongus, fig. 477,*

dit Lisette) de couleur noisette, qui semble préférer les arbres à noyaux ;

Le *Rhynchite conique (Rynchitus conicus, fig. 478)*, qui coupe les jeunes bourgeons des espèces à pépins.

On lui fait la chasse au printemps, le matin ou le soir, et on l'écrase.

Charançons des fruits. — Voici quelques espèces :

L'*Apion du Pommier (Apion pomona, fig. 479)*,

Fig. 477. — Phyllobie oblong, des arbres à noyau.

Fig. 478. — Rhynchite conique, des arbres à pépin.

Fig. 479. — Apion du Pommier.

Fig. 480. — Anthonome du Poirier.

petit insecte bleu foncé qui pond dans la fleur du Pommier et qui la détruit.

L'*Anthonome du Poirier (Anthonomus pyri, fig. 480)*. Dès le mois de mars, il pique le bouton à fleur du Poirier pour y déposer un œuf. Le bouton conservera sa teinte rousse et restera inerte, tandis que les autres, vierges de l'insecte, épanouiront leurs fleurs. La larve tombera dans le sol et deviendra nymphe en attendant ses autres transformations ; mais on s'y opposera en détachant les boutons piqués, recueillant la larve, et les jetant au feu, dès que l'on reconnaît leur état inerte (Voy. *Ceinture gluante*, p. 700).

Le *Balanin des noisettes (Balaninus nucum, fig. 481)* dont la femelle dépose son œuf, en mai, sur la noisette nouvellement formée ; le fruit sera véreux et perdu complètement, tout en continuant à se développer (*fig.* 482).

La propreté du sol, la suppression des fruits véreux et le nettoiement des écailles et plaques d'écorces de l'arbre empêcheront la reproduction de ces espèces nuisibles.

En fait de Coléoptères, voici quelques espèces moins répandues :

Fig. 481. — Balanin de la noisette.   Fig. 482. — Larve du Balanin de la noisette.

1° La *Cétoine ponctuée* (*Cetonia stictica*) qui, depuis plusieurs années, quitte le potager et vient par légions sur les fleurs de Poirier y ronger les organes générateurs. Il faut lui faire une chasse active : on porte à la main une fiole à moitié pleine d'eau et on y introduit l'insecte en attendant qu'on l'écrase.

2° L'*Agrile du Poirier* (*Agrilus sinuatus*). — Le coléoptère (*fig.* 483) long de $0^m,01$ sur $0^m,0025$ de large, aux élytres verdâtres nuancées de violet, pond sur les tiges et les branches du Poirier ; sa larve, longue de $0^m,02$, creuse sous l'écorce une galerie sinueuse ou en zigzag dans le liber et l'aubier dirigé de haut en bas, pendant deux ans. Sa présence étant révélée par la poussière de bois, on explore la galerie avec un couteau ou poinçon, un laiton, et l'on détruira l'insecte. Mastiquer la plaie, à froid.

3° Le *Diableau (Otiorrhynchus clavipes* Bonod, *fig.* 484). — Petit coléoptère à livrée rousse. L'insecte parfait ronge les bourgeons de la mi-avril à la mi-mai; c'est le moment de le ramasser et de l'écraser. Parfois son abondance est telle dans les cultures arbustives, que les intéressés se syndiquent ou réclament le concours financier des administrations locales.

Fig. 483. — Agrile.

Fig. 484. — Diableau.

La larve séjourne en hiver dans les racines de l'arbuste et devient plus difficile à saisir.

Pyrales. — Les pyrales sont des Lépidoptères dont

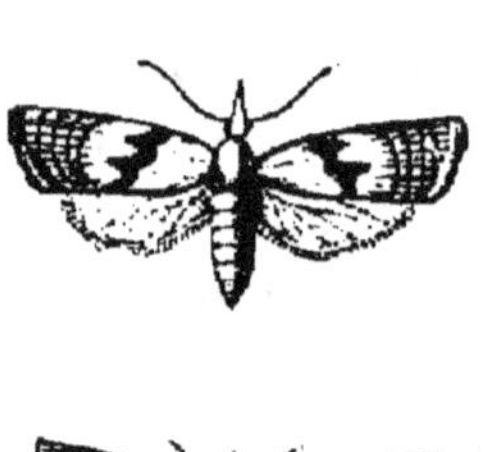
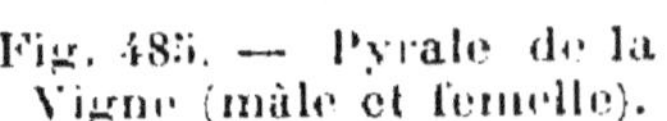

Fig. 485. — Pyrale de la Vigne (mâle et femelle).

Fig. 486. — Pyrale et sa larve sur la Vigne.

la larve exerce ses ravages sur les fruits, les bourgeons et les feuilles.

Fig. 487. — Destruction de la Pyrale de la Vigne, en Bourgogne.

Pyrale de la Vigne (fig. 485). — La pyrale de la Vigne (*Tortrix pilleriana* genre *Œnophtira*) est un Microlépidoptère crépusculaire. Le papillon arrive en juillet et dépose sa ponte sur les feuilles de Vigne (*fig.* 486) ; une femelle pond jusqu'à quatre cents œufs distribués en cinq ou six groupes. L'éclosion a lieu en août et septembre ; la jeune larve ne tarde pas à se filer une coque soyeuse pour hiverner ; elle en sortira au printemps pour se nourrir des jeunes pousses de la Vigne, des bourgeons, des feuilles et des fruits.

L'hivernage de l'insecte se passe sous l'écorce des ceps ou dans les fissures des échalas. Le procédé le plus efficace de destruction est l'ébouillantage ou échaudage des ceps et des échalas en hiver pendant le repos de la sève et lorsqu'il ne gèle pas. La figure 487 indique la manière d'opérer. Les ceps étant tassés, le sarment enlevé, on amène à proximité de la vigne une barrique d'eau, une chaudière spéciale et du charbon de terre ou autre combustible. Tandis que le chauffeur alimente la chaudière et entretient le feu du foyer, un autre ouvrier muni d'une cafetière verse de l'eau bouillante sur chaque cep ; il opérera de bas en haut, en évitant de toucher les yeux des coursons et des longs bois. En Bourgogne, deux ouvriers habiles traitent deux mille ceps dans une journée.

Les échalas, mis en tas, seront traités de la même façon ou soumis au soufrage (*fig.* 488), comme en Champagne.

Les paisseaux sont dressés en tas, un réchaud est placé au centre ; ils seront désinfestés au moyen de la vapeur sulfureuse produite par la fleur de soufre projetée sur le réchaud allumé.

La *Cochylis* (*Tortrix ambiguella*). — Teigne ou ver de la grappe, difficile à détruire, abonde dans le vignoble, surtout au Médoc.

Pyrale des fruits (*Carpocapsa*). — La série des Pyrales qui rendent les fruits véreux est assez nom-

Fig. 488. — Soufrage des échalas contre la Pyrale, en Champagne.

breuse, chaque genre a son ennemi ; on connaît la Pyrale des poires (*fig.* 489), la Pyrale des pommes, la Pyrale des prunes, la Pyrale des châtaignes, etc.

Le petit papillon fait sa ponte au printemps sur l'ovaire ; la jeune larve perfore l'intérieur du fruit et s'y développe ; plus tard elle en sortira et se retirera dans la terre, ou dans quelque fissure des écorces, pour y accomplir une nouvelle transformation.

Le procédé le plus facile de s'opposer à la propagation de l'insecte, c'est de ramasser les fruits véreux et de les brûler. L'entretien du sol et la propreté des écorces contribuent à la destruction de l'ennemi.

Fig. 489. — Pyrale des poires.

Nous avons sauvé de beaux fruits véreux en tuant le ver dans sa galerie avec un fil de métal.

En doublant leurs dimensions, nous donnons (fig. 490) la représentation de quelques Pyrales.

Une grande partie des petits insectes aptères ou subaptères, *Otiorhynques*, *Peritellus*, *Phalènes* (*Cheimatobia* et *Hibernia*) qui se métamorphosent sur l'arbre ou dans le sol, parcourent la tige et les branches de l'arbre, viennent nicher dans les fentes et sous les plaques d'écorces. On s'y opposera par la pose de ceintures ou colliers en grosse étoffe que l'on couvre d'une matière gluante (*fig.* 491). Au Congrès international de 1900, M. Pierre Lesne, entomologiste du Muséum, nous a recommandé d'entourer d'abord le tronc d'un anneau de filasse au-dessus duquel on dispose une bande de papier fort, bien serré par une ficelle; recouvrir le papier de glu ou de goudron tenu liquide par une addition d'huile. Renouveler l'appareil et détruire les insectes qui viennent s'y réfugier dessus et dessous.

L'*Ortalide* (*Ortalis*) des cerises (*fig.* 492), au corps noir avec une tête jaune, préfère les guignes et bigarreaux; c'est une mouche de l'ordre des Diptères.

Tordeuses (*Tortrix*). — Presque toutes nos espèces fruitières sont attaquées par un Microlépidoptère nocturne ou crépusculaire, qui vient pondre sur les

feuilles (*fig.* 493). La larve éclôt au mois de mai et se
tresse une habitation dans le feuillage qui réunit

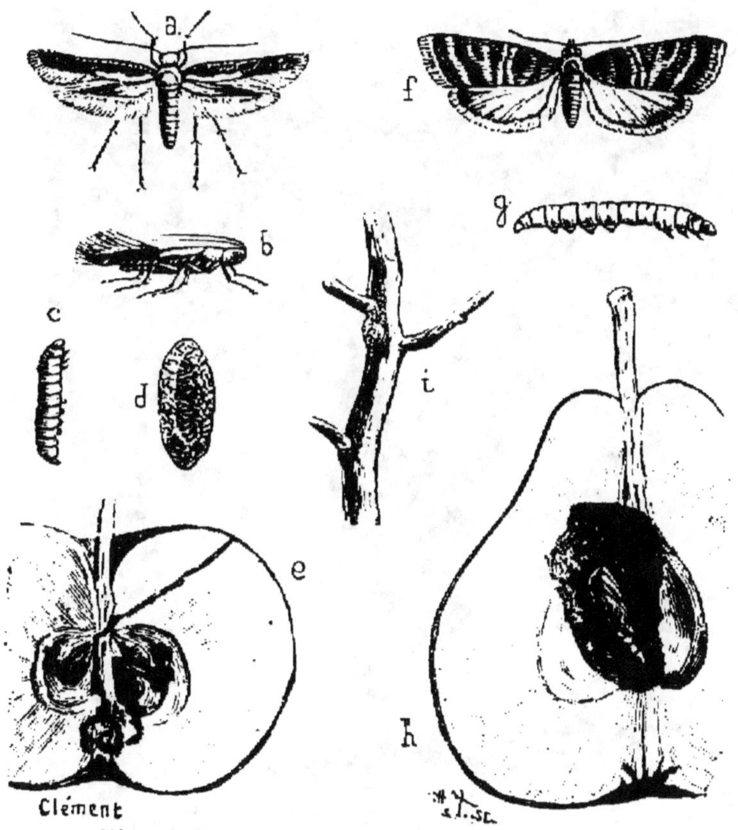

Fig. 490. — Quelques Pyrales fructivores.

a, Laverna herellera, papillon; *b*, idem, vu de profil; *c*, idem,
larve; *d*, idem, cocon; *e*, pomme attaquée par cette espèce;
f, Héphopteryx rubizonella, papillon; *g*, idem, larve; *h*, poire
attaquée contenant une chrysalide; *i*, branche avec ponte.

plusieurs feuilles voisines, et s'y loge pour se nourrir et
se changer en chrysalide.

On ne peut guère les détruire que sur les arbres à la portée de la main. Il suffira de presser entre les

Fig. 491. — Ceintures gluantes, pièges à insectes.

doigts les feuilles ainsi roulées, ou de les cueillir et de les écraser.

Yponomeutes (*Yponomeuta*). — On connaît les larves de ce petit papillon, ou plutôt les groupes de larves du Lépidoptère, attendu qu'elles s'agglomèrent et vivent en famille. C'est un des fléaux du Pommier (*fig.* 494), du Groseillier, du Cerisier Mahaleb, de la Bourdaine, du Fusain, de l'Épine-Vinette, de l'Aubépine. Les arbres sont tellement couverts de ces paquets « de toiles d'araignée », suivant une expression vulgaire, que la destruction en devient difficile.

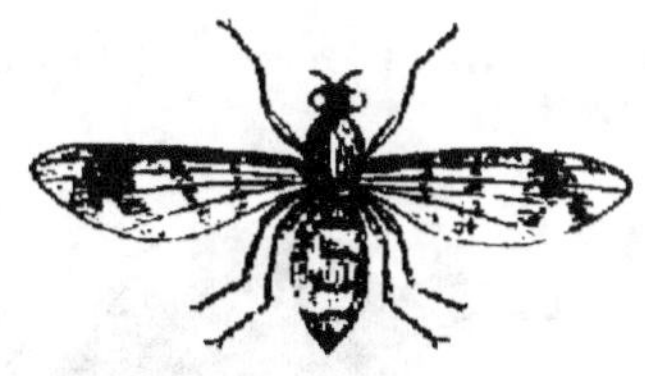

Fig. 492. — Ortalide des cerises.

Il faut écraser et brûler, sans relâche et sans pitié, par tous les moyens possibles.

Chenilles. — Il existe un grand nombre de che-

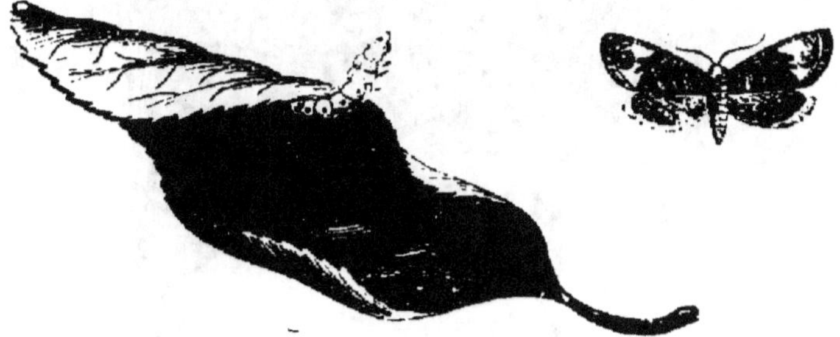

Fig. 493. — Tordeuse de Prunier : insecte parfait et larve.

nilles qui ravagent les jardins et les vergers. Nous parlerons seulement des espèces les plus communes.

Le *Bombyx disparate* (*Liparis dispar*) ; son papillon femelle (*fig.* 495) fait sa ponte en août sur le corps de l'arbre, à la face inférieure des branches, à leur empattement, dans les bifurcations, et recouvre ses œufs d'un duvet roux, ou étoupe soyeuse ressemblant à de l'amadou. La chenille éclôt au mois de mai suivant et ronge les feuilles de l'arbre en plein air ou en espalier. Vers la fin de juillet, elle se transforme en chrysalide dans les feuilles qu'elle réunit par des fils, et la métamorphose reprend son cours.

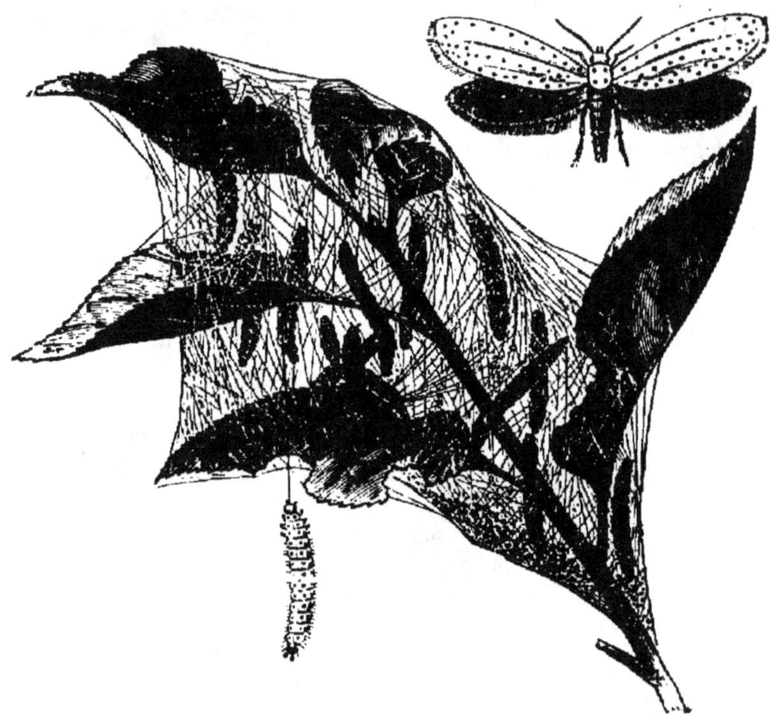

Fig. 494. — Yponomeute du Pommier.

Le *Bombyx Chrysorrhée Cul-Doré* (*Liparis Chrysorrhæa*). Le papillon est blanc et dépose ses œufs sur les feuilles et aux extrémités des jeunes rameaux. Les chenilles éclosent à l'automne et passent l'hiver, enfermées dans les feuilles roulées et tapissées par leurs soins. Au premier printemps, elles quittent

leur réduit et s'attaquent aux bourgeons naissants.
Le *Bombyx Livrée* (*Lasiocampa neustria*), une des

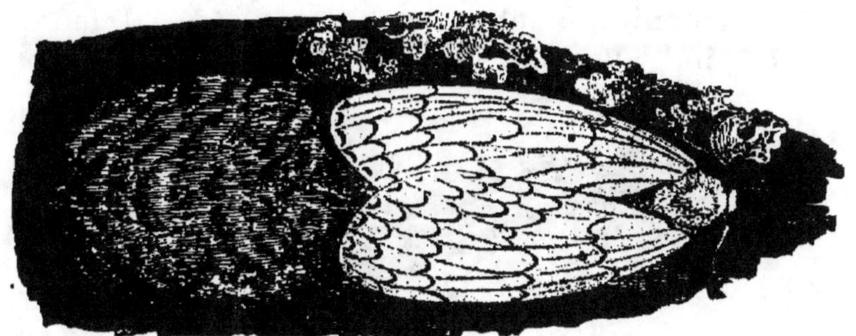

Fig. 495. — Bombyx disparate.

espèces les plus répandues. Le papillon (*fig.* 496)
fait sa ponte en anneaux sur les branches et les rameaux (*fig.* 497). La chenille (*fig.* 498) éclôt au printemps, vit en société et ronge la feuille des arbres.

Fig. 496. — Bombyx Livrée.

Fig. 497. — Ponte du Bom-
byx Livrée.

Pour combattre ces diverses espèces, il faudra
écheniller avec beaucoup de soins, à partir de la
chute des feuilles, et même en toute saison, sans
attendre les arrêtés et règlements administratifs.

Les nids des *chenilles Chrysorrhée* sont faciles à voir;

avec un outil spécial, échenilloir, sécateur ou crochet au bout d'un manche assez long, on coupe les « bouquets de chenilles » et on les porte au feu. Il faudra une certaine attention pour distinguer les bracelets

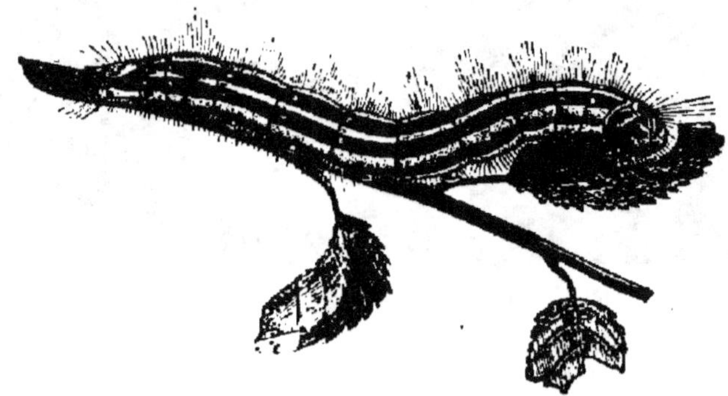

Fig. 498. — Chenille du Bombyx Livrée.

d'œufs de la chenille *Livrée :* on coupe le rameau qui les porte et on le brûle. Quant aux « plaques d'amadou » du Bombyx *disparate,* on les racle au-dessus d'un petit panier, et on les écrase ou on les jette au feu.

Fig. 499. — Ichneumon (insecte utile).

Fig. 500. — Syrphe (insecte utile).

Nous hésitons à recommander l'emploi des torches allumées, fixes, dans les vergers, pour attirer et détruire toute cette engeance ailée ; nous craignons de faire la guerre aux insectes utiles, comme les *Ichneumons* (*fig.* 499), de l'ordre des Hyménoptères, les *Syrphes* (*fig.* 500), de l'ordre des Diptères, qui viennent déposer leur progéniture dans le corps des chenilles et en empêchent la métamorphose en papillon.

En observant nos recommandations relatives aux soins de culture et d'entretien du sol et des arbres, on agira préventivement contre la multiplication des insectes nuisibles. Mais l'homme peut être secondé

Fig. 501. — Mésanges se nourrissant d'insectes.

dans cette lutte par des auxiliaires agréables à voir et à entendre, nous voulons parler des petits oiseaux.

Il faudra donc en favoriser l'importation et le séjour dans le jardin et le verger, et même leur faciliter la reproduction en plaçant des nichoirs artificiels dans le branchage des arbres à végétation précoce qu'ils aiment à fréquenter.

Les petits oiseaux, et surtout les mésanges (*fig.* 501) viendront s'y installer, nicher et multiplier. Ils répondront à cette hospitalité en détruisant la vermine des arbres et en donnant la vie au jardin.

BALTET. — Culture fruitière. 23

Le *Livre de la Ferme et des Maisons de Campagne* étudiant les oiseaux insectivores nous affirme par le naturaliste Koltz, qu'une mésange consomme trois cent mille œufs d'insectes par an. Son confrère de Tschudi examinant de près les becs fins — bergeronnettes, traquets, rossignols, fauvettes, pouillots — constate que les troglodytes (fig. 502) et les roitelets, de

Fig. 502. — Troglodyte.

cette série, portent, en moyenne à leurs petits, trente-six fois par heure leur nourriture de larves, d'œufs et d'insectes. Selon M. Toussenel, on a constaté qu'un couple de troglodytes apportait à sa famille cent cinquante-six mille œufs et larves dans une saison...

Et Pierre Joigneaux ajoute : « On estime à cinq cents le nombre des insectes que prend par jour un martinet ».

Protégeons les petits oiseaux. Respect aux hirondelles !

En outre de cette nomenclature des principales variétés de fruits décrites dans cet ouvrage, plusieurs autres sortes d'un mérite relativement secondaire, mais spécial, sont indiquées aux paragraphes *Plantations commerciales* et *Emploi des fruits*, qui figurent à chaque chapitre.

TABLE

3213-08. — CORBEIL. Imprimerie ÉD. CRÉTÉ.